高等职业教育通识类课程新形态教材

计算机基础应用教程

主　编　王树军

副主编　于新奇　王丽艳

主　审　李佼辉

中国水利水电出版社
www.waterpub.com.cn
·北京·

内　容　提　要

本书依据教育部《高职高专教育计算机公共基础课程教学基本要求》编写而成，重点突出办公应用能力、科学精神与人文素养的培养；结合职业教育公共课程改革，强化服务岗位技能，以知识够用为度；对办公应用职业能力进行分析，采用行动导向方法对知识进行重构，在情境中通过完成相关任务实现“做中学、学中做”；强调实践能力的同时，在拓展知识中照顾了学生参加等级考试的需求，同时参考《全国计算机等级考试大纲》选用了中文 Windows 7 操作系统、Office 2010 办公应用系统。

全书共 4 部分 7 个项目，内容包括 Windows 7 操作系统、计算机网络基础知识、文字处理软件 Word 2010、电子表格软件 Excel 2010、演示文稿软件 PowerPoint 2010 等。

本书可作为高等职业技术学院非计算机专业教材，也可供培训班和个人自学选用。

图书在版编目（CIP）数据

计算机基础应用教程 / 王树军主编. -- 北京 : 中国水利水电出版社, 2020.9
高等职业教育通识类课程新形态教材
ISBN 978-7-5170-8890-5

Ⅰ. ①计… Ⅱ. ①王… Ⅲ. ①电子计算机—高等职业教育—教材 Ⅳ. ①TP3

中国版本图书馆CIP数据核字(2020)第179768号

策划编辑：崔新勃　责任编辑：王玉梅　加工编辑：张玉玲　封面设计：李　佳

书　名	高等职业教育通识类课程新形态教材 计算机基础应用教程 JISUANJI JICHU YINGYONG JIAOCHENG
作　者	主　编　王树军 副主编　于新奇　王丽艳 主　审　李佼辉
出版发行	中国水利水电出版社 （北京市海淀区玉渊潭南路 1 号 D 座　100038） 网址：www.waterpub.com.cn E-mail：mchannel@263.net（万水） sales@waterpub.com.cn 电话：（010）68367658（营销中心）、82562819（万水）
经　售	全国各地新华书店和相关出版物销售网点
排　版	北京万水电子信息有限公司
印　刷	三河市鑫金马印装有限公司
规　格	184mm×260mm　16 开本　20.75 印张　516 千字
版　次	2020 年 9 月第 1 版　2020 年 9 月第 1 次印刷
印　数	0001—3000 册
定　价	59.00 元

前　言

“计算机应用基础”是为高等职业学校非计算机专业学生开设的计算机基础教育课程，是高等职业学校开设的一门公共基础课。为了体现计算机知识的实用、够用，服务于相应的岗位群，突出计算机工具应用的能力，本教材依据教育部《高职高专教育计算机公共基础课程教学基本要求》编写而成，是一本既有一定的理论基础，又注重操作技能和人文素养养成的实用教程。

考虑实际工作中的计算机操作系统及应用软件等情况，同时结合全国计算机等级考试新大纲，本教材选用了 Windows 7 和 Office 2010 这两款软件，对最新的计算机相关技术也作了介绍。在办公处理案例及应用技能方面既体现了知识点的普适性，又重点突出了实际文件管理及办公操作应用的典型性。同时充分挖掘教学内容，与课程思政深度融合，坚持立德树人，将知识传授与价值引导有机统一，学生在获得计算机专业知识和操作技能的基础上，提高获取新知识的能力，具备科学精神和人文素养，努力成为综合素质高、全面发展的新青年。

全书共 4 部分 7 个项目：项目 1 Windows 7 操作系统，主要强调中文 Windows 7 操作系统的使用，包括资源管理器的使用、系统的设置、多媒体技术等典型应用；项目 2 计算机网络基础知识，讲述计算机网络基础知识及因特网技术基础；项目 3 文档的基本应用，主要讲述文字处理软件 Word 2010 的文字和段落编排、表格的创建、图文混排等典型操作及新功能；项目 4 文档的高级应用，主要讲述文字处理软件 Word 2010 图表及图形的插入和编辑、复杂版式的图文混排及长文档的排版；项目 5 电子表格的基本操作，主要讲述 Excel 2010 电子表格格式设置、公式应用，特别突出在财务方面的数据处理；项目 6 电子表格的高级操作，讲述分类汇总、数据透视表等功能；项目 7 PowerPoint 的基本操作，介绍演示文稿软件 PowerPoint 2010 的典型使用方法。

教材以近年来全国计算机基础知识考试的精选试题作为课后习题，并配有 39 个微课视频和一个 500 分钟的体系完整的慕课教学视频，以及即学即练的在线测试、电子课件等在线课程资源，方便教师教学和学生课后移动化学习。

为了让学生能顺利通过等级考试，本书讲授学时建议为 64 学时（包括上机实验时间）。教师在教学过程中既要强调等级考试要求的知识系统性，同时也要使学生对本教材涉及的实际操作技能达到熟练运用，突出计算机应用服务于岗位的特点。

本书由王树军任主编（负责统稿），于新奇、王丽艳任副主编，李佼辉任主审，参与编写的还有王来丽、柳雲莉。其中项目 1、项目 2 由王树军编写，项目 3 由于新奇编写，项目 4、项目 5 由王丽艳、于新奇、柳雲莉编写，项目 6 由柳雲莉编写，项目 7 由王来丽编写。

由于编写时间仓促，加之编者水平有限，书中难免有不足之处，恳请读者批评指正。

编　者

2020 年 6 月

目　　录

第 4 部分　PowerPoint 2010 基本操作

第 1 部分　计算机基础知识

1. 了解 Windows 7 新增的常用功能。
2. 掌握 Windows 7 的启动与退出。
3. 掌握设置操作系统工作环境的方法。
4. 理解 Windows 7 中窗口与对话框的区别，并能熟练操作窗口和对话框。
5. 掌握资源管理器的操作。
6. 熟练运用文档管理操作。
7. 掌握常用附件的应用。
8. 了解计算机网络的组成及功能、将计算机加入网络的方法、网络资料的收集、电子邮件相关知识、网络文件的下载。

1. 操作系统工作环境的设置。
2. 文档管理。
3. 计算机网络的组成、计算机入网的方法及实作、网络应用、电子邮件收发。

项目 1　Windows 7 操作系统

Windows 是 Microsoft 公司为 IBM PC 及其兼容机设计的一种操作系统，也称“视窗操作系统”，其前身是 MS-DOS（Microsoft Disk Operating System，微软磁盘操作系统）。Microsoft 公司从 1985 年开始推出 Windows 1.0 系统，然后逐步升级，到 1995 年推出 Windows 95（其版本号为 4.0）。Windows 95 以出色的多媒体特性、人性化的操作、美观的界面获得了用户的广泛认同，并以此奠定了在微机桌面操作系统中的统治地位，结束了桌面操作系统间的竞争。在 Windows 95 系统获得巨大成功之后，又陆续推出了 Windows NT 4.0、Windows 98、Windows Me、Windows 2000 等版本，到 2001 年推出了 Windows XP，2003 年推出了 Windows 2003，2006 年推出了 Windows Vista，2009 年推出了 Windows 7。从 Windows 95 开始的各版本操作系统都以直观的操作界面、强大的功能使众多计算机用户能够方便快捷地使用自己的计算机，为人们的工作和学习提供了极大的便利。

任务 1　设置工作环境

【任务分析】

随着社会的发展，Windows XP 已经不能满足工作的需要，现在很多计算机系统已经更新为 Windows 7 或更高版本，因此本任务将介绍 Windows 7 操作系统工作环境的使用及新增的常用功能。

【任务目标】

- 了解 Windows 7 操作系统的常用功能。
- 掌握 Windows 7 操作系统工作环境的设置方法。

【必备知识】

1. 设置桌面

“桌面”就是用户启动计算机并登录到 Windows 7 系统后看到的整个屏幕界面，如图 1-1 所示。桌面是用户和计算机进行交流的窗口，通过桌面用户可以有效地管理自己的计算机。打开程序或文件夹时，它们便会出现在桌面上，还可以将一些项目（文件和文件夹）放在桌面上，并且随意排列它们。

（1）通用图标。桌面上存放着经常要用到的各种图标，如“计算机”“用户的文件”“网络”“回收站”“控制面板”等，可以根据自己的需要在桌面上添加各类图标，如图 1-2 所示，此对话框按以下方式打开：在桌面上右击，在弹出的快捷菜单中选择“个性化”→“更改桌面图标”。在 Windows 中一个图标就代表着一个对象，通过图标就能了解该对象的类型和用途，当需要进行某种操作时用鼠标双击对应的图标即可。

图 1-1　Windows 7 的桌面

图 1-2　桌面通用图标设置

下面简单介绍一下常见的图标。

- 计算机：通过该图标可以实现对计算机硬盘驱动器、文件和文件夹的管理，还新增了收藏夹和库的功能。把经常访问的文件夹加入收藏夹，以后可以很方便地找到，如果不用这个文件夹了，可以直接在收藏夹里把它删掉。不仅收藏夹可以帮助管理文件夹，库也可以很轻松地组织和访问文件，而不用关心它实际存放的位置。
- 用户的文件：打开个人文件夹（它是根据当前登录到 Windows 的用户命名的）。此文件夹包含特定于用户的文件，其中包括“文档”“音乐”“图片”和“视频”等文件夹。
- 网络：该项中提供了对网络上其他计算机文件和文件夹以及有关信息的访问。在双击展开的窗口中可以查看工作组中的计算机、查看网络位置、添加网络位置等。
- 回收站：回收站是硬盘中的一块存储区，用于暂时存放已经被删除的文件或文件夹的信息。未进行回收站的清空操作时，可以从中还原被删除的文件或文件夹。只有当回收站中的文件及文件夹被删除或回收站被清空时，相应的文件及文件夹才被彻底删除。

- 控制面板：可以自定义计算机的外观和功能、安装或卸载程序、设置网络连接和管理用户账户。

（2）添加快捷方式图标。以添加 Excel 软件快捷方式图标为例，步骤如下：

1）按以下方式找到 Excel 软件：单击“开始”按钮并选择“所有程序”→Microsoft Office→Microsoft Office Excel 2010 选项。

2）在此软件上右击，在弹出的快捷菜单中选择“发送到”→“桌面快捷方式”选项，如图 1-3 所示，桌面上就成功地添加了此软件的快捷方式图标。

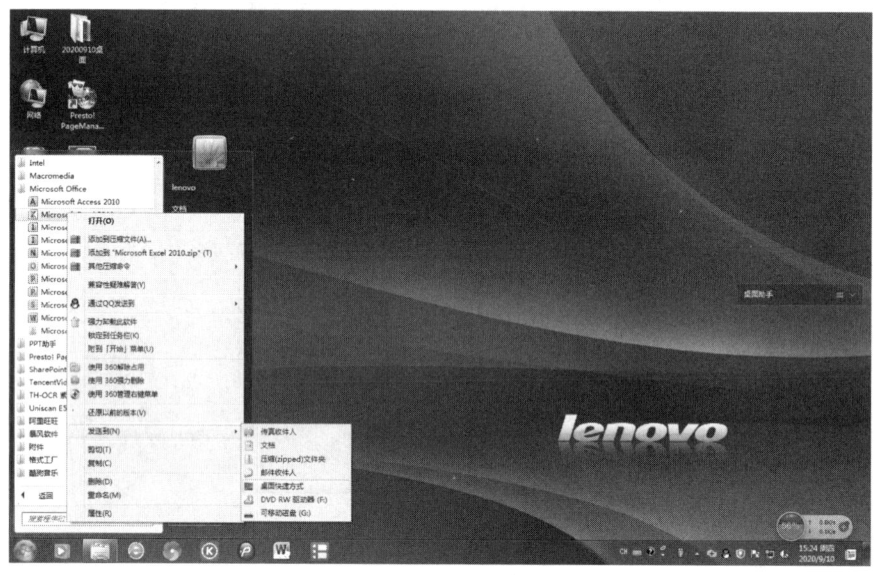

图 1-3　创建快捷方式图标

2. 任务栏

任务栏是位于桌面最下方的一个小长条，从左向右可分为“开始”菜单按钮、窗口按钮栏和通知区域 3 个部分。在窗口按钮栏和通知区域中显示了系统正在运行的程序、打开的窗口、当前时间等内容，可以通过它了解当前系统的运行状况，并能方便地在不同任务间进行切换，还可以完成其他操作和方式设置。

（1）任务栏的组成。

1）“开始”菜单按钮。单击此按钮会打开“开始”菜单，如图 1-4 所示，左边的大窗格显示计算机上程序的一个列表。左边窗格的底部是搜索框，通过输入搜索项可在计算机上查找程序和文件。单击“所有程序”可显示程序的完整列表，“所有程序”上方是最近使用过的程序列表。右边窗格提供对常用文件、文件夹、设置和功能的访问，在这里还可注销 Windows 或关闭计算机。Windows 7 的“开始”菜单有以下四大特色：

- 跳转列表。Windows 7 为“开始”菜单和任务栏引入了“跳转列表”，如图 1-5 所示。“跳转列表”是最近使用的项目列表，如文件、文件夹或网站。除了能够使用“跳转列表”打开最近使用的项目外，还可以将收藏夹项目锁定到“跳转列表”，以快速访问每天使用的程序和文件。可以通过每个项目的图钉将此项目锁定或解锁于“开始”菜单或任务栏。

图 1-4 Windows 7 的“开始”菜单

图 1-5 相同项目在“开始”菜单和任务栏上的“跳转列表”

- 库。默认情况下，文档、音乐和图片库显示在“开始”菜单上。与“开始”菜单上的其他项目一样，可以添加或删除库。
- 搜索。“开始”菜单包含一个搜索框，可以使用该搜索框来查找存储在计算机上的文件、文件夹、程序、电子邮件，如图 1-6 所示。
- “电源”按钮选项。“关机”按钮出现在“开始”菜单的右下角，单击“关机”按钮后，计算机将关闭所有打开的程序并关闭计算机。可以选择该按钮执行其他操作，如将计算机置于休眠模式或允许其他用户登录，如图 1-7 所示。

图 1-6 “开始”菜单中的搜索框

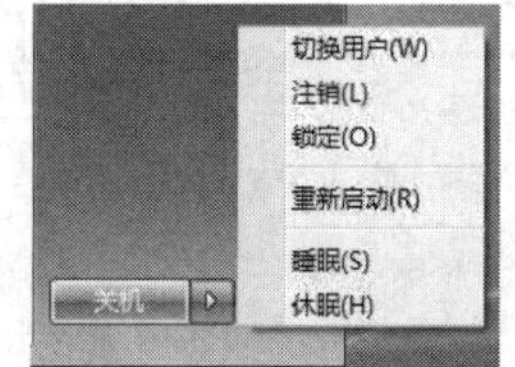

图 1-7 “关机”按钮的选项

2）窗口按钮栏。位于任务栏的中部区域，当某项应用程序被启动而打开一个窗口后，在任务按钮栏会出现相应的有立体感的按钮，以表明该程序正处于运行中。在正常情况下，若按钮是向下凹陷的，表明该应用程序是当前正在操作的窗口程序，这个窗口程序称为活动窗口；若按钮是向上凸起的，则表明这个应用程序处于后台运行中。

将鼠标指针移向某窗口按钮时会出现一个小图片，上面显示缩小版的相应窗口。此预览（也称为“缩略图”）非常有用，如图 1-8 所示，如果其中一个窗口正在播放视频或动画，则会在预览中看到它正在播放。

可以将常用的程序按钮锁定在任务栏中，如图 1-9 所示，此时的任务按钮栏就相当于 Windows XP 的快速启动栏。

3）通知区域（也称托盘）。位于任务栏的右侧区域，它是系统中一些经常运行的程序其运行状态的显示区域。通知区域中的程序多处于后台运行状态，用户可以通过其图标操控其运行方式。此区域中最常见的是日期/时间、音量控制、电源、网络、操作中心等系统软件类程序。

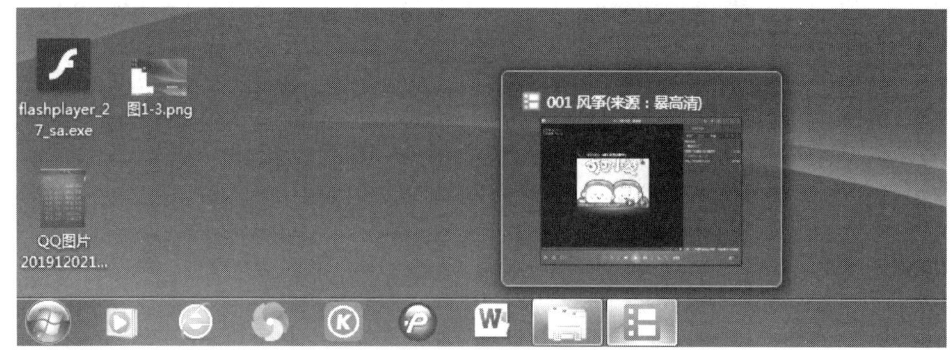

图 1-8 “资源管理器”窗口的缩略图

4）“显示桌面”按钮。位于通知区域的最右边，如图 1-10 所示。

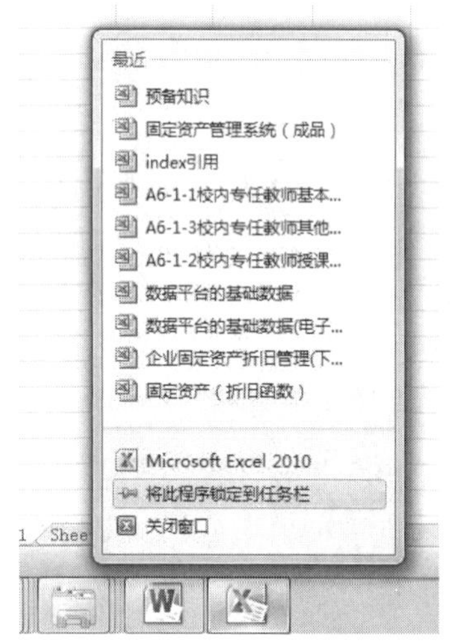

图 1-9 将常用程序固定在任务栏中

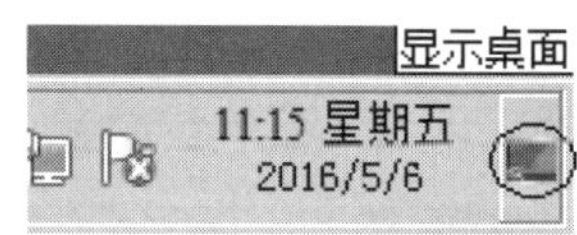

图 1-10 “显示桌面”按钮

（2）任务栏的调整。

1）改变任务栏的位置。初始时任务栏位于桌面的下方，若任务栏处于非锁定状态，在任务栏上的非按钮区按下鼠标左键并拖动，到所需要的边缘时放开鼠标左键，即可把任务栏拖动到桌面的任意边缘。

2）调整任务栏的高度。打开的窗口比较多时，在任务栏上显示的按钮会变得很小，用户观察会很不方便，这时可以改变任务栏的高度来显示所有的窗口，把鼠标放在任务栏的上边缘，当出现双箭头指示时按下鼠标左键不放并拖动到合适位置时释放鼠标左键，任务栏中即可显示所有窗口的信息。

3）任务栏的属性设置。当有特殊需要时，还可以通过任务栏的属性来改变任务栏的特性。当应用程序需要整屏的显示区域来进行操作时，也可将任务栏设置为自动隐藏，如图 1-11 所示。单击通知区域中的“自定义”按钮，弹出如图 1-12 所示的对话框，在其中可以设置是否在任务栏中显示日期和时间、音量、网络等。

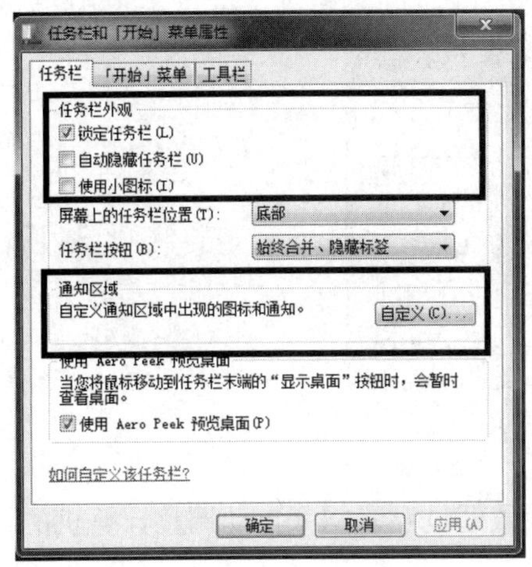

图 1-11　Windows 7 任务栏的属性

图 1-12　选择在任务栏中出现的图标和通知

（3）调整系统日期/时间。单击任务栏通知区域上的时间信息并单击“更改日期和时间设置”按钮或在控制面板中选择“日期和时间”，都会弹出“日期和时间”对话框，如图 1-13 左图所示。

1）“日期和时间”选项卡。在该选项卡中单击“更改日期和时间”按钮，弹出“日期和时间设置”对话框，如图 1-13 右图所示。双击“日期”框中的年月，配合点击左右键可修改日期的年、月，通过日历选择日期的日。通过右边的数值框设置时间，分别选中时间的时、分、秒，再用鼠标单击右端的上下按钮调整其值；还可以直接用键盘修改其值。

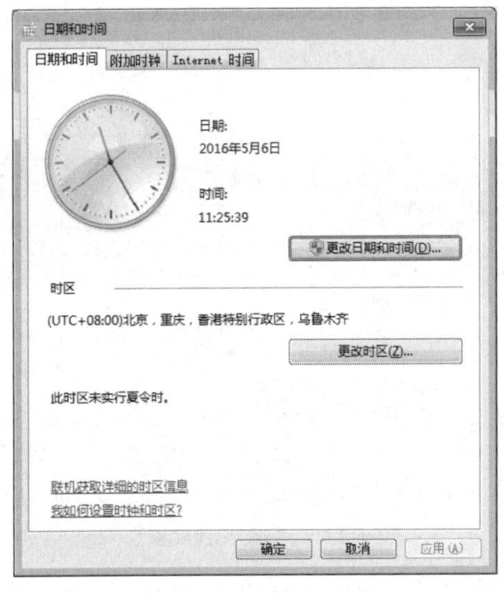

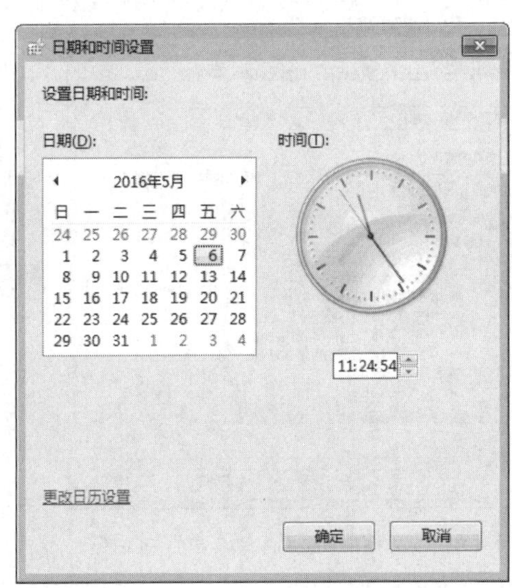

图 1-13　“日期和时间”对话框

在该选项卡中单击“更改时区”按钮，弹出“时区设置”对话框，如图 1-14 所示。根据计算机所处的地理位置确定时区，时区接入互联网时对数据交换有所影响。

2）“附加时钟”选项卡。附加时钟可以显示其他时区的时间。可以单击任务栏上的时钟或悬停在其上来查看这些附加时钟。

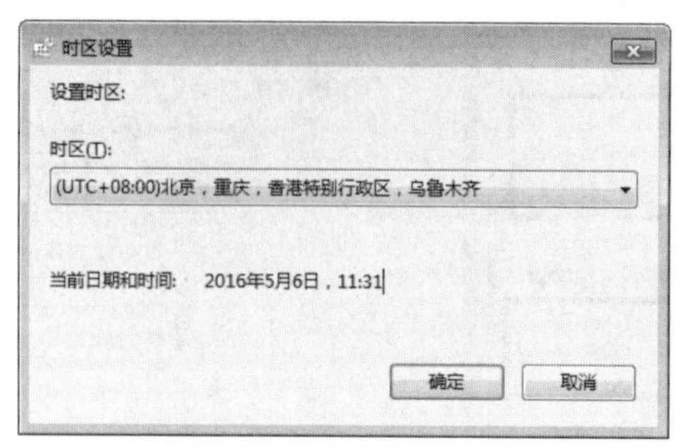

图 1-14　“时区设置”对话框

3）“Internet 时间”选项卡。在该选项卡中可以设置通过互联网来自动调整计算机的日期时间，只有计算机连接互联网时此功能才有效。

（4）设置输入法。右击任务栏通知区域中的输入法按钮，在弹出的快捷菜单中选择“设置”，或在控制面板中选择“区域和语言”中的“键盘和语言”选项卡，单击“更改键盘”按钮，都会弹出“文本服务和输入语言”对话框，如图 1-15 所示。

在“常规”选项卡中，可以设置默认的输入法，可以增删中文输入法（增加输入法只是将原来安装的输入法设置为可用状态，删除输入法也是屏蔽相应的输入法，此处并不能安装新的输入法，也不能卸载已有的输入法）。

选中某种输入法，然后单击“属性”按钮可以设置该输入法的特性，如图 1-16 所示。

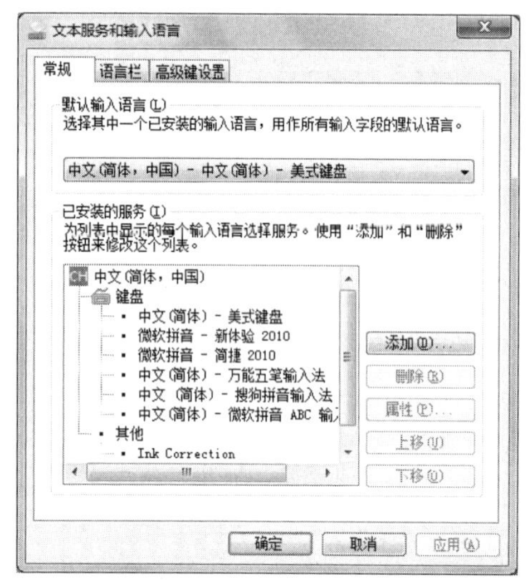

图 1-15　“文本服务和输入语言”对话框

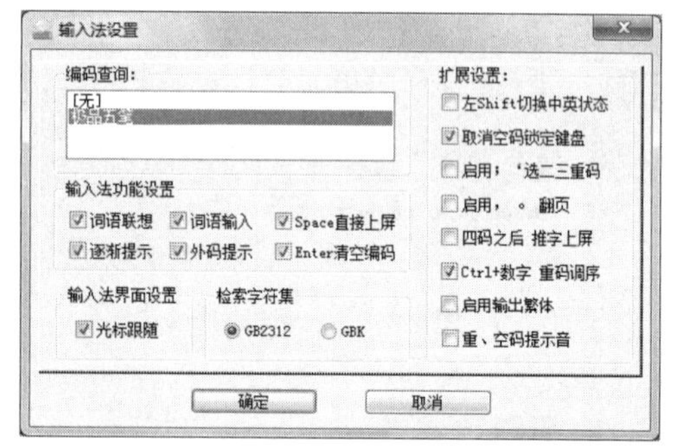

图 1-16　“输入法设置”对话框

在“高级键设置”选项卡中可以设置和输入法有关的热键，如图 1-17 所示。

3. 设置外观和个性化

设置外观和个性化就是用于修改桌面、窗口等与用户界面有关的系统特性，以满足用户对使用环境的不同要求。通过单击“控制面板”→“外观和个性化”→“个性化”打开如图 1-18 所示的窗口，也可在桌面空白区域右击，在弹出的快捷菜单中选择“个性化”（Windows 7 家庭普通版没有此选项）来打开“个性化”窗口进行设置。

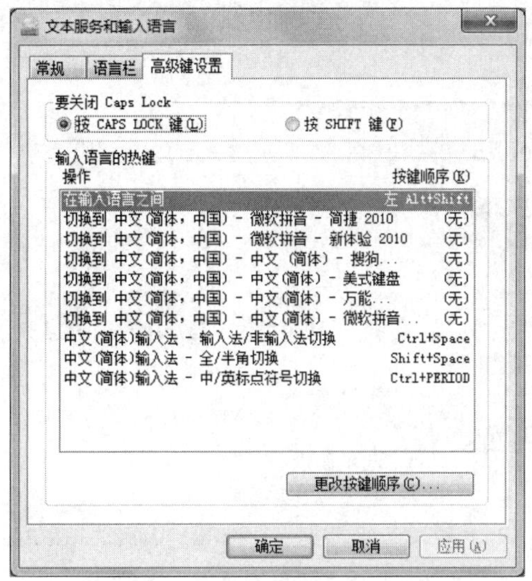

图 1-17 “高级键设置”选项卡

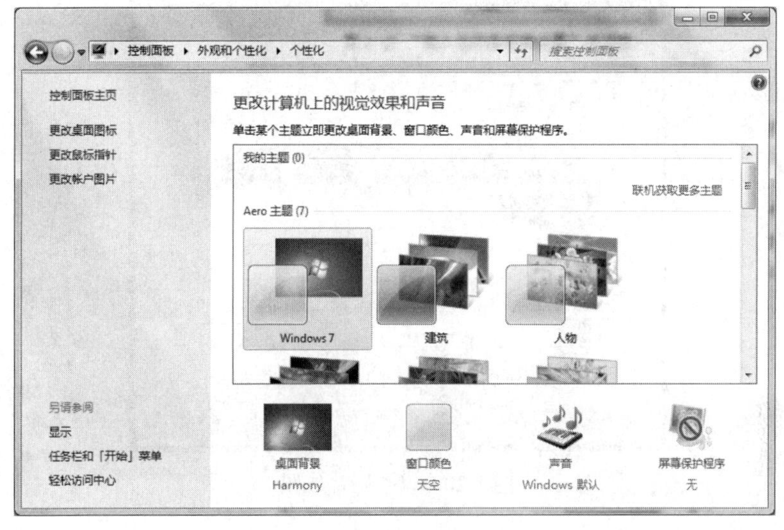

图 1-18 “个性化”窗口

（1）设置桌面背景。

桌面背景就是用户打开计算机进入Windows 7操作系统后所出现的桌面背景颜色或图片。可以选择单一颜色作为桌面的背景，也可以选择 BMP、JPG、HTML等类型的文件作为桌面的背景图片。

1）桌面背景。如果需要的图片不在桌面背景图片列表中，可单击“图片位置”下拉列表框查看其他类别，或单击“浏览”按钮以搜索计算机中的图片。当找到想要的图片时，选中后单击“保存修改”按钮，它将成为桌面背景，如图 1-19 所示。

2）图片位置。在“图片位置”列表中单击某项以裁剪用于填充屏幕的图片，使图片适合屏幕（有拉伸、平铺、居中、填充、适应 5 个选项），然后单击“保存修改”按钮，如图 1-20 所示。

图 1-19 “桌面背景”窗口

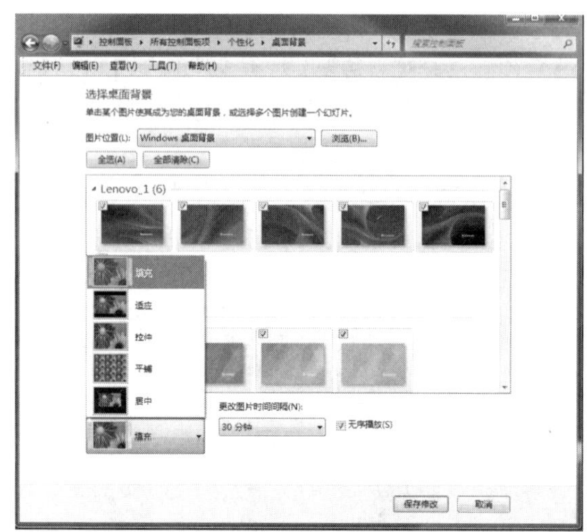

图 1-20 设置图片位置

3）图片的背景颜色。如果选择适合的图片或居中的图片作为桌面背景，还可以设置适合图片的颜色背景。在“图片位置”列表中单击“适应”或“居中”，再单击“更改背景颜色”，单击某种颜色，然后单击“确定”按钮，如图 1-21 所示。

（2）设置屏幕保护程序。

目前使用最多的显示器是 LCD、LED 及少量 CRT，因此设置屏幕保护程序的意义有 3 个方面：第一，在实际使用中，若彩色屏幕的内容一直固定不变，间隔时间较长后可能会造成屏幕的损坏，屏幕保护程序可以防止显示屏坏点等故障的出现；第二，节能减排，让计算机处于低耗能状态；第三，屏幕保护程序可以设置密码，当操作者不在计算机旁时防止了计算机中重要信息的泄漏。

单击“个性化”窗口中的“屏幕保护程序”按钮，弹出“屏幕保护程序设置”对话框，如图 1-22 所示，在其中选择一种屏幕保护程序，设置无操作的等待时间，并可启用密码保护。

当系统无操作达到设定时间后会自动进入屏幕保护状态，可以通过敲击键盘或操作鼠标来退出屏幕保护状态。

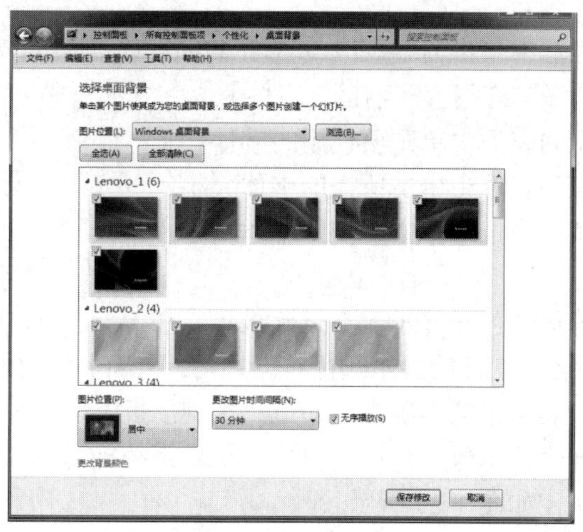

图 1-21　更改背景颜色

（3）调整分辨率。

屏幕分辨率指的是屏幕上显示的文本和图像的清晰度。分辨率越高，对象越清楚，同时屏幕上的对象越小，因此屏幕可以容纳越多的项目。分辨率越低，在屏幕上显示的对象越少，但尺寸越大。调整分辨率的方法：单击“控制面板”→“外观和个性化”→“显示”→“屏幕分辨率”，弹出如图 1-23 所示的对话框。单击“分辨率”下拉列表框，将滑块移动到所需的分辨率，然后单击“应用”按钮。单击“保留”按钮使用新的分辨率，单击“还原”按钮回到以前的分辨率。“控制面板”中的“屏幕分辨率”显示针对所用监视器推荐的分辨率。

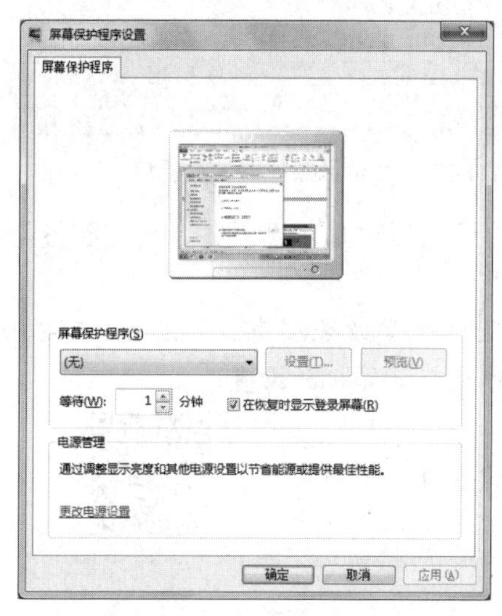

图 1-22　设置屏幕保护程序

图 1-23　调整分辨率

（4）窗口配色和外观。

更改配色方案就是更改桌面、消息框、活动窗口和非活动窗口等的颜色、大小、字体等。

在默认状态下，系统使用的是“Windows 7 标准”颜色、大小、字体等设置。此设置的对话框通过“控制面板”→“外观和个性化”→“个性化”→“窗口颜色和外观”→“高级外观设置”打开，如图 1-24 所示。

在“项目”下拉列表框中单击需要更改设置的 Windows 部分，例如要更改菜单字体，则单击列表框中的“菜单”，然后进行下列任一更改：

- 在“字体”下拉列表框中单击要使用的字体。
- 在“大小”下拉列表框中单击所需的字体大小。
- 在“颜色”下拉列表框中单击所需的字体颜色。

（5）校准颜色。

校准显示器有助于确保颜色在显示器上正确显示。在 Windows 7 中，可以使用“显示颜色校准”功能来校准显示器。在开始显示颜色校准之前，请确保使用的显示器已设置为其原始分辨率，这有助于提高校准结果的准确性。通过“控制面板”→“外观和个性化”→“显示”→“校准颜色”命令打开“显示颜色校准”窗口，如果系统提示输入管理员密码或进行确认，请输入该密码或提供确认，如图 1-25 所示。

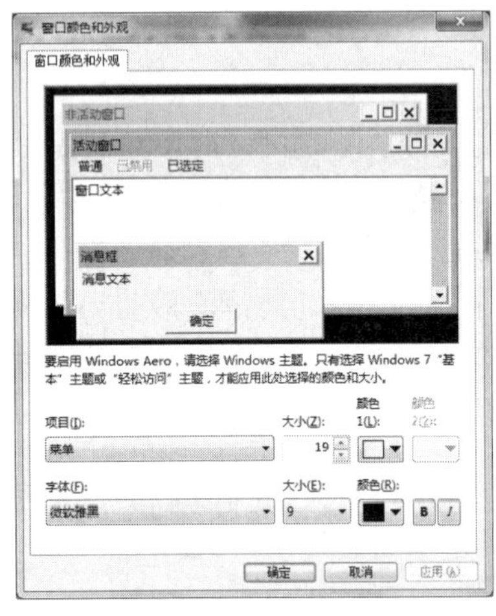

图 1-24　窗口颜色和外观的设置

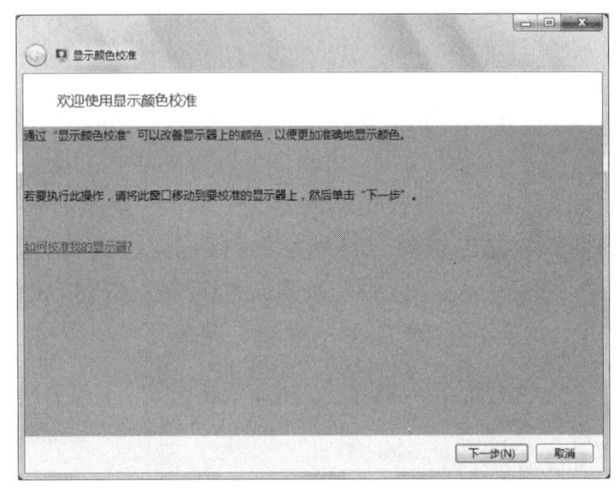

图 1-25　“显示颜色校准”窗口

除此之外，在“控制面板”的“外观和个性化”中还可以对显示器设备、连接到投影仪、调整 ClearType 文本、自定义文本大小等项目进行设置。

注意：桌面主题通过“个性化”→“更改计算机上的视觉效果和声音”设置，可以从桌面背景、窗口颜色、声音和屏幕保护程序 4 个方面同时改变计算机的设置。

任务 2　管理办公文档

【任务分析】

为了方便使用、规范管理，经常需要对办公文档进行整理。可以把文件按类型整理好，分别放入相应的文件夹。把这些分好类的文件夹进行备份，拷到 U 盘中。整理过后不重要的文档删除以释放更多的磁盘空间。

【任务目标】

- 了解文档。
- 掌握文档的管理方法。
- 掌握文档对象的基本操作。

【必备知识及操作过程】

1. 了解文档

（1）文件。文件是一个完整的、有名称的信息集合，是磁盘上信息存取的基本单位。用户所编辑的文章、信件、绘制的图形等都以文件的形式存放在磁盘中，系统中的一些应用程序也是文件。文件具有名字、大小、类型、创建和修改时间等特征。

文件通常采用文件主名+扩展名的格式来命名，形式为：文件主名.扩展名。文件都包含着一定的信息，因其不同的数据格式和意义每个文件都具有特定的类型。Windows 利用文件的扩展名来区分每个文件的类型，不同的扩展名代表文件的内容是不同类型的，系统对不同扩展名的文件采用不同的方法来进行处理。

在 MS-DOS 中文件名为 8.3 格式，即文件主名最多为 8 个字符，扩展名最多为 3 个字符。Windows 7 中使用了长文件名并规定文件的命名规则：文件名中除了英文字符？ * : \/ " <>｜之外（这些符号在系统中规定了特殊的用途），其他所有的英文字符、数字、汉字都可作为文件名，但其长度不超过 255 个字符。

（2）文件夹。文件夹是在磁盘上组织程序和文档的一种容器，其中既可包含文件，又可包含文件夹（这样的文件夹称为子文件夹），在屏幕上以一个文件夹的图标表示。磁盘中存储着大量的文件，通过文件夹来分组存放文件，文件的查找和管理就更方便、有效。在以前的 MS-DOS 中将文件夹称为目录。文件夹的命名规则与文件相同。

（3）文件路径。文件路径就是文件在磁盘上位置的表述，由一系列文件夹名和文件名组成，各文件夹之间用斜杠“\”分隔。通过文件的路径可以确定文件在磁盘上的具体位置。

Windows 7 采用树形结构来管理和组织文件，将每个盘符作为一个文件夹来对待，称之为根文件夹。因此每一个文件都应属于某一个文件夹。为了避免混淆，规定在同一文件夹中的文件和子文件夹不能同名，而在不同文件夹及子文件夹中则允许出现同名。

在表述一个文件的路径时，如果是从一个盘符或以“\”（表示当前的操作盘符）开始的，这种路径称为绝对路径；否则就表示是从当前文件夹开始的（书面表述时，常以“..\”开头），这种路径称为相对路径。

2. 备份文档

在 Windows 7 中，“计算机”和“资源管理器”的区别并不大，都能很好地对文件和文件夹进行操作。在备份文档之前，先熟悉“资源管理器”的操作以及文件和文件夹的管理方法。

Windows 资源管理器以分层的形式显示本计算机上的文件、文件夹和驱动器的结构，几乎可以管理本计算机上的所有资源。使用资源管理器可以更方便地实现浏览、查看、移动和复制文件或文件夹等操作，用户可以不必打开多个窗口，而只在一个窗口中就可以浏览所有的磁盘和文件夹。

（1）资源管理器的启动。

启动资源管理器的常用方法有：

- 单击“开始”→“所有程序”→“附件”→“Windows 资源管理器”命令打开“Windows 资源管理器”窗口，如图 1-26 所示。
- 右击“开始”按钮，在弹出的快捷菜单中选择“Windows 资源管理器”选项打开“Windows 资源管理器”窗口。

资源管理器窗口和普通应用程序窗口在界面上基本相同，窗口的工作区被分为左右两个窗格，左边窗格（导航窗格）显示计算机的树状结构的文件夹列表，右边窗格是选定文件夹的内容列表。当单击工具栏中的“显示/隐藏预览窗格”按钮时会显示或隐藏第三个窗格，即文件预览效果窗格，如图 1-27 所示。

图 1-26 Windows 7 的资源管理器

图 1-27 显示/隐藏预览窗格

（2）资源管理器的操作。

1）切换当前文件夹。文件夹同窗口一样，某一时刻只能操作一个文件夹，当利用资源管理器来进行文件及文件夹的管理时，经常需要在不同文件夹间进行切换。有以下几种方法可以完成文件夹的切换：

- 单击欲进入的文件夹。
- 使用按钮。

  ◀：退回以前访问过的文件夹，直接单击此按钮则后退回刚访问过的文件夹，若展开其下拉列表，则可直接退回之前访问过的任一文件夹。

  ▶：和上一个按钮相反，进入退回过的任一文件夹。
- 在地址栏中输入文件夹的路径，相对路径和绝对路径均可。

注意： Windows 7 资源管理器的地址栏中为每一级目录都提供了下拉菜单小箭头，点击这些小箭头可以快速查看和选择指定目录中的其他文件夹，非常方便快捷。

如果想要查看和复制当前的文件路径，只要在地址栏的空白处单击即可让地址栏以传统的方式显示文件路径。

2）收藏夹。通过“收藏夹”可以迅速看到下载、桌面、最近访问的位置这 3 项信息，其中“最近访问的位置”非常有用，可以轻松跳转到最近访问的文件和文件夹位置。

3）库。库可以收集不同位置的文件并将其显示为一个集合，而无需从其存储位置移动这些文件，只是一个指向，如图 1-28 所示。库中有 4 个默认库（文档、音乐、图片和视频），还可以新建库用于其他集合。

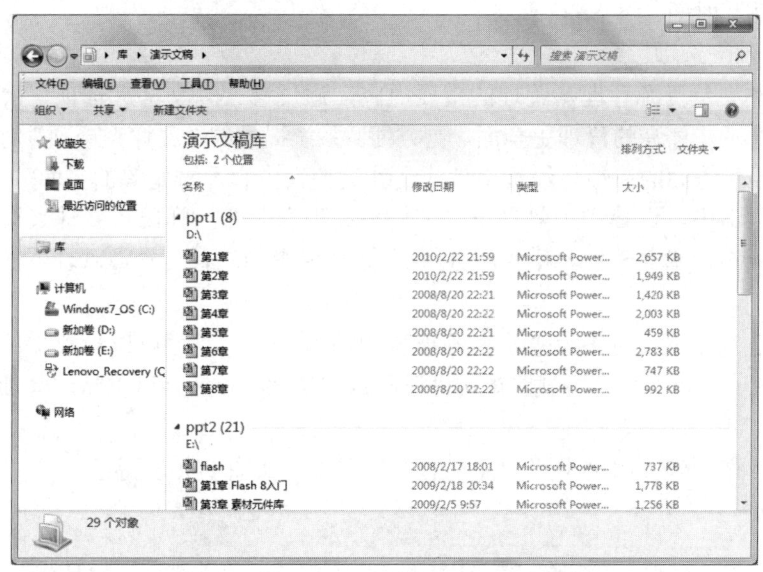

图 1-28 “演示文稿”库中包含来自不同位置的演示文稿

4）展开与折叠文件夹。在左边的窗格中，若驱动器或文件夹前面有▷号，表明该驱动器或文件夹有下一级子文件夹，单击此符号可展开其所包含的子文件夹，当展开驱动器或文件夹后，▷号会变成◢号，表明该驱动器或文件夹已展开，单击◢号可折叠已展开的内容。例如，单击左边窗格中“计算机”前面的▷号将显示“计算机”中所有的磁盘信息，选择某个磁盘前面的▷号将显示该磁盘中所有的内容。

5）设置文件夹的视图方式。文件夹的内容不仅显示其中的文件和文件夹的名称，还可以显示出文件或文件夹的其他属性。通过“查看”菜单中的“排序方式”可以改变文件或文件夹的先后次序，还可以通过“查看”菜单来进行视图模式的切换。Windows 7 共有 5 组 8 种视图模式，如图 1-29 所示。

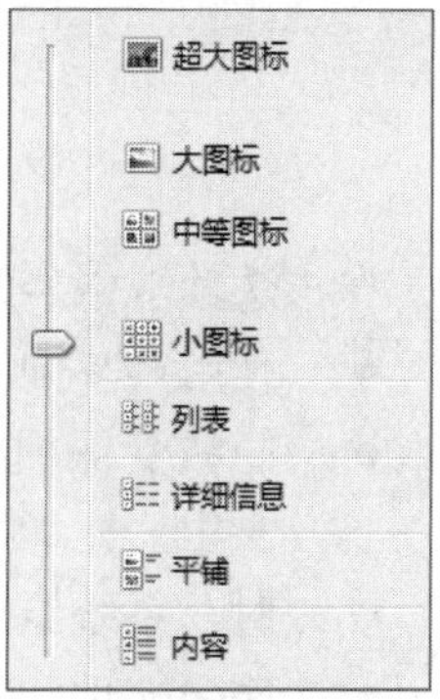

- 超大图标、大图标、中等图标和小图标：该组视图由大到小显示文件或文件夹。超大图标、大图标、中等图标将文件夹所包含的图像显示在文件夹图标上，因而可以快速识别该文件夹的内容。默认情况下，Windows 7 在一个文件夹背景中最多显示两张图像，而小图标模式不显示文件夹内容的缩略图。
- 列表：该视图以文件或文件夹名列表显示文件夹的内容，其内容前面为小图标。在这种视图中可以分类显示文件和文件夹，但是无法按组排列文件。

超大图标
大图标
中等图标
小图标
列表
详细信息
平铺
内容

图 1-29 视图选项

- 详细信息：该视图会列出已打开文件夹的内容并提供有关文件的详细信息，包括文件名、类型、大小和修改日期。在“详细信息”视图中，也可以按组排列文件。

- 平铺：该视图以图标显示文件和文件夹。这种图标比“小图标”视图中的图标要大，并且将所选的分类信息显示在文件或文件夹名下方。
- 内容：该视图将文件夹所包含的图像显示在文件夹图标上，显示修改文件或文件夹的日期和时间。

6）设置文件夹选项。

文件和文件夹是资源管理器管理的重要内容，通过修改“文件夹选项”中的相关设置可以使系统对文件及文件夹的管理更全面、更方便。系统提供的“文件夹选项”对话框是设置文件夹的常规及显示方面的属性，设置文件或文件夹搜索内容及方式等的界面。

在资源管理器中，选择“工具”→“文件夹选项”命令，弹出“文件夹选项”对话框，其中有常规、查看、搜索 3 个选项卡，“查看”选项卡中的设置对资源管理器的操作内容影响最为显著。

①“常规”选项卡：用来设置资源管理器的基本操作方式，可以设置文件夹显示的视图方式、浏览方式、项目的打开方式。单击“还原为默认值”按钮，可以将这些项目还原为系统默认的方式。

②“查看”选项卡：用来设置文件夹的显示方式，如图 1-30 所示。

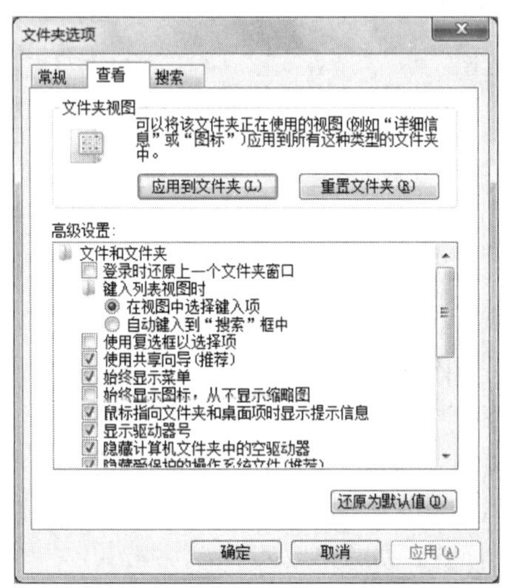

图 1-30 “文件夹选项”对话框的“查看”选项卡

在该选项卡中经常会设置“高级设置”中的以下几个选项：

- 使用共享向导：启用这个选项，可以简化局域网中计算机间的文件资源共享设置。
- 隐藏受保护的操作系统文件：其目的同上。系统中还有一些系统文件不在系统文件夹中，比如 C:盘的根文件夹中就有一些，如 C:\boot.ini、C:\ntldr 等，当停用该选项时，系统给出如图 1-31 所示的安全警告。
- 隐藏文件和文件夹：如果选择了“显示隐藏的文件、文件夹和驱动器”，那么就会显示出文件夹内的所有内容，否则如果有隐藏属性的文件或文件夹就不显示。
- 隐藏已知文件类型的扩展名：启用此选项时，系统中许多文件的扩展名就不会显示出来，如扩展名为.exe、.txt、.sys 等的文件。不显示文件的扩展名，文件夹内容的列表会清晰些，但用户就不太容易辨别文件的类型。

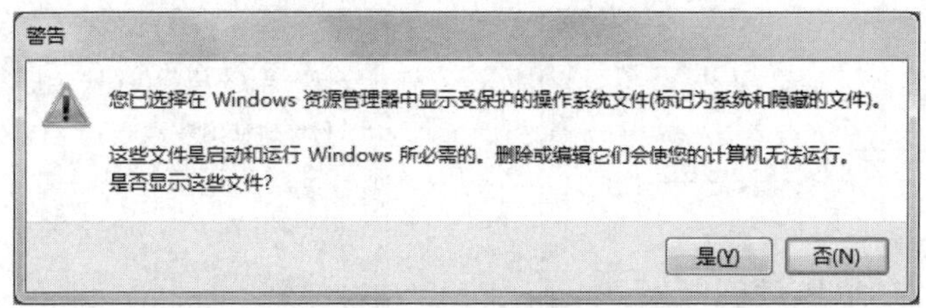

图 1-31　安全警告

在完成“高级设置”的相关设置后，可以单击“文件夹视图”选项组中的“应用到文件夹”按钮将当前文件夹的视图设置应用到所有文件夹中；单击“重置文件夹”按钮将所有文件夹还原为默认视图设置。

如果对所进行的设置项不够明确或希望将文件夹选项的设置恢复到系统的初始状态，则单击“还原为默认值”按钮。

③“搜索”选项卡：用来设置搜索内容、搜索方式等选项，如图 1-32 所示。

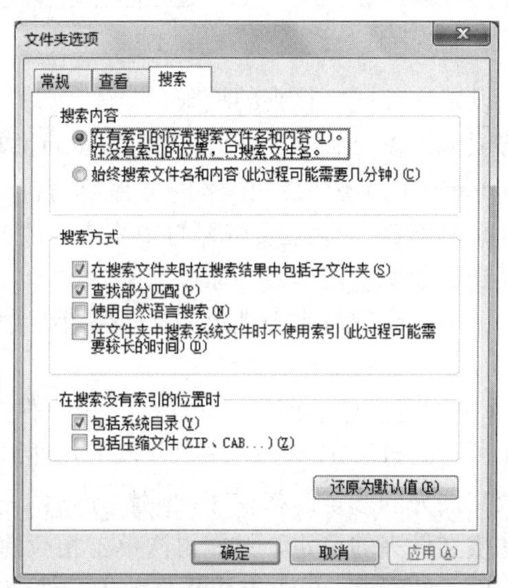

图 1-32　“文件夹选项”对话框的“搜索”选项卡

7）文件或文件夹属性的修改。

文件和文件夹的属性记录了文件和文件夹的重要信息。它是系统区别文件和文件夹的标志，也是计算机进行查找的依据。在 Windows 7 中，用户可以查看文件和文件夹的属性，也可以对它进行设定和修改。

选定相应的文件或文件夹后，通过“文件”菜单或右键快捷菜单中的“属性”选项即可打开其属性对话框。

- “常规”选项卡：可以了解文件或文件夹的类型、位置、大小、创建时间等信息，还可以修改其属性：只读、隐藏（系统中的核心文件或文件夹还具有“系统”属性），如图 1-33 所示。
- “共享”选项卡：可以设置其局域网中的共享及本机用户间的共享及权限，如图 1-34 所示（只有文件夹才能进行此设置）。

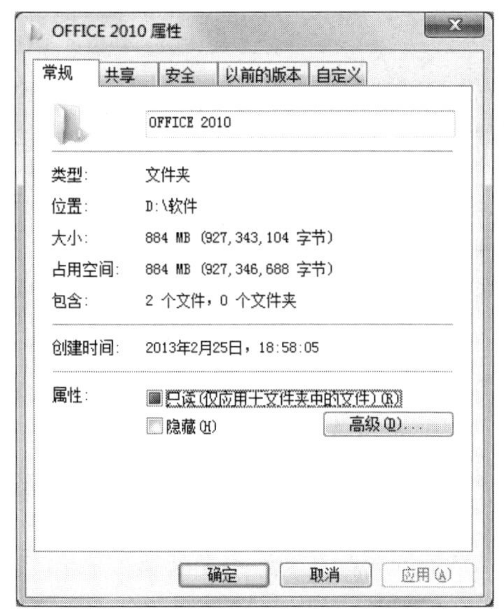

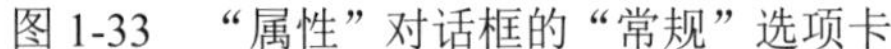

图 1-33 “属性”对话框的“常规”选项卡

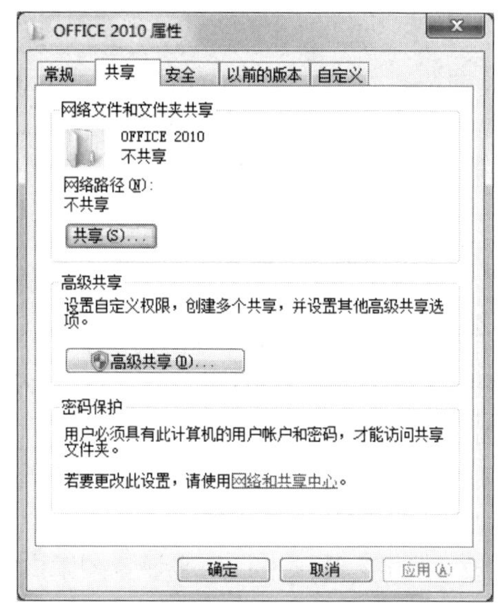

图 1-34 “属性”对话框的“共享”选项卡

- “安全”选项卡：设置文件或文件夹的权限。
- “以前的版本”选项卡：以前版本，或者是由 Windows 备份创建的文件和文件夹的副本，或者是 Windows 作为还原点的一部分自动保存的文件和文件夹的副本。可以使用以前版本还原意外修改、删除或损坏的文件或文件夹。根据文件或文件夹的类型，可以打开保存到其他位置，或者还原以前版本。
- “自定义”选项卡：可以设置具有个性化的显示特性，如图标、文件夹分类等。

8）文件或文件夹的选定。

对象的选定是 Windows 中所有操作的前提，单个文件或文件夹的选定只需用鼠标单击对应的文件或文件夹的图标即可。同时选定多个文件则分以下几种情形：

- 不连续多个文件或文件夹的选定：按住 Ctrl 键，然后单击欲选定的文件或文件夹。如需去掉某一文件或文件夹的选定，只需再次单击相应的文件或文件夹。
- 连续多个文件或文件夹的选定：单击位置最靠前的文件或文件夹，然后按住 Shift 键，再单击位置最末的文件或文件夹；也可用鼠标框选相应的文件区域（即用鼠标拖动去框选文件所在的区域）。还可以使用键盘来实现：选定第一个文件或文件夹，然后按住 Shift 键，再按键盘上的光标键。
- 全部选定：通过“编辑”菜单中的“全部选定”命令，也可用组合键 Ctrl+A 来实现。

9）文件或文件夹的建立与重命名。

①文件或文件夹的建立。在资源管理器右边窗格的空白区域右击，在弹出的快捷菜单中选择“新建”命令，再选择“文件夹”或要建立的文件类型，接着输入文件或文件夹名称，最后按 Enter 键（也可以用鼠标单击其他区域）。也可以通过菜单操作来完成：选择“文件”→“新建”命令，后续操作同前。

②文件或文件夹的重命名。选定欲重命名的文件或文件夹，然后右击并选择“重命名”选项或单击“文件”→“重命名”命令，输入文件名后按 Enter 键（也可以用鼠标单击其他区域）。如果重命名时改变了文件的扩展名，系统会给出警告：如果更改文件扩展名，文件可能

无法正常使用。

10）文件或文件夹的移动与复制。

在计算机使用过程中，经常需要将文件或文件夹从一个位置移动到另一个位置。为了防止硬盘里的文件意外丢失，需要将重要的文件或文件夹复制到其他存储介质上进行备份。虽然移动与复制是两种不同结果的操作，但其操作过程十分相似。

①文件或文件夹的移动。

- 使用鼠标的拖动操作：选定欲移动的文件或文件夹，如果目标文件夹也在同一磁盘中，则将其拖动到对应的文件夹中即可，否则应在放开鼠标前按下 Shift 键。
- 使用鼠标的右键拖动：选定欲移动的文件或文件夹，按下鼠标右键拖动到目标文件夹上，放开鼠标时，在弹出的菜单中选择“移动到当前位置”选项。
- 使用菜单操作：选定欲移动的文件或文件夹，然后执行“编辑”菜单或右键菜单中的“剪切”命令（也可按 Ctrl+X 组合键），最后进入目标文件夹中，执行“编辑”菜单或右键菜单中的“粘贴”命令（也可按 Ctrl+V 组合键）。剪切后只能进行一次粘贴，如果未进行粘贴操作，则对文件不产生任何影响。

②文件或文件夹的复制。

- 使用鼠标的拖动操作：选定欲移动的文件或文件夹，如果目标文件夹不在同一磁盘中，则将其拖动到对应的文件夹中即可，否则应在放开鼠标前按下 Ctrl 键。
- 使用鼠标的右键拖动：选定欲移动的文件或文件夹，按下鼠标右键拖动到目标文件夹上，放开鼠标时，在弹出的菜单中选择“复制到当前位置”选项。
- 使用菜单操作：选定欲移动的文件或文件夹，然后执行“编辑”菜单或右键菜单中的“复制”命令（也可按 Ctrl+C 组合键），将复制的文件或文件夹影印一份放入“剪贴板”中，最后进入目标文件夹中，执行“编辑”菜单或右键菜单中的“粘贴”命令（也可按 Ctrl+V 组合键），也就是将“剪贴板”中的文件或文件夹影印一份到目标文件夹中。

所谓“剪贴板”，本质上讲就是由操作系统统一管理的一块临时内存储区，用于暂时存放在应用程序内部、应用程序之间欲交换的数据。剪贴板就像传说中的聚宝盆，一旦放入数据之后，就可以无限次数地从中取出同样的数据来。

11）文件或文件夹的查找。

Windows 7 提供了全面而强大的文件查找功能。通过“开始”菜单中的“搜索框”选项或者“计算机”或“资源管理器”窗口工具栏中的“搜索框”来调用其文件搜索功能。两处搜索框的区别是，“开始”菜单中“搜索框”搜索的范围是计算机的整个硬盘，而“资源管理器”中的“搜索框”针对的范围是当前文件夹窗口。

在搜索框中可以使用两个十分重要的西文字符“*”和“？”。这两个符号被称为“通配符”，因为它们可以代替其他任何字符。其中“*”可以代替字符串，而“？”只能代替一个字符。使用通配符查找很方便，只需记得文件名的一部分，甚至只记得文件内容中所包含的几个字符，就可以快速找到目标文件。

例如，要在 C:\Windows 中查找文件主名中以“log”结尾的纯文本文件。首先在左窗格中依次单击 C:→Windows 文件夹，在搜索框中输入*log.txt，结果如图 1-35 所示。

图 1-35　文件搜索窗口

不仅如此，搜索功能还通过“添加搜索筛选器”提供了更具体的搜索条件，包括被搜索对象的种类、修改日期、类型和名称，如图 1-36 所示。并且搜索的对象也不仅限于文件或文件夹，还可以是计算机、用户，进而可以延伸到互联网上的信息检索。

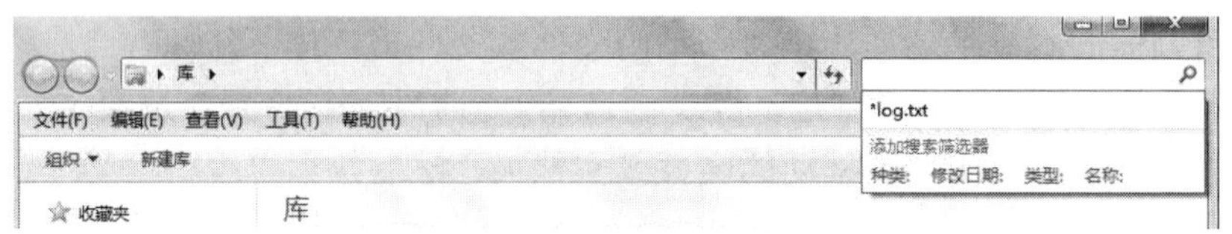

图 1-36　添加搜索筛选器

12）快捷方式的建立。

文件或文件夹分布在磁盘的各处，不方便快速地使用它们。Windows 能够建立一个指向某一对象的链接，通过这个链接就能使用相应的对象，这种链接称为该对象的快捷方式。快捷方式可以放置在各个位置，如桌面、“开始”菜单或特定文件夹中。

有两种方法可以创建对象的快捷方式，下面以实例来说明创建过程。例如，为了快速调用“画图”程序，可以在桌面上创建“画图”程序的快捷方式，操作步骤如下：

- 使用对象的快捷菜单。

①在资源管理器中，打开 C:\Windows\system32 文件夹。

②选中画图程序（mspaint.exe）并右击。

③在弹出的快捷菜单中选择“发送到”→“桌面快捷方式.DeskLink”命令，随即在桌面上出现相应画图程序的快捷方式。

- 使用“快捷方式向导”。

①在桌面的空白区域右击，在弹出的快捷菜单中选择“新建”→“快捷方式”命令，弹出“快捷方式向导”，根据向导完成后续设置。

②单击“浏览”按钮，选定 C:\Windows \system32\mspaint.exe。

③输入快捷方式的名称，也可采用默认的快捷方式名称。

快捷方式不是该对象自己，也不是对象的副本，而是一个指针。对快捷方式的删除、移动或重命名均不会影响原有的对象。

（3）删除文档。

先选定欲删除的文件或文件夹，然后按 Delete 键（也可选用右键快捷菜单或“文件”菜单中的“删除”命令），此时系统会弹出一个警告对话框，确认就将选定的文件或文件夹删除，此时删除的文件被移入回收站中，还可以还原回来。如果不希望被删除的文件或文件夹进入回收站，则先按住 Shift 键，再按 Delete 键，后续操作同前。

任务 3　管理系统资源

【任务分析】

为满足正常网络环境下的办公使用，新配置的计算机需要添加新的管理账户、添加杀毒软件确保计算机系统的安全，同时新配置的计算机如果作为网站服务器使用，则还需要添加 IIS 组件和打印机。

【任务目标】

- 掌握添加新的管理账户的方法。
- 掌握添加杀毒软件的方法。
- 掌握添加 IIS 组件的方法。
- 掌握添加打印机的方法。

【必备知识及操作过程】

1. 管理账户

通过控制面板进入“用户账户”。什么是控制面板，控制面板的作用有哪些呢？

“控制面板”提供丰富的专门用于更改 Windows 的外观和行为方式的工具。一些工具可以调整计算机设置，从而使操作计算机更具趣味性，另一些工具可以将 Windows 设置得更容易使用。

在 Windows 7 中打开“控制面板”的方法是，单击“开始”按钮，然后单击右窗格中的“控制面板”，或者双击桌面上的“控制面板”图标。控制面板的查看方式有类别、大图标和小图标，如图 1-37 所示。

首次打开“控制面板”时，将看到“控制面板”中最常用的项，这些项目按照分类进行组织。要在“类别”视图下查看“控制面板”中某一项目的详细信息，可以将鼠标指针放在该图标或类别名称上面，系统就会显示项目的解释文本。要打开某个项目，双击该项目图标或类别名即可。

用户账户定义了用户可以在计算机中执行的操作，Windows 7 是一个多用户操作系统，可以管理多个账户，Windows 7 操作系统提高了账户的安全性，同时又结合了 Windows 9X 的用户管理方式，降低了账户管理的复杂性，还提供了多种登录方式，具备了使用的灵活性。

图 1-37 Windows 7 的“控制面板”窗口

（1）用户账户的类别。

作为工作组成员的计算机或者独立计算机上的用户账户可以分为 3 类：标准账户、管理员账户和来宾账户。

- 标准账户：通过标准账户可以使用计算机的大多数功能，可以更改影响用户账户的设置，但无法安装或卸载某些软件和硬件，无法删除计算机工作所需的文件，也无法更改影响计算机的其他用户或安全的设置。如果是标准账户，系统可能会提示先提供管理员密码，然后才能执行某些任务。
- 管理员账户：管理员账户是专门为可以对计算机进行全系统更改、安装程序和访问计算机上所有文件的人而设置的。计算机上总是至少有一个人拥有管理员账户。只有拥有管理员账户的人才拥有对计算机上其他用户账户的完全访问权。
- 来宾账户：来宾账户主要针对需要临时使用计算机的用户。
- 组：组是用户、计算机、联系人和其他组的集合，通过组可以简化对用户的管理及授权。一般一个用户应属于某些组，但也可不属于任意一个组。

（2）用户账户的管理。

Windows 7 系统安装时，系统自动创建了以下两个账户：

- Administrator（系统管理员）：具有系统中最高的权限，利用该账户登录可以完成系统几乎所有的操作，甚至可以创建、删除其他的账户。当以 Administrator 账户登录系统后，即可通过它进行用户账户管理。单击控制面板中的“用户账户”，在打开的窗口中选择 Administrator 用户，打开如图 1-38 所示的窗口，在其中完成本账户的属性设置，还可以通过“更改用户账户”来完成其他用户的管理。
- Guest：Guest（来宾）账户具有开放本机网络共享的作用，当禁用该账户时，本机的资源无法与网络中的其他计算机实现共享。

在 Windows 7 系统中还可以创建标准账户。

2. 添加应用程序安全防护软件

360 安全卫士是最受欢迎的上网必备的安全辅助软件，拥有木马查杀、恶意软件清理、漏洞补丁修复、电脑全面体检、垃圾和痕迹清理等多种功能。由于永久免费、使用方便、用户评价好，大多数中国网民都已安装了 360 安全卫士。

图 1-38　用户账户管理

360 安全卫士被誉为“防范木马的第一选择”，添加此应用程序的步骤如下：

（1）获取 360 安全卫士的安装软件。上网后可从很多家网站下载此免费软件，如图 1-39 所示。

（2）运行 360 安全卫士安装程序，如图 1-40 所示。

图 1-39　下载 360 安全卫士软件的界面

图 1-40　360 安全卫士安装界面

（3）单击“立即安装”按钮进入安装状态直到程序安装完成。

3. 卸载或更改程序

在 Windows 操作系统中，一个应用软件很少只由一个文件组成，并且相关的文件并不一定是集中存储在硬盘上的某个文件夹中，通常是分布在多个文件夹中。为了方便应用软件的安装与卸载，应用软件一般都自带了相应的安装程序（其名常用 setup.exe 或 install.exe）和卸载程序（其名常用 uninstall.exe）。正常情况下，安装程序负责将应用程序所需的文件分发到相应的文件夹中并修改系统相关的注册信息：文件关联、注册表，而卸载程序则负责将本程序的文件从硬盘上删除并将相应的注册信息删除。

当应用软件对应的卸载程序发生故障时，就不能正常卸载了，还有一些软件本身就没有设计软件的卸载功能。为了解决软件在安装和卸载中遇到的各种问题，Windows 系统设计了“卸载或更改程序”，通过这个功能基本可以完成应用软件的卸载和系统自身某些功能的添加与删除。

通过“控制面板”→“程序和功能”可以打开“卸载或更改程序”窗口，如图 1-41 所示。

（1）删除程序。选定某个软件，单击“卸载”按钮即可删除相应的软件。另外还可以更改或修复程序。

（2）添加/删除 Windows 组件 IIS。IIS 组件是 Windows 组件的一部分，但是安装 Windows 7 系统的时候它不会默认一起安装，需要我们另外进行安装。

安装 IIS 组件后，本地计算机可以作为网站服务器来使用，可以让互联网上的网友看见自己创建在本地计算机上的网站。添加步骤如下：

1）通过“控制面板”→“程序和功能”→“打开或关闭 Windows 功能”打开“Windows 功能”对话框，如图 1-42 所示。

图 1-41　“卸载或更改程序”窗口

图 1-42　“Windows 功能”对话框

2）在“Internet 信息服务”前面的复选框中标记√，单击“确定”按钮，弹出如图 1-43 所示的对话框，过几分钟即可安装好 IIS。

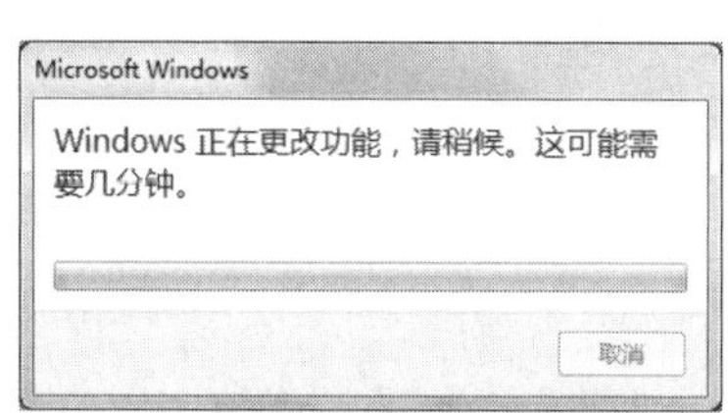

图 1-43　安装 IIS 界面

从计算机中删除 IIS 组件的操作：在“Windows 功能”对话框中去掉“Internet 信息服务”前面复选框中的标记√，单击“确定”按钮，即可完成删除 IIS，但需重新启动系统才能生效。

4. 安装设备和打印机

当为计算机添加新的硬件时，不仅要将硬件物理连接到计算机上，还需要安装相应的硬件设备驱动程序。一般硬件厂商都提供相应的设备驱动程序，并附在相应的硬件包装里。多数情况下，设备驱动程序附带有安装程序，可以直接安装。当设备驱动程序不能直接安装时，就需要使用“设备和打印机”向导。

把打印机和计算机连接好后，单击控制面板中的“设备和打印机”，弹出“添加设备/添加打印机”窗口，单击“添加打印机”按钮，弹出“添加打印机”向导，该向导会按以下步骤完成硬件驱动的安装：

（1）检测系统硬件，列出已安装的硬件列表，如图 1-44 所示。列表中被禁用硬件的图标上有个红色的“×”，未安装驱动程序的硬件前有个黄色的“？”，其他是已安装驱动并能正常使用的硬件。

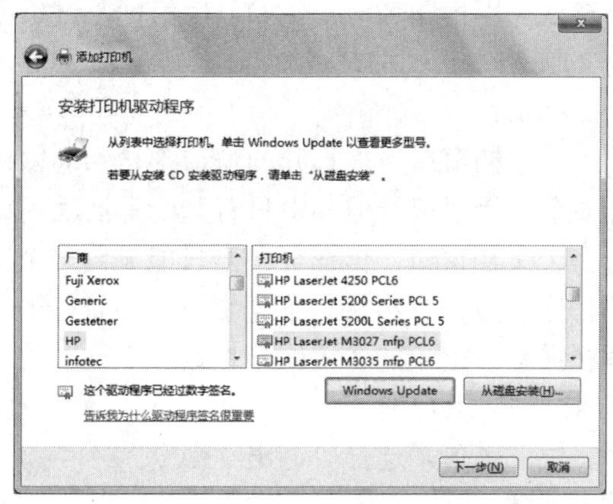

图 1-44 “添加打印机”向导

（2）从列表中选择需要安装驱动和硬件项，按向导指示继续安装。

（3）将相应的驱动程序存储介质安放入相应的存取设备中，系统会自动查找这个硬件的驱动程序，如果找到就可自动完成安装了。

（4）很多硬件设备都要求安装完设备驱动程序后重新启动才能生效。

习题 1

一、选择题

1．Windows 7 操作系统的“桌面”指的是（　）。

A．整个屏幕　B．全部窗口　C．某个窗口　D．活动窗口

2．Windows 7 任务栏上的内容为（　）。

A．当前窗口中的图标　B．已启动并正在执行的程序名

C．所有已打开的窗口的图标　D．已经打开的文件名

3．当一个应用程序窗口被最小化后，该应用程序将（　）。

A．被终止执行　B．继续在前台执行

C．被暂停执行　D．被转入后台执行

4．在 Windows 7 中，单击“最小化”按钮后（　）。

A．当前窗口将消失　B．当前窗口被关闭

C．当前窗口缩小为图标　D．打开控制菜单

5．对 Windows 7 操作系统，下列叙述中正确的是（　）。

A．Windows 7 的操作只能用鼠标

B．Windows 7 为每一个任务自动建立一个显示窗口，其位置和大小不能改变

C．在不同的磁盘空间不能用鼠标拖动文件名的方法实现文件的移动

D．Windows 7 打开的多个窗口中，既可堆叠，也可层叠，还可以并排显示

6．在 Windows 7 中，下列操作可运行一个应用程序的是（　）。

A．用“开始”菜单中的文档命令　　B．用鼠标右键单击该应用程序名

C．用鼠标左键双击该应用程序名　　D．用鼠标左键单击该应用程序名

7．下列关于文档窗口的说法中正确的是（　）。

A．只能打开一个文档窗口

B．可以同时打开多个文档窗口，被打开的窗口都是活动窗口

C．可以同时打开多个文档窗口，但其中只有一个是活动窗口

D．可以同时打开多个文档窗口，但在屏幕上只能见到一个文档的窗口

8．Windows 7 中关闭程序的方法有多种，下列叙述中不正确的是（　）。

A．用鼠标单击程序屏幕右上角的“关闭”按钮

B．在键盘上按下 Alt + F4 组合键

C．打开程序的“文件”菜单，选择“退出”命令

D．按下键盘上的 Esc 键

9．在 Windows 7 中，下列叙述中正确的是（　）。

A．系统支持长文件名可达 256 个字符

B．大多数程序允许打开任意多的文档

C．打开的文档仅可在它自己的窗口里显示，不可以作为程序窗口的一部分来显示

D．如果误操作将一个文件删除了，则无法恢复它

10．在 Windows 7 中，关于文件剪切和删除的叙述中正确的是（　）。

A．剪切和删除的本质相同

B．不管是剪切还是删除，执行后，选定的文件都会从原来的位置消失

C．文件被剪切后，可以在多处进行粘贴

D．文件被删除后，一定会被移入回收站中

11．在 Windows 7 中，打印方法有多种，其中错误的是（　）。

A．选择“文件”菜单中的“打印”命令

B．按 Ctrl + P 组合键

C．回到控制面板中，双击“打印机”

12．Windows 7 的任务栏包括（　）。

A．字体颜色　　B．“开始”按钮　　C．时间　　D．B 和 C

13．Windows 7 的任务栏可以放在（　）。

A．桌面底部　　B．桌面顶部　　C．桌面左边　　D．桌面四周

14．下面关于 Windows 7 窗口的描述中错误的是（　）。

A．窗口是 Windows 7 应用程序的用户界面

B．Windows 7 的桌面也是 Windows 的窗口

C．用户可以改变窗口的大小和在屏幕上移动窗口

D．窗口主要由边框、标题栏、菜单栏、工作区、状态栏、滚动条等组成

15．资源管理器左窗格文件夹前的▷表示（　）。

A．此文件夹含有子文件夹　　B．此文件夹含有一层子文件夹

C．此文件夹含有两层子文件夹　　D．此文件夹不含子文件夹

16．把 Windows 7 当前活动窗口的信息复制到剪贴板中，应按（　）键。

A．Alt + PrintScreen　　B．Ctrl + PrintScreen

C．Shift + PrintScreen　　D．PrintScreen

17．“Windows 7 是一个多任务操作系统”指的是（　）。

A．Windows 可运行多种类型各异的应用程序

B．Windows 可同时运行多个应用程序

C．Windows 可供多个用户同时使用

D．Windows 可同时管理多种资源

18．在 Windows 7 中，下列关于输入法切换组合键设置的叙述中错误的是（　）。

A．可将其设置为 Ctrl + Shift　　B．可将其设置为 Alt + Shift

C．可将其设置为 Tab + Shift　　D．可不作组合键设置

19．不用鼠标，执行 Windows 7 资源管理器“编辑”下拉菜单中的“复制”命令的方法是（　）。

A．按 Alt + E 组合键，然后按 Alt + C 组合键

B．按 Alt + E 组合键，然后按 C 键

C．按 Alt + C 组合键

D．按 Alt + E 组合键

20．下列关于 Windows 7 文件和文件夹的说法中正确的是（　）。

A．在一个文件夹中可以有两个同名文件

B．在一个文件夹中可以有两个同名文件夹

C．在一个文件夹中可以有一个文件与一个文件夹同名

D．在不同文件夹中可以有两个同名文件

21．在删除硬盘上的文件时，如果不打算将被删除的文件放入“回收站”，应在选定文件后（　）。

A．直接按 Delete 键

B．按住 Ctrl 键的同时按 Delete 键

C．按住 Ctrl 键的同时将选定文件拖放到回收站中

D．按住 Shift 键的同时按 Delete 键

22．在 Windows 7 环境下，通常无任何作用的鼠标操作是（　）。

A．左键双击　　B．右键双击　　C．左键拖放　　D．右键拖放

23．在 Windows 7 环境下，下列快捷键中与剪贴板操作无关的是（　）。

A．Ctrl + P　　B．Ctrl + C　　C．Ctrl + X　　D．Ctrl + V

二、填空题

1．Windows 7 是一种________任务、________用户的操作系统。

2．在 Windows 7 中可以打开多个应用程序窗口，可以在桌面上按________、________、________方式来排列这些窗口。

3．在 Windows 7 中，要卸载或更改已安装的组件，可从“控制面板”中运行“________”打开“卸载或更改程序”窗口。

4．Windows 7 的退出不能像 MS-DOS 一样直接关机，而要单击________菜单，再单击其中的________菜单项。

5．“回收站”里面存放着用户从硬盘上删除的文件。如果想再用这些文件，可以从“回收站”中________，如果不再需要这些文件，可以________“回收站”。

6．用鼠标左键按住窗口标题栏不放，移动鼠标可以________整个窗口，双击标题栏可以使窗口________，双击处于最大状态的窗口的标题栏可以把窗口________。

7．最大化窗口的标题栏右边有 3 个按钮，分别是________、________、________。

8．文件有 4 种属性，即________、________、________、________。

9．在 Windows 7 中，文件和文件夹的排序方式有 4 种，分别是________、________、________、________，可以在________菜单的________选项中选择。

10．将应用程序信息移到剪贴板，可执行的操作是________或________，将剪贴板的信息移到应用程序的操作是________。

三、判断题

（　　）1．剪贴板上存放的内容在关机后是不会消失的。

（　　）2．在 Windows 7 中，通常用 Ctrl + Shift 组合键实现各种输入法的快速切换。

（　　）3．在 Windows 7 中，可以用鼠标右键拖动某个文件夹实现对该文件夹的复制操作。

（　　）4．在 Windows 7 中，双击快捷方式可直接运行程序或打开文件夹。

（　　）5．Windows 中支持长文件名或文件夹名，且其中可以包含空格符。

（　　）6．如果路径中的第一个符号为“\”，则表示从根目录开始，即该路径为相对路径。

（　　）7．对话框也可以任意调节大小或缩小成图标。

（　　）8．在进行剪切、复制操作时，必须要启动“剪贴板”查看程序。

（　　）9．在 Windows 的各类管理操作中，选定对象是一切管理操作的前提条件。

（　　）10．用“写字板”编写的文本不包含格式信息，用“记事本”编写的文本包含格式信息。

四、简答题

1．Windows 窗口由哪几个部分组成？什么是当前窗口？

2．什么是文件和文件夹？简述它们的命名规则。

3．什么是绝对路径和相对路径？

4．如何选择单个、多个连续、多个不连续的对象？

5．对文件的操作有哪些？

6．如何使用键盘对菜单进行操作？

项目 2　计算机网络基础知识

计算机的产生和发展，特别是个人计算机的出现，彻底改变了人们的工作和生活方式，为人们带来了极大的方便。随着社会信息化技术的进一步发展，面对浩如烟海的信息和知识，人们已经不满足计算机仅仅能单独工作，迫切地提出了计算机相互协作的要求，计算机网络解决了这一问题。计算机网络的出现、Internet 的普及，使得“资源共享”成为 21 世纪最流行的词语，“网络就是计算机”是人们普遍的认识，计算机应用正进入一个全新的网络时代。因此，学习、了解计算机网络及其应用知识是 21 世纪对所有人的基本要求。

计算机网络是指将地理位置分散的具有独立功能的多台计算机系统，通过通信设备和线路连接起来，在网络操作系统的控制下，按照特定的通信协议进行信息传输，以实现资源共享为目的的系统。按其规模从小到大，计算机网络被分为局域网（LAN）、城域网（MAN）、广域网（WAN）。

要应用计算机网络，首先要求大家能将独立的计算机连接成网络，或者将单台计算机加入已有的网络。下面将通过日常生活中常见的几种情境训练大家将计算机加入网络和应用网络的技能。

任务 1　设置网络参数

【任务分析】

在 TCP/IP 网络中，要使计算机能正常通信，必须设置正确的 IP 地址、子网掩码、默认网关、DNS（域名解析服务器地址）等最基本最重要的网络参数。

【任务目标】

- 了解网络参数。
- 掌握网络参数正确的设置方法。

【必备知识】

1. 网关

（1）网关是什么？网关（Gateway）就是一个网络连接到另一个网络的“关口”。大家都知道，从一个房间走到另一个房间，必然要经过一扇门。同样，从一个网络向另一个网络发送信息，也必须经过一道“关口”，这道关口就是网关。

（2）什么是默认网关？一般而言，一个网络可有多个“关口”，将网络中凡是没有明确指定“关口”的通信要求都发往一个特定的网关，这个网关就是默认网关。

2. DNS

（1）什么是 DNS？DNS 即域名解析，用于将域名解析成与之相对应的 IP 地址。

前面的设置已经让你的计算机连入了 Internet，但是如果你在 IE 浏览器中输入 http://www.163.com/，会提示你访问不到，其原因就是没有设置 DNS 服务器，无法将此域名解析成 IP 地址，也就无法通信。

（2）从哪里可以得到 DNS 服务器地址？ISP（Internet 服务提供商）处，如 ADSL 就是电信公司。

3. 网络参数设置

打开网络连接 TCP/IP 属性设置对话框，如图 2-1 所示，将参数填写到相应位置。

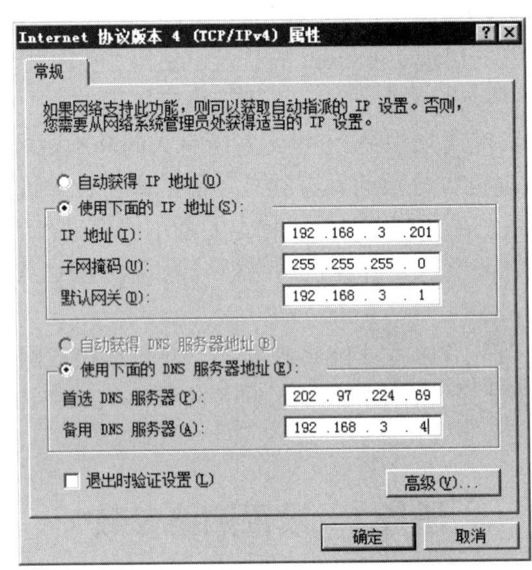

图 2-1 TCP/IP 参数设置对话框

4. 网络测试

最简单的测试就是直接找一个网页看一看，如果能看到，就说明参数正确，如果看不到，一般都是参数设置不正确，只是这种测试方法不能定位故障的范围。下面介绍常用的网络测试方法。

打开命令行模式窗口，分别输入下面的命令。

命令一：ping 192.168.3.1

ping 网关，此命令的数据会离开本机到达网关路由器。如果应答正确，表示局域网中的网关路由器正在运行并能够作出应答。

命令二：ping www.163.com

ping 域名，此命令的数据会离开本机到达外网目的地，并且必须经过 DNS（域名解析服务器），如果这里出现故障，则表示 DNS 服务器的 IP 地址配置不正确或 DNS 服务器有故障（对于拨号上网的用户，某些 ISP 已经不需要设置 DNS 服务器了）。注意，我们也可以利用该命令实现域名对 IP 地址的转换功能。

如果上面所列出的所有 ping 命令都能正常运行，那么我们对自己的计算机进行本地和远程通信的功能就基本可以放心了。但是，这些命令的成功并不表示我们所有的网络配置都没有问题，例如某些子网掩码错误就可能无法用这些方法检测到。

两条命令若通过，说明计算机能接入互联网，否则将不能接入。

表 2-1 所示为常见的网络参数配置。

表 2-1　常见的网络参数配置

参数名称	参数值	备注
IP 地址	192.168.3.1～192.168.3.254	192.168.3.1～192.168.3.5 不能用
子网掩码	255.255.255.0	
默认网关	192.168.3.1	
首选 DNS 服务器	202.97.224.69	
备用 DNS 服务器	192.168.3.4	

【完成过程】

（1）打开网络连接 TCP/IP 属性设置对话框。

（2）依据表 2-1 将参数填写到相应位置。

（3）打开命令行模式窗口，输入 ping 192.168.3.1 命令，如果能正常运行，则网络配置成功。

任务 2　浏览器设置

【任务分析】

Internet 是全球最大的计算机网络，它将世界各地的计算机连接在一起，形成一个可以相互通信、资源共享的计算机网络系统。这意味着，只要与 Internet 相连接，你就可以分享上面丰富的信息资源，并可以与其他 Internet 用户以各种各样的方式进行信息交流。Internet 使得地球上再没有国界，从信息交流、资源共享的角度成为实际意义上的“地球村”。而进行信息发布与交流、资源共享用得最多的就是浏览器。本任务将以 Windows 自带的 Internet Explorer 7.0（以下简称 IE）为例来说明浏览器的使用方法。

【任务目标】

- 了解 Internet Explorer 7.0 的常用功能。
- 掌握 Internet Explorer 7.0 的设置方法。

【必备知识】

1. Internet Explorer 7.0

IE 浏览器也叫 Web 浏览器，从本质上来说，IE 浏览器仍然是一种应用程序，主要用于 Internet 网络中的客户端，方便用户查看网上信息、使用网络提供的各种资源。现在最流行的浏览器除美国微软公司的 Internet Explorer 之外，还有网景公司的 Netscape 和 Mozilla 公司的 Firefox。

2. 访问网站

通常要利用 IE 浏览器访问某一网站的主页，只需在浏览器的“地址栏”中输入网站地址

（网站地址可以是 IP 地址，也可以是域名）即可。例如，要访问网易公司的网站主页，可在“地址栏”中输入 http://www.163.com/，也可以输入 202.181.28.52，然后按 Enter 键，但人们更喜欢用第一种方式。

进入网站主页后，可以通过主页中的超链接再去访问网站的其他网页。这里有几个概念要说明一下，便于大家区分。

- 主页：在浏览器地址栏中直接输入域名或 IP 地址后，显示的第一个页面称为主页。
- 网页：网站的所有超文本文件都叫网页。
- 起始页：启动浏览器后显示的第一个页面，用户可以在浏览器中自行设置。

3. 存储网页

有时候，对于一些好的网页，我们希望将其存储下来，最常用的方法：打开网页后，使用浏览器“文件”菜单中的“另存为”命令，在弹出的对话框中选择网页要保存的位置并给出文件名，单击“保存”按钮。

对于一些重要文件，我们也可以直接打印下来，打印的方法：进入要打印的网页，直接使用 IE 浏览器“文件”菜单中的“打印”命令。

4. 添加收藏夹

对于一些要经常访问的网页，可以分类将其地址保存到浏览器的“收藏夹”中。例如，要将网易公司的主页地址保存到“收藏夹”中，操作步骤：进入网易公司的主页，单击 IE 浏览器“收藏夹”菜单中的“添加到收藏夹”命令，然后按照提示操作。

这样，以后要访问网易的主页时，就不用每次都输入地址，直接在“收藏夹”中即可快速地访问。

5. 清除历史记录

默认情况下，浏览器会记录最近 20 天访问过的网页，这样当要再次去访问相同的网页时，速度将变得很快；若要再次去查看访问过的网页，只需单击工具栏中的“历史记录”按钮 历史记录 ，在其中选择相应的记录。

然而，有时候我们并不希望自己的隐私数据在其中显示出来，此时可以通过以下步骤来清除历史记录：在退出 IE 浏览器之前，使用 IE 浏览器“工具”菜单中的“删除浏览历史记录”命令，然后按照提示操作。

6. IE 浏览器的设置

浏览器可以进行多种设置以限制用户访问网络的环境。

（1）设置浏览器起始页。浏览器起始页是指浏览器启动时或单击“主页”按钮 主页(M) 时显示的自动访问的网页，可以在浏览器的“Internet 选项”对话框中设置，如图 2-2 所示。

（2）设置安全级别。在“Internet 选项”对话框的“安全”选项卡中可以分别针对 Internet、Intranet 设置安全级别，安全级别共有 5 级：低、中低、中、中高、高，每一个级别允许的操作不同，级别越高，允许的操作越少。

（3）设置弹出窗口阻止程序。现在有一些网站，打开其网页后，总会随之弹出一些窗口，这不但影响正常使用，而且容易使计算机受到威胁，为此，IE 7.0 专门设置了弹出窗口阻止功能。

默认情况下，只要打开了弹出窗口阻止程序，所有站点的弹出窗口将被阻止。对于有些站点，如果你需要允许其弹出窗口，只需单击图 2-3 中的“设置”按钮，在弹出的对话框中添加允许的站点即可，如图 2-4 所示。

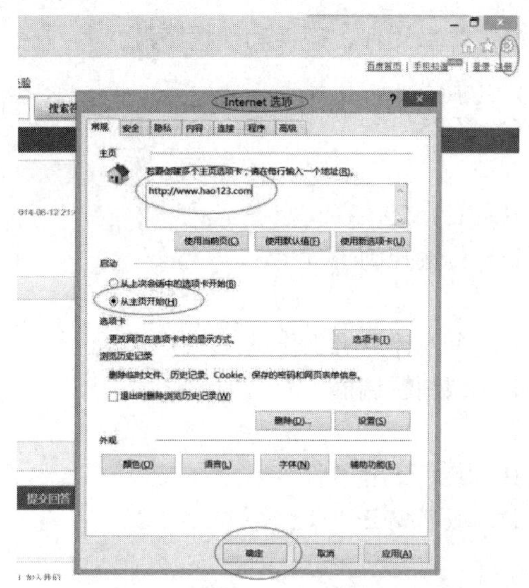

图 2-2 设置浏览器起始页

图 2-3 打开弹出窗口阻止程序

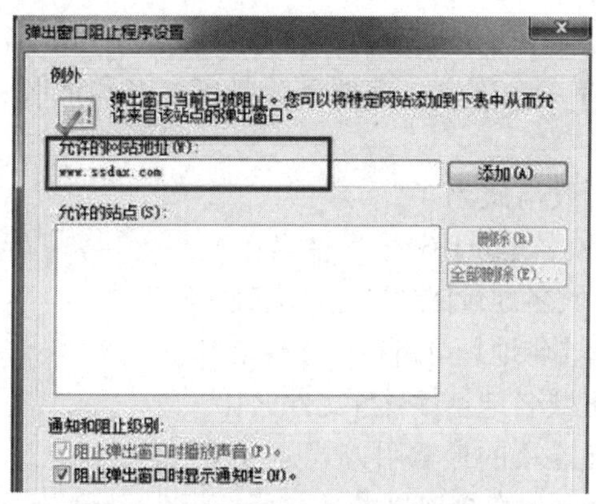

图 2-4 弹出窗口阻止程序设置

【完成过程】

（1）在“Internet 选项”对话框“常规”选项卡的“主页”文本框中输入网站地址。

（2）在“Internet 选项”对话框的“隐私”选项卡中，可以“打开”或“关闭”弹出窗口阻止程序。

（3）单击图 2-3 中的“设置”按钮，在弹出的对话框中添加允许的站点。

习题 2

一、选择题

1．计算机网络的主要目标是（　　）。

A．分布处理　　B．将多台计算机连接起来

C．提高计算机的可靠性　　D．共享软件、硬件和数据资源

2．Internet 采用的协议类型为（　　）。

A．TCP/IP　　B．IEEE 802.2　　C．X.25　　D．IPX/SPX

3．广域网和局域网是按照（　　）来分的。

A．网络使用者　　B．信息交换方式

C．网络连接距离　　D．传输控制规程

4．下面不属于局域网硬件组成的是（　　）。

A．网络服务器　　B．个人计算机工作站

C．网络接口卡　　D．调制解调器

5．电子邮件地址的一般格式为（　　）。

A．用户名@域名　　B．域名@用户名

C．IP 地址@域名　　D．域名@ IP 地址

6．IP 地址是由（　　）组成的。

A．3 个黑点分隔主机名、单位名、地区名和国家名 4 个部分

B．3 个黑点分隔的 4 个 0～255 的数字

C．3 个黑点分隔的 4 个部分，前两部分是国家名和地区名，后两部分是数字

D．3 个黑点分隔的 4 个部分，前两部分是国家名和地区名代码，后两部分是网络和主机码

7．Web 地址的 URL 一般格式为（　　）。

A．协议名/计算机域名地址[路径[文件名]]

B．协议名:/计算机域名地址[路径[文件名]]

C．协议名:/计算机域名地址/ [路径[/文件名]]

D．协议名://计算机域名地址[路径[文件名]]

8．家庭用户与 Internet 连接的最常用方式是（　　）。

A．将计算机与 Internet 直接连接

B．计算机通过电信数据专线与当地 Internet 供应商的服务器连接

C．计算机通过一个调制解调器用电话线与当地 Internet 供应商的服务器连接

D．计算机与本地局域网直接连接，通过本地局域网与 Internet 连接

9．Internet 起源于（　　）。

A．美国　　B．英国　　C．德国　　D．澳大利亚

10．HTTP 的中文意思是（　　）。

A．布尔逻辑搜索　　B．电子公告牌

C．文件传输协议　　D．超文本传输协议

二、判断题

（　　）1．进网的计算机是不能脱离网络而独立运行的。

（　　）2．个人用户通过拨号上网，在通信介质上传输的是数字信号。

（　　）3．Internet Explorer 只能浏览网页，不能用来收发电子邮件。

（　　）4．一个域名地址是由主机名和各级子域名构成的。

(　　) 5．在 Internet 上，IP 地址是连入 Internet 网络节点的全球唯一的地址。
(　　) 6．因特网是最大的局域网。
(　　) 7．电子邮件只能传送文字信息，不能传送图片、声音等多媒体信息。
(　　) 8．搜索引擎是某些网站提供的用于网上查询信息的搜索工具。
(　　) 9．一般情况下，我们上网浏览的信息是通过 FTP 协议传输过来的。
(　　) 10．多台计算机相连就组成了计算机网络。

三、简答题

1．计算机网络的定义。
2．简述计算机网络的功能。
3．简述计算机网络的组成。

四、综合应用题

如果要将一台计算机加入某个机房，请写出步骤。

第 2 部分　Word 2010 基本操作

1. 掌握段落、字体格式的设置。
2. 能对文档进行图文混排。
3. 具备处理表格的能力。
4. 掌握 Word 2010 复杂版式的设置。
5. 熟练使用绘图画布插入、绘制、组合图形。
6. 熟练使用样式、目录、节、页眉页脚等功能对长文档进行排版。

1. Word 2010 文档的图文混排。
2. 表格的创建、编辑及表格中的数据处理。
3. 图表的插入、编辑。
4. Word 2010 的网络应用。

项目 3　文档的基本应用

Word 2010 是 Microsoft Office 2010 软件中主要的组件之一。它集文字、表格、图形、传真、电子邮件、HTML 和 Web 制作功能于一身，让用户可以方便地处理文字、图形和数据，编辑、排版文档，满足各种文档排版、打印需求，并实现了“所见即所得”的排版功能。掌握 Word 2010 的常用操作是实现无纸化办公的重要手段，从公文的起草、打印到个人工作总结和其他各种文稿，都可以通过 Word 2010 来输入和编辑。本项目从制作网络安全与系统管理邀请函开始，循序渐进地介绍 Word 2010 在实际工作中经常用到的一些知识。

任务 1　Word 基础知识

【任务分析】

本任务主要完成邀请函文档——网络安全与系统管理.docx 的创建，让读者了解文字处理软件 Word 2010，掌握 Word 2010 的启动、退出、文档的建立、保存、录入等基本操作，最后录入完成《网络安全与系统管理》邀请函文档。任务完成后的效果如图 3-1 所示。

您高度重视您企业信息系统的安全　我们也是

《网络安全与系统管理》邀请函

今天，网络安全问题正在以各种方式广泛而深刻地影响着我们的商务工作和生活。对网络安全问题的关注已成为国际潮流，中国的政府和企业也正在着手建立起积极防御的网络安全保障体系。而网络安全要求的，首先就是技术与人才并重。

现在，微软公司正在以前所未有的广度和力度，集结全公司范围内各部门的力量，通力配合，制定有效的安全措施方案，帮助广大用户战胜网络安全威胁，提高商务工作环境的安全性，为大众获得最为快捷和优质的信息做出我们的努力，并使您了解微软最新的网络安全管理理念，成为中国网络安全管理的翘楚。

这正是我们向您提供一系列的网络安全培训的目的。

在网络安全培训中，我们将把微软自身用于解决网络安全问题的有效管理方法和崭新理念以形象生动、深入浅出的形式展示给广大听众。

在 2011 年 2 月至 6 月间，微软安排了在全国各地举办一系列以网络安全为主题的培训。培训将涵盖构建网络安全的三个阶段：

第一阶段：　桌面安全一补丁分发管理解决方案

第二阶段：　信息系统架构安全

第三阶段：　系统安全与维护

现在您就可以在 http://www.microsoft.com/china/security/上获取相关资源信息，做好准备迎接更为安全的网络工作和安全管理理念吧！

在此，我们诚挚邀请您前来参加本次活动，与我们一起分享成功经验！

《网络安全与系统管理》邀请函第 1 页-1

时　　　间：2011 年 6 月 25 日　13:00—15:00

地　　　点：桂林游园饭店 1 楼国际会议中心

本次活动主题：安全培训基础部分讲座

会议日程安排：

13:00—14:00 注册　　14:00—15:30 安全性基础知识

15:30—15:45 休息　　15:45—16:45 实施安全修补程序管理

16:45—17:15 问题与回答

微软（中国）有限公司

2011 年 6 月

微软网络安全培训系列主题内容

为了更好地将微软网络安全培训这一系列讲座办好，我们诚挚地希望您将感兴趣的主题挑选出来（划√），将同回执传真给我们（或在网站注册页面上选择）。

第一阶段：桌面安全——补丁分发管理解决方案

Windows XP 和 Windows Server 2003 的客户端安全实施

补丁分发管理解决实施

Windows Server 2003 的服务器端安全实施

第二阶段：信息系统架构安全

网络安全实施

服务器和客户端安全实施的高级技术

Windows 活动目录介绍

Windows2003 网络安全设计

第三阶段：系统安全与管理

安全管理解决方案

微软集中式安全管理解决方案的实施

《网络安全与系统管理》邀请函第 1 页-2

微软网络安全方案设计

微软 SMS2003 的计划和部署

微软（中国）有限公司期待着您的光临！

由于座位有限，请尽快注册，以便为您保留座位和资料。

致

姓　　名：王小姐　　电　　话：020-88110424

传　　真：020-88110424　电子邮件：ms_events_gz@163.com

请于 6 月 25 日前将以下回执传真至会务组（此回执复印有效），

或者登录 http://www.mktgservice.com/security_training/default.asp 注册，谢谢！

是的，我单位将参加此次发布会。请给我们预留　　个座位。

更多信息，请访问微软（中国）有限公司网站：http://www.microsoft.com/china/

获取最新的产品信息，请订阅我们的 7 种电子期刊快递：http://www.microsoft.com/china/newsletter,asp

《网络安全与系统管理》邀请函第 2 页

图 3-1　《网络安全与系统管理》邀请函

【任务目标】

- 掌握 Word 2010 的启动、退出方法。
- 熟悉 Word 2010 的用户界面。
- 掌握文档的建立、保存、录入方法。

【必备知识】

1. 启动 Word 2010 软件

用户在已经安装了 Word 2010 软件并且已经启动了中文 Windows 7 操作系统的前提下，启动 Word 2010 的方法有以下几种：

- 单击“开始”→“所有程序”→Microsoft Office→Microsoft Office Word 2010 命令，如图 3-2 所示。
- 双击 Word 2010 桌面快捷方式图标。
- 双击已有的 Word 2010 文件图标。

2. 退出 Word 2010 软件

退出 Word 2010 软件的常用方法有以下几种：

- 单击“文件”→“退出”命令，如图 3-3 所示。

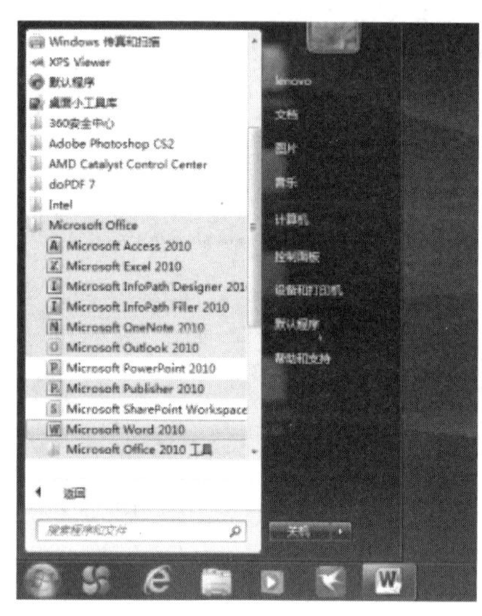

图 3-2 启动 Word 的第一种方法

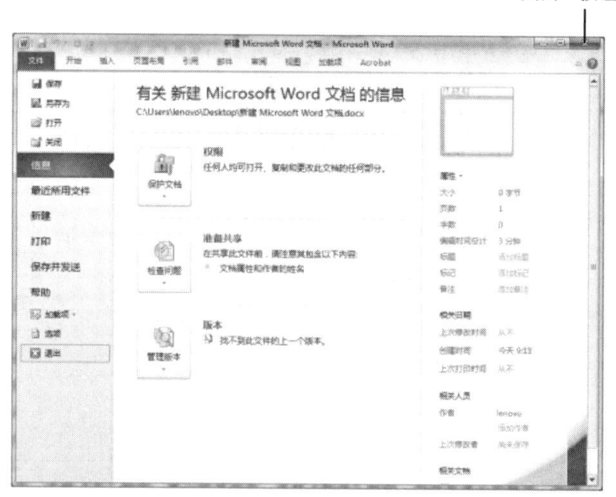

图 3-3 退出 Word 的第一种方法

- 按 Alt+F4 组合键。
- 单击 Word 窗口中的“关闭”按钮，如图 3-3 所示。

当用户选择退出 Word 软件时，Word 将关闭所有的文档。如果某些打开的文档修改后没有保存，Word 将询问用户在退出之前是否要保存这些文档，如图 3-4 所示。单击“保存”按钮，表示保存；单击“不保存”按钮，表示放弃保存；单击“取消”按钮，则放弃退出操作，继续工作。

图 3-4　关闭文档对话框

3. Word 2010 主窗口的组成和操作

Word 2010 启动后，屏幕上将显示主操作窗口，它由标题栏、菜单栏、工具栏、标尺、编辑区、滚动条、状态栏等组成，如图 3-5 所示。

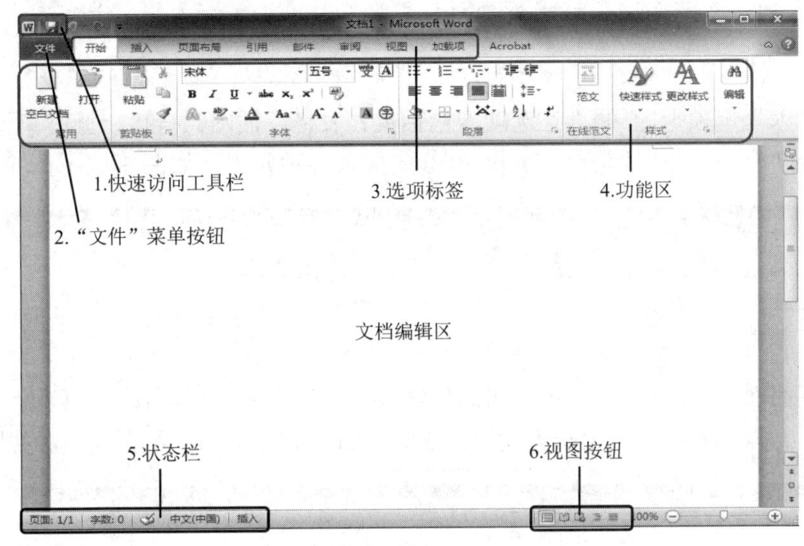

图 3-5　Word 2010 主操作窗口

（1）快速访问工具栏。Word 2010 文档窗口中的“快速访问工具栏”用于放置命令按钮，使用户快速启动经常使用的命令。默认情况下，“快速访问工具栏”中只有数量较少的命令，用户可以根据需要添加多个自定义命令。

（2）标题栏。显示当前文档的名字。图 3-5 所示是一个新文档，所以看到的是系统默认建立的“文档 1”文件名。

（3）文件菜单按钮。相对于 Word 2007 的 Office 按钮，Word 2010 中的“文件”按钮更有利于 Word 2003 用户快速迁移到 Word 2010。“文件”按钮是一个类似于菜单的按钮，位于 Word 2010 窗口的左上角。单击“文件”按钮可以打开“文件”面板，包含信息、最近所用文件、新建、打印、打开、关闭、保存等常用命令，如图 3-6 所示。

（4）选项标签。与其他软件中的“菜单”作用相同，Word 2010 的选项标签包含开始、插入、页面布局、引用、邮件、审阅、视图、加载项 8 个选项。单击选项，可以弹出功能区。

（5）功能区。工作时需要用到的命令位于此处，它与其他软件中的“菜单命令选项”或“工具栏”作用相同。

图 3-6　“文件”菜单按钮

Word 2010 取消了传统的菜单操作方式，而代之于各种功能区。单击 Word 2010 窗口上方的开始、插入、页面布局、引用、邮件、审阅、视图、加载项等选项卡，可以切换到与之相对应的功能区面板。每个选项卡根据功能的不同又分为若干个组。

- “开始”选项卡。“开始”选项卡中包括剪贴板、字体、段落、样式和编辑 5 个组，对应 Word 2003 的“编辑”和“段落”菜单中的部分命令。该选项卡主要用于帮助用户对 Word 2010 文档进行文字编辑和格式设置，是用户最常用的选项卡，如图 3-7 所示。

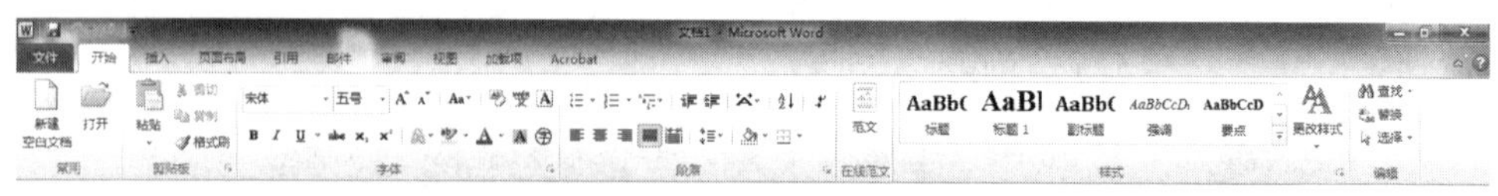

图 3-7　“开始”选项卡

- “插入”选项卡。“插入”选项卡包括页、表格、插图、链接、页眉和页脚、文本、符号 7 个组，主要用于在 Word 2010 中插入各种元素，如图 3-8 所示。

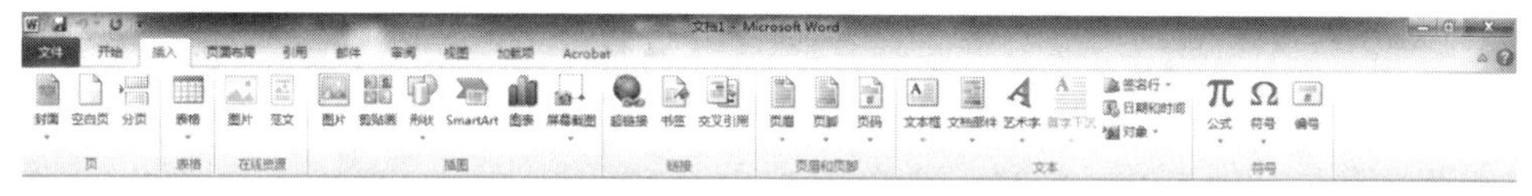

图 3-8　“插入”选项卡

- “页面布局”选项卡。“页面布局”选项卡包括主题、页面设置、稿纸、页面背景、段落、排列 6 个组，用于帮助用户设置 Word 2010 文档的页面样式，如图 3-9 所示。

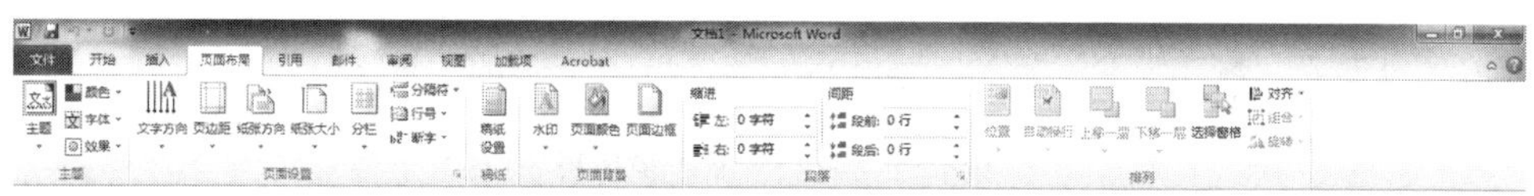

图 3-9　“页面布局”选项卡

- “引用”选项卡。“引用”选项卡包括目录、脚注、引文与书目、题注、索引和引文目录 6 个组，用于实现在 Word 2010 文档中插入目录等比较高级的功能，如图 3-10 所示。

图 3-10　“引用”选项卡

- “邮件”选项卡。“邮件”选项卡包括创建、开始邮件合并、编写和插入域、预览结果和完成 5 个组，该功能区的作用比较专一，专门用于在 Word 2010 文档中进行邮件合并方面的操作，如图 3-11 所示。

图 3-11　“邮件”选项卡

- “审阅”选项卡。“审阅”选项卡包括校对、语言、中文简繁转换、批注、修订、更改、比较和保护 8 个组，主要用于对 Word 2010 文档进行校对和修订等操作，适用于多人协作处理 Word 2010 长文档，如图 3-12 所示。

图 3-12 “审阅”选项卡

- “视图”选项卡。“视图”选项卡包括文档视图、显示、显示比例、窗口和宏 5 个组，主要用于帮助用户设置 Word 2010 操作窗口的视图类型，以方便操作，如图 3-13 所示。

图 3-13 “视图”选项卡

- “加载项”选项卡。“加载项”选项卡包括菜单命令一个组，加载项是可以为 Word 2010 安装的附加属性，如自定义的工具栏或其他命令扩展。“加载项”功能区可以在 Word 2010 中添加或删除加载项，如图 3-14 所示。

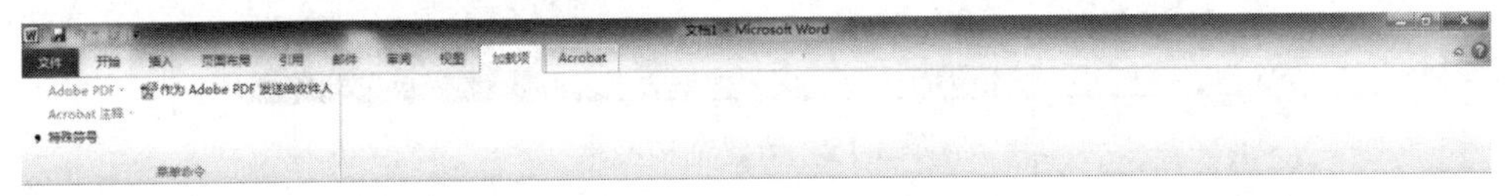

图 3-14 “加载项”选项卡

（6）状态栏。在屏幕底端显示有关执行过程中的选定命令或操作的信息。

（7）视图按钮。视图是文档窗口的显示方式。视图不会改变页面格式，但能以不同的形式显示文档的页面内容，以满足不同编辑状态的需要。正确地使用视图可以提高工作效率、节省编辑时间，Word 2010 提供了多种视图模式供用户选择使用。

Word 2010 中提供了页面视图、阅读版式视图、Web 版式视图、大纲视图、草稿视图 5 种视图模式，用户可以在“视图”功能区中选择需要的文档视图模式，也可以在 Word 2010 文档窗口的右下方单击视图按钮来选择视图。

- 草稿视图。草稿视图显示文本的格式，简化版面，以便快速输入和编辑。该视图可以用于输入、编辑文字和编排格式，可以对跨页的内容进行编辑，页与页之间只用虚线分割，不能显示文本框、图形、分栏、页码、页眉和页脚。
- 页面视图。页面视图能够在屏幕上模拟打印所得到的文档，取得“所见即所得”的效果。页面视图除了有草稿视图已具备的那些特点外，它还显示出实际位置的多栏版面、页眉、页脚、脚注和尾注，也可以精确地查看到图文中的项目。
- 大纲视图。可以方便地查看文章的大纲层次，文章的所有标题分级显示，层次分明；用户也可以通过标题操作改变文档的层次结构。
- Web 版式视图。它是将文档转化成 HTML 文档之后的视图效果。该视图中不显示标尺，也不分页，不能在文档中插入页码。

- 阅读版式视图。阅读版式视图的最大特点是便于用户阅读，也能进行文本的输入和编辑。在阅读版式视图中，文档中每相连的两项显示在一个版面上，屏幕根据显示屏的大小自动调整到最容易辨认的状态。

4. 文档的相关操作

（1）创建新文档。常用方法有以下几种：

- 使用“文件”菜单按钮创建新文档。单击“文件”→“新建”选项，在右侧单击“空白文档”选项，如图 3-15 所示，单击“创建”按钮。

图 3-15　新建空白文档

- 单击“开始”选项卡，打开对应的功能区，单击“新建空白文档”按钮。
- 单击桌面上的快捷方式图标。
- 在桌面空白处右击，在弹出的快捷菜单中选择“新建”→“Microsoft Word 文档”命令，如图 3-16 所示。

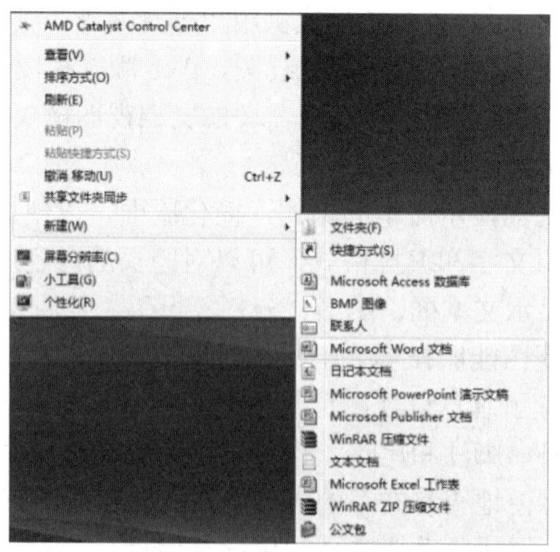

图 3-16　新建文档快捷菜单

（2）打开已存在的 Word 文档。常用方法有以下几种：

- 通过“打开”对话框打开指定的文档。单击“文件”→“打开”选项，或直接按 Ctrl+O 组合键，或单击“开始”选项卡中的“打开”按钮，弹出“打开”对话框，如图 3-17 所示。选择要打开文件的磁盘及路径，或直接在“文件名”文本框中输入需要打开文档的正确路径及文件名，单击“打开”按钮。

图 3-17　“打开”对话框

- 快速打开最近使用过的文档。单击“文件”→“最近所用文件”选项，在右侧选择先前打开过的文档文件名，单击鼠标即可快速打开该文档，如图 3-18 所示。

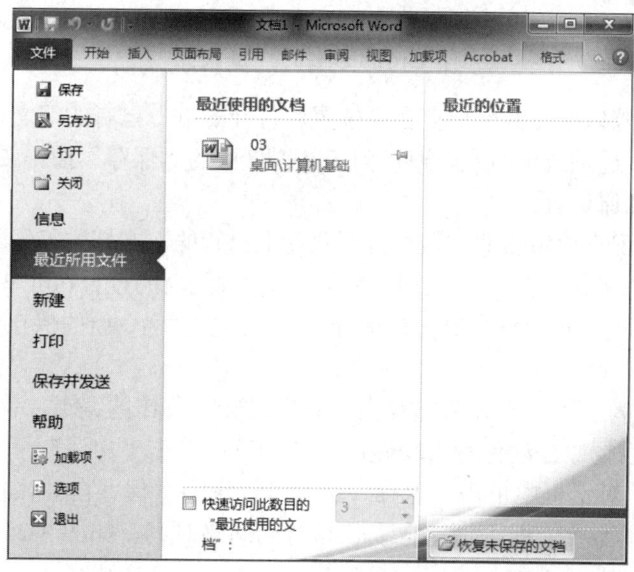

图 3-18　快速打开最近使用过的文档

- 通过“计算机”打开文档。在“计算机”中查找需要打开的文档，双击文档图标即可打开。如果 Word 尚未启动，则双击文档图标后系统自动启动 Word，并在 Word 工作窗口中打开指定的文档。

（3）保存文档。

1）保存新建文档。Word 为新建文档所起的临时文件名是文档 1、文档 2、文档 3 等，保存时需要指定在磁盘上的保存位置和文件名，具体操作如下：单击“文件”→“另存为”选项，弹出“另存为”对话框，如图 3-19 所示。在“保存位置”下拉列表框中选择文档保存的位置（驱动器、路径），在“文件名”文本框中输入新建文档的文件名，单击“保存”按钮。另外，保存新建文档时，单击“文件”→“保存”选项或单击“快速访问工具栏”中的“保存”按钮 ，Word 都将弹出“另存为”对话框。

图 3-19　“另存为”对话框

2）编辑后的文档以原文件名保存在原位置。打开磁盘上已有的旧文档进行编辑后，单击“文件”→“保存”选项或单击“快速访问工具栏”中的“保存”按钮或按 Ctrl+S 组合键，文档将以原名保存在原位置。

3）以新文件名保存编辑后的文档。打开磁盘上已有的旧文档进行编辑后，若需要以不同的文件名或文件类型保存，或需要将编辑后的文档存放到新的位置，可单击“文件”→“另存为”选项，在“另存为”对话框中对文档进行指定新的文件名、新的保存位置、新的保存类型等操作。

4）自动保存。为了防止意外情况发生时丢失对文档所作的编辑，Word 提供了定时自动保存文档的功能。设置“自动保存”功能的方法如下：单击“文件”→“选项”命令，在弹出的“Word 选项”对话框中单击“保存”选项卡，选中“保存自动恢复信息时间间隔”复选框并修改其右侧的数字，即可调整自动保存时间间隔时间，如图 3-20 所示，单击“确定”按钮。

Word 把自动保存的内容存放在一个临时文件中，如果在用户对文档进行保存前出现了意外情况（如断电），再次进入 Word 时最后一次保存的内容被恢复在窗口中，这时用户应该立即进行存盘操作。

（4）关闭文档。关闭文档是关闭当前文档的窗口，而不是退出 Word 软件。关闭文档的操作步骤如下：单击“文件”选项卡中的“关闭”命令，或单击菜单栏右端的“关闭窗口”按钮。如果当前文档在编辑后没有保存，关闭前将弹出询问对话框，询问是否保存对文档所作的修改，如图 3-21 所示。单击“保存”按钮保存，单击“不保存”按钮放弃保存，单击“取消”按钮不关闭当前文档，继续编辑。

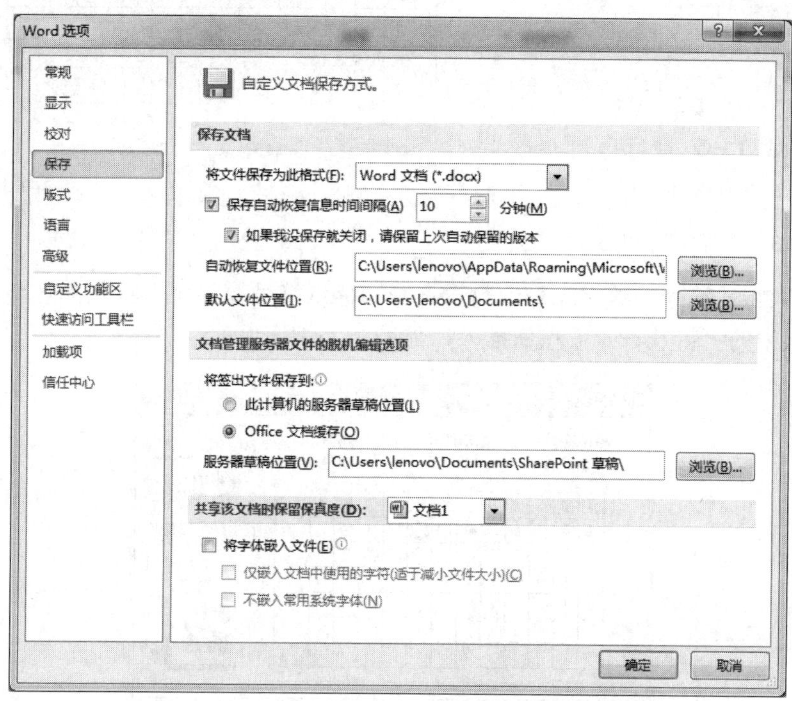

图 3-20　“Word 选项”对话框的“保存”选项卡

5. 输入文本

（1）输入汉字。当输入汉字时，必须先切换到中文输入法。在中文 Windows 7 系统中，按 Ctrl+空格组合键可在中/英文输入法之间切换，按 Ctrl+Shift 组合键可以在各种输入法间切换；也可以单击桌面右下角的 En 按钮，在出现的输入法选择菜单中选择一种输入法，如图 3-22 所示。

图 3-21　系统询问对话框

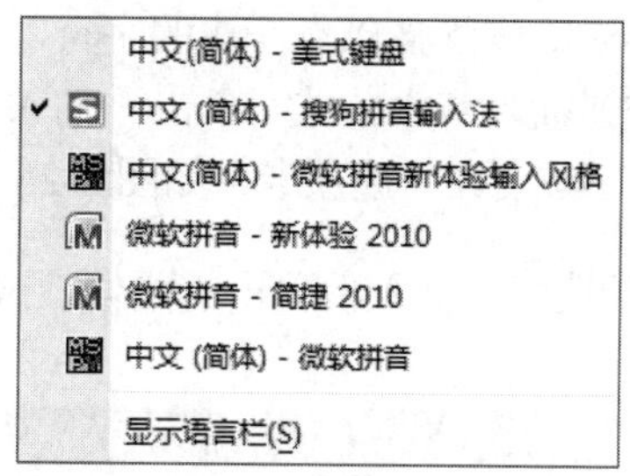

图 3-22　选择输入法

（2）字母的输入。只要将输入法切换到英文方式，即可进行英文字母的输入。

（3）输入符号。单击“插入”选项卡“符号”组中的“符号”按钮，弹出如图 3-23 所示的下拉列表或图 3-24 所示的对话框，在其中选择所需要的符号。

图 3-23 “符号”下拉列表

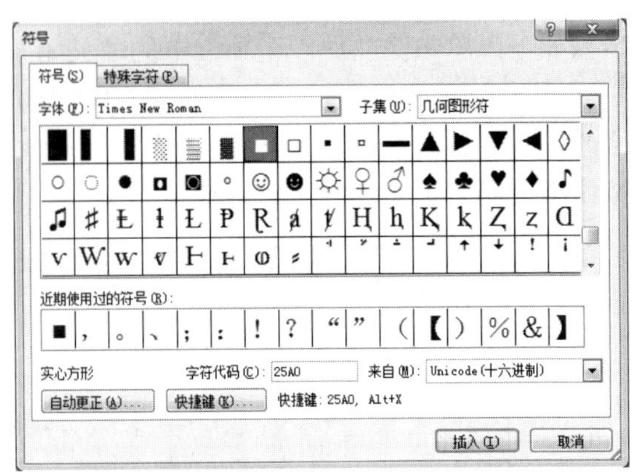

图 3-24 “符号”对话框

（4）插入特殊符号。数字序号、数学符号和标点符号等都属于特殊符号，可以单击“加载项”选项卡中的“特殊符号”按钮插入，如图 3-25 所示。

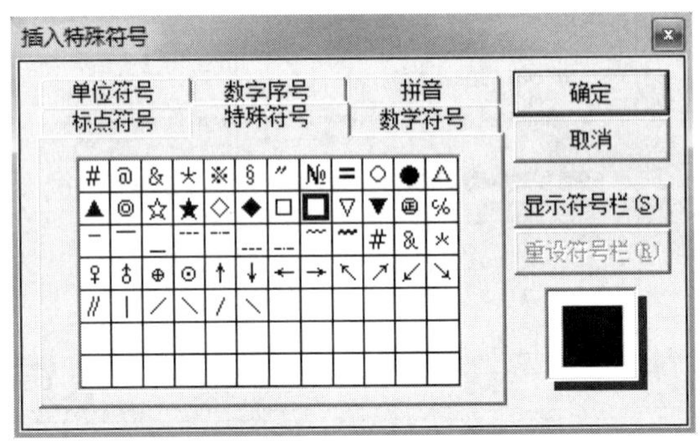

图 3-25 “插入特殊符号”对话框

文本的输入总是从插入点处开始，即插入点显示了输入文本的插入位置。输入文字到达右边界时不要使用 Enter 键，Word 会根据纸张的大小和设定的左右缩进量自动换行。当一个自然段文本输入完毕时按 Enter 键，插入点光标处插入一个段落标记（↵）以结束本段落，插入点移到下一行新段落的开始，等待继续输入下一自然段的内容。一般情况下，不使用插入空格符来对齐文本或产生缩进，可以通过格式设置操作来达到指定的效果。输入错误时，按 Backspace 键删除插入点左边的字符，按 Delete 键删除插入点右边的字符。

（5）插入数学公式。单击“插入”选项卡“符号”组中的“公式”按钮，功能区中显示“公式工具/设计”选项卡，如图 3-26 所示，选择需要的公式类别并单击，再在下拉列表中选择需要的公式。插入后单击需要修改或编辑的部位即可进行所需录入，如 $x=\dfrac{-b\pm\sqrt{b^2-4ac}}{2a}$。

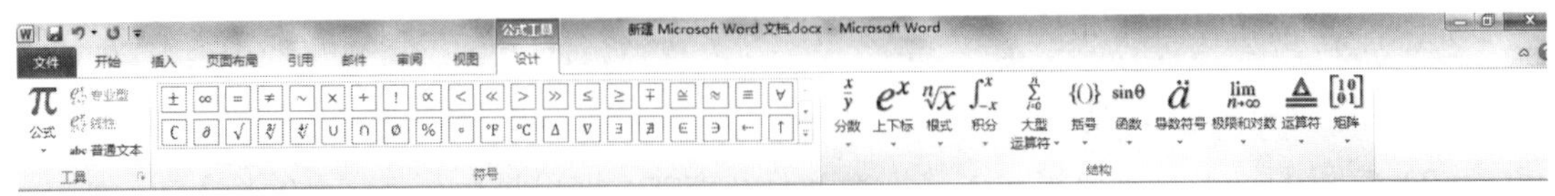

图 3-26 “公式工具/设计”选项卡

【完成过程】

（1）启动 Word 2010，新建一个文件名为“网络安全与系统管理.docx”的文档。

（2）按照任务完成效果图输入“时间：2011 年 6 月 25 日　13:00—15:00”，输入“：”时应选择中文全角状态，如图 3-27 所示。此时标点“：”占一个汉字的宽度，效果为“时间：2011 年”；如果用半角英文状态，则效果为“时间:2011 年”。

（3）输入日期时系统会显示“系统时间”的提示信息，如图 3-28 所示。按 Enter 键即可输入当前时间，默认格式为“2011-4-15”。要改变显示形式，则单击日期（拖拽鼠标选中整个日期），将显示智能标签ⓘ，鼠标指向智能标签，单击标签右侧的下拉按钮，如图 3-29 所示，可显示农历形式等。

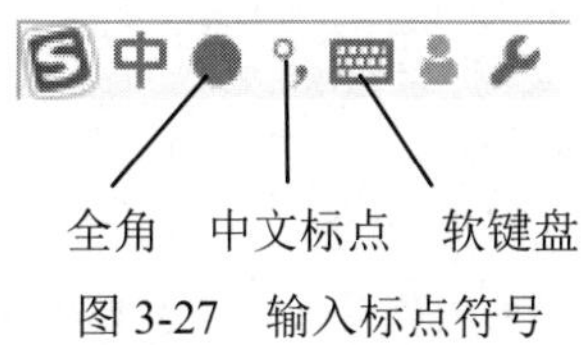

图 3-27　输入标点符号

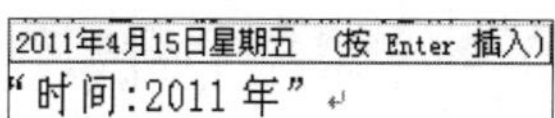

图 3-28　输入日期时的系统提示信息

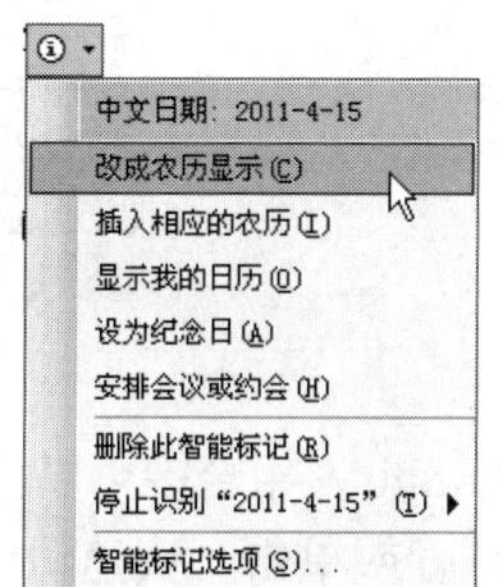

图 3-29　日期智能标签及下拉列表

（4）输入√和—。

方法一：单击“加载项”选项卡中的“特殊符号”按钮，弹出“插入特殊符号”对话框，单击“数学符号”选项卡，单击“√”后单击“确定”按钮或者双击“√”均可插入该符号，如图 3-30 所示。

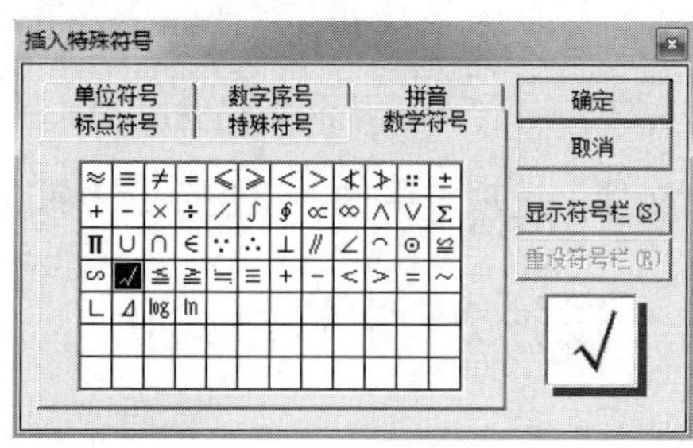

图 3-30　输入数学符号√

按照同样的方法在“标点符号”选项卡中插入“—”符号，如图 3-31 所示。

方法二：在输入法工具栏中右击软键盘，在弹出的快捷菜单中选择“数学符号”，如图 3-32

所示。在软键盘中单击“√”，如图3-33所示。再次单击软键盘按钮关闭软键盘。插入“—”的方法类似。

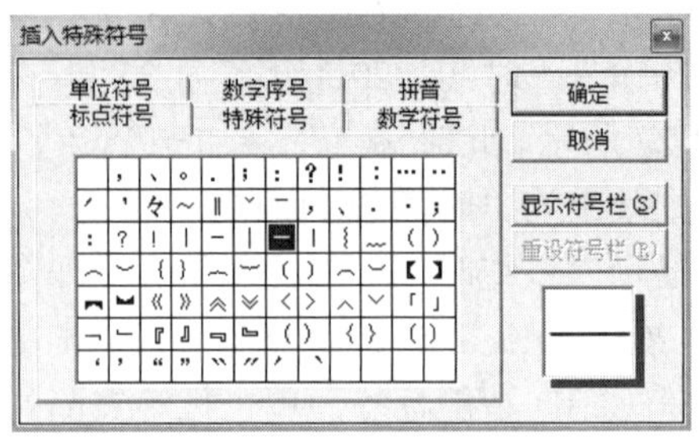

图3-31　输入标点符号—

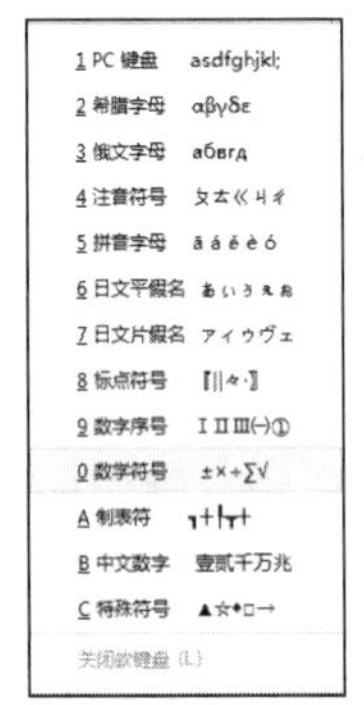

图3-32　软键盘插入数学符号

图3-33　软键盘

方法三：在中文输入法状态下，按Shift+-组合键可以输入“——”，然后去掉一个“—”。

（5）保存文档：按Ctrl+S组合键，或单击“快速访问工具栏”中的“保存”按钮，或选择“文件”选项卡中的“保存”命令。

（6）关闭文档：选择“文件”选项卡中的“关闭”命令，若该文件没有保存过，系统会提示“是否保存该文件”，如图3-34所示。

图3-34　“询问是否保存”对话框

（7）退出Word：单击“文件”选项卡中的“退出”命令或按Alt+F4组合键。

任务2　字符格式化

【任务分析】

本任务主要是对《网络安全与系统管理》邀请函进行字符排版，让读者学会使用Word 2010进行文档编辑，重点掌握Word 2010对字符排版的操作方法，最后完成一份完整、美观的《网络安全与系统管理》邀请函文档。任务完成后的效果如图 3-35 所示。

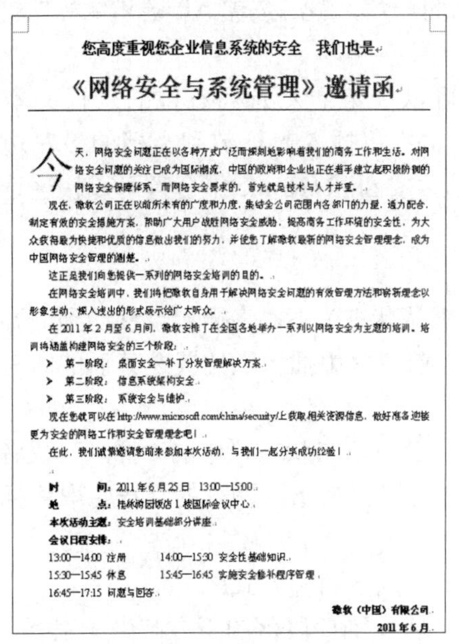

您高度重视您企业信息系统的安全　我们也是

《网络安全与系统管理》邀请函

今天，网络安全问题正在以各种方式广泛而深刻地影响着我们的商务工作和生活。对网络安全问题的关注已成为国际潮流，中国的政府和企业也正在着手建立起积极防御的网络安全保障体系。而网络安全要求的，首先就是技术与人才并重。

现在，微软公司正在以前所未有的广度和力度，集结全公司范围内各部门的力量，通力配合，制定有效的安全措施方案，帮助广大用户战胜网络安全威胁，提高商务工作环境的安全性，为大众获得最为快捷和优质的信息做出我们的努力，并使您了解微软最新的网络安全管理理念，成为中国网络安全管理的翘楚。

这正是我们向您提供一系列的网络安全培训的目的。

在网络安全培训中，我们将把微软自身用于解决网络安全问题的有效管理方法和崭新理念以形象生动、深入浅出的形式展示给广大听众。

在 2011 年 2 月至 6 月间，微软安排了在全国各地举办一系列以网络安全为主题的培训。培训将涵盖构建网络安全的三个阶段：

- 第一阶段：桌面安全—补丁分发管理解决方案
- 第二阶段：信息系统架构安全
- 第三阶段：系统安全与维护

现在您就可以在 http://www.microsoft.com/china/security/上获取相关资源信息，做好准备迎接更为安全的网络工作和安全管理理念吧！

在此，我们诚挚邀请您前来参加本次活动，与我们一起分享成功经验！

时　　间：2011 年 6 月 25 日　13:00—15:00

地　　点：桃林岭园饭店 1 楼国际会议中心

本次活动主题：安全培训基础部分讲座

会议日程安排：

13:00—14:00 注册　　14:00—15:30 安全性基础知识

15:30—15:45 休息　　15:45—16:45 实施安全修补程序管理

16:45—17:15 问题与回答

微软（中国）有限公司

2011 年 6 月

邀请函第 1 页排版效果

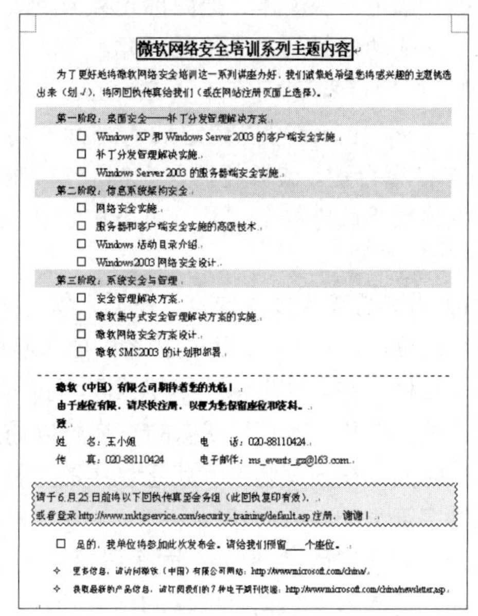

微软网络安全培训系列主题内容

为了更好地将微软网络安全培训这一系列讲座办好，我们诚挚地希望您将感兴趣的主题挑选出来（划√），将回执传真给我们（或在网站注册页面上选择）。

第一阶段：桌面安全——补丁分发管理解决方案

- ☐ Windows XP 和 Windows Server 2003 的客户端安全实施
- ☐ 补丁分发管理解决实施
- ☐ Windows Server 2003 的服务器端安全实施

第二阶段：信息系统架构安全

- ☐ 网络安全实施
- ☐ 服务器和客户端安全实施的高级技术
- ☐ Windows 活动目录介绍
- ☐ Windows2003 网络安全设计

第三阶段：系统安全与管理

- ☐ 安全管理解决方案
- ☐ 微软集中式安全管理解决方案的实施
- ☐ 微软网络安全方案设计
- ☐ 微软 SMS2003 的计划和部署

微软（中国）有限公司期待着您的光临！

由于座位有限，请尽快注册，以便为您保留座位和资料。

致：

姓　　名：王小姐　　电　　话：020-88110424

传　　真：020-88110424　　电子邮件：ms_events_gz@163.com

请于 6 月 25 日前将以下回执传真至会务组（此回执复印有效），

或者登录 http://www.mktgservice.com/security_training/default.asp 注册，谢谢！

☐ 是的，我单位将参加此次发布会。请给我们预留___个座位。

- ✧ 更多信息，请访问微软（中国）有限公司网站：http://www.microsoft.com/china/
- ✧ 获取最新的产品信息，请订阅我们的 7 种电子期刊快递：http://www.microsoft.com/china/newsletter.asp

邀请函第 2 页排版效果

图 3-35　邀请函排版效果

【任务目标】

- 学会使用 Word 2010 进行文档编辑。
- 掌握 Word 2010 对字符排版的操作方法。

【必备知识】

1. 文本编辑

文本编辑是对一个已经建立的文档进行修改和调整，主要操作有定位、选定文本、插入、删除、复制、移动、查找与替换、撤消与恢复。

（1）选定文本。

1）使用鼠标选定文本。

- 选定任意长度的文本：把光标移到要选定文本内容的起始处，然后按住鼠标左键进行拖动，直到选定文本内容的结束处放开鼠标左键，此时被选定的文本内容反白显示。
- 选定某一范围的文本：把插入点放到要选定的文本之前，然后按下 Shift 键不放，把鼠标移到要选定的文本末尾，再单击鼠标，此时将选定插入点到鼠标光标之间的所有文本。
- 选定一个词：把光标移到要选定文本内容中的任意一个位置上，然后双击鼠标左键，即可选定光标所在的一个英文单词或一个词。
- 选定一行：单击此行左端的选定栏。
- 选定一个段落：双击该段落左端的选定栏或在该段落中的任意位置处三击。
- 选定整个文档：三击任一行左端的选定栏或按住 Ctrl 键的同时单击选定栏。

- 选定不连续区域的文本：先选定第一个文本区域，按住 Ctrl 键，再选定其他文本区域。
- 选定一块文本：把鼠标光标放到要选定文本的一角，然后按住 Alt 键和鼠标左键，再拖动鼠标到文本块的对角。

2）使用键盘选定文本。按 Shift+End 组合键可以选定插入光标右边的一行文本；按 Shift+Home 组合键可以选定插入光标左边的本行文本；将插入光标放到文档的最左边，按 Shift+End 组合键，或者将插入光标放到文档的最右边，按 Shift+Home 组合键可以快速选定一行。如果想要选定整个文档，可以按 Ctrl+A 组合键。

（2）插入。

1）用键盘输入插入内容。在插入状态（Word 的默认状态）下，将插入点移动到需要插入新内容的位置，输入要插入的内容。插入新内容后，当前段落中插入点位置及其后的所有文字均自动后移，并自动按原段落格式重新排列。

“插入”和“改写”状态的转换可以通过按 Insert 键或双击状态栏中的“插入”或者“改写”来完成。在改写状态（状态栏中的“插入”变为“改写”）下，输入的字符将取代插入点所在的字符，插入点后移。

2）插入空行。如果要在两个段落之间插入空行，有以下两种方式：

- 把插入点移动到段落的结束处，按 Enter 键，将在当前段落的下方产生一空行。
- 把插入点移动到段落的开始处，按 Enter 键，将在当前段落的上方产生一空行。

3）插入磁盘文件。在编辑文本时，有时需要把另一个文档插入到当前文档的某个位置，操作方法如下：将光标放到要插入文档的位置，单击“插入”选项卡“文本”组中的“对象”按钮，在下拉列表中选择“文件中的文字”命令，弹出“插入文件”对话框，如图 3-36 所示；在“文件名”文本框中输入要插入的文件名，或者在“查找范围”中选定要插入的文件名；单击“插入”按钮，即可把该文档插入到当前所指的位置。

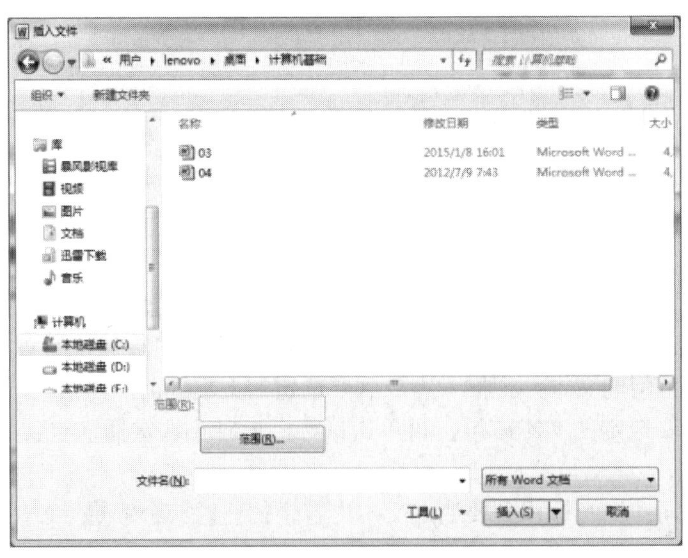

图 3-36 “插入文件”对话框

（3）删除。输入出错时可以用退格键 Backspace 或删除键 Delete 删除字符，具体操作如下：

1）选定要删除的文本，按 Delete 键，把选定的文本一次性全部删除。

2）选定要删除的文本，单击“开始”选项卡“剪贴板”组中的“剪切”按钮或者按 Ctrl+X 组合键，选定的文本将被一次性全部删除。与上一方法不同的是，剪切后被删除的内容移至剪贴板中。

（4）复制。在 Word 中复制文本的基本做法是先将已选定的文本复制到 Office 剪贴板上，再将其粘贴到文档的另一位置。复制操作的常用方如下：

1）利用剪贴板复制。选定要复制的文本，单击“开始”选项卡“剪贴板”组中的“复制”按钮或按 Ctrl+C 组合键，此时系统将选定的文本复制到剪贴板中；把插入点移到文本复制的目的地，单击“开始”选项卡“剪贴板”组中的“粘贴”按钮或按 Ctrl+V 组合键，可以将剪贴板中的剪贴内容任意多次地粘贴到文档中。

Office 剪贴板可以保存多达 24 次剪贴内容，并能在 Office 2010 各应用程序中共享剪贴内容。单击“开始”选项卡“剪贴板”组中的对话框启动器或者按 Ctrl+C 组合键两次即可打开“剪贴板”任务窗格，如图 3-37 所示。

图 3-37 “剪贴板”任务窗格

2）利用鼠标拖放的方法复制文本。选定要复制的文本，把鼠标指针移到选定的文本处，在按住 Ctrl 键的同时将文本拖动到目的地（此时光标形状为），放开鼠标左键即可完成复制操作。

（5）移动。移动文本的操作步骤与复制文本基本相同。

1）利用剪贴板移动文本。选定要移动的文本，单击“开始”选项卡“剪贴板”组中的“剪切”按钮或按 Ctrl+X 组合键，此时所选定的文本即从文档中消除并存放在剪贴板上。把插入点移至文本移动的目的地，单击“开始”选项卡“剪贴板”组中的“粘贴”按钮或按 Ctrl+V 组合键，完成移动操作。

2）利用鼠标拖动的方法移动文本。选定要移动的文本，把鼠标指针移到选定的文本处，然后按住鼠标左键，将文本拖动到目的地（此时光标形状为），释放鼠标即完成了移动操作。

（6）撤消与恢复。在编辑文档的过程中，可能会发生一些操作，如输入出错或误删了不该删除的内容等。这时，可以使用 Word 提供的撤消与恢复功能来修改文档。其中，“撤消”是取消上一步的操作结果，“恢复”与撤消相反，是将撤消的操作恢复。

- “撤消”操作。单击“快速访问工具栏”中的“撤消”按钮或按 Ctrl+Z 组合键。
- “恢复”操作。单击“快速访问工具栏”中的“重复”按钮或按 Ctrl+Y 组合键。撤消操作之后恢复才可用。

2. 字符格式化

格式设置是按照一定的要求改变文档外观的操作，包括改变字符外观、段落外观、页面外观等。

（1）字符格式。在文档中，文字、数字、标点符号和特殊字符统称为字符。对字符的格式设置包括选择字体、字形、字号、字符颜色，以及处理字符的升降、间距等。下面是 Word 2010 提供的几种字符格式示例。

五号宋体**四号黑体**三号隶书**宋体加粗**

*倾斜*下划线波浪线上标下标

字 符 间 距 加 宽 字符间距紧缩字符加底纹字符加边框

字符提升字符降低字符缩 90%放 150%

读者可以先录入字符，再对录入的字符设置格式；也可以先设置字符格式，再录入字符，这时所设置的格式只对设置后录入的字符有效。如果要对已录入的字符设置格式，则必须先选定需要设置格式的字符。字符格式可以用菜单命令、格式工具栏或右键快捷菜单设置。

需要注意以下两点：

- 英文字符以磅为单位，磅的数值范围是 1～1638。中文字号按中国人的习惯以号为单位，分为初号、小初、一号、小一、二号等 16 种。
- 选中文字后按 Ctrl+[或 Ctrl+]组合键，选中的文字以 1 磅为单位缩小或放大，运用此方法可在“字号”栏中看到字号的变化情况；按 Ctrl+Shift+<或 Ctrl+Shift+>组合键以磅或号为单位大范围缩小或放大字体，这样可以轻松找到合适的字号。

（2）用“字体”对话框设置字符格式。

选定文本，单击“开始”选项卡“字体”组中的对话框启动器，弹出“字体”对话框，其中有“字体”和“高级”两个选项卡，如图 3-38 所示。在对话框的“预览”框中可以看到格式设置的效果。

1）字体、字号、字形的设置。在“字体”对话框的“字体”选项卡中可以设置字体、字形、字号、字体颜色、下划线线型、下划线颜色、效果等字符格式，如图 3-38 所示。

2）设置字符间距。在“字体”对话框的“高级”选项卡的“间距”和“位置”下拉列表框中作相应选择可对 Word 默认的标准字符间距进行调整，也可以调整字符在所在行中相对于基准线的高低位置。“缩放”下拉列表框可以用来调整字符的缩放大小，字符缩放和改变字号都会改变字符的大小，但字符缩放只在水平方向上缩放，如图 3-39 所示。

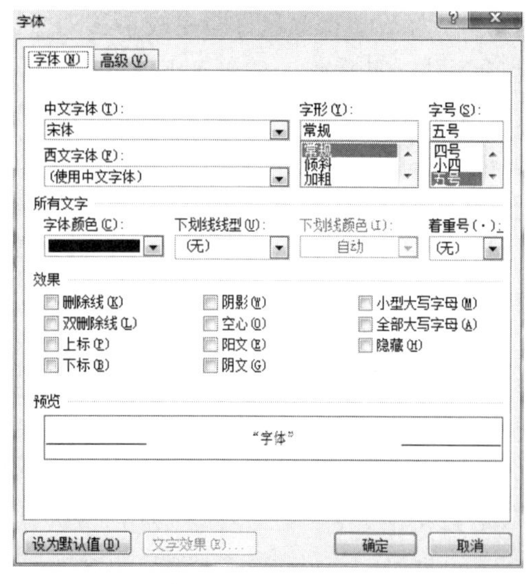

图 3-38　“字体”对话框的“字体”选项卡

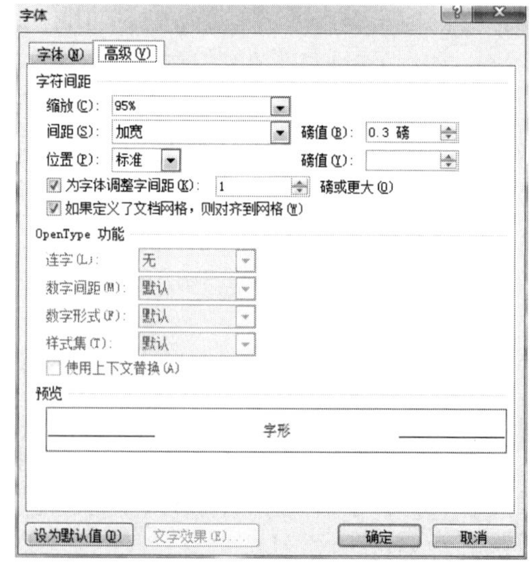

图 3-39　“字体”对话框的“高级”选项卡

3）设置文字效果。“字体”对话框“高级”选项卡中的“文字效果”按钮可以设置字符的动态效果，设置动态效果有助于对文档的屏幕阅读，使用动态显示的字符更加醒目，但不能打印。

4）设置其他格式。单击“开始”选项卡“段落”组中的“中文版式”按钮，弹出“中文版式”下拉列表，如图 3-40 所示。

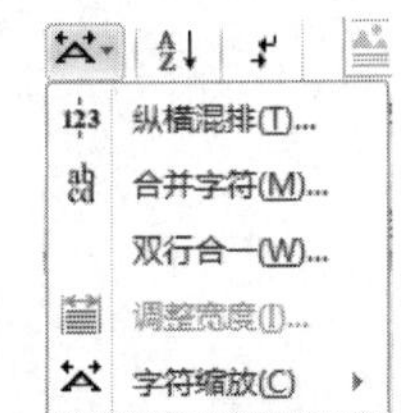

图 3-40 “中文版式”下拉列表

（3）用“字体”组设置字符格式。“字体”组包括最常用的字符格式化工具按钮，如图 3-41 所示。将鼠标指针移到“字体”组中不同的按钮上停顿一下，将显示该按钮的名字。部分按钮还设置了快捷键，如图 3-42 所示。

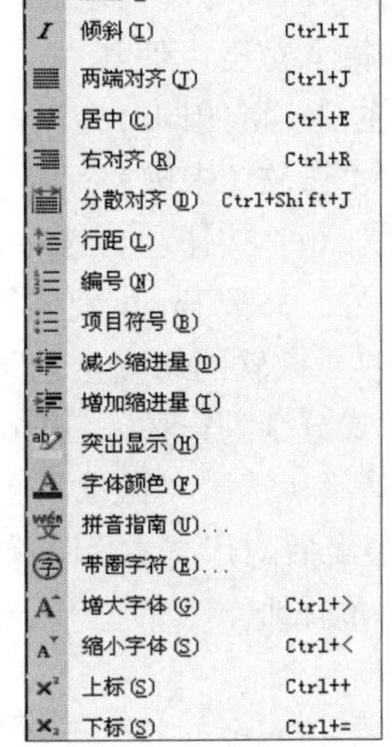

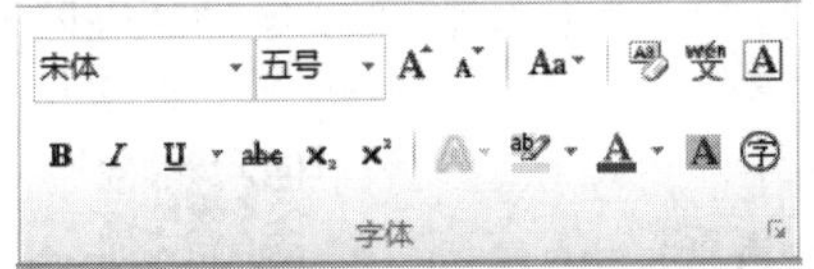

图 3-41 “字体”组

图 3-42 格式按钮及其快捷键

【完成过程】

（1）打开任务 1 中建立的“网络安全与系统管理.docx”文档。

（2）拖动鼠标选中第一行内容，在“开始”选项卡“字体”组的“字体”下拉列表框中选择“宋体”，在“字号”下拉列表框中选择“三号”，再单击“加粗”按钮和“段落”组中的“居中”按钮，完成效果如图 3-43 所示。

（3）单击第二行左侧的选择栏选中主标题，如图 3-44 所示。设置其字体为“华文中宋”，字号为“一号”，再单击“加粗”按钮和“居中”按钮，单击“字体颜色”按钮右侧的小箭头，在下拉列表中选择“深红”，设置效果如图 3-45 所示。

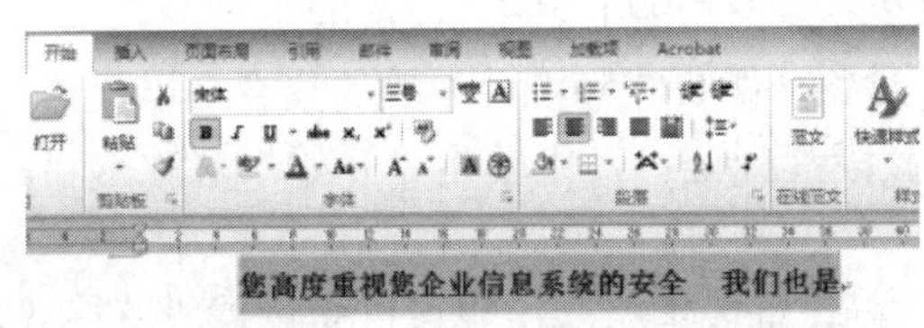

图 3-43 提示标题设计效果

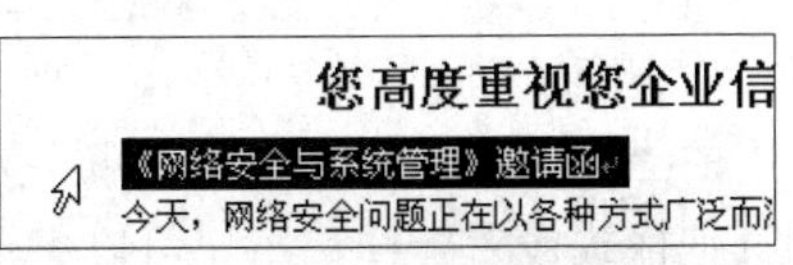

图 3-44 选中主标题

图 3-45　选定标题并设置字体颜色

（4）找到“时间”和“地点”等处，单击“时”前按 Enter 键插入一个空行，在时间和地点中间分别插入空格，使其“：”纵向对齐。

（5）按住 Ctrl 键的同时拖动鼠标选中“时间：”“地点：”“本次活动会议日程安排：”“本次活动主题：”“微软（中国）有限公司”“2011 年 6 月”，释放鼠标，单击“开始”选项卡“字体”组中的“加粗”按钮。再选中落款两项，单击“开始”选项卡“段落”组中的“右对齐”按钮，单击“月”后按 Enter 键插入空行，直到页面进入下一页。

（6）选中“微软网络安全培训系列主题内容”，在“开始”选项卡中设置字体、字号、字形、对齐方式分别为宋体、三号、加粗、居中。

（7）拖动鼠标选中“微软（中国）”到“致”三段文本，设置其字形为加粗。

（8）选中最后两行文本，设置字体为“宋体”，字号为“小五”，网址字体为 Arial Unicode MS。返回文本编辑区。

任务 3　制作邀请函

【任务分析】

本任务主要完成《网络安全与系统管理》邀请函的段落排版，让读者学会使用 Word 2010 进行文档段落排版的操作方法，使邀请函文档页面更加整洁清晰。

【任务目标】

- 掌握 Word 2010 段落排版的操作方法。

【必备知识】

段落的格式设置主要包括段落的对齐、段落的缩进、行距与段距、段落的修饰等。

在 Word 中，段落是一定数量的文本、图形、对象（如公式和图片）等的集合，以段落标记符“↵”（也称“回车符”）结束。要显示或隐藏段落标记符，则单击“开始”选项卡“段落”组中的“显示/隐藏编辑标记”按钮 。

同其他格式设置一样，用户可以先录入文本，再设置段落格式；也可以先设置段落格式，再录入文本，这时所设置的段落格式只对设置后录入的段落有效。如果要对已录入的某一段落设置格式，只要把插入点定位在该段落内的任意位置即可进行操作；也可选中段落结尾的段落标记符表示选中整个段落。如果对多个段落设置格式，则应先选中被设置的所有段落。

（1）段落的对齐。在 Word 中，文本对齐的方式有 5 种：左对齐、居中对齐、右对齐、两端对齐、分散对齐。在选中要设置的段落后单击“开始”选项卡“段落”组中的对话框启动器，弹出“段落”对话框，单击“缩进和间距”选项卡，在“对齐方式”下拉列表框中选择需要的对齐方式，如图 3-46 所示；在“段落”组中单击对应的按钮分别实现文本左对齐、居中、右对齐、两端对齐和分散对齐。

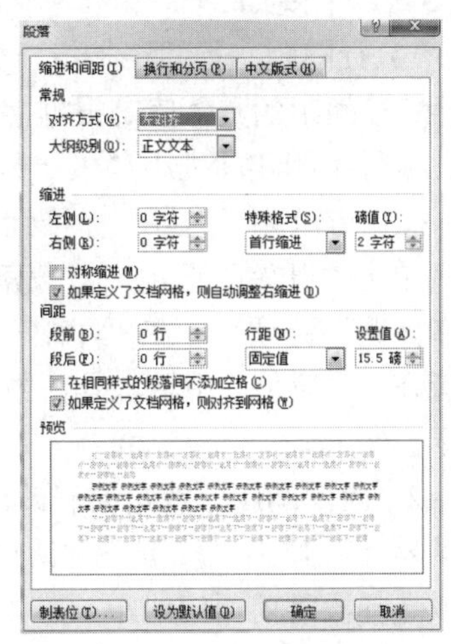

图 3-46 “段落”对话框的“缩进和间距”选项卡

（2）段落的缩进。段落的缩进方式有 4 种：左缩进、右缩进、首行缩进、悬挂缩进，缩进举例如图 3-47 所示。

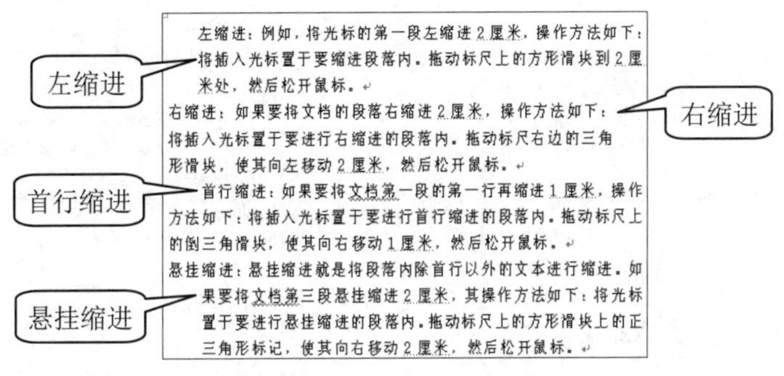

图 3-47 缩进方式示例

1）使用“段落”组缩进。在“开始”选项卡的“段落”组中有两个缩进按钮和，是减少缩进量：减少文本的缩进量或将选定的内容提升一级；是增加缩进量：增加文本的缩进量或将选定的内容降低一级。注意每单击一次缩进按钮，所选文本的缩进量为增加或减少一个汉字。

2）使用标尺缩进正文。移动标尺上的缩进标记也可以改变文本的缩进量。利用水平标尺，可以将文本进行左缩进、右缩进、首行缩进、悬挂缩进等操作，如图 3-48 所示。

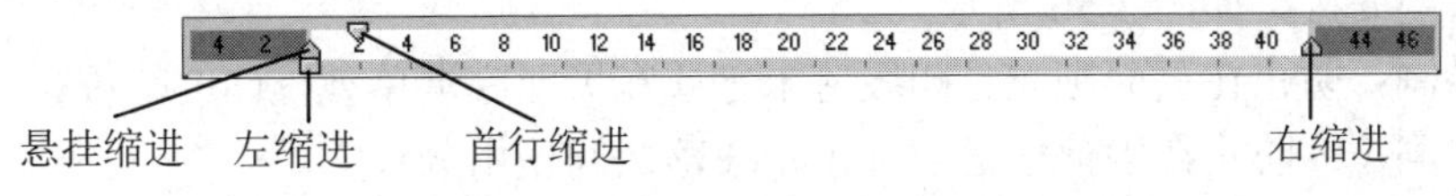

图 3-48 使用标尺缩进

3）用“段落”对话框控制缩进。上面介绍的几种缩进方式只能粗略地进行缩进，如果想精确地缩进文本，可以使用“段落”对话框中的“缩进和间距”选项卡进行设置，操作方法如下：将光标置于要进行缩进的段落内，单击“开始”选项卡“段落”组中的对话框启动器，弹出“段落”对话框，在“缩进和间距”选项卡的“缩进”区域中输入或者选择所需要的数值。

（3）间距。

1）行间距。行间距是指一个段落内行与行之间的距离，在 Word 中默认的行间距为单倍行距。行间距的具体值是根据字体的大小来决定的。例如，对于五号字的文本，单倍行距的大小比五号字的实际大小稍大一些。如果不想使用默认的单倍行距，可以在“段落”对话框中设置，操作方法如下：将光标移到要设置行间距的段落中，如果要设置多个段落，必须先选定它们；单击“开始”选项卡“段落”组中的对话框启动器，弹出“段落”对话框；单击“缩进和间距”选项卡，在“间距”区域中单击“行距”下拉列表框，在其中选择所需要的行距，或者在“设置值”中输入具体数值，在“预览”框中将显示调整后的段落格式，如图 3-49（a）所示。

2）段落间距。选定要修改段落间距的段落，单击“开始”选项卡“段落”组中的对话框启动器，弹出“段落”对话框。选中“缩进和间距”选项卡，在“段前”文本框中可以输入或选择段落前面的间距，在“段后”文本框中可以设置段落后面的间距，在“预览”框中可以查看调整后的效果，如图 3-49（b）所示。

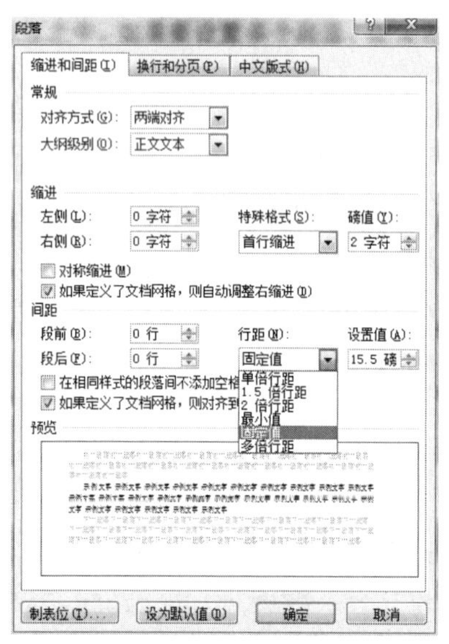

（a）设置行距

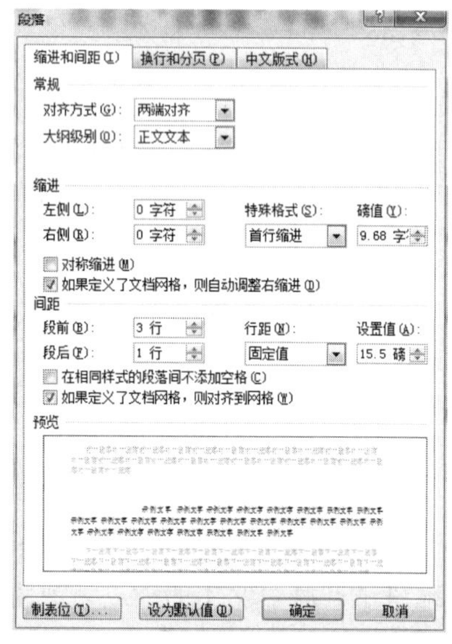

（b）设置段落间距

图 3-49 设置间距

（4）段落分页的设置。在“段落”对话框“换行和分页”选项卡的“分页”区域中可以处理分页处段落的安排，如图 3-50 所示。

- 孤行控制：防止在页面顶端打印段落末行或在页面底端单独打印段落首行。
- 与下段同页：防止在当前段落及其下一段落之间使用分页符。
- 段中不分页：防止在当前段落中使用分页符。
- 段前分页：在当前段落中使用分页符。

（5）首字下沉。

1）设置首字下沉。

单击“插入”选项卡“文本”组中的“首字下沉”按钮，弹出如图 3-51 所示的“首字下沉”对话框。在“位置”区域中选择首字下沉方式“下沉”或“悬挂”，例如选择“下沉”，在“选项”区域中从“字体”下拉列表框中选择首字下沉的字体，如“宋体”，在“下沉行数”框中选择或输入首字下沉的行数，在“距正文”框中设置首字与正文的距离，单击“确定”按钮，Word 显示段落首字下沉的效果。

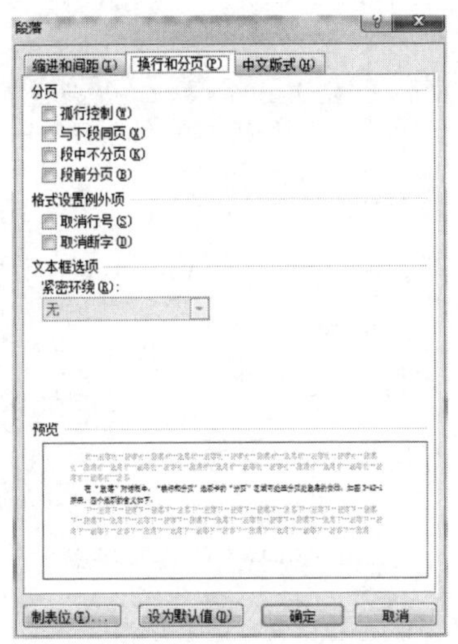

图 3-50 “段落”对话框的“换行和分页”选项卡

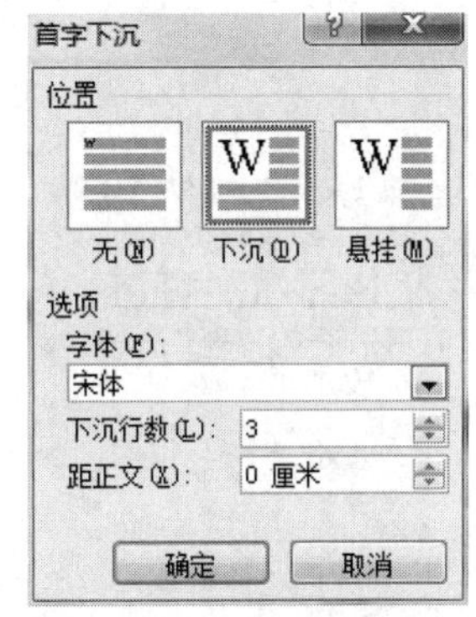

图 3-51 “首字下沉”对话框

2）取消首字下沉。

把光标置于要取消首字下沉的段落中，单击“首字下沉”按钮打开“首字下沉”对话框，在“位置”区域中单击“无”选项，然后单击“确定”按钮。

【完成过程】

（1）打开任务 1 中建立的“网络安全与系统管理.docx”文档。拖动鼠标选中第一行内容，单击“段落”组中的“居中”按钮☰，设置效果如图 3-52 所示。

（2）单击第二行左侧的选择栏选中主标题，单击“居中”按钮，设置效果如图 3-53 所示。

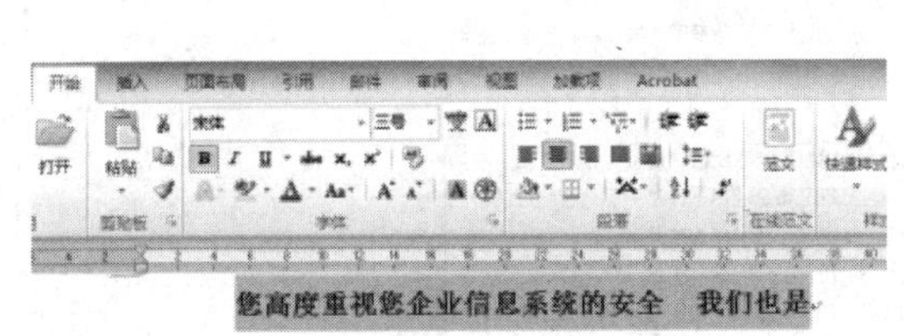

图 3-52 提示标题设计效果

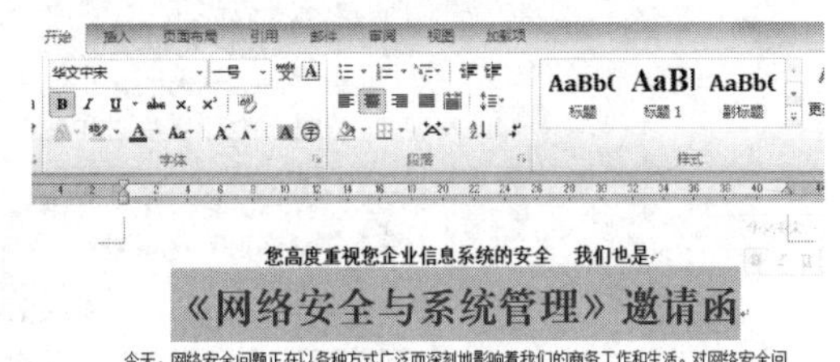

图 3-53 选定标题并居中

（3）选中标题，单击“开始”选项卡“段落”组中的对话框启动器，弹出“段落”对话框，设置“段后”间距为 2 行。

（4）单击第一自然段（即“今天”开头的自然段）的任意位置，在“插入”选项卡的“文本”组中单击“首字下沉”按钮，在下拉列表中选择“首字下沉选项”，弹出“首字下沉”对话框，在其中单击“下沉”选项，其他值保持默认，如图 3-54 所示，单击“确定”按钮返回文本编辑区。

（5）单击“现在”自然段的任意位置，再单击“开始”选项卡“段落”组中的对话框启动器，弹出“段落”对话框，在“特殊格式”下拉列表框中选择“首行缩进”，“磅值”为2字符，“行距”为固定值，“设置值”为18磅，如图3-55所示，单击“确定”按钮返回文本编辑区。

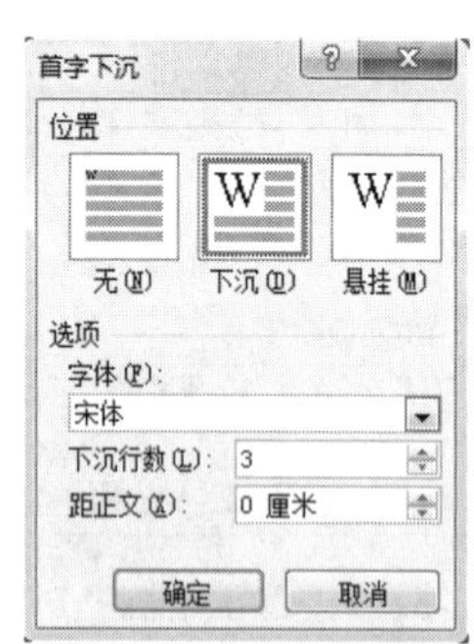

图3-54 “首字下沉”对话框

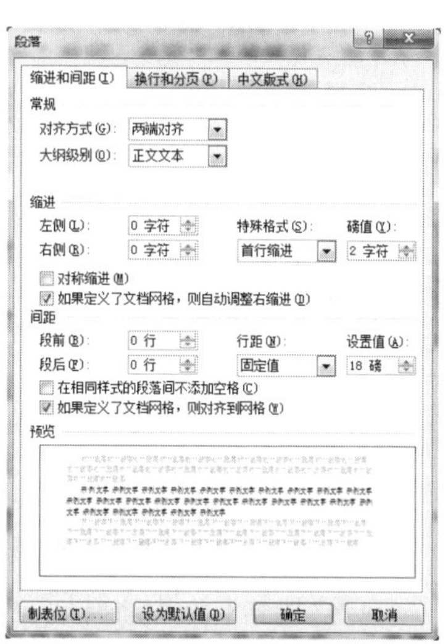

图3-55 行距及缩进设置

（6）单击“开始”选项卡“剪贴板”组中的“格式刷”按钮，鼠标指针变成。从下一个自然段“这正是”开始拖动鼠标到文件尾，释放鼠标，鼠标指针变成空心箭头。整篇文章都变成首行缩进2个字符，行间距18磅。使用格式刷设置全文对比效果如图3-56所示。

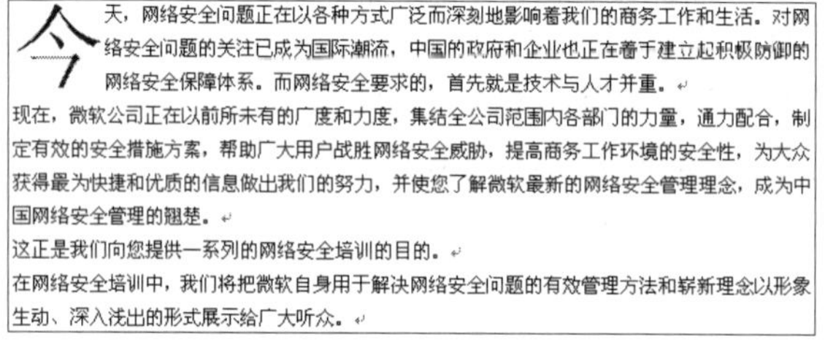

今天，网络安全问题正在以各种方式广泛而深刻地影响着我们的商务工作和生活。对网络安全问题的关注已成为国际潮流，中国的政府和企业也正在着手建立起积极防御的网络安全保障体系。而网络安全要求的，首先就是技术与人才并重。

现在，微软公司正在以前所未有的广度和力度，集结全公司范围内各部门的力量，通力配合，制定有效的安全措施方案，帮助广大用户战胜网络安全威胁，提高商务工作环境的安全性，为大众获得最为快捷和优质的信息做出我们的努力，并使您了解微软最新的网络安全管理理念，成为中国网络安全管理的翘楚。

这正是我们向您提供一系列的网络安全培训的目的。

在网络安全培训中，我们将把微软自身用于解决网络安全问题的有效管理方法和崭新理念以形象生动、深入浅出的形式展示给广大听众。

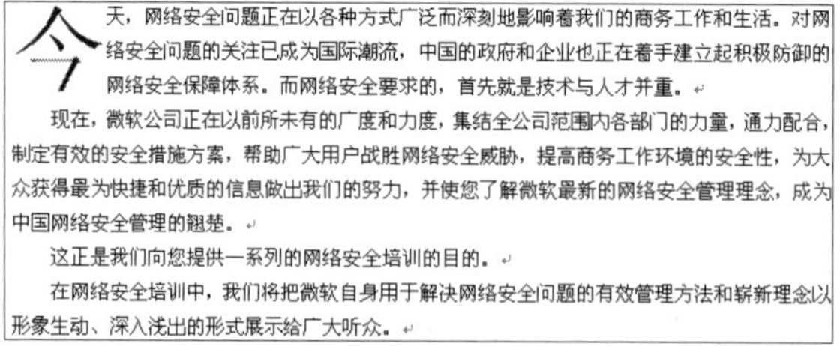

今天，网络安全问题正在以各种方式广泛而深刻地影响着我们的商务工作和生活。对网络安全问题的关注已成为国际潮流，中国的政府和企业也正在着手建立起积极防御的网络安全保障体系。而网络安全要求的，首先就是技术与人才并重。

现在，微软公司正在以前所未有的广度和力度，集结全公司范围内各部门的力量，通力配合，制定有效的安全措施方案，帮助广大用户战胜网络安全威胁，提高商务工作环境的安全性，为大众获得最为快捷和优质的信息做出我们的努力，并使您了解微软最新的网络安全管理理念，成为中国网络安全管理的翘楚。

这正是我们向您提供一系列的网络安全培训的目的。

在网络安全培训中，我们将把微软自身用于解决网络安全问题的有效管理方法和崭新理念以形象生动、深入浅出的形式展示给广大听众。

图3-56 使用格式刷设置全文对比效果

（7）按下Ctrl键的同时拖动鼠标选中“时间：”“地点：”“本次活动会议日程安排：”“本次活动主题：”“微软（中国）有限公司”“2011年6月”，释放鼠标，单击“开始”选项卡“段落”组中的“右对齐”按钮。

（8）单击“微软网络安全培训系列主题内容”的任意位置，拖动水平标尺“首行缩进”到开始处删除首行缩进，如图 3-57 所示。选中该段全部内容，单击行距右侧的小箭头，在下拉列表中选择 1.0 即单倍行距，效果如图 3-58 所示。

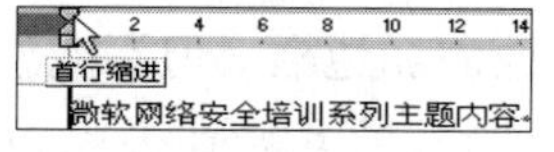

图 3-57　用标尺设置首行缩进

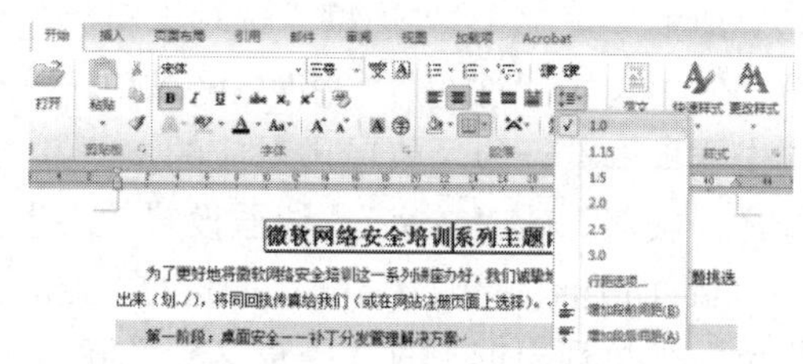

图 3-58　设置单倍行距的效果

（9）单击虚线上一行“微软 SMS2010 的计划和部署”的任意位置，再单击“开始”选项卡“段落”组中的对话框启动器，设置“段后”间距为 1 行，单击“确定”按钮返回文本。

（10）将光标放在“电话”前，单击水平标尺左端的制表符使其为 ┗，在水平标尺适当位置处单击，则用制表符确定了“电话”的位置。同理，将光标放在“电子邮件”前，在标尺的相同位置单击，如果位置有偏差则拖动标尺修改即可，如图 3-59 和图 3-60 所示。

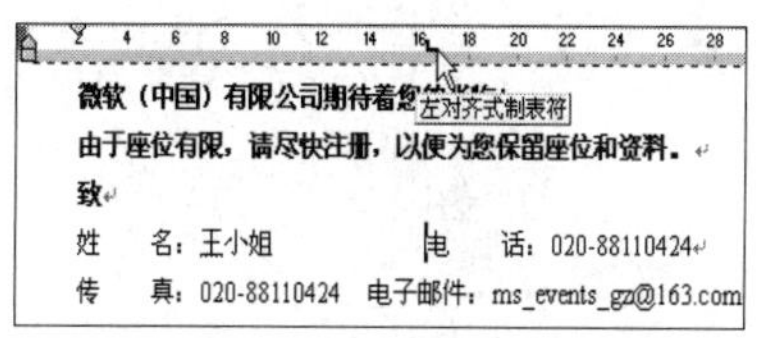

图 3-59　设置制表符（单行）

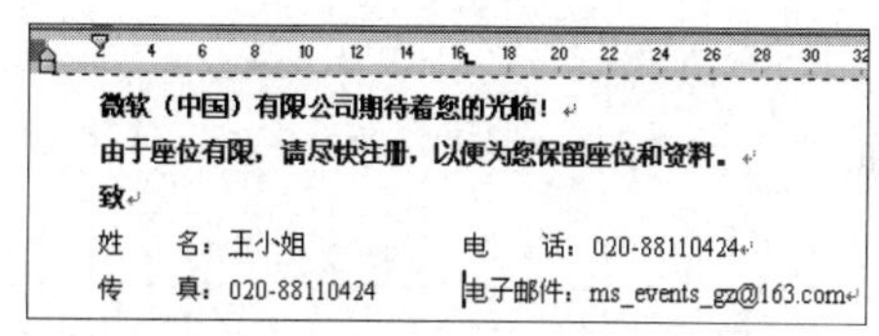

图 3-60　设置制表符（多行）

（11）将光标定位在“电子邮件”行的任意位置，设置其“段后”间距为 1 行。

（12）将光标定位在“是的”开头的一行文本的任意位置，设置段落间距“段前”0.5 行、“段后”0.5 行，返回文本编辑区。

任务 4　制作培训说明

【任务分析】

本任务主要是为《网络安全与系统管理》邀请函做一些特殊排版，让读者学会为段落添加边框和底纹、使用项目符号的方法，使邀请函文档页面层次分明、更加美观和更具功能性。

【任务目标】

- 掌握插入项目符号的方法。
- 掌握添加段落边框和底纹的方法。

【必备知识】

1. 边框与底纹

为了突出文档中的某些文字或段落，可以给它们加上边框或底纹，或者同时加上边框和底纹。首先选定要设置边框或底纹的一个或多个段落，然后单击“页面布局”选项卡“页面背景”组中的“页面边框”按钮，弹出“边框和底纹”对话框，其中有 3 个选项卡：边框、页面边框、底纹。

（1）“边框”选项卡。“边框”选项卡可为选定的段落添加边框：在“设置”区域中选择边框类型；在“样式”“颜色”“宽度”区域中选择边框的线型、颜色和边框线宽度；在“预览”区域中单击样板的某一边（或单击对应的按钮），将显示所添加的边框；在“应用于”下拉列表框中选择“段落”或“文字”，边框设置效果也不同，最后单击“确定”按钮关闭对话框。

（2）“页面边框”选项卡。“页面边框”选项卡可为页面添加边框（但不能添加底纹），在“应用于”下拉列表框中有“整篇文档”和“本节”等，如图 3-61 所示。

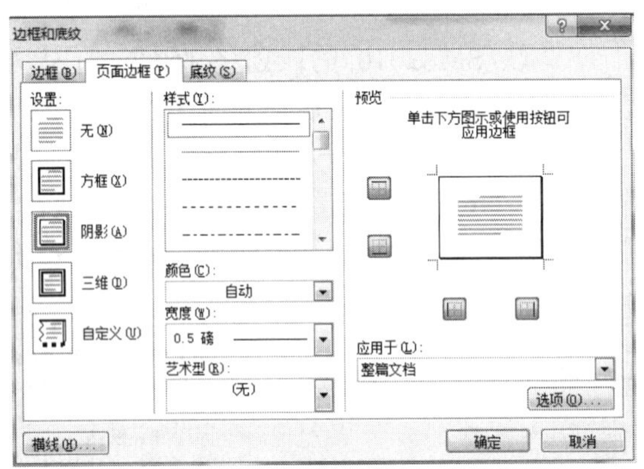

图 3-61　“边框和底纹”对话框的“页面边框”选项卡

（3）“底纹”选项卡。“底纹”选项卡可为选定的段落添加底纹，设置背景的颜色和图案，如图 3-62 所示。

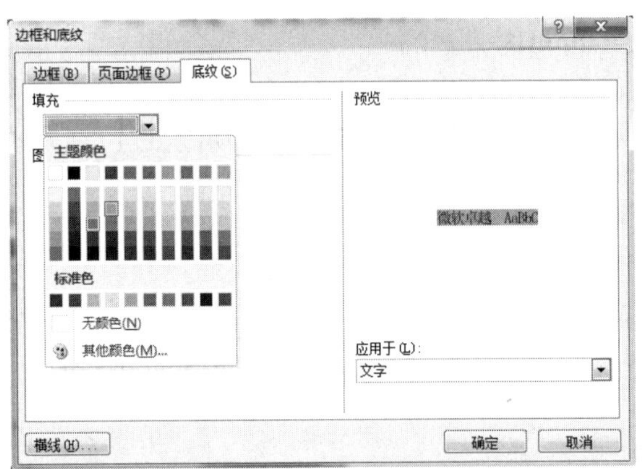

图 3-62　“边框和底纹”对话框的“底纹”选项卡

2. 项目符号和编号

在 Word 2010 中可以方便地为并列项目标注项目符号或为序列项目加编号，使文章层次分明、条理清晰，便于阅读和理解。

（1）添加编号或项目符号。选定要添加编号或项目符号的段落，单击“开始”选项卡“段落”组中的“项目符号”按钮或“编号”按钮来设置。

在“项目符号库”中如果没有合适的项目符号，则单击“项目符号”按钮右侧的下拉箭头，选择“定义新项目符号”选项，弹出“定义新项目符号”对话框，如图 3-63 所示。可以单击“符号”按钮和“图片”按钮改变项目符号，单击“字体”按钮修改项目字体，也可以修改缩进。

在“编号库”中如果没有合适的编号，则单击“编号”按钮右侧的下拉箭头，选择“定义新编号格式”选项，弹出“定义新编号格式”对话框，如图 3-64 所示，在其中进行相应设置。

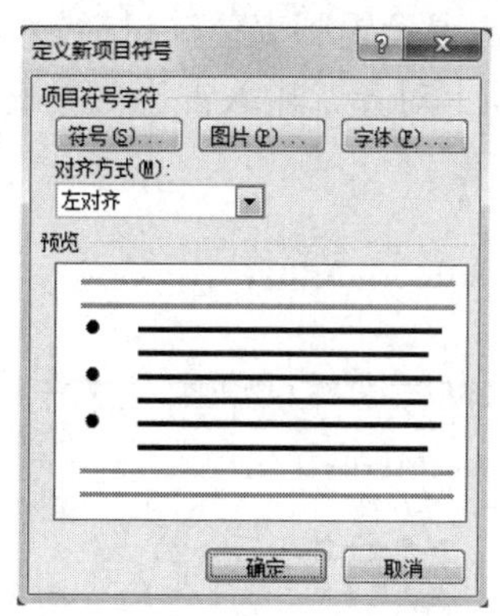

图 3-63 “定义新项目符号”对话框

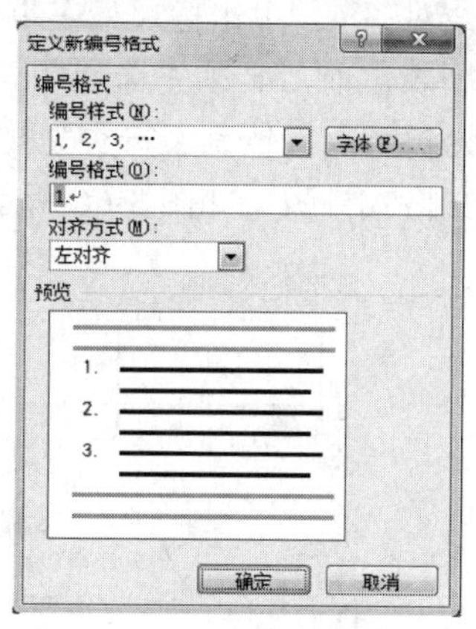

图 3-64 “定义新编号格式”对话框

（2）自动创建编号或项目列表。Word 2010 提供了“自动编号列表”和“自动项目符号列表”两项功能。如果在段落开始输入一个数字或者字母，后面跟一个圆点、空格或制表符，段落结束按 Enter 键后，Word 将在下一段落开始自动插入编号。如果用户在段首输入“*”或连字符“-”，后边跟空格或制表符，段落结束按 Enter 键后，Word 将在下一段落开始自动插入项目符号。按两次 Enter 键可结束“插入”，也可按 Ctrl+Z 组合键取消“插入”。

若要取消这两项自动功能，可单击“文件”选项卡中的“选项”命令，弹出“Word 选项”对话框，选择“校对”选项卡，单击“自动更正选项”按钮，弹出“自动更正”对话框，选择“键入时自动套用格式”选项卡，取消对“自动编号列表”和“自动项目符号列表”复选项的勾选，如图 3-65 所示。

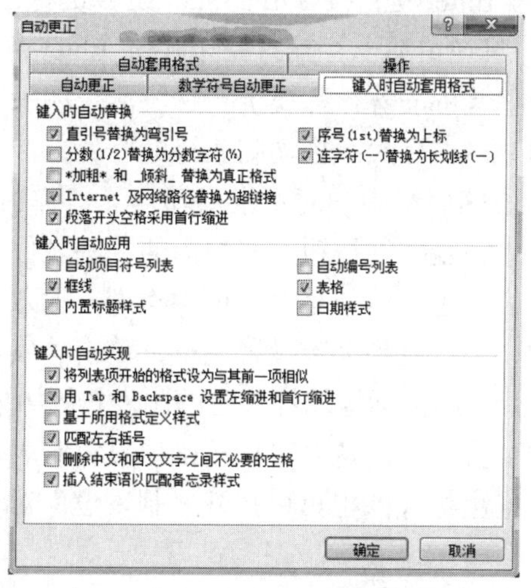

图 3-65 取消自动编号和项目符号

3. 设置和使用制表位

制表位常用于对齐不同行或段落之间相同项目的内容，从而给文档输入带来方便。设置制表位实际上是在标尺的不同位置设置垂直方向对齐的参考点。设置制表位后，可以按 Tab 键将任何文本或图片在垂直方向上快速对齐。

Word 2010 提供了 5 种对齐方式的制表符：左对齐、居中对齐、右对齐、小数点对齐和竖线对齐。单击标尺最左端的“制表符类型”按钮，可以选择需要的制表符类型。

设置制表位前，必须先选定制表符的类型，再指定位置设置制表位，以后输入的内容将以制表位为参考点，按制表符类型规定的方式在垂直方向上对齐。输入古诗《静夜思》，用制表符按样文格式排版，如图 3-66 所示。

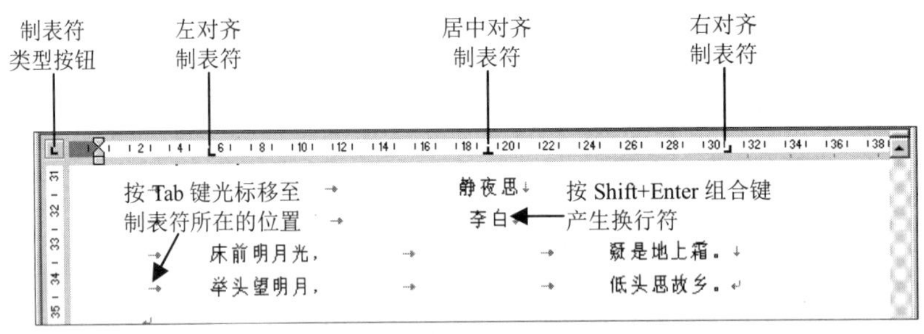

图 3-66　设置和使用制表位

（1）设置制表位。单击标尺最左端的“制表符类型”按钮，直至出现“居中对齐”制表符。把鼠标指针移到标尺上 18（字符）处单击，显示居中对齐制表符┴，标尺上 18（字符）处设置为居中对齐制表位。参照以上步骤，在标尺上 4（字符）处设置左对齐制表位（显示└），在标尺上 20（字符）处设置右对齐制表位（显示┘）。

（2）输入并按照制表位对齐文本。按两次 Tab 键插入点移至居中对齐制表位，输入“静夜思”，按 Shift+Enter 组合键换行；按两次 Tab 键，输入“李白”，按 Shift+Enter 组合键换行；按一次 Tab 键插入点移至左对齐制表位，输入“床前明月光，”；按两次 Tab 键插入点移到右对齐制表位，输入“疑是地上霜。”，按 Shift+Enter 组合键换行；参照上一步骤，输入“举头望明月，低头思故乡。”，然后按 Enter 键；按 Shift+Enter 组合键将在光标所在位置插入一个人工换行符“↓”。以上操作中，只在最后一行输入完毕才按 Enter 键产生段落结束符，在其他行尾都是人工换行，这样可使整首诗的各行都属于一个段落。如果要改变诗句水平方向的位置，只需将插入点置于任何一句中，在标尺上拖动制表符即可。

单击“开始”选项卡“段落”组中的对话框启动器，弹出“段落”对话框。单击“缩进和间距”选项卡，再单击“制表位”按钮，在弹出的“制表位”对话框中可以设置制表位。如果要设置若干个制表位，应先选定第一个制表位的类型，输入其位置并单击“设置”按钮，再选定下一个制表位的类型……，直到全部设置完毕，单击“确定”按钮。

若要调整制表位的位置，可用鼠标拖动标尺上的制表符；如果按下 Alt 键的同时拖动制表符，标尺上会出现制表符的位置尺寸，这时可以精确地设置制表位的位置。若要删除制表位，简单的操作方法是将制表符拖离标尺；也可以打开“制表位”对话框，选定要删除的制表位，然后单击“清除”按钮。

4. 格式刷

用户在使用 Word 编辑文档的过程中，可以使用 Word 提供的“格式刷”功能快速、多次复制 Word 中的格式。使用方法如下：

（1）选中设置好格式的文字，单击“开始”选项卡“剪贴板”组中的“格式刷”按钮，光标将变成格式刷的样子I。拖动鼠标，选中需要设置同样格式的文字，即可将选定格式复制到该位置，光标变回到 I 状态。

（2）选中设置好格式的文字，双击“格式刷”按钮，光标将变成格式刷的样子。选中需要设置同样格式的文字或在需要复制格式的段落内单击，即可将选定格式复制到多个位置。取消格式刷时，只需再次单击“格式刷”按钮或者按 Esc 键。

【完成过程】

（1）打开任务 1 中建立的“网络安全与系统管理.docx”文档。

（2）选中标题后，在“页面布局”选项卡的“页面背景”组中单击“页面边框”按钮，弹出“边框和底纹”对话框。单击“边框”选项卡，选择“自定义”选项，应用于“段落”，线型为“细实线”，宽度为“0.5 磅”，颜色为“自动”，在“预览”区域中单击下边框线，如图 3-67 所示。单击“确定”按钮返回编辑区，添加下边框线的效果如图 3-68 所示。

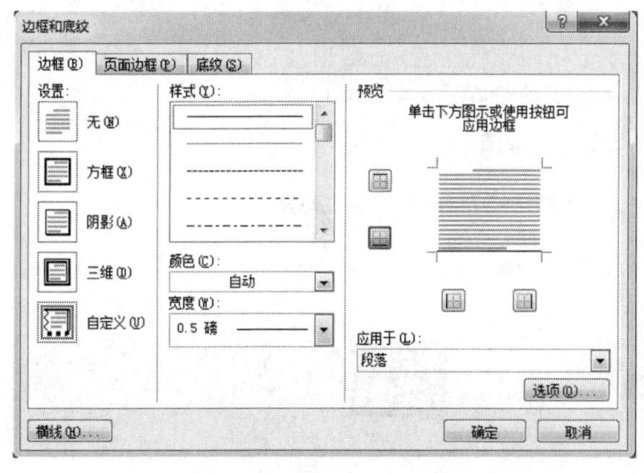

图 3-67 设置下边框线

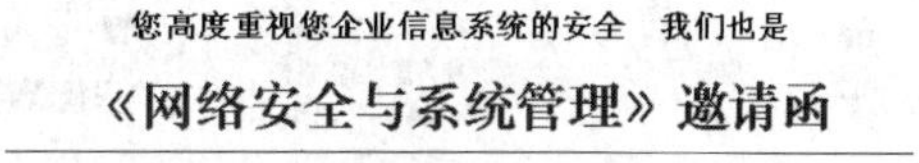

您高度重视您企业信息系统的安全 我们也是

《网络安全与系统管理》邀请函

图 3-68 添加下边框线的效果

（3）选中“第一阶段”开头的自然段到“第三阶段”开头的自然段。单击“开始”选项卡“段落”组中的“项目符号”下三角按钮，在下拉列表中进行选择，如图 3-69 所示，添加项目符号后的效果如图 3-70 所示。

（4）单击“微软网络安全培训系列主题内容”的任意位置，再单击“页面布局”选项卡“页面背景”组中的“页面边框”按钮，弹出“边框和底纹”对话框，选择“阴影”选项，在“应用于”下拉列表框中选择“文字”，如图 3-71 所示。

（5）单击“第一阶段”左侧的文本选择栏，按住 Ctrl 键单击“第二阶段”和“第三阶段”的选择栏，单击“页面布局”选项卡“页面背景”组中的“页面边框”按钮，弹出“边框和底纹”对话框，单击“底纹”选项卡，设置“样式”为 10%，应用于“段落”，填充颜色为“蓝色”，如图 3-72 所示，单击“确定”按钮返回文本编辑区，添加段落底纹后的效果如图 3-73 所示。

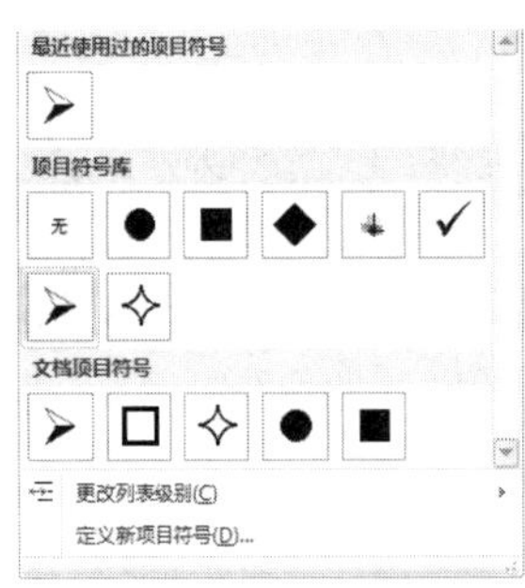

图 3-69 “项目符号”下拉列表

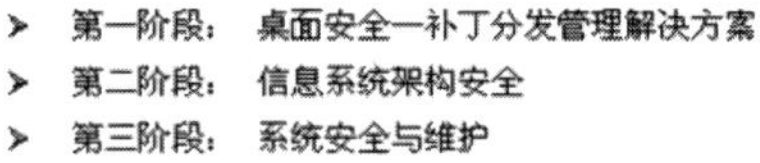

➢ 第一阶段：桌面安全—补丁分发管理解决方案
➢ 第二阶段：信息系统架构安全
➢ 第三阶段：系统安全与维护

图 3-70 添加项目符号后的效果

图 3-71 设置文字阴影

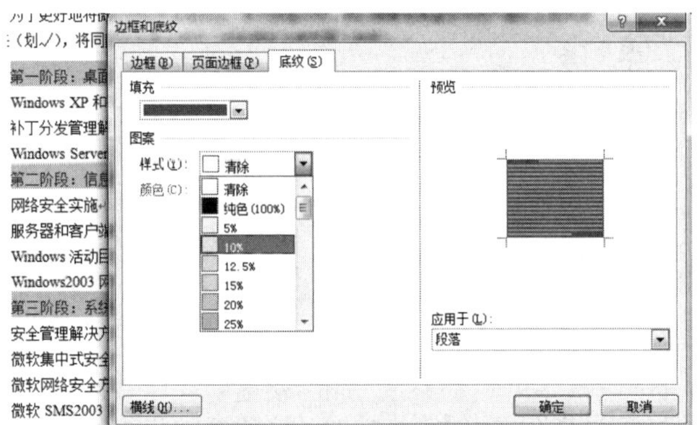

图 3-72 添加段落底纹

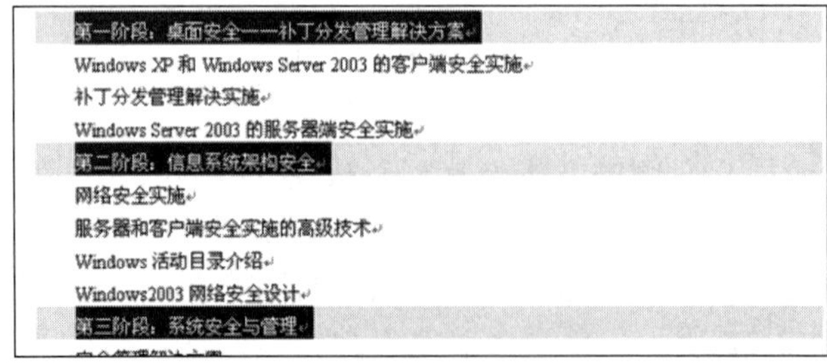

第一阶段：桌面安全——补丁分发管理解决方案

Windows XP 和 Windows Server 2003 的客户端安全实施

补丁分发管理解决实施

Windows Server 2003 的服务器端安全实施

第二阶段：信息系统架构安全

网络安全实施

服务器和客户端安全实施的高级技术

Windows 活动目录介绍

Windows2003 网络安全设计

第三阶段：系统安全与管理

图 3-73 添加段落底纹后的效果

（6）单击 Windows XP 行的选择栏选中该行，单击“开始”选项卡“段落”组中的“项目符号”下三角按钮，在下拉列表中选择“定义新项目符号”选项，弹出“定义新项目符号”对话框，单击“符号”按钮，弹出“符号”对话框，选择 Wingdings 字体，单击□，如图 3-74 所示，单击“确定”按钮。利用标尺设置项目符号和文字的缩进位置，返回文本编辑区，效果如图 3-75 所示。

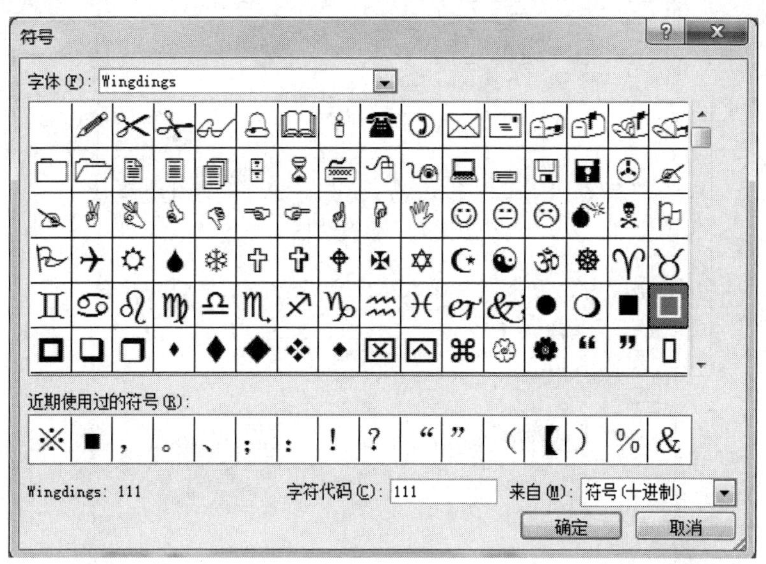

图 3-74 “符号”对话框

（7）按照步骤 6 的方法设置“第二阶段”和“第三阶段”内容的项目符号和“第一阶段”的相同，或者读者自行设置其他项目符号。

（8）单击“微软（中国）”前的选择栏选中本行，单击“页面布局”选项卡“页面背景”组中的“页面边框”按钮，弹出“边框和底纹”对话框，选择“自定义”，线型为 0.5 磅虚线，应用于“段落”，在“预览”区域中单击“上边框线”按钮，单击“确定”按钮返回文本编辑区，效果如图 3-76 所示。

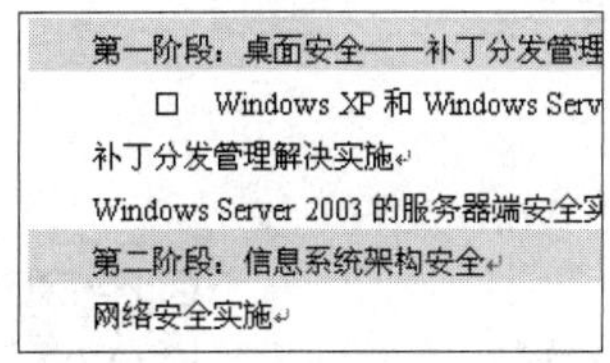

图 3-75 添加项目符号效果

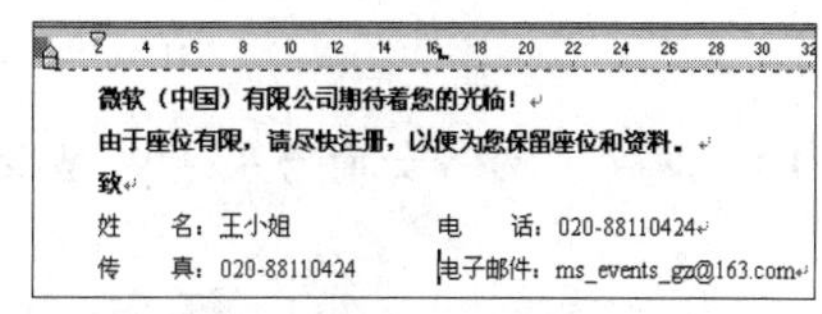

图 3-76 设置虚线效果

（9）选中“电子邮件”下方两行，单击“页面布局”选项卡“页面背景”组中的“页面边框”按钮，弹出“边框和底纹”对话框。单击“边框”选项卡，选择“方框”，线型为“波浪线”，宽度为“0.75 磅”，应用于“段落”，在“预览”区域中设置 4 个边框线，如图 3-77 所示。单击“底纹”选项卡，设置图案样式为 5%，应用于“段落”，如图 3-78 所示。单击“确定”按钮返回文本编辑区，效果如图 3-79 所示。

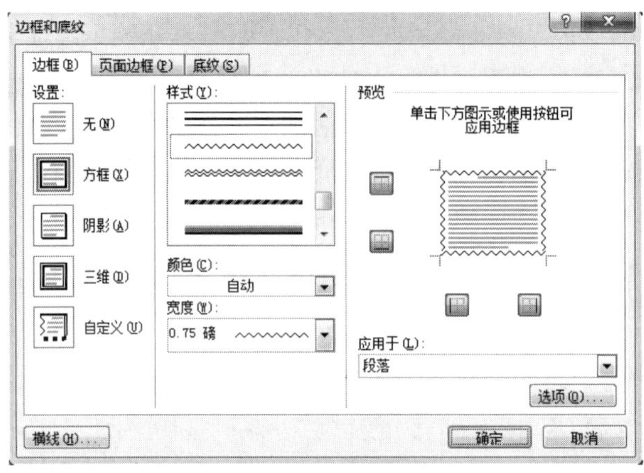

图 3-77　设置边框

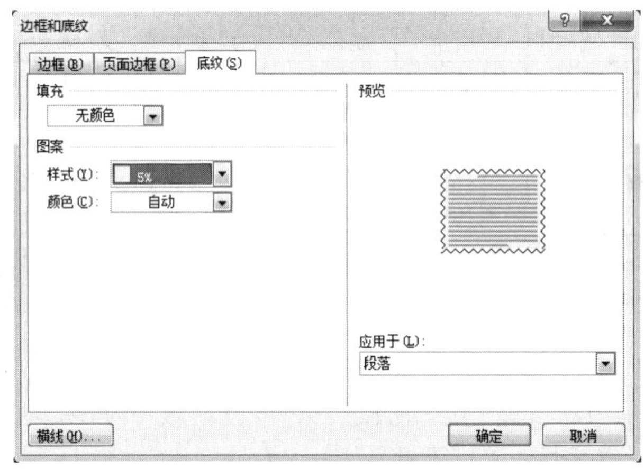

图 3-78　设置底纹

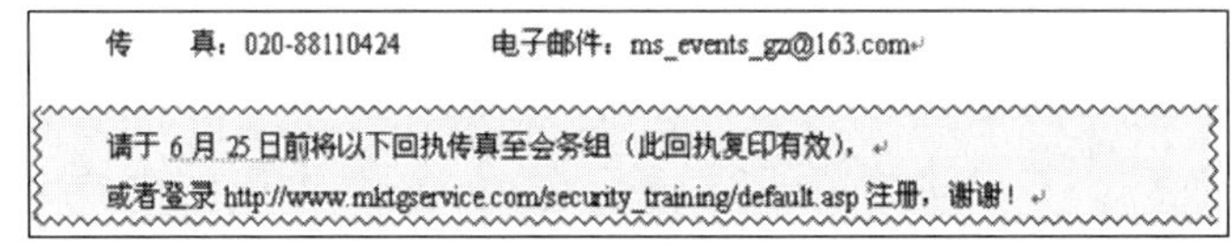

传　真：020-88110424　　电子邮件：ms_events_gz@163.com

请于 6 月 25 日前将以下回执传真至会务组（此回执复印有效），

或者登录 http://www.mktgservice.com/security_training/default.asp 注册，谢谢！

图 3-79　设置边框和底纹的效果

（10）保存“网络安全与系统管理.docx”文件，退出 Word 2010。

任务 5　制作招聘启事

【任务分析】

招聘启事是用人单位面向社会公开招聘有关人员时使用的一种应用文书。招聘启事编排的质量会影响招聘的效果和招聘单位的形象。通过本任务读者可学会使用 Word 2010 的插入编号、文本框、图片、剪贴画、图形等功能为中庆社海外中心制作一份精美的招聘启事，效果如图 3-80 所示。

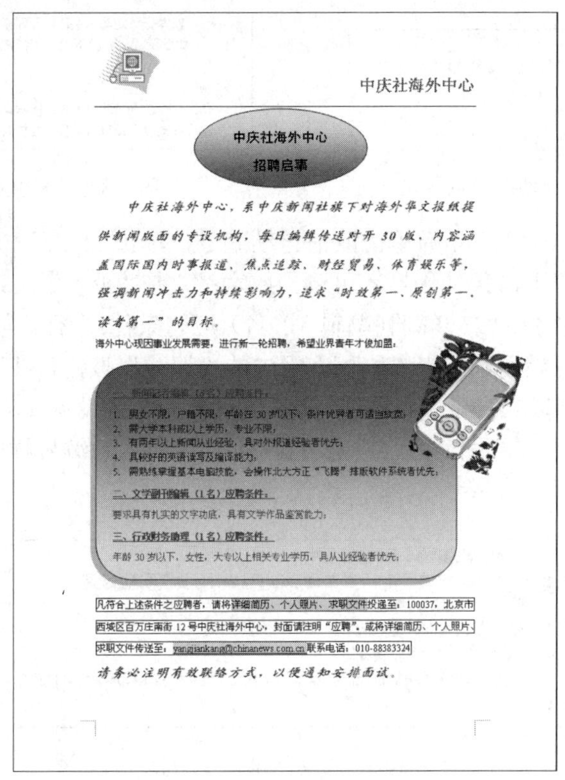

中庆社海外中心

中庆社海外中心
招聘启事

中庆社海外中心，系中庆新闻社旗下对海外华文报纸提供新闻版面的专设机构，每日编辑传送对开 30 版，内容涵盖国际国内时事报道、焦点追踪、财经贸易、体育娱乐等，强调新闻冲击力和持续影响力，追求“时效第一、原创第一、读者第一”的目标。

海外中心现因事业发展需要，进行新一轮招聘，希望业界青年才俊加盟：

一、新闻记者编辑（6名）应聘条件：

1. 男女不限，户籍不限，年龄在 30 岁以下，条件优异者可适当放宽；
2. 需大学本科或以上学历，专业不限；
3. 有两年以上新闻从业经验，具对外报道经验者优先；
4. 具较好的英语读写及编译能力；
5. 需熟练掌握基本电脑技能，会操作北大方正“飞腾”排版软件系统者优先；

二、文学副刊编辑（1名）应聘条件：

要求具有扎实的文字功底，具有文学作品鉴赏能力；

三、行政财务助理（1名）应聘条件：

年龄 30 岁以下，女性，大专以上相关专业学历，具从业经验者优先；

凡符合上述条件之应聘者，请将详细简历、个人照片、求职文件投递至：100037，北京市西城区百万庄南街 12 号中庆社海外中心，封面请注明“应聘”。或将详细简历、个人照片、求职文件传送至：yangjiankang@chinanews.com.cn 联系电话：010-88383324

请务必注明有效联络方式，以便通知安排面试。

图 3-80　招聘启事完成效果

【任务目标】

- 掌握插入编号的方法。
- 掌握插入文本框的方法。
- 掌握插入图片、剪贴画、图形等对象的方法。

【必备知识】

1. 创建编号

编号可以使文章结构更加清晰明了，在本任务内容录入到“一、新闻记者编辑（6 名）应聘条件：”后，我们希望可以按 Enter 键自动创建编号，如图 3-81 所示。此时有以下两种处理方法：

方法一：输入“文学副刊编辑（1 名）应聘条件：”，回车后输入编号三的内容。将光标插入到编号一文本结尾处，如图 3-82 所示，双击形成两个空行，在第一个空行处输入“1.男女不限，户籍不限，年龄在 30 岁以下，条件优异者可适当放宽；”，如图 3-83 所示。按 Enter 键，则产生新的自动创建编号，如图 3-84 所示，然后录入编号内容或文本。

图 3-81　自动创建编号“二、”

一、新闻记者编辑（6名）应聘条件：
二、文学副刊编辑（1名）应聘条件：
三、行政财务助理（1名）应聘条件：

图 3-82　自动创建编号完成效果

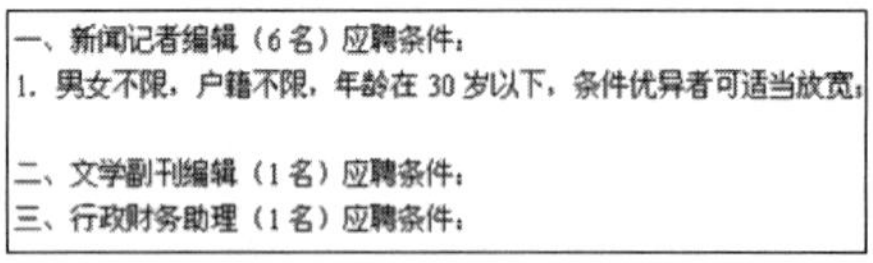

一、新闻记者编辑（6名）应聘条件：
1. 男女不限，户籍不限，年龄在30岁以下，条件优异者可适当放宽；

二、文学副刊编辑（1名）应聘条件：
三、行政财务助理（1名）应聘条件：

图 3-83　取消自动创建编号

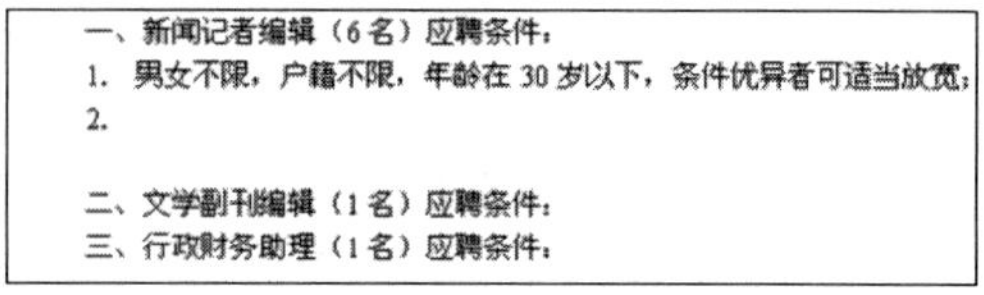

一、新闻记者编辑（6名）应聘条件：
1. 男女不限，户籍不限，年龄在30岁以下，条件优异者可适当放宽；
2.

二、文学副刊编辑（1名）应聘条件：
三、行政财务助理（1名）应聘条件：

图 3-84　自动创建编号“2.”

方法二：在自动编号“二、”后单击取消自动编号，单击上一行，输入“1.男女不限，户籍不限，年龄在30岁以下，条件优异者可适当放宽；”，按Enter键，产生新的自动创建编号“2.”，操作同上，直到输入“文学副刊编辑（1名）应聘条件：”行，如图3-85所示。插入光标在“6.”后，单击“开始”选项卡“段落”组中的“编号”按钮，在下拉列表中选择“设置编号值”选项，弹出“起始编号”对话框，在“值设置为”中设置1，如图3-86（a）所示。再次单击“编号”按钮，在“编号库”中选择如图3-87所示的编号样式，最后设置编号值为“二”，如图3-86（b）所示。

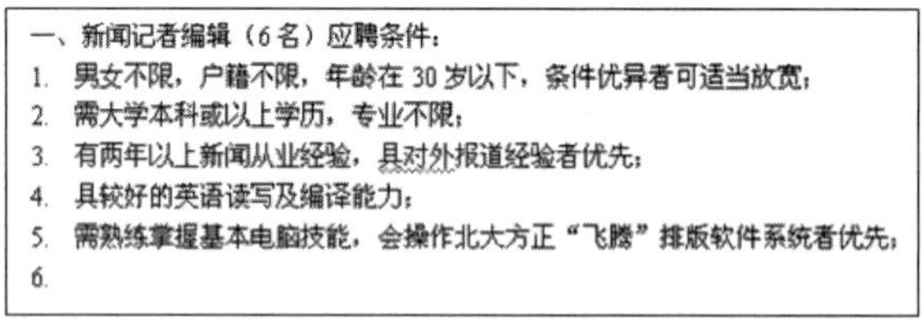

一、新闻记者编辑（6名）应聘条件：
1. 男女不限，户籍不限，年龄在30岁以下，条件优异者可适当放宽；
2. 需大学本科或以上学历，专业不限；
3. 有两年以上新闻从业经验，且对外报道经验者优先；
4. 具较好的英语读写及编译能力；
5. 需熟练掌握基本电脑技能，会操作北大方正“飞腾”排版软件系统者优先；
6.

图 3-85　自动创建编号“6.”

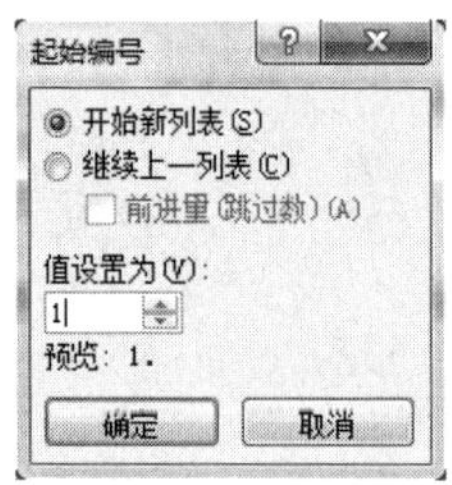

（a）定义起始编号

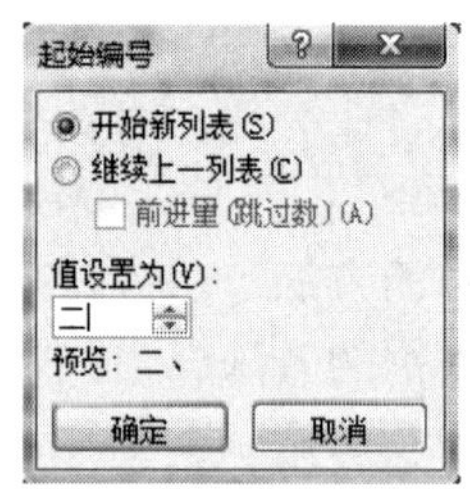

（b）定义起始编号

图 3-86　定义编号

图 3-87　选择编号样式

单击两次“确定”按钮返回文本编辑区，效果如图 3-88 所示。然后依次录入剩余文本。

一、新闻记者编辑（6 名）应聘条件：
1. 男女不限，户籍不限，年龄在 30 岁以下，条件优异者可适当放宽；
2. 需大学本科或以上学历，专业不限；
3. 有两年以上新闻从业经验，具对外报道经验者优先；
4. 具较好的英语读写及编译能力；
5. 需熟练掌握基本电脑技能，会操作北大方正“飞腾”排版软件系统者优先；
二、

图 3-88　修改编号“二、”

2. 文本框

Word 2010 能以图形对象的方式使用文本框，可以将文本框放置在页面上并调整其大小。在 Word 中不仅可以在图文框的周围环绕文字，而且可以在文本框的周围环绕文字，甚至可以在任意大小的图形周围环绕文字。文本框可以旋转或翻转，文本框中的文字可以横排也可以竖排。文本框有两种：横排文本框和竖排文本框。Word 2010 内置有多种样式的文本框供用户选择使用。编辑文本框应切换到“页面视图”方式下。

（1）插入文本框。在“插入”选项卡的“文本”组中单击“文本框”按钮，如图 3-89 所示。选择合适的文本框类型，返回 Word 2010 文档窗口，在要插入文本框的位置拖动鼠标至大小适当的文本框后松开鼠标，即可完成空文本框的插入，然后输入文本内容或插入图片。如果想对已有内容设置文本框，则需先选中要设置为文本框的内容，然后利用“文本框”按钮来实现设置。

图 3-89　插入文本框

（2）在文本框中输入文本。在文本框中输入文本的方法与在文档中输入文本的方法一样，将光标置于文本框内即可录入文本。

（3）用鼠标调整文本框的大小。文本框中的文本有时候会有一部分未被显示出来，那是因为文本框太小，需要调整文本框的大小使文本全部显示出来。选择文本框后，其周围显示 8 个控制点。在控制点上按下鼠标左键并拖动直到全部文本都被显示出来时释放鼠标。

3. 图文处理

Word 2010 具有很强的图文处理能力，能在文档中很方便地插入图片，绘制和修改自选图形、文本框、艺术字等，以增强文档效果。

（1）插入图片。图片是由其他文件创建的图形，包括位图、扫描的图片、照片和剪贴画。在 Word 中，图片文件默认的扩展名为.wmf，另外 Word 还可以插入具有以下扩展名的图形文件：.dxf、.pic、.drw、.pcx、.tif 等。

1）插入剪贴画。将插入点放在文档中要插入图画的位置。在“插入”选项卡的“插图”组中单击“剪贴画”按钮，窗口右侧将打开“剪贴画”任务窗格，如图 3-90 所示。在此任务窗格的“搜索文字”文本框中输入描述要搜索的剪贴画类型的词或短语，或者输入剪贴画的部分或完整文件名，在“结果类型”下拉列表框中选择要查找的剪辑类型，单击“搜索”按钮。

2）插入图片文件。用户可以在文档中插入其他通用图片文件，具体操作方法：将插入点放在文档中要插入图片的位置，在“插入”选项卡的“插图”组中单击“图片”按钮，弹出“插入图片”对话框，如图 3-91 所示。在“文件名”文本框中输入要插入图片的文件名，选择文件类型，单击“插入”按钮将图片插入到文档中光标所在的位置。

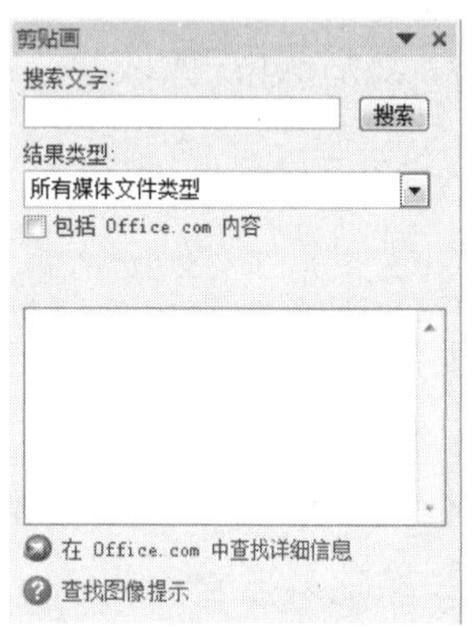

图 3-90 “剪贴画”任务窗格

图 3-91 “插入图片”对话框

3）使用剪贴板插入图片。在 Windows 的应用程序中，先将一个图形复制到剪贴板中。在 Word 下，将光标放到要插入图片的位置。单击“开始”选项卡“剪贴板”组中的“粘贴”按钮或按 Ctrl+V 组合键，图片插入到了相应的位置上。

（2）编辑图片。图片被选定后，其四周出现 8 个白色小圈，称为“控制点”；图形上方出现一个绿色小圈，称为“旋转控制点”，如图 3-92 所示；若选定嵌入式图片则四周有 8 个“句柄”，如图 3-93 所示。同时，在选项卡区会自动增加一个“图片工具/格式”选项卡，利用其中的调整、图片样式、排列、大小 4 个组中的按钮命令可对图片进行各种设置，如图 3-94 所示。也可以通过右键快捷菜单中的“设置图片格式”选项调出对话框来完成相应的设置。

1）设置图片或剪贴画的属性。单击要设置属性的剪贴画或图片，被选定的剪贴画或图片四周会出现 8 个控制点。

图 3-92　选定图片

图 3-93　选定嵌入式图片

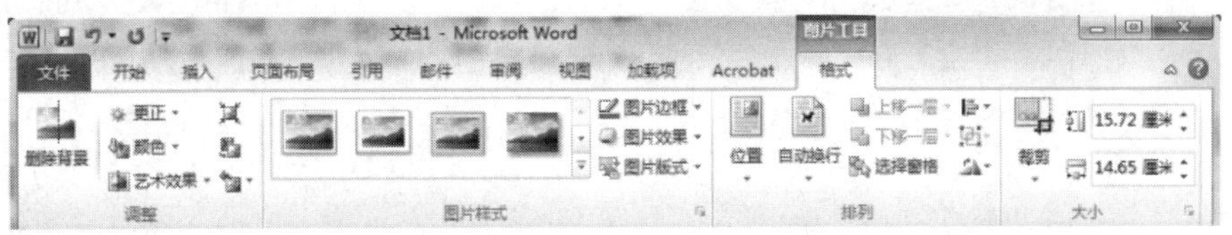

图 3-94　“图片工具/格式”选项卡

方法一：单击“图片工具/格式”选项卡，在功能区中单击相应按钮可以设置图片的颜色和色调、对比度和亮度、艺术效果，改变图片的样式、调整图片的位置和大小，设置图片效果（如阴影、三维）等。

方法二：右击图片并选择“设置图片格式”命令，弹出“设置图片格式”对话框，如图 3-95 所示，通过选择不同的选项可以对图片设置相应的效果。

2）用鼠标缩放图片。在文档中，插入了剪贴画或图片后，可能会对它的大小、位置进行调整，或者只需要图片的一部分，这就需要对剪贴画或图片进行缩放和剪裁。单击图片，则在图片的四周出现 8 个控制点。用鼠标拖拽图片四周的任意一个控制点，图片上出现虚线框表示缩放后的大小，当虚线框达到所需尺寸时释放鼠标。用鼠标拖动 4 个角的控制点，则图片缩放后不变形。若在拖动控制点的同时按住 Ctrl 键，则图片缩放后中心位置不变。

3）用“设置图片格式”对话框缩放、剪裁图片。右击要缩放和剪裁的图片并选择“设置图片格式”命令，弹出“设置图片格式”对话框。如果要剪裁图片，则单击“裁剪”选项卡，在“裁剪位置”栏中设置图片的高度和宽度，如图 3-96 所示。

图 3-95　“设置图片格式”对话框

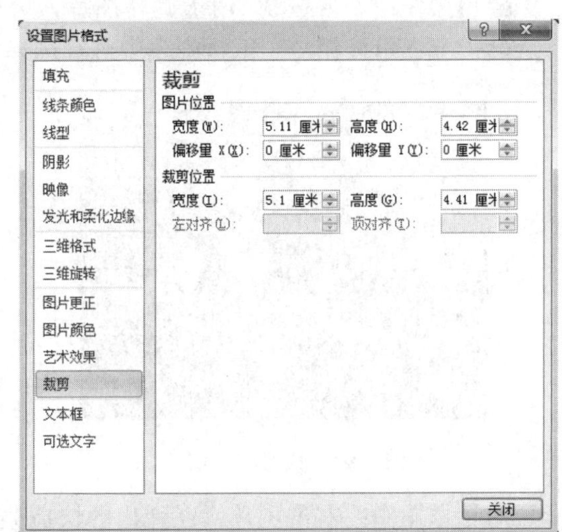

图 3-96　“设置图片格式”对话框的“裁剪”选项卡

如果要缩放图片，则右击图片，在弹出的快捷菜单中选择“大小和位置”选项，在弹出的“布局”对话框中选择“大小”选项卡，直接输入高度和宽度值完成设置图片的大小，如图3-97所示。

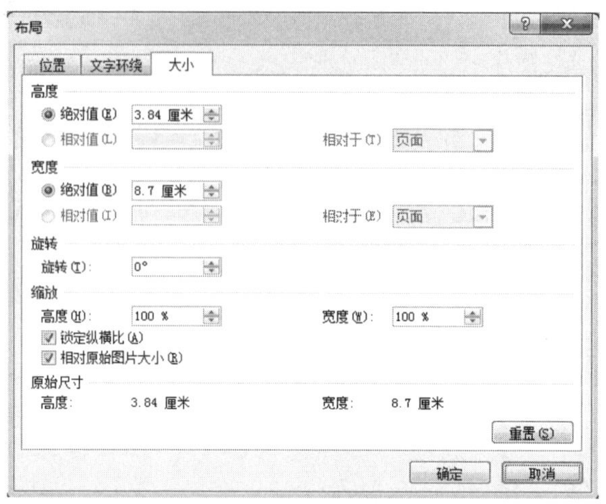

图3-97 “布局”对话框的“大小”选项卡

4）用“裁剪”按钮剪裁图片。选中图片，单击“图片工具/格式”选项卡“大小”组中的“裁剪”按钮，依照缩放图片的方法将鼠标指针移动到图片四周的任何一个控制点上，鼠标指针会变成一个剪裁框形状。按住鼠标左键，沿着剪裁方向（横向、纵向或对角线方向）拖动鼠标，同时可拖动控制柄将图片复原，直至调整合适为止。鼠标移出图片，单击鼠标左键，剪裁图片工作完成，如图3-98所示。

5）旋转图片。

鼠标操作：单击图片，鼠标移动到图片上方绿色的“旋转控制点”时指针形状变为 ，按下鼠标左键拖动即可任意角度旋转图片。

菜单操作：若要按90°增量旋转图片，可单击“图片工具/格式”选项卡“排列”组中的“旋转”下三角按钮，在下拉列表中进行选择，如图3-99所示。

图3-98 裁剪图片效果

图3-99 “旋转”按钮的下拉列表

对话框操作：右击图片，在弹出的快捷菜单中选择“大小和位置”选项，在弹出的“布局”对话框中选择“大小”选项卡，直接输入旋转值完成图片的旋转设置，如图3-97所示。

如果图片设置了三维样式，还可以对图片进行三维旋转。右击图片，选择“设置图片格式”命令，在弹出的“设置图片格式”对话框中选择“三维旋转”选项卡，完成相应参数的设置。

6）复制、移动和删除图片。在 Word 中，复制、移动和删除图片的方法与复制、移动和删除文本相同。

单击选中图片，按下鼠标左键拖动可移动图片，按住 Ctrl 键的同时拖动可复制图片，按 Delete 键可删除选定图片。

选定图片，按住 Ctrl 键的同时按方向键（→←↑↓）可使图片在文档中做微小移动。

复制图片的方法：选定图片，单击“开始”选项卡“剪贴板”组中的“复制”按钮或者按 Ctrl+C 组合键。

移动图片的方法：选定图片，单击“开始”选项卡“剪贴板”组中的“剪切”按钮或者按 Ctrl+X 组合键，这时图片将从原来的位置上消失。

粘贴图片的方法：将光标置于图片要复制到的位置，单击“开始”选项卡“剪贴板”组中的“粘贴”按钮或者按 Ctrl+V 组合键。

7）文字环绕。所谓文字环绕，是指图片周围的文字分布情况。在 Word 中刚插入的图片为嵌入式，即不能在其周围环绕文字。要在图片的周围环绕文字，必须设置环绕方式。

使用菜单设置“文字环绕”的方式：选定要设置文字环绕的图片，右击图片，在弹出的快捷菜单中选择“自动换行”选项；或者单击“图片工具/格式”选项卡“排列”组中的“自动换行”按钮，在下拉列表中进行选择（如图 3-100 所示），Word 会立即按照用户选择的文字环绕方式重新排列图片周围的文字。提示，选择“编辑环绕顶点”可细致设置不规则的文字环绕方式。

使用对话框设置“环绕方式”：选定要设置文字环绕的图片，单击“图片工具/格式”选项卡“排列”组中的“自动换行”按钮，在下拉列表中选择“其他布局选项”，弹出“布局”对话框，选择“文字环绕”选项卡，如图 3-101 所示。在“环绕方式”组框中有 7 种环绕方式，可以选择所需的环绕方式；在“自动换行”组框中有 4 种文字所在的位置，可以选择其中的一种；在“距正文”组框中可以选择距正文的距离，设置完成后单击“确定”按钮。

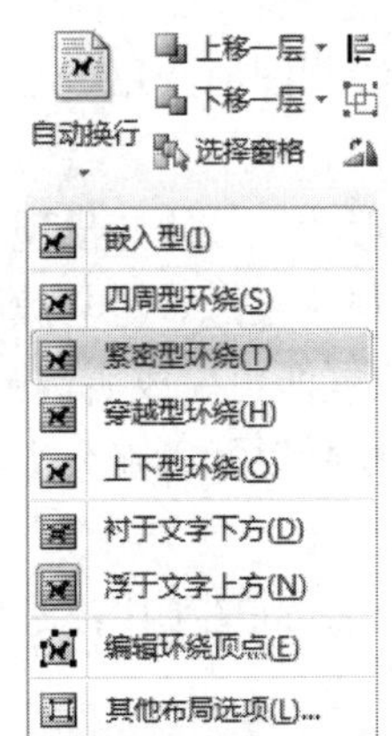

图 3-100 “自动换行”下拉列表

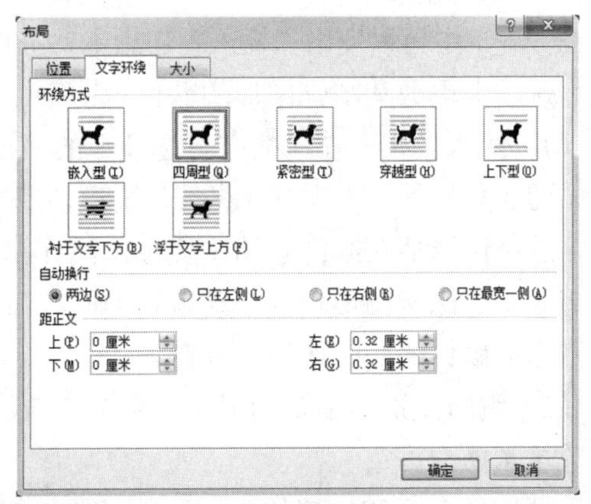

图 3-101 “布局”对话框的“文字环绕”选项卡

8）在文档中添加图片题注。为了能更好地管理图片，Word 提供了为图片添加题注的功能。添加了题注的图片会获得一个编号，并且在删除或添加图片时所有图片编号会自动改变，以保持编号的连续性。

右击需要添加题注的图片，在弹出的快捷菜单中选择“插入题注”命令；或者单击选中图片，在“引用”选项卡的“题注”组中单击“插入题注”按钮，弹出“题注”对话框，如图3-102所示。单击“编号”按钮，选择合适的编号格式；在“标签”下拉列表框中选择“图表”标签，或者单击“新建标签”按钮创建自定义标签；单击“位置”下拉列表框选择题注放置的位置，最后单击“确定”按钮。

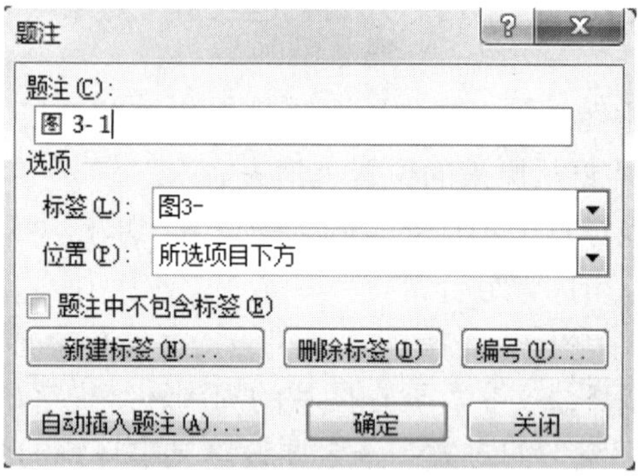

图3-102 “题注”对话框

为图片添加题注后，可以单击题注右边部分的文字进入编辑状态，输入对图片的描述性内容。

9）在文档中设置图片透明色。在Word 2010文档中，对于背景色只是一种颜色的图片，用户可以将该图片的纯色背景色设置为透明色，从而使图片更好地融入到Word 文档中。

选中需要设置透明色的图片，在“图片工具/格式”选项卡的“调整”组中单击“颜色”按钮，在打开的颜色模式列表中选择“设置透明色”命令，此时鼠标指针呈现彩笔形状，将鼠标指针移动到图片上并单击需要设置为透明色的纯色背景，则被单击的纯色背景将被设置为透明色，从而使图片的背景与Word 2010文档的背景色一致。

4. 绘制图形

在Word中可以使用“插入”选项卡“插图”组中的按钮来绘制图形，并通过“绘图工具/格式”选项卡更改和增强图形的颜色、图案、边框和其他效果。

（1）插入图形。在“插入”选项卡的“插图”组中单击“形状”按钮，出现“形状”面板，如图3-103所示。其中有线条、矩形、基本形状、流程图、箭头汇总、星与旗帜、标注图形类，选择图形后在绘图起始位置按住鼠标左键，拖动至结束位置即可完成所选图形的绘制。如果想绘制等比例图形，则拖动鼠标的同时按住Shift键；若要绘制以插入点为中心基点的图形，则拖动鼠标的同时按住Ctrl键。

（2）编辑图形。编辑图形主要包括更改图形位置和图形大小、向图形中添加文字、组合图形等基本操作。

设置图形大小和位置的方法：选择要编辑的图形对象，直接拖动图形对象可改变图形的位置；将鼠标指针置于所选图形四周的编辑点上，拖动鼠标可缩放图形。

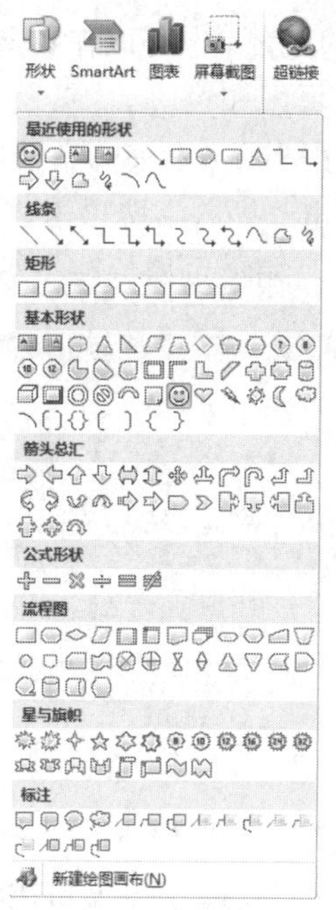

图 3-103　“形状”面板

为图形对象添加文字的方法：右击要编辑的图形对象，在弹出的快捷菜单中选择“添加文字”命令，然后输入文字，如图 3-104 所示。

组合多个图形的方法：选择要组合的多个图形并右击，从弹出的快捷菜单中选择“组合”→“组合”命令，如图 3-105 所示。

图 3-104　添加文字效果

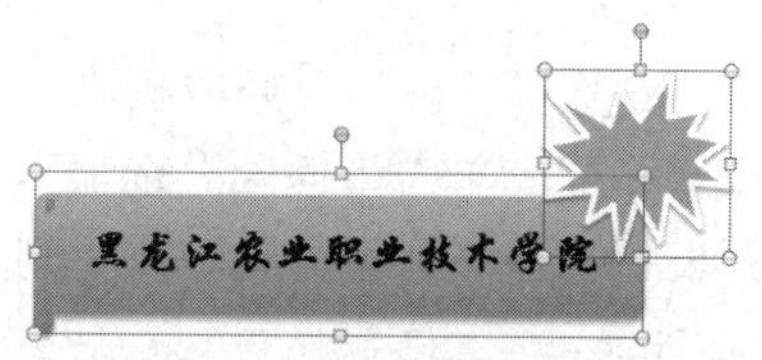

图 3-105　组合图形效果

（3）修饰图形。如果需要进行形状填充、形状轮廓、形状效果和样式、颜色设置、旋转和排列等基本操作，均可先选定要编辑的图形对象，出现如图 3-106 所示的“绘图工具/格式”选项卡后单击相应的功能按钮来实现。

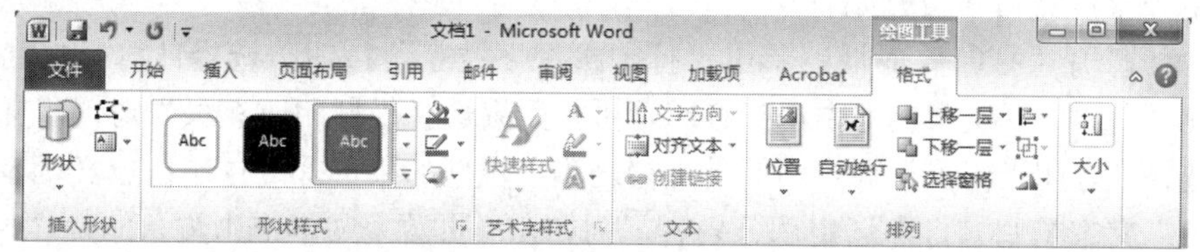

图 3-106　“绘图工具/格式”选项卡

5. 页眉与页脚

页眉和页脚通常显示文档的附加信息，常用来插入时间、日期、页码、单位名称、徽标等。页眉在页面的顶部，页脚在页面的底部。也可以在页眉中添加文档注释等内容，只有在“页面视图”和“打印预览”中才能显示页眉和页脚。

（1）添加页眉或页脚。给一个文档或一本书的章或节添加页眉或页脚的操作方法：将光标置于文档、章或节的起始位置，单击“插入”选项卡“页眉和页脚”组中的“页眉”按钮或“页脚”按钮，在打开的面板中单击“编辑页眉”或“编辑页脚”选项，如图 3-107 所示。

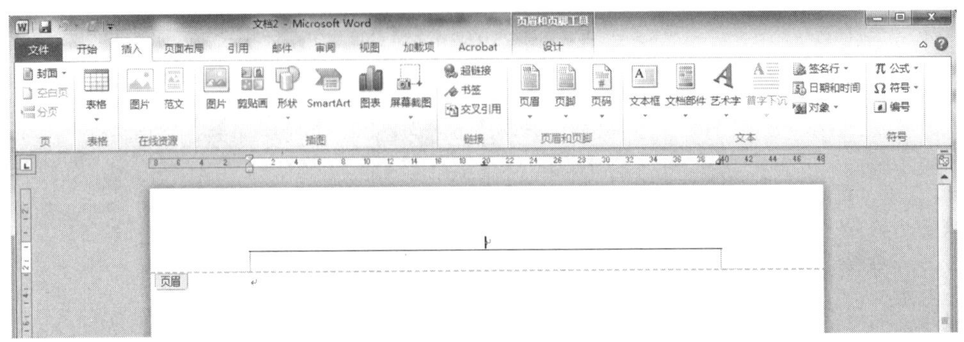

图 3-107　页眉和页脚的设置

（2）设置页眉内容。有两种方法：从库中添加页眉或页脚内容、自定义添加页眉或页脚内容。设置完成后单击“页眉和页脚工具/设计”选项卡“关闭”组中的“关闭页眉和页脚”按钮即可返回到文档正文中。如果要对已经设置好的页眉和页脚进行修改编辑，可以单击“插入”选项卡“页眉和页脚”组中的“页眉”按钮或“页脚”按钮，在下拉列表中选择“编辑页眉”或“编辑页脚”选项，或者直接双击页眉或页脚处，打开页眉和页脚后直接进行相应的修改和编辑。

（3）删除页眉或页脚。

如果要删除设置好的页眉或页脚，可双击页眉或页脚处，进入之后选定所要删除的内容，按 Delete 键；或者单击“插入”选项卡“页眉和页脚”组中的“页眉”按钮或“页脚”按钮，在下拉列表中选择“删除页眉”或“删除页脚”选项。

6. 打印文本

打印之前，可利用“打印预览”功能在屏幕上看到打印的真实效果。单击“文件”选项卡中的“打印”，“打印”面板如图 3-108 所示。用户所作的纸张方向、页面边距等设置都可以通过右侧的预览区域查看效果，还可以通过预览区域下面的滑块改变预览视图的大小。若需要调整页面设置，可单击“页面设置”按钮调整到合适的打印效果。

对预览效果满意后即可开始打印。

方法一：打开“打印”面板，单击“打印机”下拉三角按钮，选择计算机中已经安装的打印机；在“设置”下拉列表框中选择打印范围，如果选择“打印所有页”则打印文档的所有页，如果选择“打印当前页”则打印的是文档的当前页，如果选择“打印自定义范围”或直接单击“页数”文本框则只打印选定部分内容，例如在“页数”文本框中输入的是“1-10”表示打印文档的第 1 页至第 10 页，如果输入的是“1，3，8，9”表示打印文档的第 1 页、第 3 页、第 8 页、第 9 页；在“份数”数值框中可以输入需要打印几份该文档；设置“手动双面打印”选项可以实现双面打印文档；设置“每版打印页数”选项可以实现在每版上打印多页；全部设置完毕后单击“打印”按钮。

方法二：在文件夹中找到要打印的文档并右击，在弹出的快捷菜单中选择“打印”命令，如图 3-109 所示。该方法只能实现全部打印。

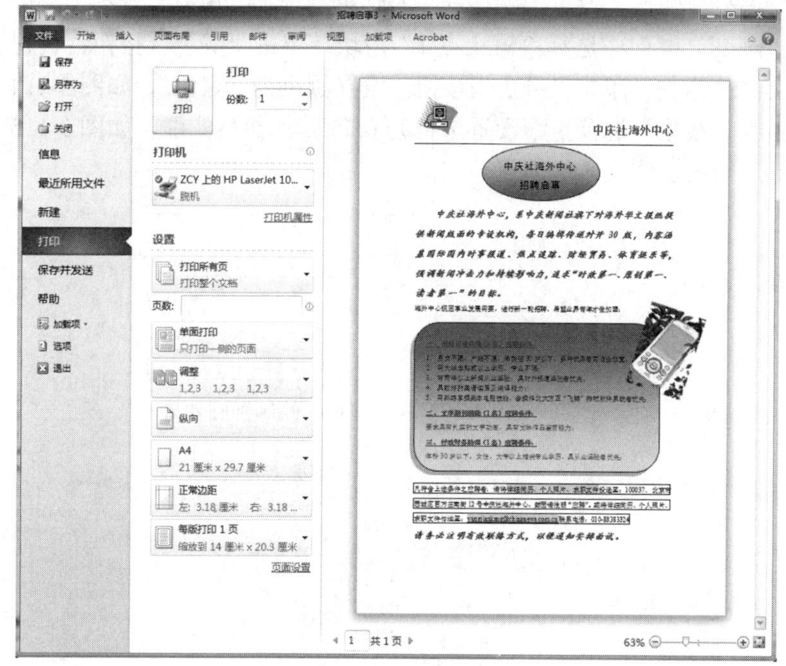

图 3-108 “打印”面板

打开(O)
编辑(E)
新建(N)
打印(P)
另存为(S)...
保存到手机U盘(B)
转换为 Adobe PDF(B)
转换为 Adobe PDF 并通过电子邮件发送(E)
在 Acrobat 中合并支持的文件...
打开方式(H)
使用 360杀毒 扫描
共享(H)
发送到手机
使用 360解除占用
使用 360强力删除
添加到压缩文件(A)...
添加到 "招聘启事3.rar"(T)
压缩并 E-mail...
压缩到 "招聘启事3.rar" 并 E-mail
通过QQ发送到
还原以前的版本(V)
发送到(N)
剪切(T)
复制(C)
创建快捷方式(S)
删除(D)
重命名(M)
属性(R)

图 3-109 用右键快捷菜单打印

【完成过程】

（1）打开“招聘启事.docx”文档。

（2）选中第二段文字，设置字体为楷体、四号、紫色、加粗、斜体，如图 3-110 所示。设置该段“首行缩进”2 个字符，将光标定位在该段开始位置，按 Enter 键两次在该段前添加两个空行，为标题设置留下足够的空间，如图 3-111 所示。

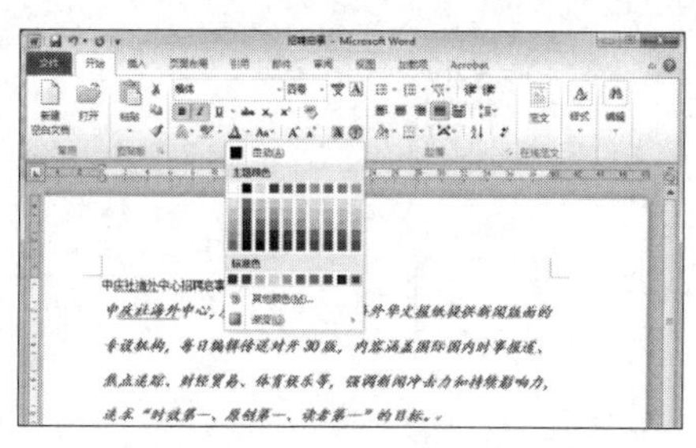

图 3-110 用选项卡设置字体

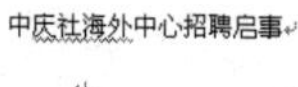

中庆社海外中心招聘启事

中庆社海外中心，系中庆新闻社旗下对海外华文报纸提供新闻版面的专设机构，每日编辑传送对开 30 版，内容涵盖国际国内时事报道、焦点追踪、财经贸易、体育娱乐等，强调新闻冲击力和持续影响力，追求“时效第一、原创第一、读者第一”的目标。

图 3-111 首段设置完成效果

（3）选中标题文本“中庆社海外中心招聘启事”，单击“插入”选项卡“文本”组中的“文本框”按钮，此时标题文字被添加在文本框中，将光标定位在“招聘”前，按 Enter 键，标题显示为两行。按空格键调整“招聘启事”使其相对上面的文本居中。选中文本框中的全部内容，设置为黑体小三，拖动文本框使其居中，如图 3-112 所示。

（4）在“插入”选项卡的“插图”组中单击“形状”按钮，在弹出的“形状”面板中选择椭圆形。拖动鼠标在文本框标题上绘制椭圆形，如图 3-113 所示。右击椭圆，在弹出的快捷菜单中选择“设置形状格式”命令，弹出“设置形状格式”对话框，选择“填充”选项卡，选中“渐变填充”单选项，在“渐变光圈”中选择“停止点 1”滑块，单击“颜色”按钮，设置颜色为“黄色”；选择“停止点 2”滑块，单击“颜色”按钮，设置颜色为“黑色”，如图 3-114 所示。分别选择“线条颜色”和“线型”选项卡，设置边框为 0.75 磅的黑色实线，如图 3-115 和图 3-116 所示。单击“关闭”按钮返回文本编辑区。

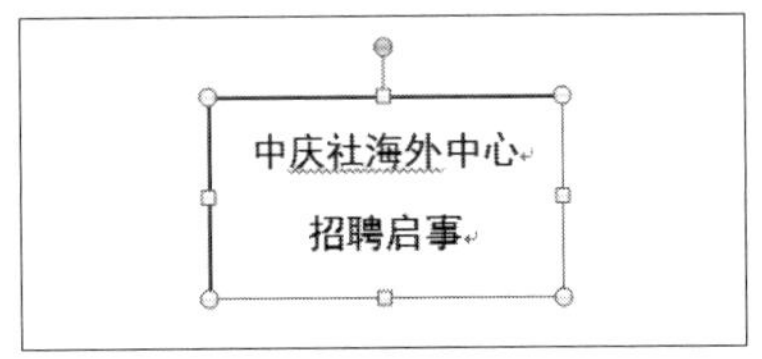

图 3-112　设置文本框效果

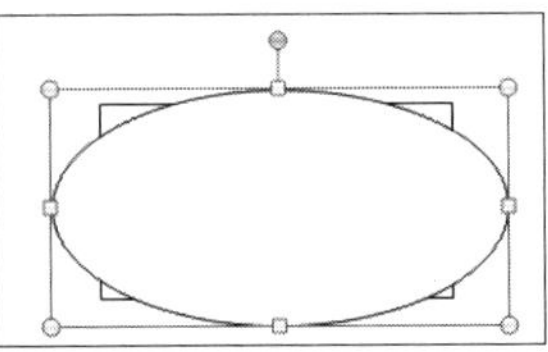

图 3-113　绘制椭圆效果

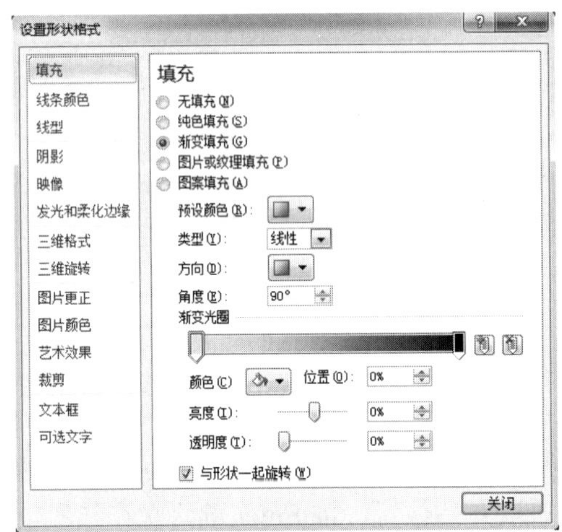

图 3-114　设置填充颜色

图 3-115　设置线型及线条颜色

图 3-116　设置线条宽度

（5）选中椭圆后右击，在弹出的快捷菜单中选择“置于底层”→“置于底层”命令，如图 3-117 所示，然后调整椭圆的位置，设置完成后的效果如图 3-118 所示。

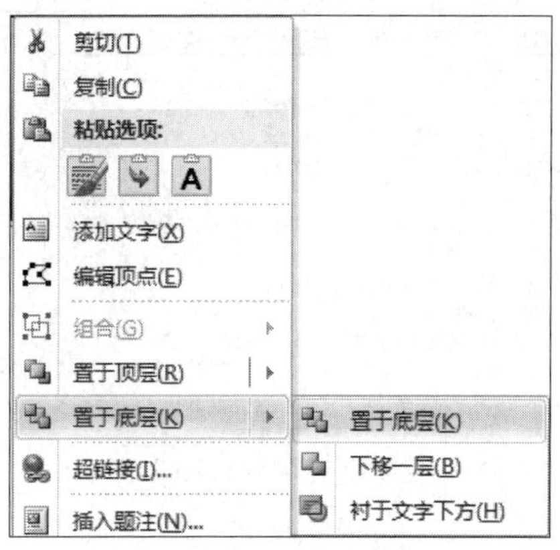

图 3-117　设置叠放次序

图 3-118　调整椭圆位置

（6）选中文本框并右击，在弹出的快捷菜单中选择“设置形状格式”命令，弹出“设置形状格式”对话框。设置文本框的填充和线条颜色均为无，如图 3-119 所示。单击“关闭”按钮返回文本编辑区，效果如图 3-120 所示。

图 3-119　设置文本框为无填充

图 3-120　文本框效果

（7）拖动鼠标选中“一、”到“具有从业经验者优先；”的全部内容，单击“插入”选项卡“文本”组中的“文本框”按钮，在下拉列表中选择“绘制文本框”命令，将所选内容添加到文本框中。选中文本框，在“绘图工具/格式”选项卡的“排列”组中单击“自动换行”按钮，在下拉列表中选择“上下型环绕”，如图 3-121 所示。返回文本编辑区，拖动文本框到适当位置，如图 3-122 所示。

（8）设置“1.男女不限”到“5.需熟练”的文本为“蓝色”，其他文本为“绿色”。选中编号“一、”开头的文本，设置其字形为加粗并加下划线，设置段落的“缩进和间距”为“2 倍行距”，如图 3-123 所示，单击“确定”按钮返回文本编辑区，效果如图 3-124 所示。

上移一层
下移一层
自动换行
选择窗格
嵌入型(I)
四周型环绕(S)
紧密型环绕(T)
穿越型环绕(H)
上下型环绕(O)
衬于文字下方(D)
浮于文字上方(N)
编辑环绕顶点(E)
其他布局选项(L)...

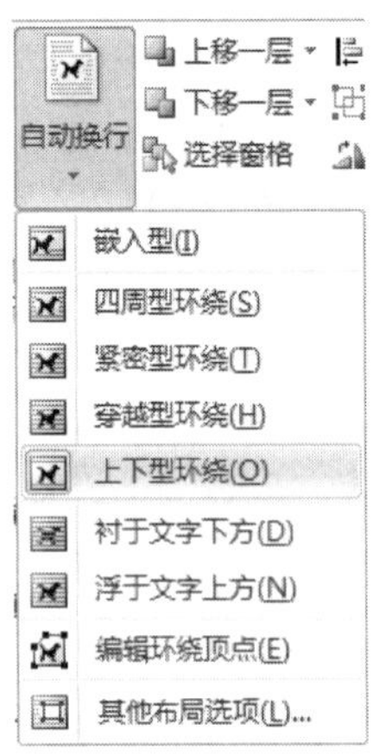

图 3-121 设置文本框版式

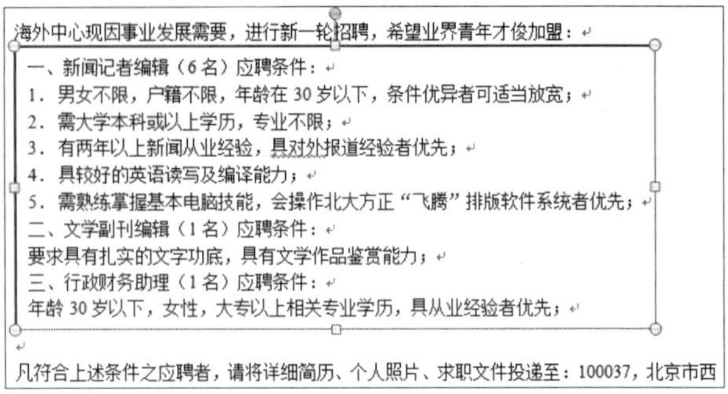

海外中心现因事业发展需要，进行新一轮招聘，希望业界青年才俊加盟：
一、新闻记者编辑（6 名）应聘条件：
1．男女不限，户籍不限，年龄在 30 岁以下，条件优异者可适当放宽；
2．需大学本科或以上学历，专业不限；
3．有两年以上新闻从业经验，具对外报道经验者优先；
4．具较好的英语读写及编译能力；
5．需熟练掌握基本电脑技能，会操作北大方正“飞腾”排版软件系统者优先；
二、文学副刊编辑（1 名）应聘条件：
要求具有扎实的文字功底，具有文学作品鉴赏能力；
三、行政财务助理（1 名）应聘条件：
年龄 30 岁以下，女性，大专以上相关专业学历，具从业经验者优先；
凡符合上述条件之应聘者，请将详细简历、个人照片、求职文件投递至：100037，北京市西

图 3-122 文本框设置后的效果

段落
缩进和间距(I)
换行和分页(P)
中文版式(H)
常规
对齐方式(G): 两端对齐
大纲级别(O): 正文文本
缩进
左侧(L): 0 字符
右侧(R): 0 字符
特殊格式(S): 悬挂缩进
磅值(Y): 0.74 厘
对称缩进(M)
如果定义了文档网格，则自动调整右缩进(D)
间距
段前(B): 0 行
段后(F): 0 行
行距(N): 2 倍行距
设置值(A):
在相同样式的段落间不添加空格(C)
如果定义了文档网格，则对齐到网格(W)
预览
制表位(T)...
设为默认值(D)
确定
取消

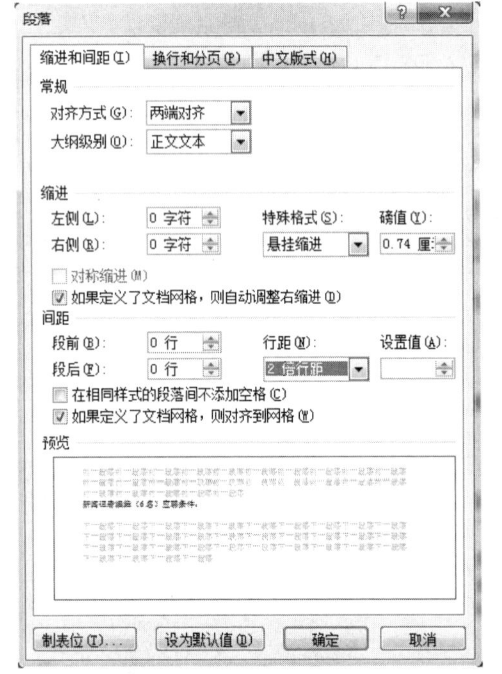

图 3-123 设置 2 倍行距

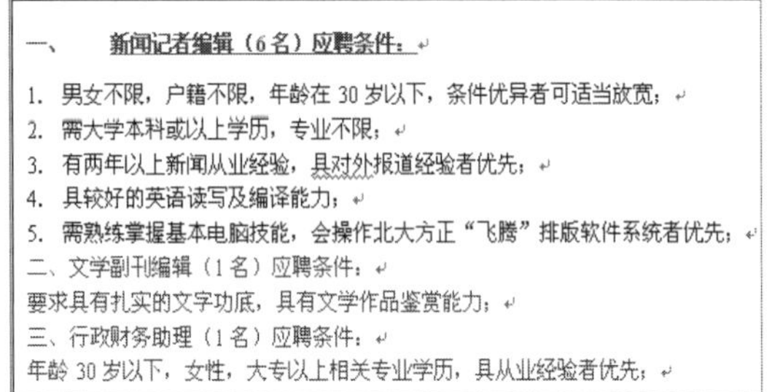

一、 新闻记者编辑（6 名）应聘条件：
1. 男女不限，户籍不限，年龄在 30 岁以下，条件优异者可适当放宽；
2. 需大学本科或以上学历，专业不限；
3. 有两年以上新闻从业经验，具对外报道经验者优先；
4. 具较好的英语读写及编译能力；
5. 需熟练掌握基本电脑技能，会操作北大方正“飞腾”排版软件系统者优先；
二、文学副刊编辑（1 名）应聘条件：
要求具有扎实的文字功底，具有文学作品鉴赏能力；
三、行政财务助理（1 名）应聘条件：
年龄 30 岁以下，女性，大专以上相关专业学历，具从业经验者优先；

图 3-124 设置完成后的效果

（9）预览时发现编号“一、”加下划线后效果不美观，所以删除编号。

选中该段，单击“开始”选项卡“段落”组中的“编号”按钮删除编号。在“新闻”前输入“一、”。按照同样的方法去掉“二、”和“三、”的自动编号，效果如图 3-125 所示。然后在适当的位置重新输入编号“二、”和“三、”。右击文本框设置文本框格式为无填充颜色、无线条颜色，如图 3-126 所示。

（10）在“插入”选项卡的“插图”组中单击“形状”按钮，在弹出面板中选择“矩形”中的“圆角矩形”添加圆角矩形，如图 3-127 所示，设置矩形颜色为“黄色”，并设置“黄色”效果为水平上深下浅颜色效果，线条为 0.75 磅黑实线，置于底层，如图 3-128 所示。

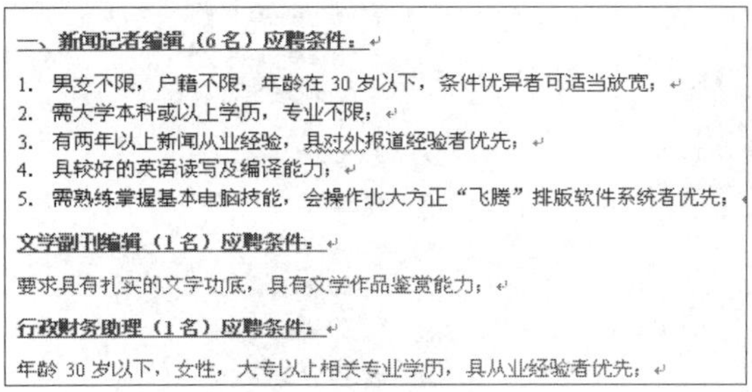

一、新闻记者编辑（6名）应聘条件：

1. 男女不限，户籍不限，年龄在30岁以下，条件优异者可适当放宽；
2. 需大学本科或以上学历，专业不限；
3. 有两年以上新闻从业经验，具对外报道经验者优先；
4. 具较好的英语读写及编译能力；
5. 需熟练掌握基本电脑技能，会操作北大方正“飞腾”排版软件系统者优先；

文学副刊编辑（1名）应聘条件：

要求具有扎实的文字功底，具有文学作品鉴赏能力；

行政财务助理（1名）应聘条件：

年龄30岁以下，女性，大专以上相关专业学历，具从业经验者优先；

图3-125　删除编号

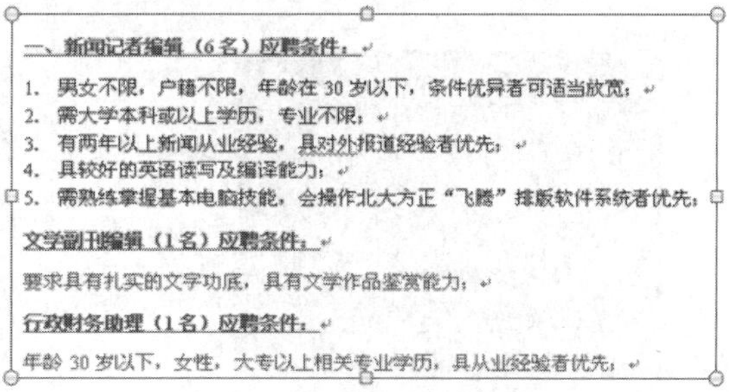

一、新闻记者编辑（6名）应聘条件：

1. 男女不限，户籍不限，年龄在30岁以下，条件优异者可适当放宽；
2. 需大学本科或以上学历，专业不限；
3. 有两年以上新闻从业经验，具对外报道经验者优先；
4. 具较好的英语读写及编译能力；
5. 需熟练掌握基本电脑技能，会操作北大方正“飞腾”排版软件系统者优先；

文学副刊编辑（1名）应聘条件：

要求具有扎实的文字功底，具有文学作品鉴赏能力；

行政财务助理（1名）应聘条件：

年龄30岁以下，女性，大专以上相关专业学历，具从业经验者优先；

图3-126　文本框效果

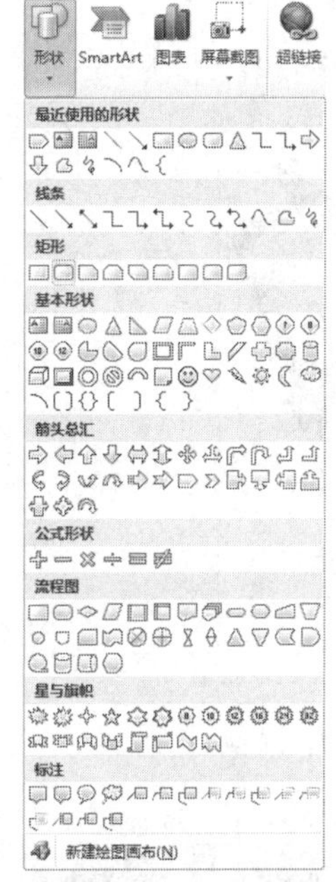

图3-127　“形状”面板

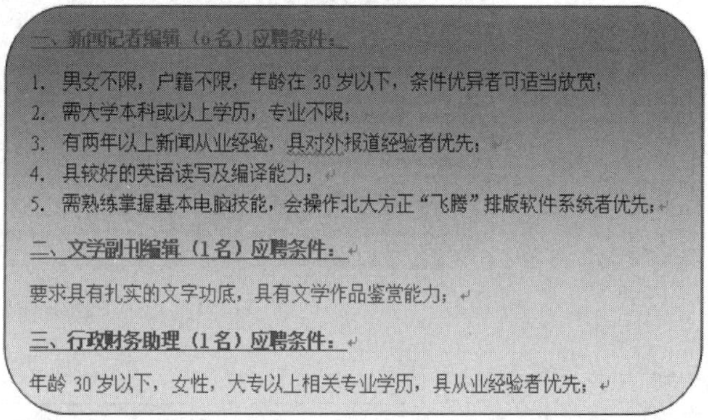

一、新闻记者编辑（6名）应聘条件：

1. 男女不限，户籍不限，年龄在30岁以下，条件优异者可适当放宽；
2. 需大学本科或以上学历，专业不限；
3. 有两年以上新闻从业经验，具对外报道经验者优先；
4. 具较好的英语读写及编译能力；
5. 需熟练掌握基本电脑技能，会操作北大方正“飞腾”排版软件系统者优先；

二、文学副刊编辑（1名）应聘条件：

要求具有扎实的文字功底，具有文学作品鉴赏能力；

三、行政财务助理（1名）应聘条件：

年龄30岁以下，女性，大专以上相关专业学历，具从业经验者优先；

图3-128　招聘条件设置效果

（11）按住Ctrl键的同时选中文本框和圆角矩形并右击，在弹出的快捷菜单中选择“组合”→“组合”命令，如图3-129所示。此后文本框和圆角矩形组合在一起，按照同样的方法组合标题。

（12）单击“插入”选项卡“插图”组中的“图片”按钮，将项目3/任务5/素材/手机.jpg图片插入到文本编辑区。拖动图片四周的8个手柄到合适尺寸，在“绘图工具/格式”选项卡的“排列”组中单击“自动换行”按钮，在下拉列表中选择“浮于文字上方”选项，如图3-130所示。

（13）将图片拖到招聘条件右上角处，鼠标指针指向图片上方的小绿点，当变成形状后按下鼠标左键转动图形到适当位置，如图3-131所示。

（14）选中圆角矩形，在“绘图工具/格式”选项卡的“图片样式”组中单击“图片效果”按钮，在下拉列表中选择“阴影”→“右下斜偏移”选项，如图3-132所示。右击圆角矩形，在弹出的快捷菜单中选择“设置形状格式”选项，单击“阴影”选项卡进行参数设置，设置阴影后的效果如图3-133所示。

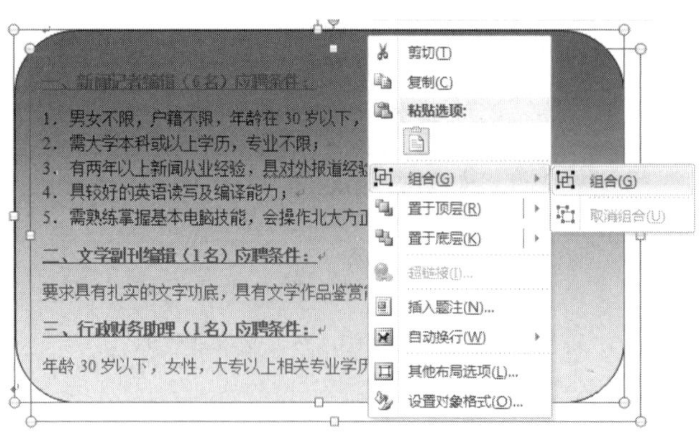

图 3-129　组合文本框和圆角矩形

图 3-130　设置版式

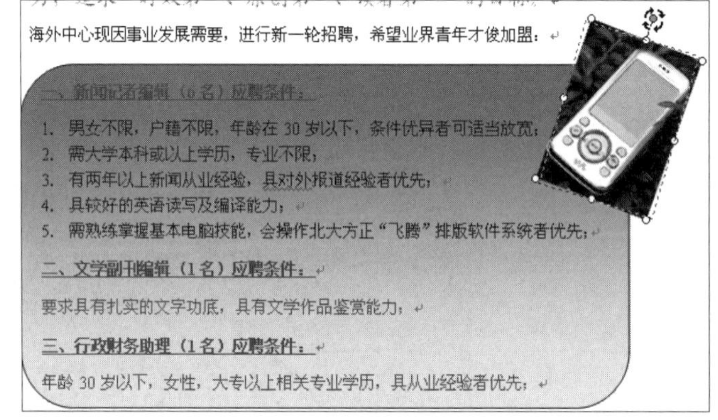

图 3-131　旋转图形后的效果

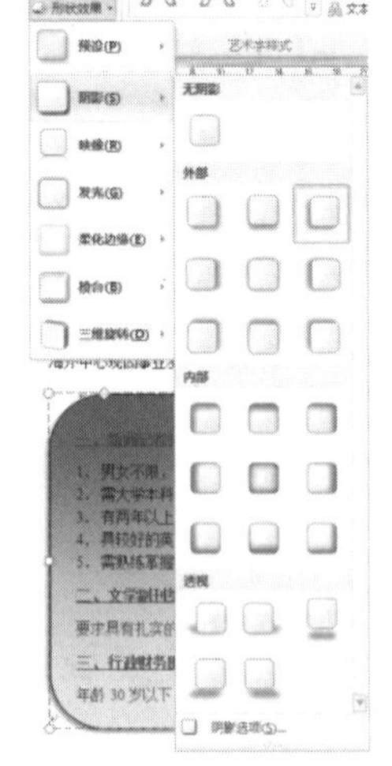

图 3-132　阴影设置

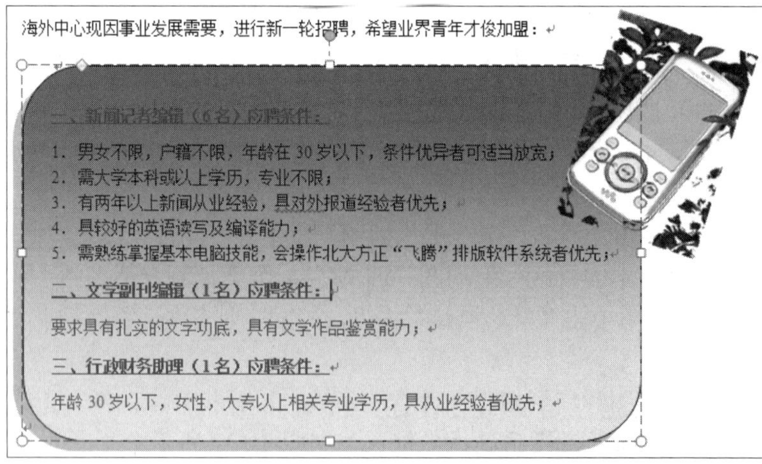

图 3-133　设置自选图形阴影效果

（15）选中“凡符合……88383324”文本，设置文字边框为 0.5 磅黑色单实线，如图 3-134 所示；设置“段前”为 1 行，“行距”为 1.5 倍行距，如图 3-135 所示，单击“确定”按钮返回文本编辑区。

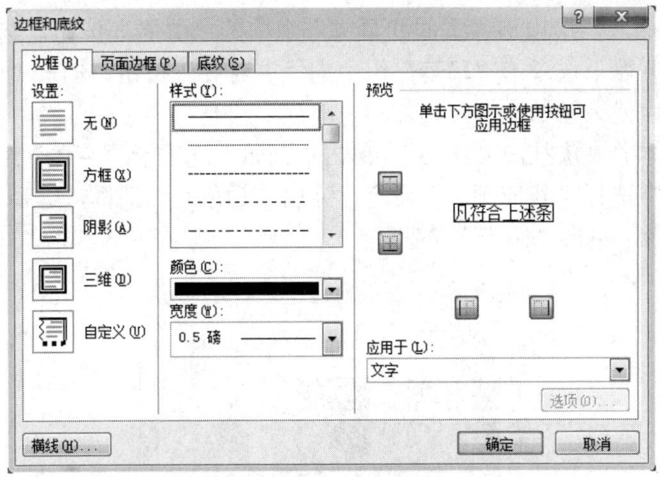

图 3-134 “边框和底纹”对话框的“边框”选项卡

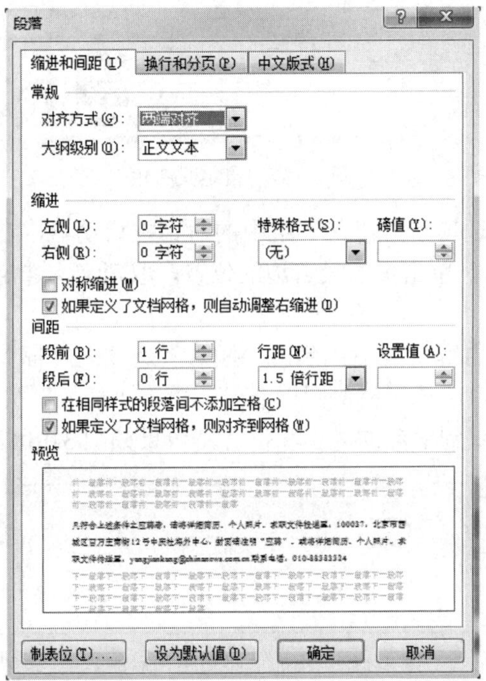

图 3-135 “段落”对话框的“缩进和间距”选项卡

（16）选中最后一行文本，设置字体为楷体、四号、紫色、加粗、斜体，如图 3-136 所示。

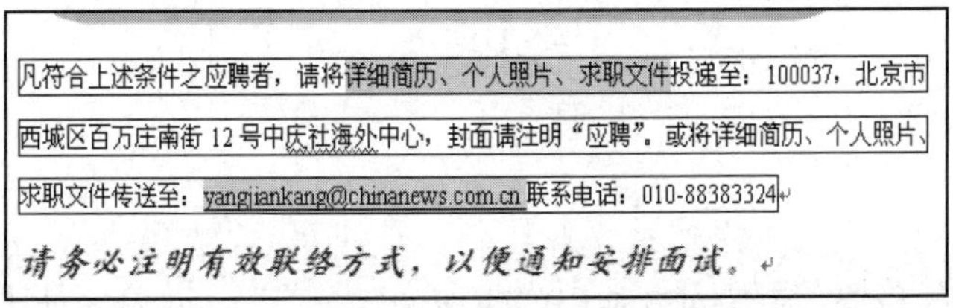

凡符合上述条件之应聘者，请将详细简历、个人照片、求职文件投递至：100037，北京市西城区百万庄南街 12 号中庆社海外中心，封面请注明“应聘”。或将详细简历、个人照片、求职文件传送至：yangjiankang@chinanews.com.cn 联系电话：010-88383324

请务必注明有效联络方式，以便通知安排面试。

图 3-136 最后两段文本效果

（17）单击“插入”选项卡“页眉和页脚”组中的“页眉”按钮，选择“编辑页眉”进入页眉区。单击“开始”选项卡“段落”组中的“右对齐”按钮，输入“中庆社海外中心”，设置字体为宋体、字号为小二、字形为加粗。

（18）选中文本“中庆社海外中心”，单击“开始”选项卡“字体”组中的“字体颜色”按钮，在下拉列表中选择“其他颜色”命令，弹出“颜色”对话框，选择“自定义”选项卡，设置如图 3-137 所示，单击“确定”按钮。

图 3-137 自定义颜色

（19）单击“开始”选项卡“段落”组中的对话框启动器，在弹出的“段落”对话框中设置“段前间距”为 24 磅。单击页眉最右边的位置，取消文本选定，按 Shift+Enter 组合键增加一个空行。

（20）光标定位在页眉编辑区中，单击“插入”选项卡“插图”组中的“图片”按钮，弹出“插入图片”对话框，选择素材“图标.jpg”，单击“插入”按钮。

（21）选中图片并调整到适当的大小和位置，效果如图 3-138 所示。

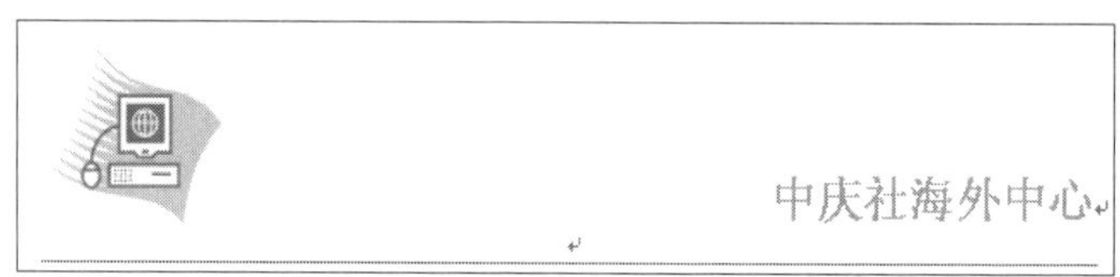

图 3-138 添加页眉和图片后的效果

至此，本任务的所有工作都已完成，可以用“打印预览”功能来查看打印效果，如果没有问题即可打印该 Word 文档。

习题 3

一、选择题

1．对段落对齐的设置：两端对齐使用的快捷键是（ ），左对齐使用的快捷键是（ ），右对齐使用的快捷键是（ ），居中对齐使用的快捷键是（ ）。

A．Ctrl+L B．Ctrl+R

C．Ctrl+J D．Ctrl+E

2．对于文档中每一页都要出现的相同内容所进行的设置都应放在（ ）中。

A．文本 B．图文框

C．页眉/页脚 D．页码头

3．在一个文档编辑完毕后，要想知道它打印后的结果，可以使用（ ）功能。

A．打印预览 B．模拟打印

C．提前打印 D．屏幕打印

4．在 Word 中，要选定某个自然段，可以将鼠标指针移动到该段的选择区并（ ）。

A．单击 B．双击

C．拖动 D．右击

5．在 Word 中，标有“B”字母的按钮的作用是使选定对象（ ）。

A．加粗 B．倾斜

C．加下划线 D．加波浪线

二、填空题

1．第一次启动 Word 2010 后系统自动建立的那个空白文档名为________。

2．选定内容后，单击“剪切”按钮则被送到________上。

3．为了保存文档，需要为输入的文档起一个名字并保存，方法是单击________按钮后选择________命令。

4．Word 2010 提供了几种不同的文档显示方式，称为“视图”，包括页面视图、________、大纲视图、________、________。

5．字符格式的设置可以通过“开始”选项卡的________组进行设置。

6．在 Word 2010 中，可以很方便地为某段文字添加特殊的________或进行编号，使文档更有层次感，易于阅读和理解。

三、简答题

1．如何启动和退出 Word 2010？

2．如何插入艺术字？

3．如何添加项目符号？

项目 4　文档的高级应用

Microsoft Office Word 2010 是一款优秀的文字处理软件，可以让用户方便自如高效地在计算机上输入、编辑和修改文章，在编辑的文章中插入公式、表格和图形，这是在纸上写文章所无法相比的。Word 充分利用 Windows 的图形界面，让用户轻松地处理文字、图形和数据，创建出多种图文并茂、赏心悦目的文档，实现真正的“所见即所得”。本项目通过实例循序渐进地介绍 Word 2010 在实际工作中经常用到的高级操作知识。

任务 1　表格制作

【任务分析】

本任务主要是创建文档“中庆社海外中心员工培训成绩统计表.docx”，并录入员工培训的成绩，让读者掌握 Word 2010 中文档的页面设置、页码插入、表格斜线表头制作的方法。任务完成后的效果如图 4-1 所示。

中庆社海外中心员工培训成绩统计表

部门：人事行政部　　　　日期：2010 年 8 月 17 日

成绩 / 姓名 / 编号		物流学导论	文档归档	岗位职责	员工招聘准则	应用文写作	电子表格	总分	平均分	名次
0321142001	黎彩娟	90	87	78	65	86	67			
0321142002	赵　勇	84	81	98	47	90	86			
0321142003	马旭娜	90	58	43	64	95	62			
0321142004	黄雅梅	86	83	67	82	40	80			
0321142005	阳少勤	88	87	98	83	98	81			
0321142006	韦小艺	85	65	40	88	67	80			
0321142007	蔡　波	55	75	95	75	87	70			
0321142008	王文婕	98	76	95	76	65	63			
0321142009	梁文浩	50	46	90	46	46	86			
0321142010	唐尚龙	75	82	86	65	76	87			
平　均　分										

注：此表一式三份，一份交人事处，一份交培训部，一份自存。　　　　主任签名：

图 4-1　中庆社海外中心员工培训成绩统计表

【任务目标】

- 掌握 Word 2010 中文档的页面设置。

- 掌握插入页码的方法。
- 掌握表格斜线表头绘制的方法。

【必备知识】

1. 页面设置

页面格式主要包括纸张大小、页边距、页面的修饰（设置页眉、页脚和页号）等。一般应该在录入完成前进行页面设置，但 Word 2010 也允许按系统的默认设置先录入文档，之后随时对页面重新进行设置。

单击“页面布局”选项卡“页面设置”组中的对话框启动器，弹出“页面设置”对话框，其中有 4 个选项卡：页边距、纸张、版式、文档网格。

- “页边距”选项卡：设置文本与纸张的上、下、左、右边界的距离，如果文档需要装订可以设置装订线与边界的距离，还可以设置纸张的打印方向，默认为纵向，如图 4-2 所示。
- “纸张”选项卡：主要功能是设置纸张的大小（如 A4），如果系统提供的纸张规格都不符合要求，可以选择“自定义大小”并输入宽度和高度；设置打印时纸张的进纸方式，如图 4-3 所示。

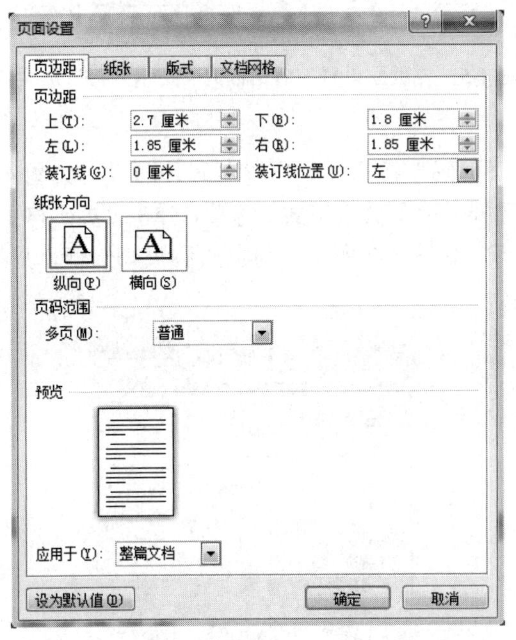

图 4-2 “页面设置”对话框的“页边距”选项卡

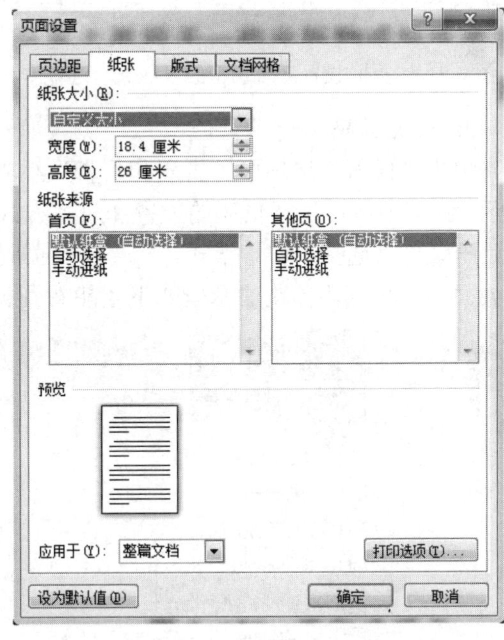

图 4-3 “页面设置”对话框的“纸张”选项卡

- “版式”选项卡：设置页眉和页脚的特殊格式（首页不同或奇偶页不同），为文档添加行号，为页面添加边框，如果文档没有占满一页可以设置文档在垂直方向上的对齐方式（顶端对齐、居中对齐、两端对齐），如图 4-4 所示。
- “文档网格”选项卡：设置每页固定的行数和每行固定的字数，也可以只设置每页固定的行数，还可以设置在页面上显示字符网格，文字与网格对齐。这些设置主要用于一些出版物或有特殊要求的文档，如图 4-5 所示。可根据需要选择对应的选项卡进行设置，设置完毕后单击“确定”按钮。

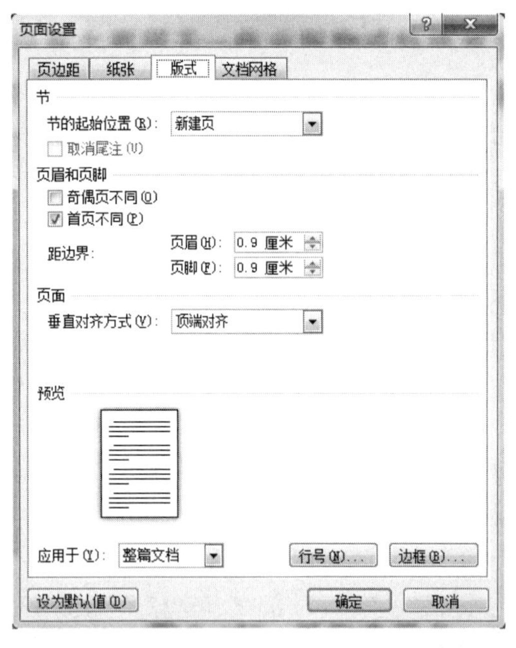

图 4-4 “页面设置”对话框的“版式”选项卡

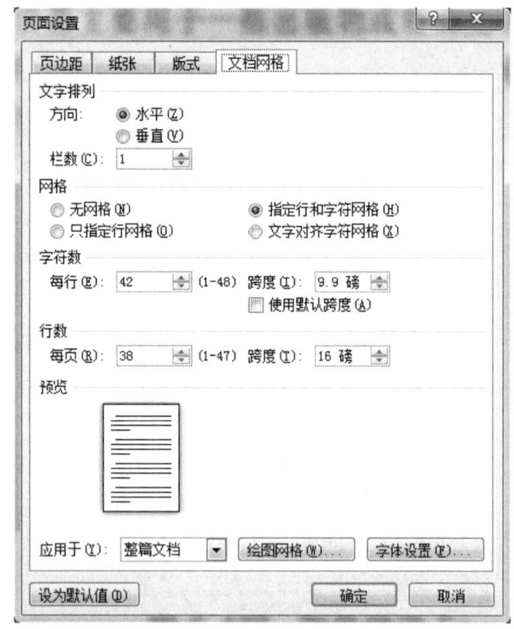

图 4-5 “页面设置”对话框的“文档网格”选项卡

2. 设置页码

单击“插入”选项卡“页眉和页脚”组中的“页码”按钮，弹出“页码”面板，如图 4-6 所示。在其中可以选择页码的位置和对齐方式。选择“设置页码格式”选项，弹出“页码格式”对话框，可以选择“编号格式”和“起始页码”等，如图 4-7 所示。与页眉和页脚一样，只有在页面视图和打印预览显示模式下才能看到页码。

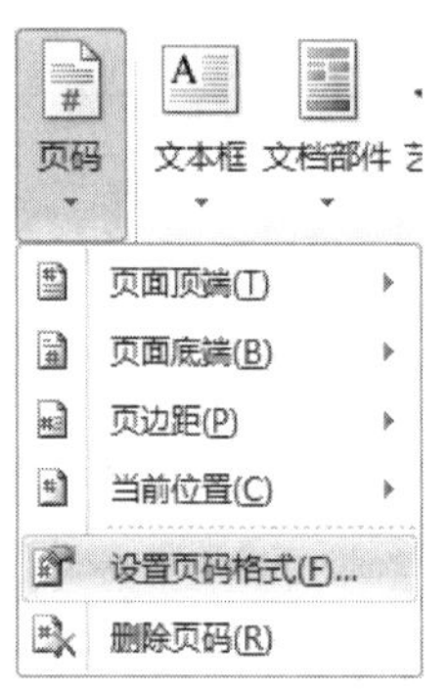

图 4-6 “页码”面板

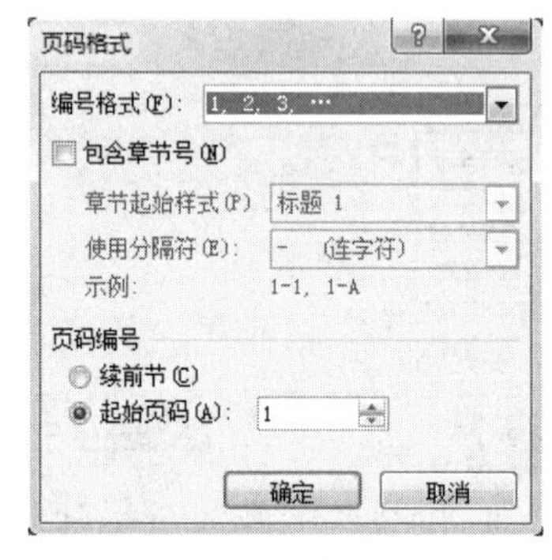

图 4-7 “页码格式”对话框

删除页码的方法：在“页码”面板中选择“删除页码”选项；或者双击页码进入页眉和页脚编辑状态，将鼠标指针指向页码，当其成为四向箭头形状后选定页码并按 Delete 键，关闭“页眉和页脚”工具栏返回。

3. 创建表格

表格以行和列的形式组织信息，使得数据结构简明而清晰。Word 2010 提供了 3 种建立表格的方法：一是使用“插入”选项卡“表格”组中的“表格”按钮；二是使用“插入表格”对话框；三是利用“开始”选项卡“段落”组“下框线”按钮下拉列表中的“绘制表格”选项进行手动制表。

（1）使用“插入”选项卡“表格”组中的“表格”按钮建立表格。例如要建立一个 3 行 4 列的表格，操作方法：将插入点移动到要建立表格的位置上，单击“插入”选项卡“表格”组中的“表格”按钮，如图 4-8 所示；在网格中按住左键并向下方拖动，这时下拉窗口就会在横向和纵向增加数值，在拖动鼠标时，Word 2010 会将被拖动过的网格高亮显示（深色网格），同时在底部的提示框中显示相应的行数和列数，本例则为 3 行 4 列，当行数和列数（深色网格的大小）符合您的要求后释放鼠标，表格就插入到光标所在的位置，其行高和列宽及表格的格式采用 Word 的默认值。这种方法添加的最大表格为 10 列 8 行。

如果已经开始拖动鼠标左键，但又不想插入表格了，可以向左拖动鼠标将指针移出网格，然后释放鼠标。

（2）使用“插入表格”对话框建立表格。要建立一个若干行若干列的表格，可以采用“插入表格”对话框实现，操作方法：将插入点移到要建立表格的位置上，单击“插入”选项卡“表格”组中的“表格”按钮，在下拉列表中选择“插入表格”选项，弹出“插入表格”对话框，如图 4-9 所示；在“表格尺寸”区域中的“列数”和“行数”文本框中输入表格的列数和行数，例如 6 列 4 行，则分别输入 6 和 4；在“‘自动调整’操作”区域中选择“固定列宽”单选项，输入表格中每一列的宽度，在默认状态下为“自动”模式，即表格占满整行，每一列的宽度平均分配，例如每列的列宽设置为 1.8 厘米，单击“确定”按钮。

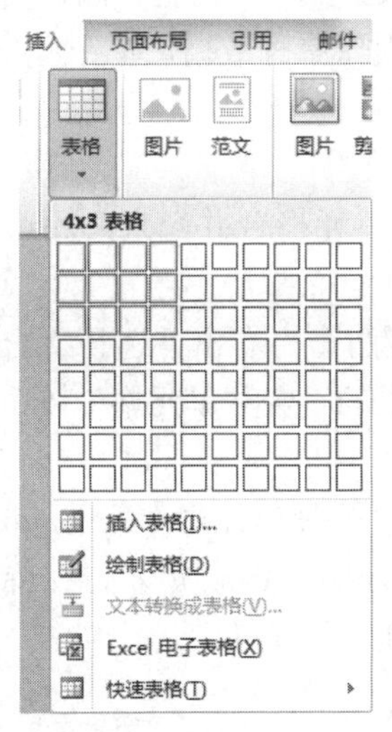

图 4-8　插入表格

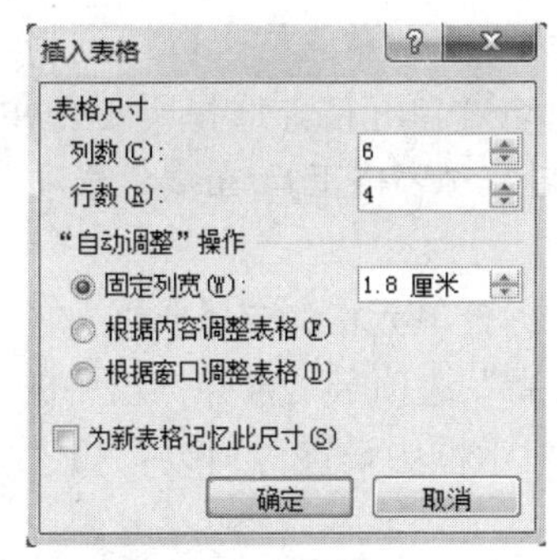

图 4-9　“插入表格”对话框

（3）绘制复杂表格。上述方法可以建立简单的表格和格式固定的表格，而复杂的、不规则的表格则可以使用 Word 2010 提供的绘制表格功能来实现，操作方法：单击“插入”选项卡“表格”组中的“表格”按钮，在下拉列表中选择“绘制表格”选项；或者选择“开始”选项卡“段落”组中的“下框线”按钮下拉列表中的“绘制表格”选项，当鼠标指针变成铅笔状后可以在文档中任意绘制复杂的表格。

展开“表格工具/设计”选项卡，其中有表格样式选项、表格样式、绘图边框 3 个组（“表格样式”组提供了 141 种内置表格样式），可以利用其中的命令按钮设置边框的样式、粗细、颜色等，还可以擦除绘制错误的表格线；在“表格工具/布局”选项卡中可以设置表格布局格式，如图 4-10 所示。

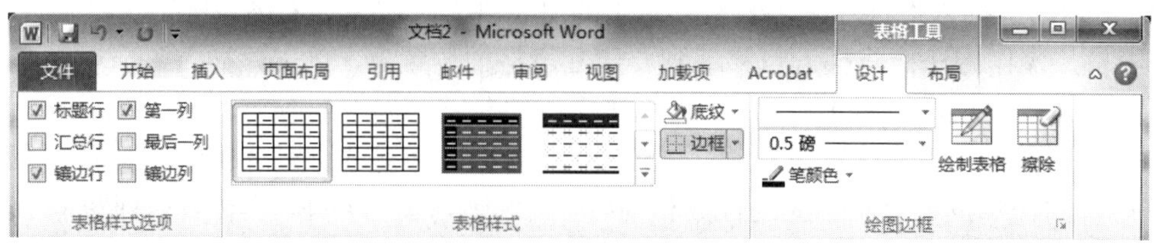

“表格工具/设计”选项卡

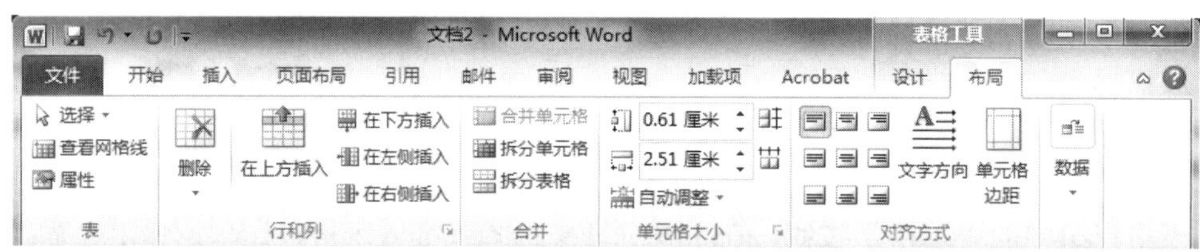

“表格工具/布局”选项卡

图 4-10 “表格工具”选项卡

（4）快速法创建表格。将光标定位到需要添加表格的位置，单击“插入”选项卡“表格”组中的“表格”按钮，在下拉列表中选择“快速表格”选项，弹出“内置”面板，在其中选择一个内置表格样式即可插入该格式的表格。此时一般需要删除原有数据，重新输入用户自己的数据。

4. 合并和拆分单元格

通过删除单元格可以调整表格的结构，可以把若干个单元格合并起来，还可以把一个单元格拆分为更多的单元格，以达到制作不规则表格的目的。

（1）合并单元格。选择所要合并的单元格，至少应有两个，右击并选择“合并单元格”命令；或者在“表格工具/布局”选项卡中单击“合并”组中的“合并单元格”按钮，如图 4-11 所示。

（2）拆分单元格。选择要拆分的单元格，右击并选择“拆分单元格”命令，或者单击“表格工具/布局”选项卡“合并”组中的“拆分单元格”按钮，如图 4-12 所示，在弹出的“拆分单元格”对话框中设置“列数”和“行数”，然后单击“确定”按钮。

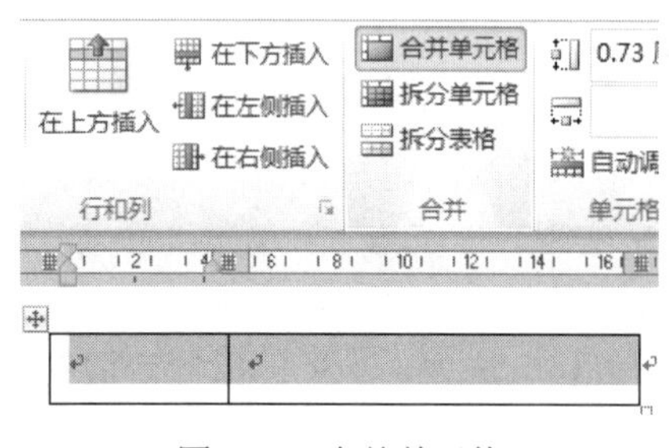

图 4-11 合并单元格

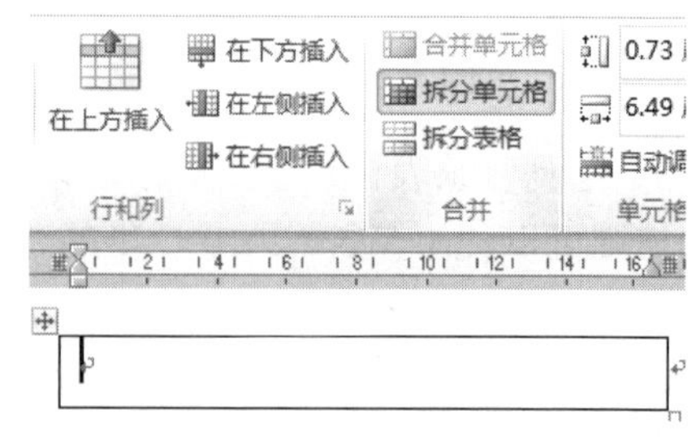

图 4-12 拆分单元格

5. 表格的属性

一个新建立的表格，它的位置默认为居左，即整个表格向左边靠齐，也可以使表格居中或居右。在表格的一行中，每一个单元格的行高都是相同的，在默认状态下，Word 会自动地调整行高以适应单元格的文本或图形的高度。可以用鼠标拖动调整表格的行高和列宽，但是不精确。在实际应用中，根据需要可以用“表格属性”对话框来进行设置。“表格属性”对话框中有 5 个选项卡：表格、行、列、单元格、可选文字，可以设置表格的位置、宽度、行高、表格列的宽度、单元格的宽度、数据的对齐方式等。

将插入点放到表格中，单击“表格工具/布局”选项卡“表”组中的“属性”按钮，弹出“表格属性”对话框，如图 4-13 所示；选择“表格”选项卡，在“尺寸”区域中可以指定表格总的宽度，在“对齐方式”区域中可以设置表格左对齐、居中、右对齐或左缩进的尺寸，在默认情况下 Word 的对齐方式是左对齐，在“文字环绕”区域中可以设置无环绕或环绕形式，设置完成后单击“确定”按钮。

图 4-13 “表格属性”对话框

6. 编辑表格

编辑表格包括增加或删除单元格、行或列，移动或复制单元格、行或列中的内容等。

（1）选定单元格。

1）用鼠标选定表格。

- 选定一个单元格：将鼠标指针移到该单元格的左边，指针变为黑箭头↗时单击。
- 选定表格中的一行：将鼠标指针移到整个表格的最左边，指针变为↗时单击。
- 选定表格中的一列：将鼠标指针移到该列上方，指针变为⬇时单击。
- 选定多个单元格或多行或多列：按住鼠标左键拖动；或先选定开始的单元格，再按 Shift 键并选定后面的单元格。另外可以将指针移到表格的上方，指针变成⬇时按下鼠标左键并左右拖动就可以选定表格的一列、多列乃至整个表格，同理选中多个单元格或多行。
- 选定整个表格：鼠标指针指向表格线的任意地方，表的左上角会出现“表格移动手柄”，单击它可以选定整个表格；同时右下角出现小方框标记，单击它，沿着对角线方向可以均匀缩小或扩大表格的行宽或列宽，如图 4-14 所示。

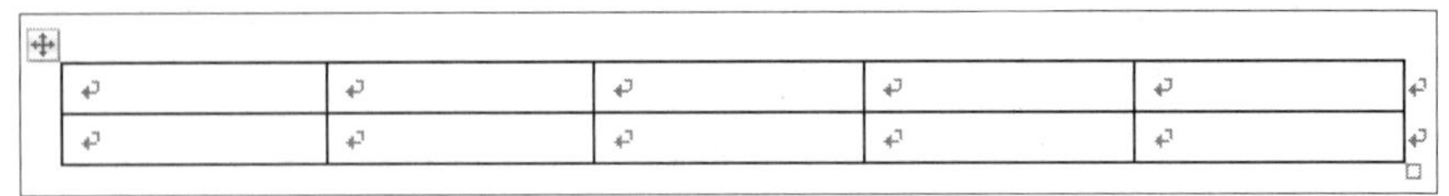

图 4-14　鼠标指向表格的状态

2）用“选择”面板选定表格。将插入点移到选定表格的位置上，在“表格工具/布局”选项卡的“表”组中单击“选择”按钮，在下拉列表中根据需要进行选择，如图 4-15 所示。

（2）表格中的插入操作。

1）使用按钮插入行、列、单元格。将插入点移到要插入行、列、单元格的任意一个单元格中，单击“表格工具/布局”选项卡“行和列”组中的“在上方插入”或“在下方插入”等按钮，如图 4-16 所示。

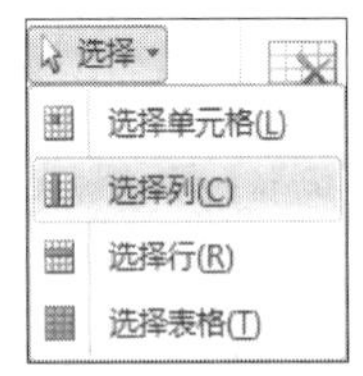

图 4-15　“选择”按钮的下拉列表

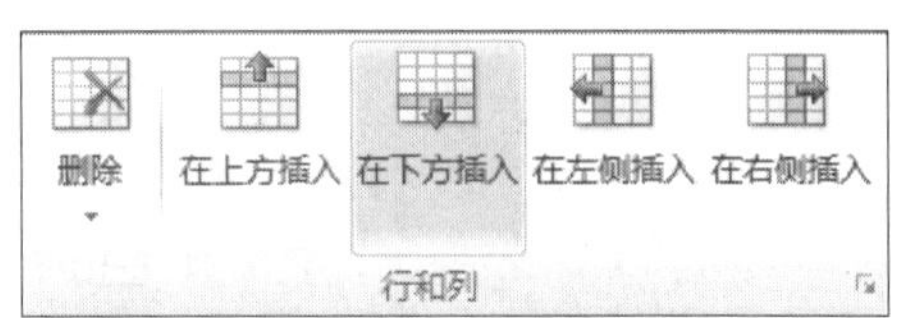

图 4-16　“行和列”组

2）使用 Tab 键在行末插入新行。将光标移到表格的最后一行、最后一列的单元格中，按 Tab 键。

（3）移动或复制表格中的内容。可以使用拖动、命令、快捷键的方法将单元格中的内容进行移动或复制，如同一般的文本一样。

1）用拖动的方法移动或复制单元格、行或列中的内容。选定要移动或复制的单元格、行或列，即选定了其中的内容，然后按下鼠标左键并拖动到新的位置上，然后释放鼠标左键，即实现了对单元格及其中文本的移动操作。

如果要复制单元格及文本，则在做完选定后，按下 Ctrl 键再拖动到新的位置上。

2）用命令按钮移动或复制单元格、行或列中的内容。选定要移动或复制的单元格、行或列，若要移动文本，则单击“开始”选项卡“剪贴板”组中的“剪切”按钮；若要复制文本，则单击“复制”按钮。

3）用快捷键移动或复制单元格、行或列中的内容。选定要移动或复制的单元格、行或列，若要移动其中的文本，则按 Ctrl+X 组合键；若要复制文本，则按 Ctrl+C 组合键，然后将光标移到所要移动到或复制到的位置，按 Ctrl+V 组合键。

（4）删除表格、行、列和单元格。删除表格中的文本内容与删除一般文本的方法相同。当建立好一个表格后，如果对它不满意，就可以将其中部分单元格、行、列或整个表格删除，以实现对表格结构的调整，达到最佳效果。删除表格中各内容的操作方法：选定要删除表格的选项：表格、行、列、单元格，单击“表格工具/布局”选项卡“行和列”组中的“删除”按钮，如图 4-16 所示。

（5）调整表格的列宽和行高。

1）使用表格属性调整。

2）用鼠标调整。将鼠标指针移到列的竖线上，指针变成⇹时按下鼠标左键并左右拖动该表格列竖线，直到宽度合适时松开鼠标。将鼠标指针移到行的横线上，指针变成÷时拖拽鼠标。

3）用“表格工具”调整。展开“表格工具/布局”选项卡的“单元格大小”组，如图4-17所示。“分布行”和“分布列”按钮可以设置所有行的行高和所有列的列宽相等。

单击“自动调整”按钮，在下拉列表中选择“根据内容自动调整表格”等命令。右击表格并选择“自动调整”命令，也可实现上述设置，如图4-18所示。

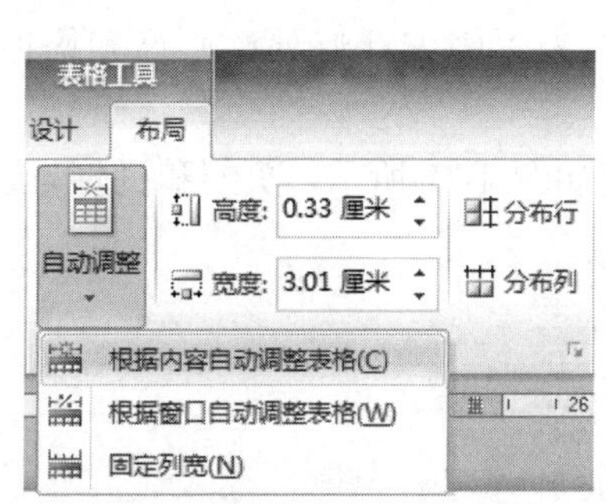

图4-17 “表格工具/布局”选项卡的“单元格大小”组

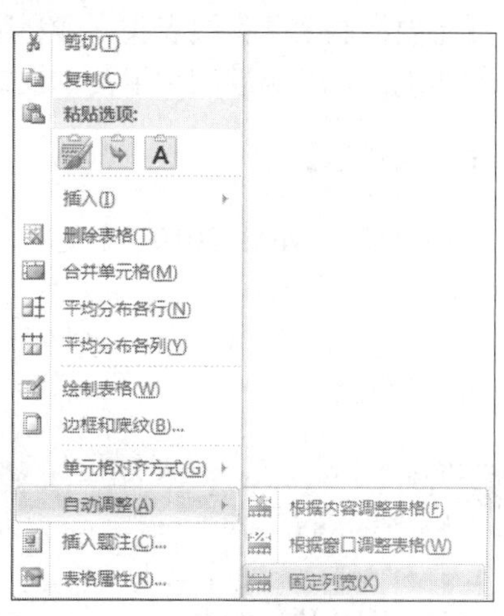

图4-18 自动调整

7. 绘制斜线表头

选中表格内的任意一个单元格，右击并选择“边框和底纹”命令，弹出“边框和底纹”对话框，在“边框”选项卡的“设置”区域中单击“自定义”，单击“预览”区域中的“斜下框线”按钮，在“应用于”下拉列表框中选择“单元格”，如图4-19所示，单击“确定”按钮返回表格，效果如图4-20所示。

图4-19 “边框和底纹”对话框

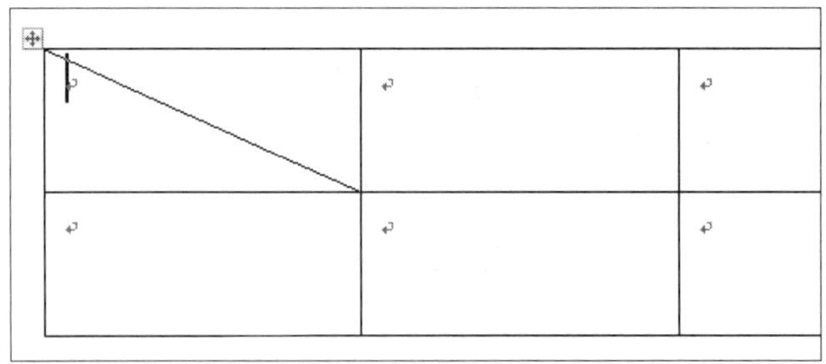

图 4-20　插入斜线表头的效果

如果要绘制多条斜线表头，则利用“插入”选项卡“插图”组“形状”按钮面板中的“直线”来实现，表头标题则利用文本框输入。

【完成过程】

（1）启动 Word 2010，新建一个文档，命名为“中庆社海外中心员工培训成绩统计表.docx”。

（2）页面设置，使用 A4 纸横向，页边距设置如图 4-21 所示，页眉和页脚与边界距离设置如图 4-22 所示。

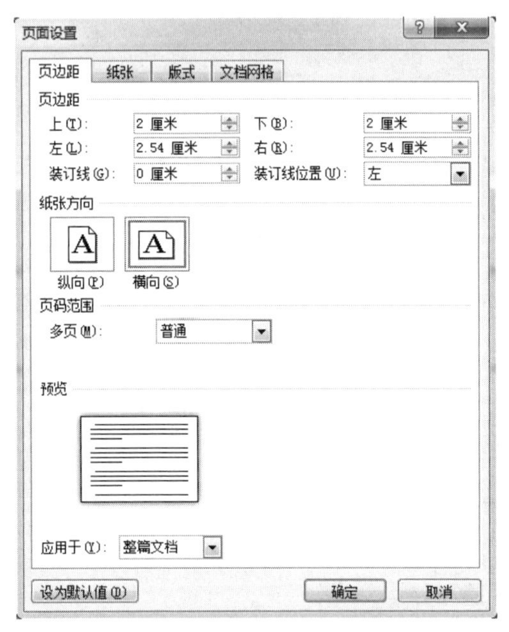

图 4-21　“页面设置”对话框的“页边距”选项卡

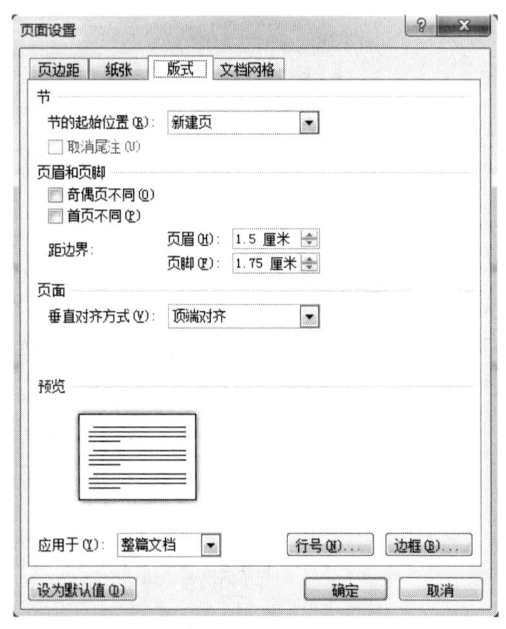

图 4-22　“页面设置”对话框的“版式”选项卡

（3）在文档中录入标题“中庆社海外中心员工培训成绩统计表”，设置字体为黑体、小二、居中。在下一行左端输入“部门：人事行政部”，右端输入“日期：2010 年 8 月 17 日”，设置字体为宋体、四号、加粗。按两下 Enter 键添加空行。

（4）插入一个 12 行 11 列的表格，选择第一行前两个单元格，单击“表格工具/布局”选项卡“合并”组中的“合并单元格”按钮，选择最后一行前两个单元格合并单元格。

（5）按照图 4-23 中的数据录入员工培训的成绩。

中庆社海外中心员工培训成绩统计表

部门：人事行政部　　　　　　日期：2010年8月17日

		物流学导论	文档归档	岗位职责	员工招聘准则	应用文写作	电子表格	总　分	平均分	名　次
0321142001	黎彩娟	90	87	78	65	86	67			
0321142002	赵　勇	84	81	98	47	90	86			
0321142003	马旭娜	90	58	43	64	95	62			
0321142004	黄雅梅	86	83	67	82	40	80			
0321142005	阳少勤	88	87	98	83	98	81			
0321142006	韦小艺	85	65	40	88	67	80			
0321142007	蓝　波	55	75	95	75	87	70			
0321142008	王文婕	98	76	95	76	65	63			
0321142009	梁文浩	50	46	90	46	46	86			
0321142010	唐尚龙	75	82	86	65	76	87			
平均分										

图 4-23　录入员工培训成绩

（6）选中第一行有标题文字的单元格，单击“表格工具/布局”选项卡“对齐方式”组中的“文字方向”按钮，设置字体为宋体、小四。调整加宽前两列宽度，选中前两列中未合并的单元格，单击“单元格大小”组中的“分布行”按钮，选中前两列以外的其他单元格，单击“单元格大小”组中的“分布列”按钮，效果如图 4-24 所示。

		物流学导论	文档归档	岗位职责	员工招聘准则	应用文写作	电子表格	总分	平均分	名次
0321142001	黎彩娟	90	87	78	65	86	67			
0321142002	赵　勇	84	81	98	47	90	86			
0321142003	马旭娜	90	58	43	64	95	62			
0321142004	黄雅梅	86	83	67	82	40	80			
0321142005	阳少勤	88	87	98	83	98	81			
0321142006	韦小艺	85	65	40	88	67	80			
0321142007	蓝　波	55	75	95	75	87	70			
0321142008	王文婕	98	76	95	76	65	63			
0321142009	梁文浩	50	46	90	46	46	86			
0321142010	唐尚龙	75	82	86	65	76	87			
平均分										

图 4-24　调整后的员工培训成绩表效果

（7）鼠标指针指向表格右下角的□，按下左键拖动到适当位置。单击表格左上角的⊞选中整个表格，单击“表格工具/布局”选项卡“对齐方式”组中的“靠上居中对齐”按钮；选中纵向标题，单击“中部居中”按钮。

（8）单击表格左上角的单元格，利用“插入”选项卡“插图”组“形状”按钮下拉列表中的“直线”来绘制表头效果，利用插入文本框的方法来制作表头标题，标题分别为成绩、姓名、编号，如图 4-25 所示。

（9）将插入点移到表格下方，输入文本“注：此表一式三份，一份交人事处，一份交培训部，一份自存。主任签名：”，设置字体为宋体、五号、加粗，并适当调整位置。

（10）插入页码。

成绩 / 姓名 / 编号		物流学导论	文档归档	岗位职责	员工招聘准则	应用文写作	电子表格	总分	平均分	名次
0321142001	黎彩娟	90	87	78	65	86	67			
0321142002	赵　勇	84	81	98	47	90	86			
0321142003	马旭娜	90	58	43	64	95	62			
0321142004	黄雅梅	86	83	67	82	40	80			
0321142005	阳少勤	88	87	98	83	98	81			
0321142006	韦小艺	85	65	40	88	67	80			
0321142007	蓝　波	55	75	95	75	87	70			
0321142008	王文婕	98	76	95	76	65	63			
0321142009	梁文浩	50	46	90	46	46	86			
0321142010	唐尚龙	75	82	86	65	76	87			
平　均　分										

图 4-25　绘制斜线表头后的效果

任务 2　表格高级应用

【任务分析】

本任务主要是计算中庆社海外中心员工培训成绩的总分和平均分，并填写名次，让读者熟悉 Word 2010 表格计算和排序的操作方法。任务完成后的效果如图 4-26 所示。

中庆社海外中心员工培训成绩统计表

部门：人事行政部　　　　日期：2010 年 8 月 17 日

成绩 / 姓名 / 编号		物流学导论	文档归档	岗位职责	员工招聘准则	应用文写作	电子表格	总分	平均分	名次
0321142001	黎彩娟	90	87	78	65	86	67	473	78.83	3
0321142002	赵　勇	84	81	98	47	90	86	486	81.00	2
0321142003	马旭娜	90	58	43	64	95	62	412	68.67	9
0321142004	黄雅梅	86	83	67	82	40	80	438	73.00	7
0321142005	阳少勤	88	87	98	83	98	81	535	89.17	1
0321142006	韦小艺	85	65	40	88	67	80	425	70.83	8
0321142007	蓝　波	55	75	95	75	87	70	457	76.17	6
0321142008	王文婕	98	76	95	76	65	63	473	78.83	4
0321142009	梁文浩	50	46	90	46	46	86	364	60.67	10
0321142010	唐尚龙	75	82	86	65	76	87	471	78.50	5
平　均　分		80.10	74.00	79.00	69.10	75.00	76.20	453.40	75.57	

注：此表一式三份，一份交人事处，一份交培训部，一份自存。　　　　主任签名：

- 1 -

图 4-26　中庆社海外中心员工培训成绩表计算统计效果

【任务目标】

- 掌握 Word 2010 表格计算的操作方法。
- 掌握 Word 2010 表格排序的操作方法。

【必备知识】

Word 可以快速地对表格中行和列的数值进行各种计算，如加、减、乘、除、排序等。但 Word 毕竟是一个文字处理软件，所以只能进行少量的简单计算，而对于那些含有复杂计算的表格，应通过插入 Excel 电子表格的方法来完成。例如计算每个学生三门课程的平均分和各门课程的总分，计算结果如表 4-1 所示。

表 4-1　学生成绩表

科目 姓名	数学	英语	哲学	平均分
刘　祥	90	80	85	85
李　阳	70	90	80	80
张林林	85	92	88	88
总　分	245	262	253	

1. 按列求和

将光标移到存放数学总分的单元格中，单击“表格工具/布局”选项卡“数据”组中的“公式”按钮，弹出“公式”对话框，如图 4-27 所示。

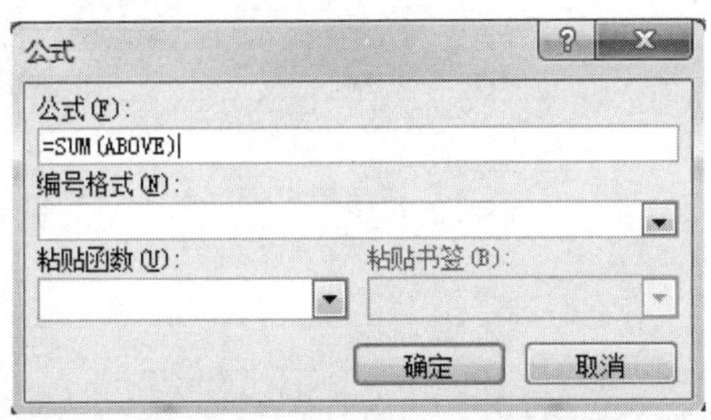

图 4-27　“公式”对话框

此时，“公式”文本框中的内容默认为“=SUM(ABOVE)”。其中 SUM 表示求和，ABOVE 表示对当前单元格上面的数据求和。本例不必修改公式。单击“确定”按钮，插入点所在单元格中出现245。

按以上步骤可以求出其他两门课程的总分。由于是对上面的数据求和，计算公式应为“=SUM(ABOVE)”；若对左边（同一行）的数据求和，计算公式应为“=SUM(LEFT)”。

2. 按行求平均分

将光标移到存放张林林平均分的单元格中，单击“表格工具/布局”选项卡“数据”组中的“公式”按钮，弹出“公式”对话框，此时“公式”文本框中的内容默认为“=SUM(ABOVE)”。需要修改公式，在“粘贴函数”下拉列表框中选择 AVERAGE，表示求平均分，在括号“()”中输入 LEFT，表示对选定单元格左边（同一行）的数据求平均分，则“公式”文本框中的内容为“=AVERAGE(LEFT)”，如图 4-28 所示。单击“确定”按钮，插入点所在单元格中出现88.33。

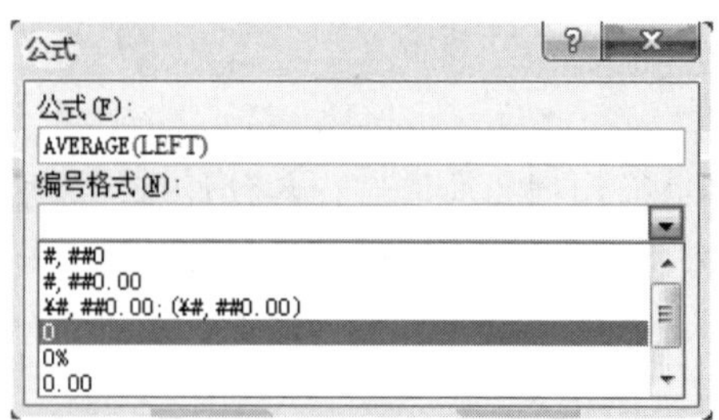

图 4-28 求平均分

在“编号格式”组合框中选择或输入一种格式，如“0”表示小数点后没有数值，0.0 表示小数点后面保留一位。

3. *表格排序*

例如将表格中各学生的数据行按平均分从小到大重新排序（不包括总分）。

将光标移到表 4-1 中的任意一处，单击“表格工具/布局”选项卡“数据”组中的“排序”按钮，弹出“排序”对话框，如图 4-29 所示。在“主要关键字”下拉列表框中选择要进行排序的列，例如选择标题为“平均分”的一列，即按平均分进行排序。在“类型”下拉列表框中选择排序所依据的类型，如数字、日期等，选中“升序”单选项。单击“确定”按钮，排序结果如表 4-2 所示。

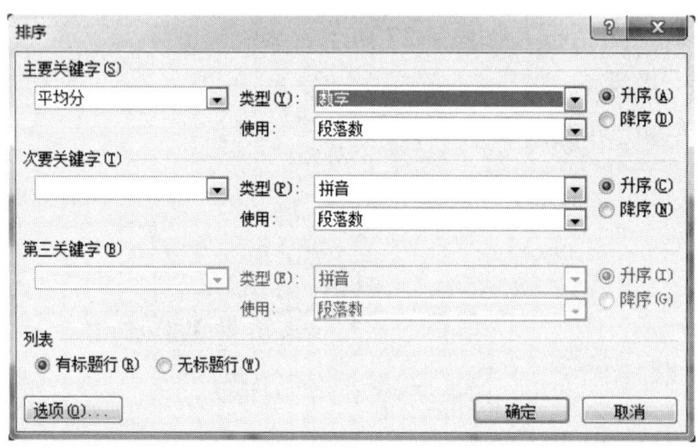

图 4-29 “排序”对话框

表 4-2 按“平均分”升序排列的结果

科目 姓名	数学	英语	哲学	平均分
李 阳	70	90	80	80
刘 祥	90	80	85	85
张林林	85	92	88	88

【完成过程】

（1）打开“中庆社海外中心员工培训成绩统计表.docx”文件。

（2）将光标插入黎彩娟的总分单元格，单击“表格工具/布局”选项卡“数据”组中的“公式”按钮，弹出“公式”对话框，输入公式“=SUM(LEFT)”。按照同样的方法计算出其他人的总分。

（3）将光标插入黎彩娟的平均分单元格，单击“表格工具/布局”选项卡“数据”组中的“公式”按钮，弹出“公式”对话框，输入公式“=AVERAGE(LEFT)”。按照同样的方法计算出其他人的平均分，并保留 2 位小数。

（4）将光标插入物流学导论的平均分单元格，单击“表格工具/布局”选项卡“数据”组中的“公式”按钮，弹出“公式”对话框，输入公式“=AVERAGE(ABOVE)”。按照同样的方法计算出其他科目的平均分，并保留 2 位小数。

（5）拖拽鼠标选中除第一行和最后一行外的所有数据区域，单击“表格工具/布局”选项卡“数据”组中的“排序”按钮，弹出“排序”对话框，在“主要关键字”下拉列表框中选择“第 9 列”，在“类型”下拉列表框后选择“降序”单选项，单击“确定”按钮，效果如图 4-30 所示。

编号	姓名（成绩）	物流学导论	文档归档	岗位职责	员工招聘准则	应用文写作	电子表格	总分	平均分	名次
0321142005	阳少勤	88	87	98	83	98	81	535	89.17	1
0321142002	赵 勇	84	81	98	47	90	86	486	81.00	2
0321142001	黎彩娟	90	87	78	65	86	67	473	78.83	3
0321142008	王文婕	98	76	95	76	65	63	473	78.83	4
0321142010	唐尚龙	75	82	86	65	76	87	471	78.50	5
0321142007	蓝 波	55	75	95	75	87	70	457	76.17	6
0321142004	黄雅梅	86	83	67	82	40	80	438	73.00	7
0321142006	韦小艺	85	65	40	88	67	80	425	70.83	8
0321142003	马旭娜	90	58	43	64	95	62	412	68.67	9
0321142009	梁文浩	50	46	90	46	46	86	364	60.67	10
平 均 分		80.10	74.00	79.00	69.10	75.00	76.20	453.40	75.57	

注：此表一式三份，一份交人事处，一份培训部，一份自存。 主任签名：

图 4-30 按平均分降序排序效果

（6）在名次列依次输入 1～10 的名次。

（7）表格按编号升序排序，保存并关闭文件。

任务 3 表格美化

【任务分析】

本任务主要是对员工培训成绩统计表进行美化设置，读者学会使用 Word 2010 设置文档中的表格边框和底纹、自动套用格式等的方法。任务完成后的效果如图 4-31 所示。

中庆社海外中心员工培训成绩统计表

部门：人事行政部　　　　日期：2010年8月17日

编号	姓名	物流学导论	文档归档	岗位职责	员工招聘准则	应用文写作	电子表格	总分	平均分	名次
0321142001	黎彩娟	90	87	78	65	86	67	473	78.83	3
0321142002	赵　勇	84	81	98	47	90	86	486	81.00	2
0321142003	乌旭娜	90	58	43	64	95	62	412	68.67	9
0321142004	黄雅梅	86	83	67	82	40	80	438	73.00	7
0321142005	阳少勤	88	87	98	83	98	81	535	89.17	1
0321142006	韦小艺	85	65	40	88	67	80	425	70.83	8
0321142007	聂　波	55	75	95	75	87	70	457	76.17	6
0321142008	王文婕	98	76	95	76	65	63	473	78.83	4
0321142009	梁文浩	50	46	90	46	46	86	364	60.67	10
0321142010	唐尚龙	75	82	86	65	76	87	471	78.50	5
平均分		80.10	74.00	79.00	69.10	75.00	76.20	453.40	75.57	

注：此表一式三份，一份交人事处，一份培训部，一份自存。　　　　主任签名：

-1-

图 4-31　中庆社海外中心员工培训成绩统计表

【任务目标】

- 掌握 Word 2010 设置文档中表格边框和底纹的方法。
- 掌握 Word 2010 设置自动套用格式的方法。

【必备知识】

1. 美化表格

美化表格指的是对表格的边框、底纹、字体等进行修饰，使表格更加美观，内容清晰整齐。

（1）边框处理。选定要进行边框处理的单元格或整个表格，单击“表格工具/设计”选项卡“表格样式”组中的“边框”按钮，在下拉列表中选择“边框和底纹”选项，或者右击并选择“边框和底纹”命令，弹出“边框和底纹”对话框，如图 4-32 所示。

在“边框”选项卡的“设置”区域中有以下设置：

- 无：取消表格的边框，通常用来制作无线表格，若要查看无线表格的行与列的分界线，可以选择“边框”下拉列表中的“查看网格线”命令。
- 方框：只选取表格的外部框线，取消内部的网格。
- 全部：选取表格中的全部框线。
- 虚框：选取表格中的全部框线，并可对外围框进行设置，虚框不被打印。
- 自定义：对表格中所要选取的框线进行自定义。选择此项后，可以单击“预览”区域中所显示的表格和各条框线，以对它们进行选取。

在“样式”列表框中选择表格边框的线型，在“颜色”下拉列表框中选择表格边框的颜色，在“宽度”下拉列表框中选择表格边框的宽度，在“预览”区域中单击下方图标或按钮可以设置表格边框的位置，在“应用于”下拉列表框中可以选择边框应用的范围。

图 4-32　设置边框

（2）添加底纹。给表格添加底纹的操作方法：选定要添加底纹的单元格或整个表格，在“边框和底纹”对话框中单击“底纹”选项卡，如图 4-33 所示，设置底纹颜色和图案样式，单击“确定”按钮。

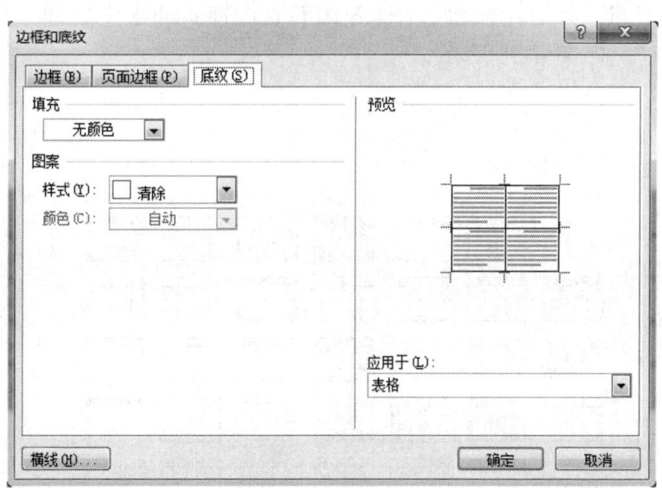

图 4-33　设置底纹

（3）“表格工具/设计”选项卡中的按钮。

选定要添加边框和框线的单元格或整个表格，单击“表格工具/设计”选项卡“绘图边框”组中的“笔样式”下拉列表框，从中选择框线的线型；在“笔划粗细”下拉列表框中选择框线的宽度，单位为磅，默认线宽是 0.5 磅；单击“笔颜色”按钮，在弹出的调色板中选择线的颜色；在“表格样式”组中单击“边框”按钮，在下拉列表中选择要加边框的位置，如图 4-34 所示。实线表示加边框，虚线表示没有边框，可以反复操作，直到满意为止。

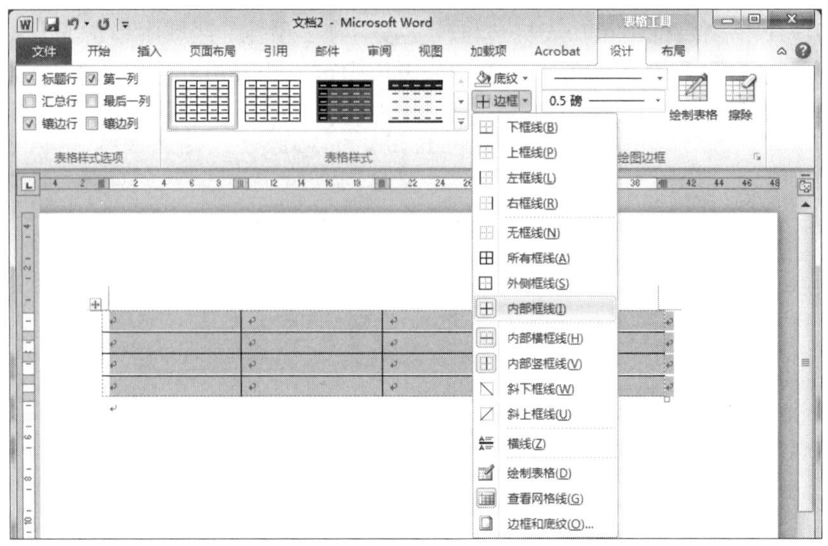

图 4-34 “表格工具/设计”选项卡“表格样式”组

2. 使用表格自动套用格式

在绘制表格时，除了自己设计表格的格式外，Word 2010 还提供了 141 种样式的表格，设置了一套完整的字体、边框、底纹等格式，用户可以选择适合的表格样式快速完成表格的设置。

（1）套用边框和底纹。将插入点放置于欲设置自动套用格式的表格中，单击“表格工具/设计”选项卡组中的“其他”按钮，在弹出的表格样式面板中选择一种自己喜欢的样式，例如选择“彩色型 1”，如图 4-35 所示。

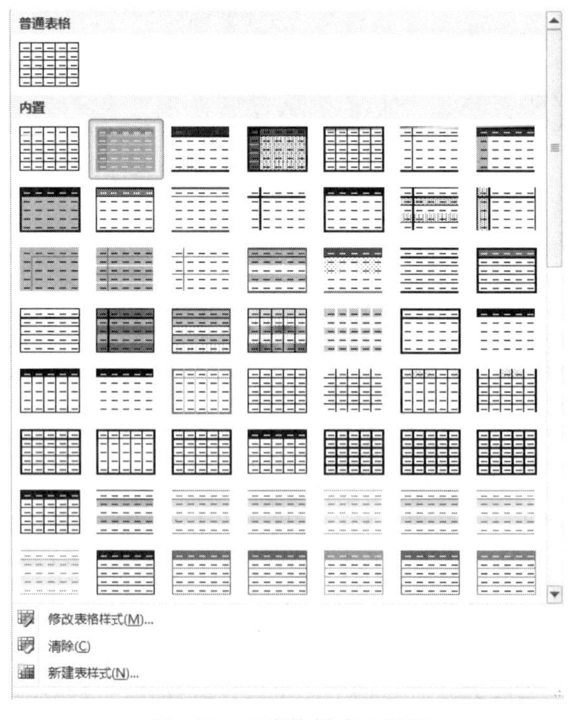

图 4-35 “表格样式”面板

（2）“表格样式”面板使用说明。内置：在列表框中预定义了 141 种表格样式，选定一种，文档中已选定的表格就会显示出一种样式的效果，每一种预定义的样式都包含自己的边框、底纹、字体、颜色、自动调整信息的大小，并对特殊格式有具体规定。也可以选择“新建表样式”选项以预定样式为基础重新设定自定义样式，可以对原来的样式用“修改表格样式”选项进行修改，可以对表格样式用“清除”选项进行删除。

【完成过程】

（1）打开“中庆社海外中心员工培训成绩统计表.docx”文件。

（2）单击表格左上角的“表格移动手柄”⊞，选中整个表格，单击“表格工具/设计”选项卡“表格样式”组中的“其他”按钮▽，在弹出的表格样式面板中选择“典雅型”。

（3）选定第 1 行，设置其底纹颜色为“浅青绿”。

（4）选定第 3、5、7、9、11 行，设置它们的底纹颜色为“浅绿”。

（5）选定第 12 行，设置其底纹颜色为“茶色”。

（6）保存并关闭文件。

任务 4　制作说明书

【任务分析】

本任务主要是使用 Word 2010 提供的功能设计一份药品说明书，让读者掌握 Word 2010 的字符设置、页面设置、文本框设置等的方法，熟悉背景、水印、图形、艺术字、特殊符号等设计功能。任务完成后的效果如图 4-36 所示。

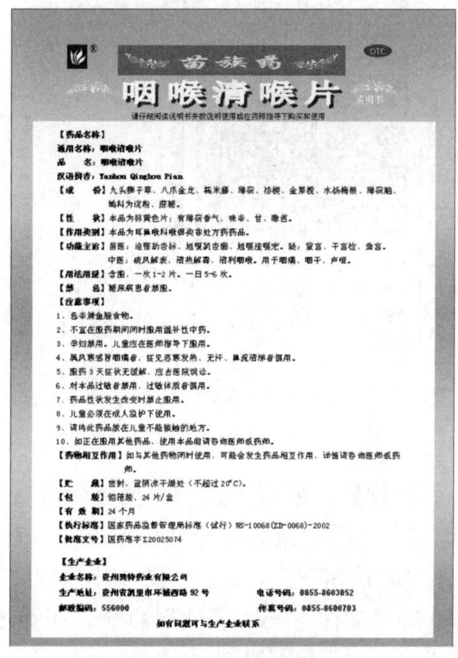

苗族药

咽喉清喉片

说明书

请仔细阅读说明书并按说明使用或在药师指导下购买和使用

【药品名称】

通用名称：咽喉清喉片

品　　名：咽喉清喉片

汉语拼音：Yanhou Qinghou Pian

【成　　份】九头狮子草、八爪金龙、糯米藤、薄荷、桔梗、金果榄、水杨梅根、薄荷脑。辅料为淀粉、蔗糖。

【性　　状】本品为棕黄色片；有薄荷香气，味辛、甘、微苦。

【作用类别】本品为耳鼻喉科喉痹类非处方药药品。

【功能主治】中医：疏风解表，清热解毒，清利咽喉。用于咽痛、咽干、声哑。

【用法用量】含服，一次 1-2 片，一日 5-6 次。

【禁　　忌】糖尿病患者禁服。

【注意事项】

1、忌辛辣鱼腥食物。

2、不宜在服药期间同时服用温补性中药。

3、孕妇禁用。儿童应在医师指导下服用。

4、风寒感冒咽痛者，症见恶寒发热、无汗、鼻流清涕者慎用。

5、服药 3 天症状无缓解，应去医院就诊。

6、对本品过敏者禁用，过敏体质者慎用。

7、药品性状发生改变时禁止服用。

8、儿童必须在成人监护下使用。

9、请将此药品放在儿童不能接触的地方。

10、如正在服用其他药品，使用本品前请咨询医师或药师。

【药物相互作用】如与其他药物同时使用，可能会发生药品相互作用，详情请咨询医师或药师。

【贮　　藏】密封，置阴凉干燥处（不超过 20℃）。

【包　　装】铝箔装，24 片/盒

【有 效 期】24 个月

【执行标准】国家药品监督管理局标准（试行）WS-10068(ZD-0068)-2002

【批准文号】国药准字 Z20025074

【生产企业】

企业名称：贵州奥特药业有限公司

生产地址：贵州省凯里市环城西路 92 号　　电话号码：0855-8603052

邮政编码：556000　　传真号码：0855-8600703

如有问题可与生产企业联系

图 4-36　药品说明书完成效果

【任务目标】

- 掌握 Word 2010 文字录入、字符设置、页面设置、文本框等的方法。
- 掌握使用 Word 2010 设置背景、水印、文本框格式的方法。
- 掌握使用 Word 2010 插入文本框、图形、艺术字、特殊符号及绘制图形的方法。

【必备知识】

1. 设置背景或水印

默认情况下，新建的 Word 文档背景都是单调的白色，如果需要，可以按下述方法为其添加背景或水印：

（1）单击“页面布局”选项卡，如图 4-37 所示。

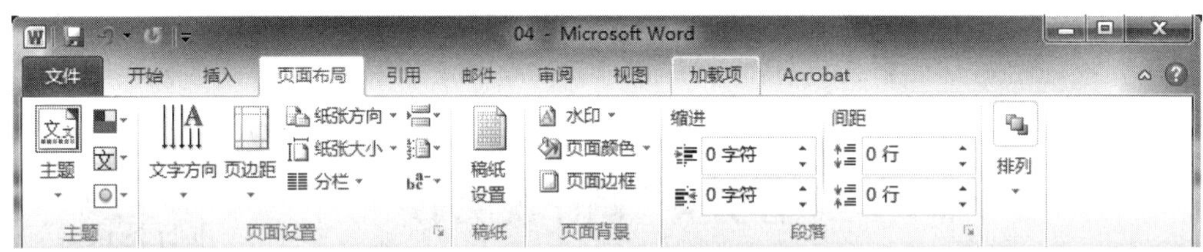

图 4-37 “页面布局”选项卡功能区

（2）单击“页面背景”组中的“页面颜色”按钮，在颜色面板内直接单击选择所需的颜色。如果其中的颜色不符合要求，可以选择“其他颜色”选项来选取其他颜色，如图 4-38 所示。选择“填充效果”选项可以添加渐变、纹理、图案、图片。

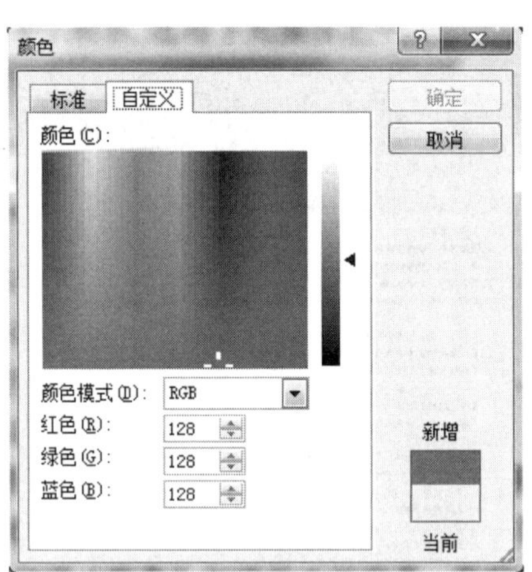

图 4-38 设置背景的其他颜色

重新进行上述操作可以更改背景色或填充效果；要删除设置，可以选择“页面颜色”按钮下拉列表中的“无颜色”选项；文档背景和填充效果不能在普通视图和大纲视图中显示，若要显示，需要切换到其他视图；默认情况下，不能预览和打印用“背景”创建的文档背景，要预览或打印背景效果，可以单击“文件”→“选项”命令，在弹出的“Word 选项”对话框中选择“显示”选项卡，在“打印选项”区域中选中“打印背景色和图像”复选项。

（3）单击“水印”按钮，弹出“水印”面板，如图 4-39 所示，可为文档添加图片水印或文字水印。

重新选择可更改水印，在“水印”面板中选择“删除水印”选项可取消水印设置；水印是针对打印文档设计的，在普通视图、Web 版式视图、大纲视图和阅读版式中看不到它们；添加水印后，转入“页眉页脚”视图，可对水印图片和艺术字的颜色或大小进行调整。

2. 显示/隐藏各种标记

单击“文件”→“选项”命令，弹出“Word 选项”对话框，在“显示”选项卡的“始终在屏幕上显示这些格式标记”区域中选中“段落标记”或“显示所有格式标记”复选项，如图 4-40 所示。

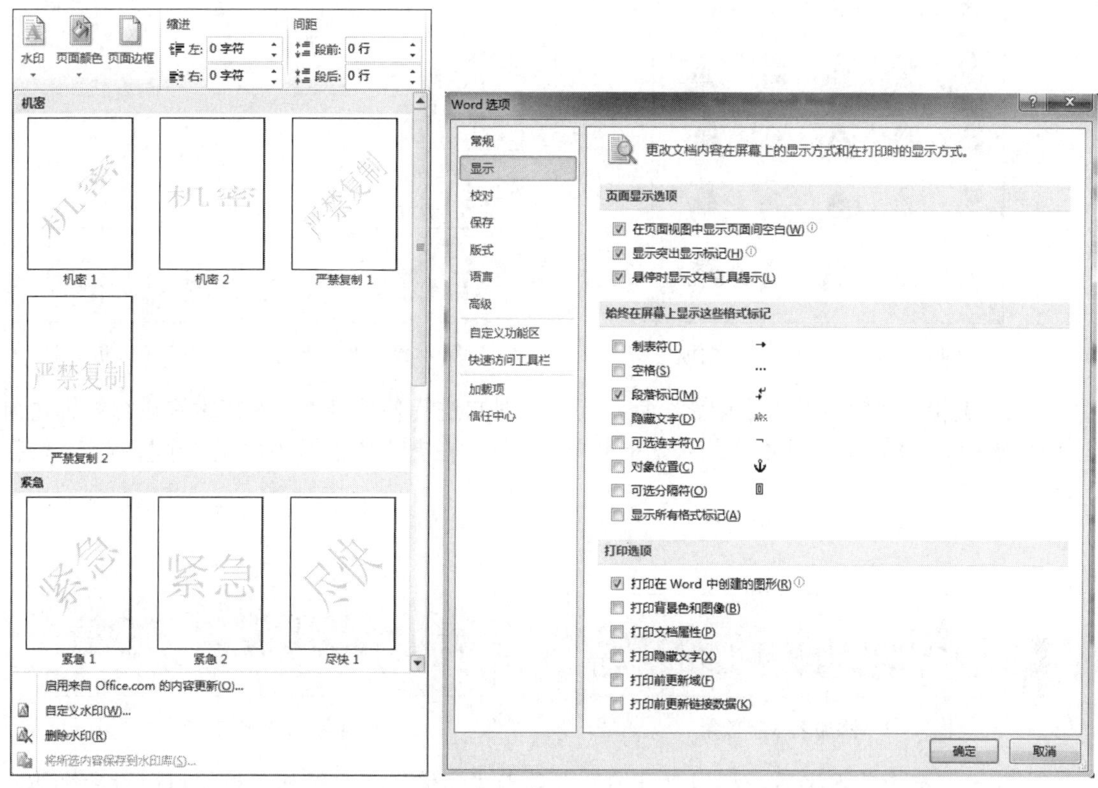

图 4-39　设置水印　　　　图 4-40　设置段落标记

3. 艺术字

Word 2010 提供了一个为文字建立图形效果的功能，可以给文字增加特殊效果，创建出带阴影的、斜体的、旋转的和延伸的文字，还可以创建符合预定形状的文字。这些特殊效果的文字就是艺术字，它是图形对象，结合了文本和图形的特点，具有特殊的视觉效果。Office 艺术字不但可以像普通文字一样设定字体、大小、字形，还可以具有图形的某些属性，如设置旋转、三维、阴影、映像等效果，可以用“绘图工具/格式”选项卡“艺术字样式”组中的相关按钮来改变其效果。

（1）插入艺术字。例如要给一篇短文添加艺术字“读书的习惯”，操作方法：把插入点移到文档中需要插入艺术字的位置，单击“插入”选项卡“文本”组中的“艺术字”按钮，在弹出的面板中选择合适的艺术字样式，例如第 2 行第 4 列的艺术字（如图 4-41 所示），系统弹出“编辑艺术字文字”文本框（如图 4-42 所示），在其中输入所需的文字，例如输入“读书的习惯”，可以对输入的艺术字设置字体和字号等。在编辑框外的任意位置单击即可生成所要求的艺术字，效果如图 4-43 所示。

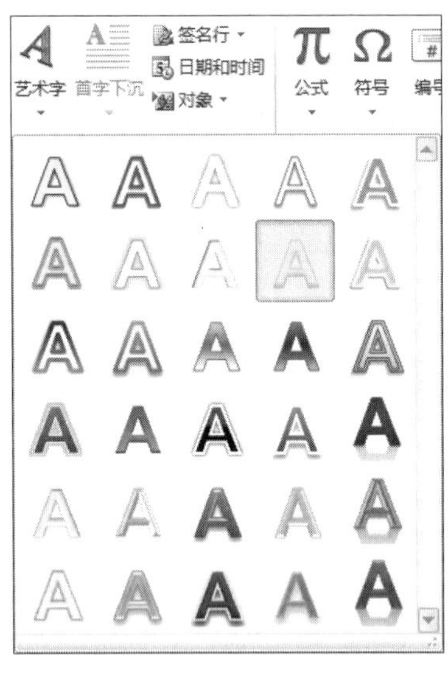

图 4-41　艺术字预设样式面板

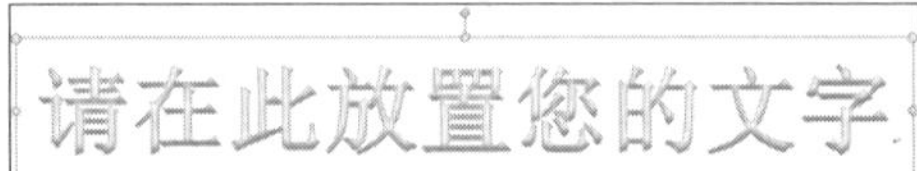

图 4-42　“编辑艺术字文字”文本框

（2）编辑艺术字。艺术字创建之后，还可以对它进行各种修饰。对艺术字进行修饰之前必须先选定它。将鼠标指针置于艺术字上并单击，这时在艺术字的四周出现 8 个控制点，如图 4-44 所示。

图 4-43　添加艺术字效果

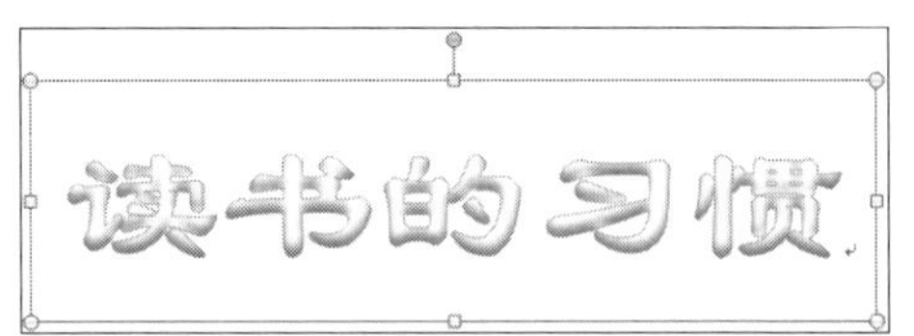

图 4-44　选定艺术字

方法一：选中艺术字后，利用“开始”选项卡“字体”组中的相关按钮可以设置字体、字号、颜色等格式。

方法二：在艺术字上右击，可通过弹出的快捷菜单设置字体、字形、字号、颜色、文字方向等文本性内容。也可以在边框线上右击，在弹出的快捷菜单中选择“设置形状格式”选项，在弹出的对话框中设置填充、阴影、三维旋转、图片颜色、艺术效果、裁剪等不同的效果。

方法三：利用“绘图工具/格式”选项卡“艺术字样式”组中的相关按钮可以实现填充效果、文本轮廓、边框效果、阴影、三维旋转、艺术字效果等多种修改或设置，如图 4-45 所示。

更具体的设置可以参照插入到文档中的其他图形对象的设置方法，例如图形、文本框、SmartArt 图形和形状等对象，进行编辑和美化处理，使其更符合用户的需求。

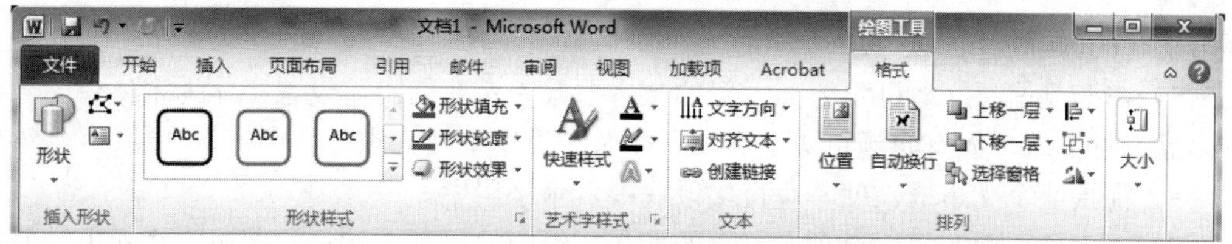

图 4-45 “绘图工具/格式”选项卡“艺术字样式”组

【完成过程】

（1）启动 Word 2010，新建一个 Word 文档“药品说明书.docx”。

（2）单击“页面布局”选项卡“页面设置”组中的对话框启动器，弹出“页面设置”对话框，如图 4-46 所示。设置页面纸张为 A4；设置纸张的“页边距”均为 0 厘米、纵向，如图 4-47 所示，单击“确定”按钮，弹出提示对话框，询问是否调整页边距，单击“忽略”按钮，如图 4-48 所示。

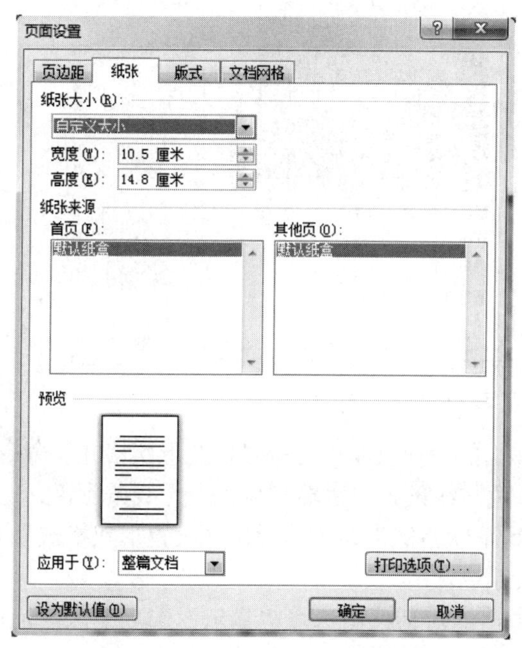

图 4-46 “页面设置”对话框

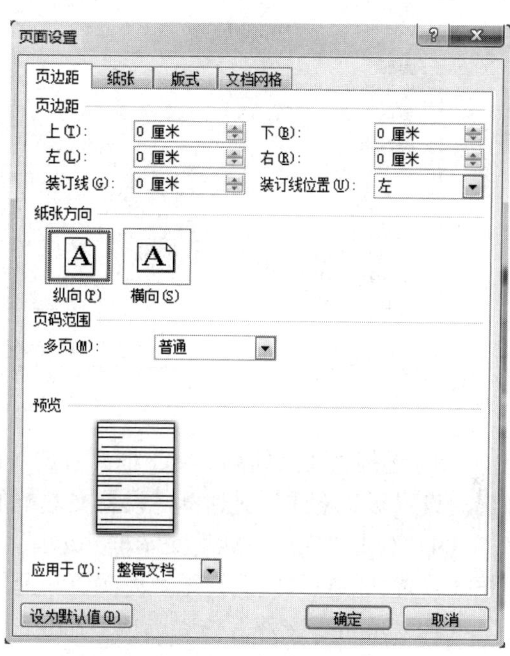

图 4-47 设置页边距

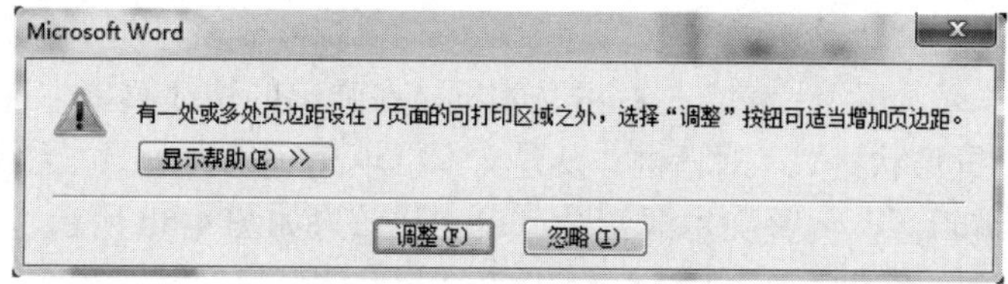

图 4-48 忽略增加页边距

（3）按 Enter 键增加空行，为文本框和标题预留位置。

（4）在适当的位置插入文本框，在文本框中录入药品信息。设置字体为宋体、七号，用鱼尾号括起的内容加粗。

（5）在药品信息文本框下方插入新的文本框录入企业信息。设置字体为宋体、七号、加粗，最后一行文本“如有问题可与生产企业联系”设置字体为宋体、小六、加粗。

（6）拖拽两个文本框，使其垂直接近底端，水平居中。

（7）单击“页面布局”选项卡“页面背景”组中的“页面颜色”按钮，在弹出的面板中选择“填充效果”选项，在弹出的对话框中单击“渐变”选项卡，选中“单色”单选项，并设置其自定义颜色的 RGB 为 146、208、80，效果如图 4-49 所示，单击“确定”按钮返回“填充效果”对话框，调整合适的深浅，选择水平样式，选择左下角变形示例，单击“确定”按钮返回文档。

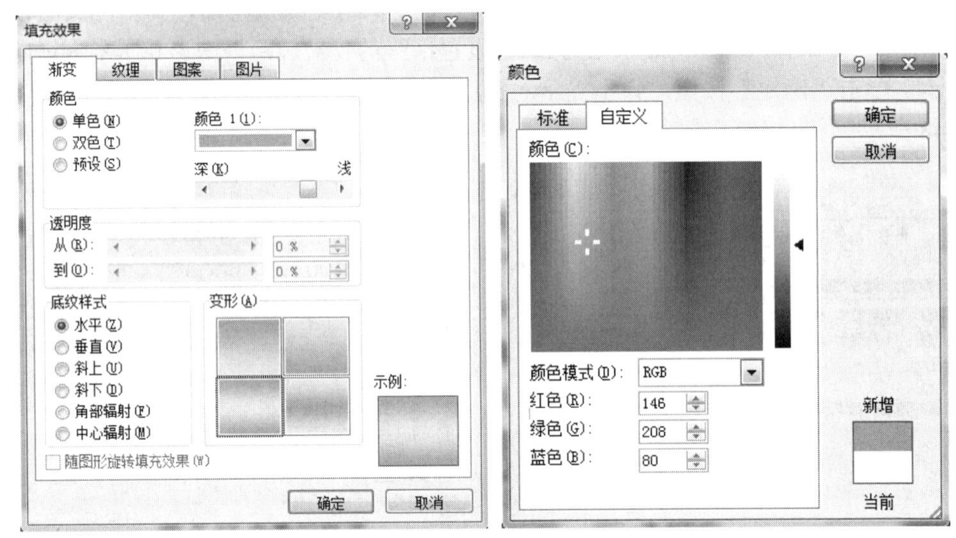

图 4-49 设置自定义颜色

（8）选择“药品信息”文本框并右击，在弹出的快捷菜单中选择“设置形状格式”命令，弹出“设置形状格式”对话框，设置文本框的颜色与线条为白色填充颜色和无线条颜色。

（9）右击“生产企业”文本框并选择“设置形状格式”命令，弹出“设置形状格式”对话框，设置其颜色与线条为无填充颜色和无线条颜色。

（10）单击“文件”→“选项”命令，在弹出的对话框中选择“显示”选项卡，取消选中“段落标记”复选项。

（11）将光标放在标题所在位置的开始处，单击“插入”选项卡“文本”组中的“文本框”按钮，在下拉列表中选择“绘制文本框”选项，拖动鼠标绘制文本框并输入“苗族药”，设置字体为华文行楷、五号、居中、黄色。右击文本框，在弹出的快捷菜单中选择“设置为形状格式”命令，弹出“设置形状格式”对话框，设置文本框填充颜色为海绿，无线条颜色，单击“确定”按钮返回文本编辑区，调整文本框到合适尺寸，效果如图 4-50 所示。

（12）单击“插入”选项卡“文本”组中的“艺术字”按钮，在弹出的面板中选择第 1 行第 3 列的艺术字样式；在“编辑艺术字文字”文本框中输入“咽喉清喉片”，设置为宋体、28 号；单击“绘图工具/格式”选项卡“艺术字样式”组中的“文本效果”按钮，在下拉列表中选择“阴影”→“阴影选项”命令，弹出“设置文本效果格式”对话框，在“阴影”选项卡中进行如下设置：在“预设”中选择“外部右下斜偏移”样式；颜色设为“深红”，其他设置如图 4-51 所示。设计完成后的效果如图 4-52 所示。

图 4-50　填充文本框效果

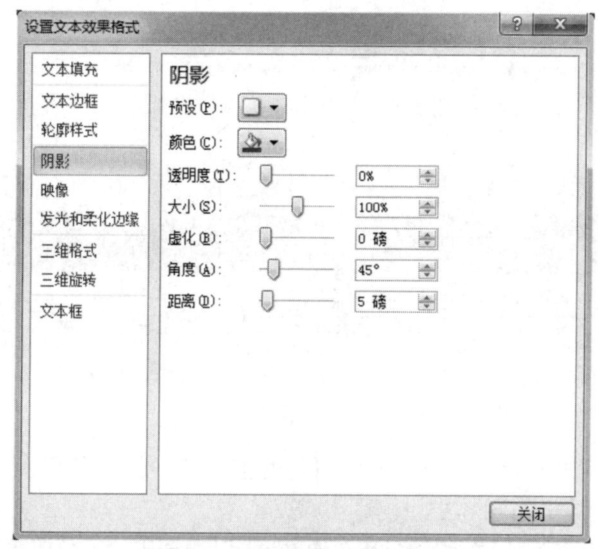

图 4-51　编辑艺术字文字

图 4-52　插入艺术字效果

（13）同时选择“苗族药”文本框和“咽喉清喉片”艺术字，单击“开始”选项卡“字体”组中的对话框启动器，弹出“字体”对话框，在“高级”选项卡中将字符间距设置为缩放 240%，如图 4-53 所示。调整文本框宽度，预留图片放置位置，如图 4-54 所示。

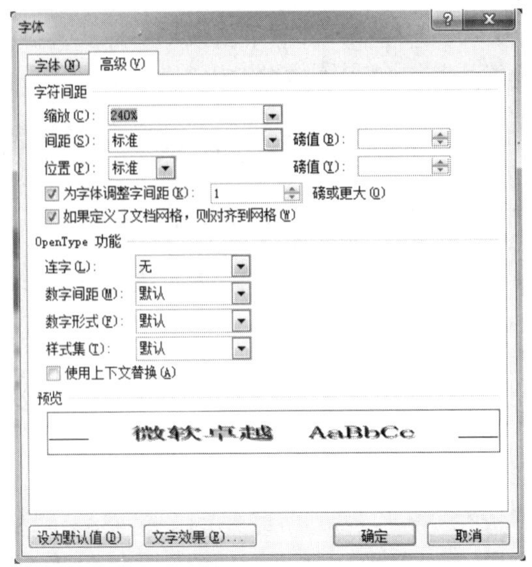

图 4-53 “字体”对话框设置

图 4-54 缩放标题文本效果

（14）在文档中插入素材“花.gif”，调整角度把“花”放在“苗族药”左侧，设置图片的叠放次序为“顶层”，效果如图 4-55 所示。

（15）复制该图并粘贴，单击“图片工具/格式”选项卡“排列”组中的“旋转”按钮，在下拉列表中选择“水平翻转”命令（这种做法能保证两侧的花对称），如图 4-56 所示。然后调整新图的位置（按 Ctrl+方向键可微调图片位置），效果如图 4-57 所示。

图 4-55 调整图片

图 4-56 水平翻转图片

（16）同样在文档中插入素材“花.gif”。适当调整大小放在艺术字“咽喉清喉片”左侧，复制该图并粘贴到艺术字右侧；在右侧花下插入文本框，内容为“说明书”，字体为宋体、五号、白色；在艺术字下面插入文本框，内容为“请仔细阅读按说明使用或在药师指导下购买和使用”，字体为宋体、小五、黑色；调整文本框的大小和位置，效果如图 4-58 所示。

图 4-57　插入两个花图后的效果

图 4-58　插入 4 个花图和两个文本框后的效果

（17）在文档左侧插入素材“标.gif”，在其右侧插入文本框，内容为®，如图 4-59 所示。

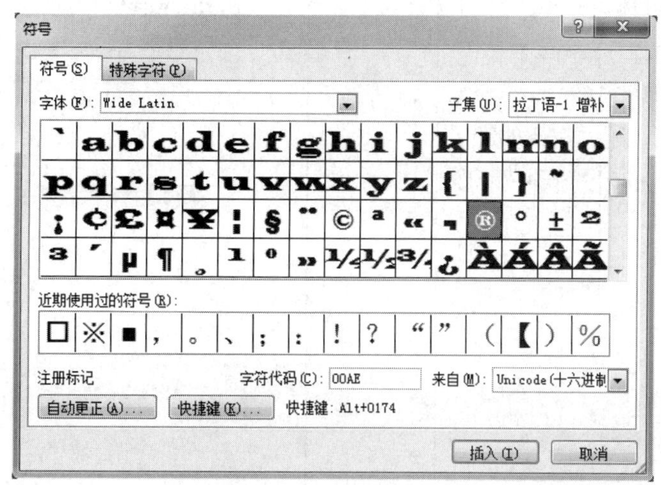

图 4-59　插入符号®

（18）利用“形状”按钮在文档右侧绘制椭圆，右击椭圆，在弹出的快捷菜单中选择“设置形状格式”命令，在弹出的“设置形状格式”对话框中设置为填充红色和无线条颜色；插入文本框，内容为 OTC，设置为白色；拖拽该文本框使 OTC 与红色椭圆重合，完成后的效果如图 4-60 所示，保存并退出 Word 2010。

图 4-60　标题最终效果

任务 5　制作简报

【任务分析】

本任务主要是创建一份健康简报，为其制作精美标题，让读者熟练掌握文字处理软件 Word 2010 的形状、艺术字、文本框、页眉和页脚等基本概念及其操作方法，掌握绘制艺术化横线的方法，学会使用 Word 2010 对图形、文本框等进行自由排版。简报整体布局基本轮廓如图 4-61 所示，任务完成后的效果如图 4-62 所示。

图 4-61　简报整体布局设计

图 4-62　简报整体版面完成效果

【任务目标】

- 掌握在 Word 2010 中插入形状、艺术字、文本框、页眉和页脚等的方法。
- 掌握绘制艺术化横线的方法。
- 掌握利用 Word 2010 对图形、文本框等进行自由排版的方法。

【必备知识】

绘制艺术化横线：将插入点定位在要放置艺术化横线的位置，单击“页面布局”选项卡“页面背景”组中的“页面边框”按钮，弹出“边框和底纹”对话框，如图 4-63 所示；单击“横线”按钮，弹出“横线”对话框，在其中选择横线样式，如图 4-64 所示，单击“确定”

按钮；选中横线，根据放置横线的空间大小调整横线为合适的长度，效果如图 4-65 所示。

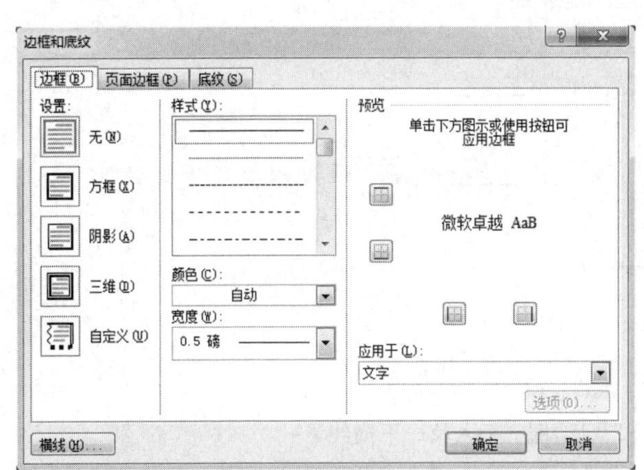

图 4-63　“边框和底纹”对话框

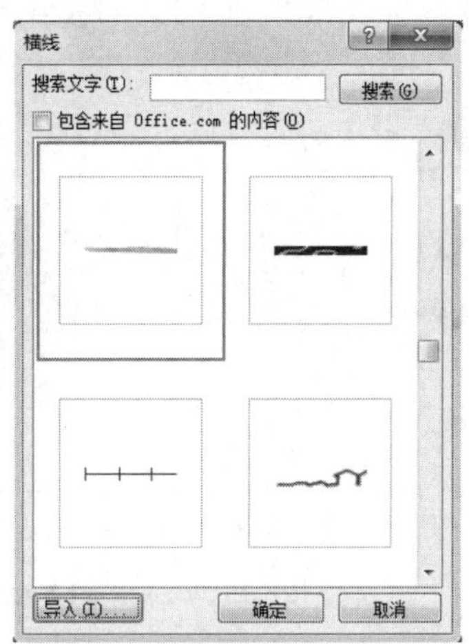

图 4-64　“横线”对话框

图 4-65　横线效果

【完成过程】

1. 主/副报头的设计

（1）启动 Word 2010，新建一个 Word 文档，文件名为“健康简报.docx”。

（2）页面设置：选择纸张 A4，页边距上下各 2.5 厘米，左右各 2 厘米。

（3）“副报头”的艺术设计：将插入点放在左上角报头的位置，单击“插入”选项卡“文本”组中的“文本框”按钮，在下拉列表中选择“绘制文本框”选项，在文档右侧的适当位置拖拽鼠标绘制文本框，如图 4-66 所示；输入标题文字，进行格式设置。

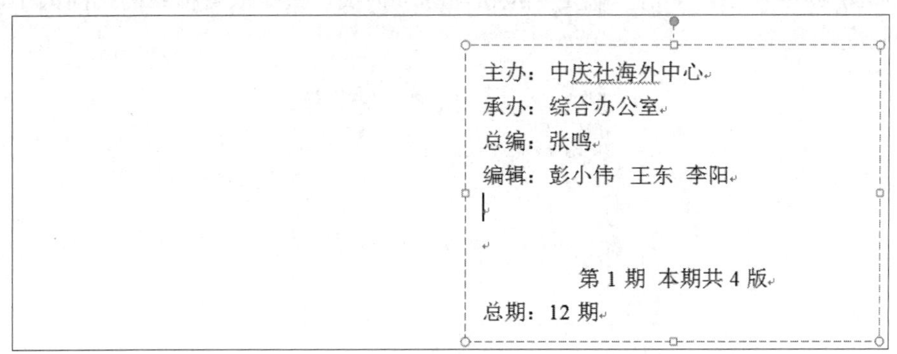

图 4-66　副报头设置效果

（4）将插入点定位在要放置第一根艺术化横线的位置，单击“页面布局”选项卡“页面背景”组中的“页面边框”按钮，弹出“边框和底纹”对话框，在其中单击“横线”按钮，弹出“横线”对话框，在其中选择横线样式，如图 4-67 所示，单击“确定”按钮。

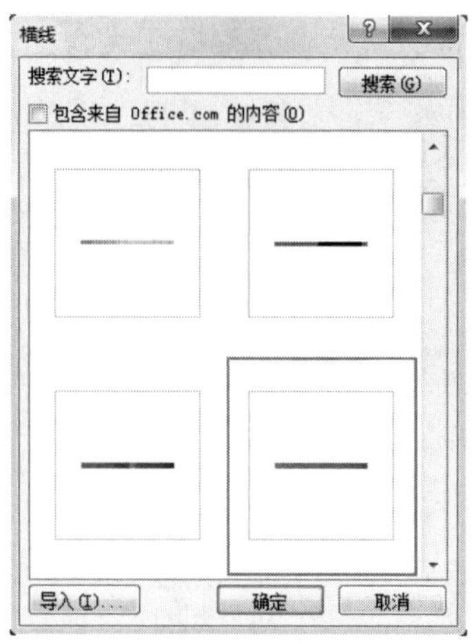

图 4-67 “横线”对话框（插入第一根横线）

（5）选中横线，根据放置横线的空间大小调整横线为合适的长度，效果如图 4-68 所示。

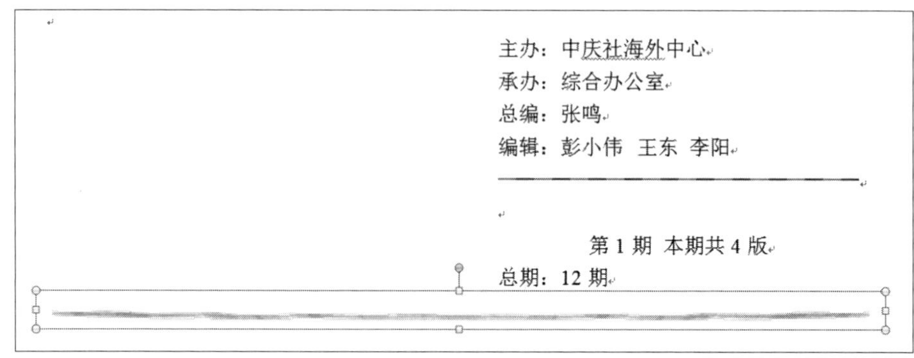

图 4-68 艺术化横线设置效果

（6）单击文档空白处，在文本框下边再插入一个文本框并放置第二根横线，“横线”对话框设置如图 4-69 所示，单击“确定”按钮。选中横线，根据放置横线的空间大小调整横线为合适的长度。

图 4-69 “横线”对话框（插入第二根横线）

（7）“主报头”的艺术设计：“健康周报”的报头由 4 部分艺术字组成（如图 4-70 所示），将插入点置于文档左上角的位置，单击“插入”选项卡“文本”组中的“艺术字”按钮，弹出“艺术字样式”面板，如图 4-71 所示，在其中选择第 1 行第 5 列样式。

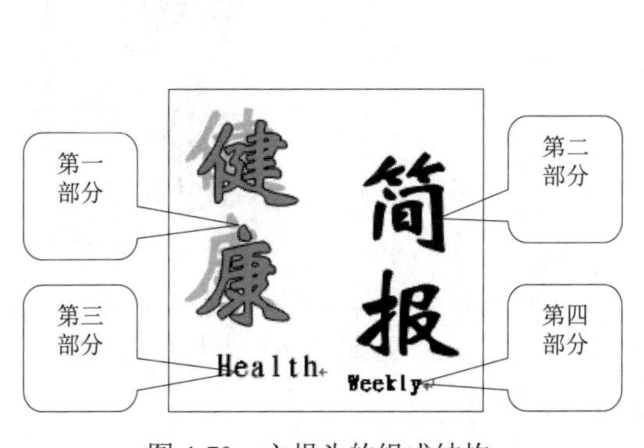

图 4-70　主报头的组成结构

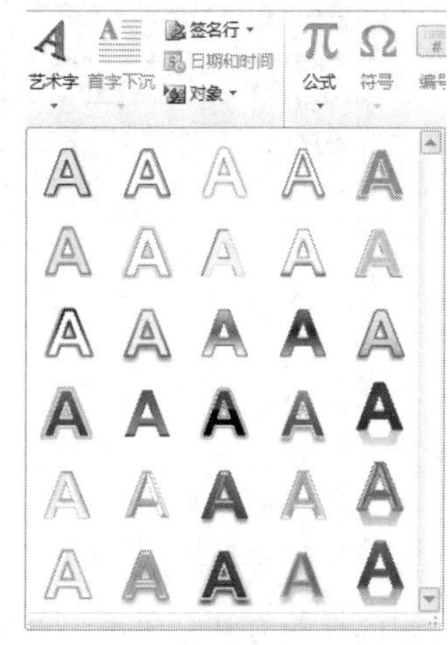

图 4-71　“艺术字样式”面板

（8）在“编辑艺术字文字”文本框中输入“健康”两个字，并设置字体为“华文新魏”，字号为 48，字形为“加粗”，如图 4-72 所示。

（9）单击“绘图工具/格式”选项卡“文本”组中的“文字方向”按钮，在下拉列表中选择“垂直”选项，如图 4-73 所示。

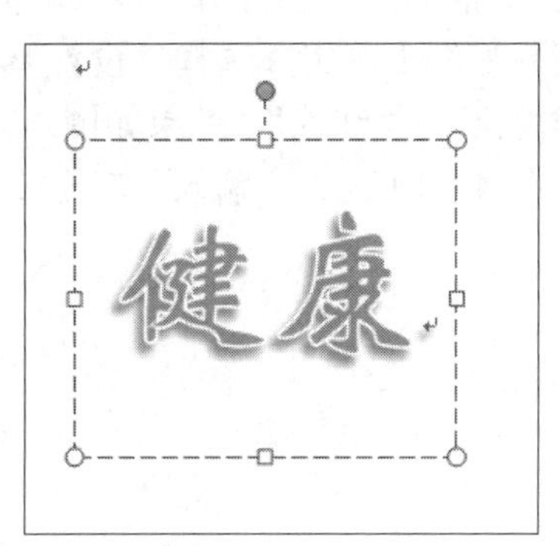

图 4-72　“编辑艺术字文字”文本框

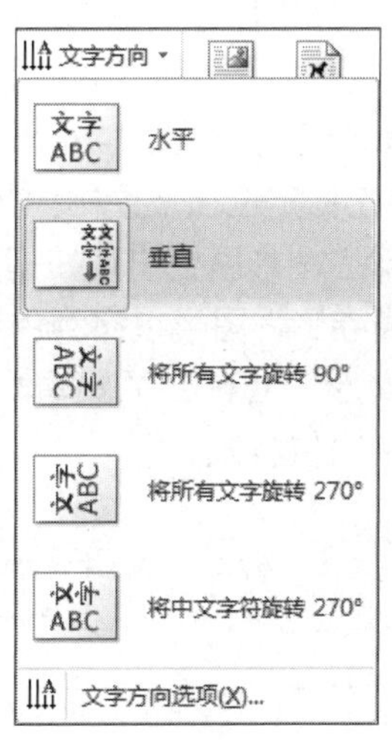

图 4-73　设置竖排艺术字文字

（10）单击“艺术字样式”组中的对话框启动器，弹出“设置文本效果格式”对话框，在其中设置文本填充颜色为“白色，背景 1，深色 50%”，文本边框为“黑色”，阴影样式为“右下斜偏移”，颜色为“白色，背景 1，深色 25%”，其他设置如图 4-74 所示，效果如图 4-75 所示。

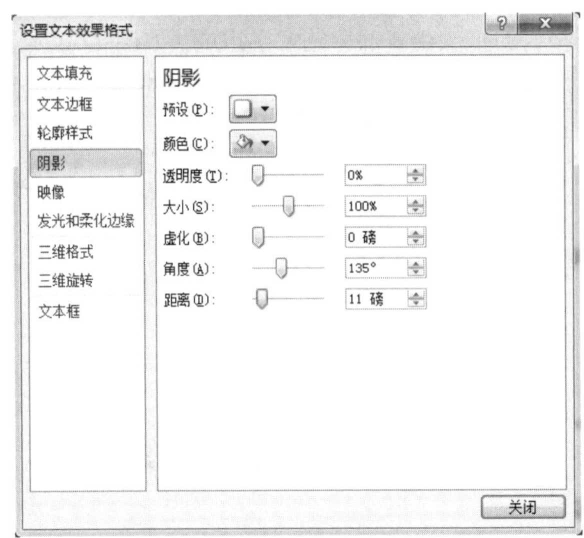

图 4-74 “设置文本效果格式”对话框

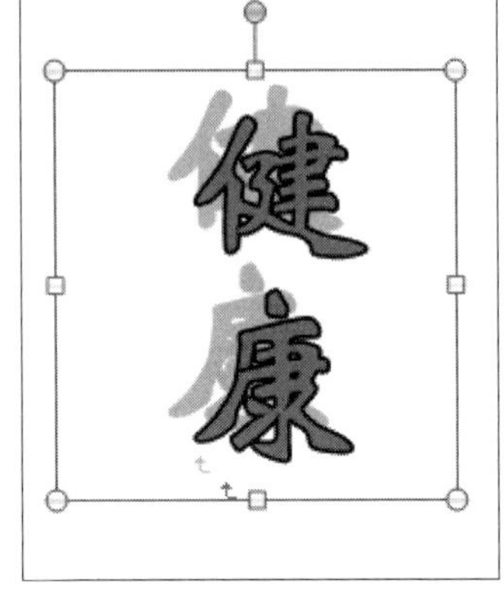

图 4-75 艺术字文字效果

（11）用同样的方法完成第二部分至第四部分的设计。

2. “③‘给家人沏好四杯茶’”的设计

（1）将“给家人沏好四杯茶”文字素材复制（或重新录入）到“模块③”中。

（2）选中“给家人沏好四杯茶”并设置为小二、黑体、红色、左对齐。

（3）其他正文字体为宋体、五号、黑色。

3. “④红枣核桃粉”的设计

（1）将光标定位在要输入标题文字的位置。

（2）单击“插入”选项卡“插图”组中的“形状”按钮，在弹出的面板中选择“星与旗帜”中的“横卷形”，如图 4-76 所示。

（3）将光标定位在要绘制图形的位置，按住鼠标左键拖动到大小合适后释放鼠标，这样一个“横卷形”图形就会出现在指定位置。在图形“横卷形”上右击并选择“设置形状格式”命令，将“横卷形”图形填充颜色设为“蓝色”，线条颜色设为“红色”，效果如图 4-77 所示。在图形“横卷形”上右击并选择“添加文字”命令（如图 4-78 所示），输入“红枣核桃粉”，然后选择文字设置格式。

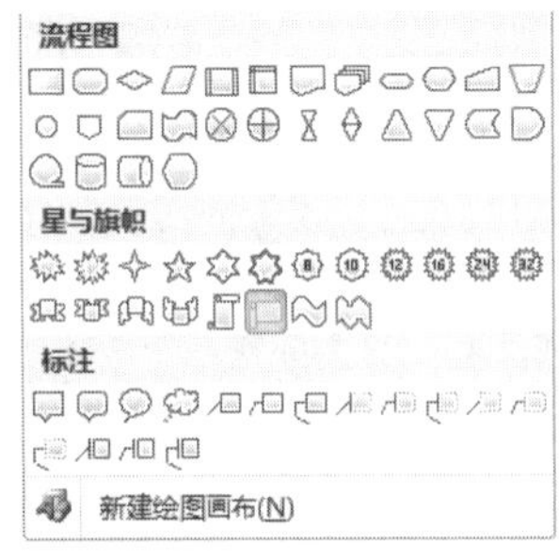

图 4-76 选择“横卷形”图形

图 4-77 横卷形效果

（4）将“红枣核桃粉”文字素材复制（或重新录入）到“模块④”中，选择文字素材，设置为宋体、五号、黑色，如图 4-79 所示。

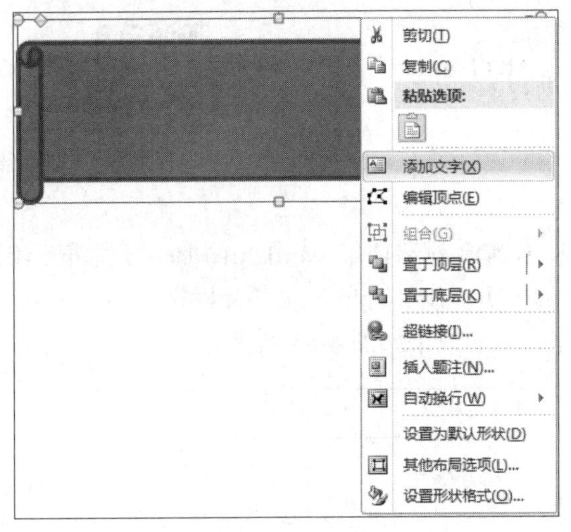

图 4-78　添加文字

图 4-79　添加文字效果

（5）单击“横卷形”，再单击“插入”选项卡“插图”组中的“形状”按钮，在弹出的面板中选择“星与旗帜”中的“五角星”，如图 4-80 所示。

（6）将光标定位在要绘制图形的位置，按住鼠标左键拖动到大小合适后释放鼠标，这样一个“五角星”图形就会出现在指定位置。依次添加 3 个“五角星”，如图 4-81 所示。

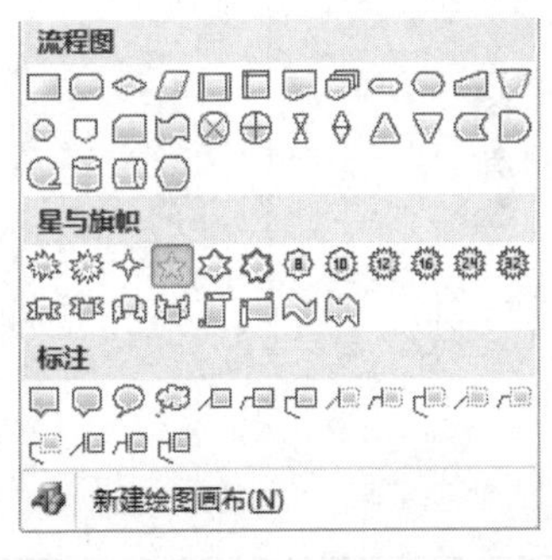

图 4-80　选择“五角星”图形

图 4-81　添加五角星后的效果

（7）按住 Shift 键选中 4 个“五角星”和一个“横卷形”，右击并选择“组合”→“组合”命令。

4. “⑤完美的营养早餐”的设计

（1）将准备好的文字素材复制（或重新录入）到“模块⑤”中。

（2）选中标题，设置为华文行楷、粗二号、蓝色；选中正文文字，设置为宋体、五号、黑色。

（3）单击“绘图工具/格式”选项卡，将文本框背景设置为浅蓝色。

5. 设置模块①至模块④的边框颜色

（1）选中①至④这 4 个模块的边框，单击“绘图工具/格式”选项卡，将边框颜色设置为白色。

（2）保存文件，完成简报制作。

任务 6　简报排版

【任务分析】

本任务主要是制作并完成健康周报的排版，让读者熟练使用 Word 2010 插入文本框、绘图画布和纵向文字并进行排版，学会 Word 2010 的分页控制、分节控制、分栏排版的操作方法。根据素材内容设计轮廓如图 4-82 所示，任务完成后的效果如图 4-83 所示。

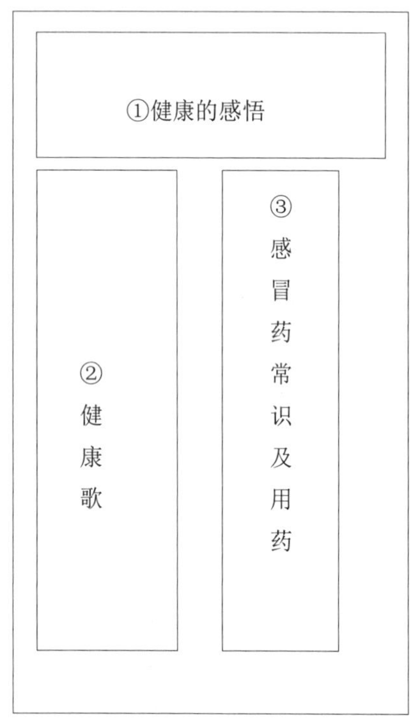

图 4-82　周报整体布局设计

图 4-83　周报整体版面完成效果

【任务目标】

- 掌握使用 Word 2010 插入文本框、图形、纵向文字的方法。
- 掌握使用 Word 2010 进行分栏排版的方法。
- 掌握使用绘图画布插入、绘制、组合图形的方法。

【必备知识】

分栏排版：Word 2010 提供了编排多栏文档的功能，既可以将整篇文档按同一格式分栏，也可以为文档的不同部分创建不同的分栏格式。

（1）创建分栏。创建分栏的方法：选定要设置为分栏格式的文本，如果是为已创建的节设置分栏格式，则将光标定位在节中；单击“页面布局”选项卡“页面设置”组中的“分栏”

按钮，在下拉列表中选择“更多分栏”选项，弹出“分栏”对话框，如图 4-84 所示，在其中选择所需的选项，“应用于”包括本节、插入点之后、整篇文档 3 种。

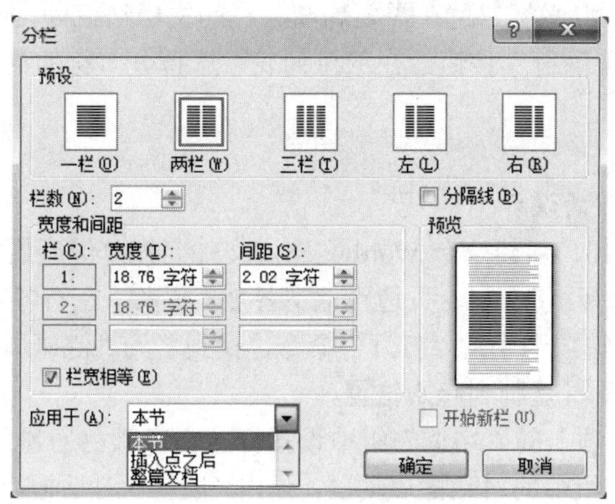

图 4-84　“分栏”对话框

（2）查看分栏版面。在页面视图和打印预览中可以显示与打印格式完全一致的分栏版面。对选定的文本分栏后，Word 自动在分栏文本的前后插入分节符。在页面视图中，设置文档显示全部非打印符号后可在视图中看到分节符，如图 4-85 所示。如果删除分节符，效果如图 4-86 所示。

在页面视图和打印预览中可以显示与打印格式完全一致的分栏版面。对选定的文本分栏后，Word 自动在分栏文本的前后插入分节符；在页面视图中，选择“显示全部非打印符号”，可在视图中看到分节符，如图 4-161 所示。……分节符(连续)……

在页面视图和打印预览中可以显示与打印格式完全一致的分栏版面。对选定的文本分栏后，Word 自动在分栏文本的前后插入分节符；在页面视图中，选择“显示全部非打印符号”，可在视图中看到分节符，如图 4-161 所示。……分节符(连续)……

在页面视图和打印预览中可以显示与打印格式完全一致的分栏版面。对选定的文本分栏后，

图 4-85　页面视图中显示分栏版面 1

在页面视图和打印预览中可以显示与打印格式完全一致的分栏版面。对选定的文本分栏后，Word 自动在分栏文本的前后插入分节符；在页面视图中，选择“显示全部非打印符号”，可在视图中看到分节符，如图 4-161 所示。在页面视图和打印预览中可以显示与打印格式完全一致的分栏版面。对选定的文本分栏后，Word 自动在分栏文本的前后插入分节符；在页面视图中，选择“显示全部非打印符号”，可在视图中看到分节符，如图 4-161 所示。……分节符(连续)……

在页面视图和打印预览中可以显示与打印格式完全一致的分栏版面。对选定的文本分栏后，

图 4-86　页面视图中显示分栏版面 2

（3）取消分栏。将原来的多重分栏设置为单一分栏即可取消分栏，方法：在“分栏”对话框中单击“预设”区域中的“一栏”选项，或将“栏数”数字框中的值改为“1”，则选定文本或光标所在节的分栏被取消。如果要在文档中的指定位置处强制分栏，而不是由 Word 按文档长短自动分栏，可以在需要分栏处插入分栏符，方法：将光标移到需要开始下一栏的位置，单击“页面布局”选项卡“页面设置”组中的“分隔符”按钮，在下拉列表中选择“分栏符”选项，则光标后的文本移入下一栏。

（4）均衡栏长。分栏文本如果包含文档最后一段，则经常出现栏长不相等，甚至最后一栏为空的情况，使分栏版面不美观。为了均衡各栏的长度，可以在文本的最后插入额外的分节符，以调整栏长，方法：将光标定位在需要均衡分栏的文档结束处，单击“页面布局”选项卡“页面设置”组中的“分隔符”按钮，在下拉列表中选择分节符的类型为“连续”。

【完成过程】

1. “①健康的感悟”的设计

（1）启动 Word 2010，新建一个 Word 文档，文件名为“健康周报”。

（2）页面设置：选择纸张 A4，页边距上下各 2.5 厘米，左右各 2 厘米。

（3）单击“文件”选项卡中的“打开”命令，找到名为“健康周报素材”的文件并打开。将“健康的感悟”文字素材复制到起始位置。

（4）在“开始”选项卡的“字体”组中设置标题文字颜色为粉色，字体为华文行楷，字号为小二。单击“段落”组中的对话框启动器，弹出“段落”对话框，设置对齐方式为左对齐，段落无缩进。按照同样的方法设置正文的字体为宋体，字号为五号，对齐方式为左对齐，首行缩进 2 字符。

（5）将光标移到文章合适的位置，单击“插入”选项卡“插图”组中的“图片”按钮，弹出“插入图片”对话框，如图 4-87 所示，选择图片将其插入到文章中。

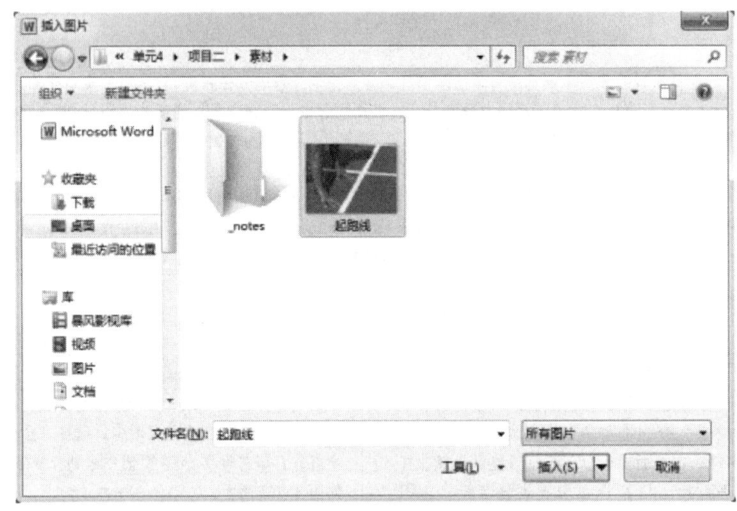

图 4-87 “插入图片”对话框

（6）选中文章中插入的图片，单击“图片工具/格式”选项卡“排列”组中的“自动换行”按钮，在下拉列表中选择“四周型环绕”选项，如图 4-88 所示。再次选中文章中的图片，调整其位置和大小，设置效果如图 4-89 所示。

（7）在“①健康的感悟”的段首和段尾插入连续分节符，如图 4-90 所示。

（8）单击“页面布局”选项卡“页面设置”组中的“分栏”按钮，在下拉列表中选择“更多分栏”选项，弹出“分栏”对话框，栏数设为 2，应用于设为“本节”，选中“分隔线”复选项，如图 4-91 所示，然后单击“确定”按钮，效果如图 4-92 所示。

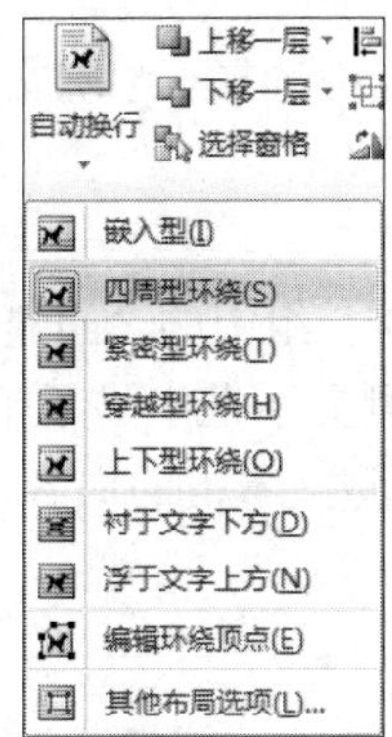

图 4-88 “自动换行”按钮的下拉列表

分节符(连续)

健康的感悟

有一样东西，拥有它的时候，感觉不到它的珍贵，体会不到它的重要；失去它的时候才觉得它那么珍稀，哪怕就沾一点边，也是一种幸运，那就是健康！

健康的时候，我们对它满不在乎，从来也没想过它对我们意味着什么，对我们的生命意味着什么。生病的时候，我们对健康才有深刻的认识，才有切肤的体会。

当生命屈指可数时，健康对一个人来说，恐怕是世界上最好的东西。

面对疾病的侵袭，面临环境的威胁，面对周围每一例生命的事故，人们对健康有了更深的感悟！

健康是金钱买不到的商品，健康是财富得不到的境界。健康和人的内心、自然环境、社会环境密切相关。拥有健康，就拥有了生活；拥有健康，就拥有了生命；拥有健康，就拥有了成功的希望。

健康是一种活泼的状态，让生命充满活力；健康是一种美好的心态，是个性透着平和；健康是一个洁净的世界，给万物浸润自然；健康是一种和谐的文化，让心灵不断净化。人的一切成功有一个先决条件，就是健康的生活！

当今社会，人们承受着方方面面的压力，需要不断地调节心态，德国营养心理学家研究发现，愉快的情绪，与大脑中的叫羟色胺的物质有关，而香蕉含有这种能帮助大脑产生羟色胺的物质，这种物质不但能促使人的心情变得快活和安宁，甚至可以减轻疼痛，又能使引起人们情绪不佳的激素大大减少，因此，心情不好的人应多吃香蕉，从而减轻悲观压抑的程度，使不佳的情绪自然消失！

感悟健康，珍惜人生，让我们每个人能健康、愉悦地生活！分节符(连续)

图 4-89 “①健康的感悟”设计效果

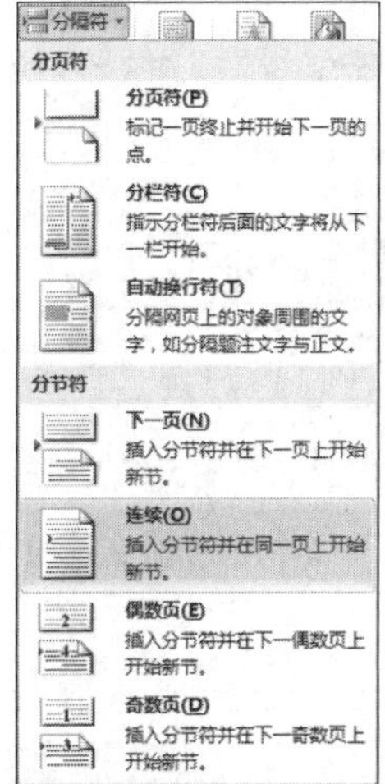

图 4-90 “分隔符”按钮的下拉列表

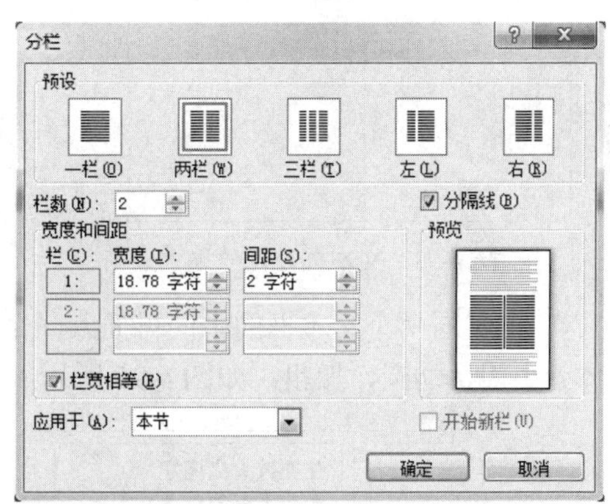

图 4-91 “分栏”对话框

健康的感悟

有一样东西，拥有它的时候，感觉不到它的珍贵，体会不到它的重要；失去它的时候才觉得它那么珍稀，哪怕就沾一点边，也是一种幸运，那就是健康！

健康的时候，我们对它满不在乎，从来也没想过它对我们意味着什么，对我们的生命意味着什么。生病的时候，我们对健康才有深刻的认识，才有切肤的体会。

当生命屈指可数时，健康对一个人来说，恐怕是世界上最好的东西。

面对疾病的侵袭，面临环境的威胁，面对周围每一例生命的事故，人们对健康有了更深的感悟！

健康是金钱买不到的商品，健康是财富得不到的境界。健康和人的内心、自然环境、社会环境密切相关。拥有健康，就拥有了生活；拥有健康，就拥有了生命；拥有健康，就拥有了成功的希望。

健康是一种活泼的状态，让生命充满活力；健康是一种美好的心态，是个性透着平和；健康是一个洁净的世界，给万物浸润自然；健康是一种和谐的文化，让心灵不断净化。人的一切成功有一个先决条件，就是健康的生活！

当今社会，人们承受着方方面面的压力，需要不断地调节心态，德国营养心理学家研究发现，愉快的情绪，与大脑中的叫羟色胺的物质有关，而香蕉含有这种能帮助大脑产生羟色胺的物质，这种物质不但能促使人的心情变得快活和安宁，甚至可以减轻疼痛，又能使引起人们情绪不佳的激素大大减少，因此，心情不好的人应多吃香蕉，从而减轻悲观压抑的程度，使不佳的情绪自然消失！

感悟健康，珍惜人生，让我们每个人能健康、愉悦地生活！分节符(连续)

图 4-92 “①健康的感悟”分栏效果

2. “②健康歌”的设计

（1）“②健康歌”用文本框分栏的方法进行分栏，先将光标移到“②健康歌”的左上角，单击“插入”选项卡“文本”组中的“文本框”按钮，在下拉列表中选择“绘制文本框”选项，在文档中插入两个横排文本框，如图 4-93 所示。

（2）将诗歌“保健歌”的所有文字复制到左侧文本框中。

（3）选中左侧文本框，单击“绘图工具/格式”选项卡“文本”组中的“创建链接”按钮，将鼠标移到右侧文本框中，当鼠标指针变成时单击，此时左侧文本框中显示不下的文字就会自动转移到右侧文本框中，而且右侧文本框中的内容将紧接左侧文本框的内容，实现了左右两个文本框的链接，链接后的效果如图 4-94 所示。

图 4-93　文本框分栏效果

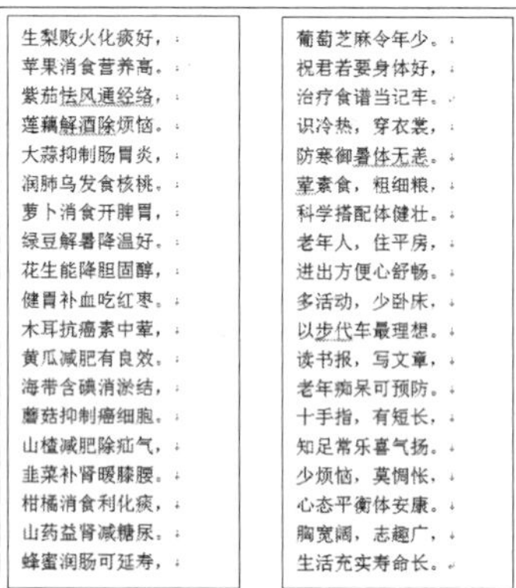

生梨败火化痰好，
苹果消食营养高。
紫茄怯风通经络，
莲藕解酒除烦恼。
大蒜抑制肠胃炎，
润肺乌发食核桃。
萝卜消食开脾胃，
绿豆解暑降温好。
花生能降胆固醇，
健胃补血吃红枣。
木耳抗癌素中荤，
黄瓜减肥有良效。
海带含碘消淤结，
蘑菇抑制癌细胞。
山楂减肥除疝气，
韭菜补肾暖膝腰。
柑橘消食利化痰，
山药益肾减糖尿。
蜂蜜润肠可延寿，

葡萄芝麻令年少。
祝君若要身体好，
治疗食谱当记牢。
识冷热，穿衣裳，
防寒御暑体无恙。
荤素食，粗细粮，
科学搭配体健壮。
老年人，住平房，
进出方便心舒畅。
多活动，少卧床，
以步代车最理想。
读书报，写文章，
老年痴呆可预防。
十手指，有短长，
知足常乐喜气扬。
少烦恼，莫惆怅，
心态平衡体安康。
胸宽阔，志趣广，
生活充实寿命长。

图 4-94　创建文本框链接

（4）在左右两个文本框的中间再插入一个“竖排文本框”，输入标题文字“健康歌”，设置字体为小初、幼圆、加粗，如图 4-95 所示。

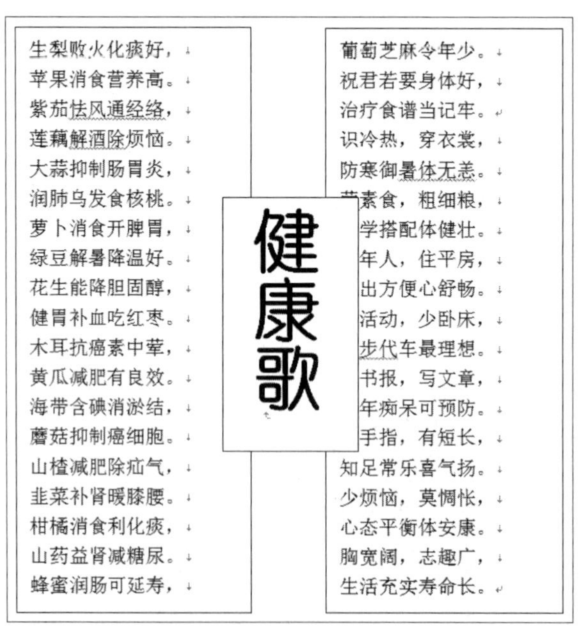

生梨败火化痰好，
苹果消食营养高。
紫茄怯风通经络，
莲藕解酒除烦恼。
大蒜抑制肠胃炎，
润肺乌发食核桃。
萝卜消食开脾胃，
绿豆解暑降温好。
花生能降胆固醇，
健胃补血吃红枣。
木耳抗癌素中荤，
黄瓜减肥有良效。
海带含碘消淤结，
蘑菇抑制癌细胞。
山楂减肥除疝气，
韭菜补肾暖膝腰。
柑橘消食利化痰，
山药益肾减糖尿。
蜂蜜润肠可延寿，

健康歌

葡萄芝麻令年少。
祝君若要身体好，
治疗食谱当记牢。
识冷热，穿衣裳，
防寒御暑体无恙。
素食，粗细粮，
学搭配体健壮。
年人，住平房，
出方便心舒畅。
活动，少卧床，
步代车最理想。
书报，写文章，
年痴呆可预防。
手指，有短长，
知足常乐喜气扬。
少烦恼，莫惆怅，
心态平衡体安康。
胸宽阔，志趣广，
生活充实寿命长。

图 4-95　创建健康歌标题

（5）取消文本框的填充及线条颜色。分别右击 3 个文本框的边框，在弹出的快捷菜单中选择“设置形状格式”命令，弹出“设置形状格式”对话框，将 3 个文本框设置为“无填充”和“无线条颜色”，去掉 3 个文本框的外框线，效果如图 4-96 所示。

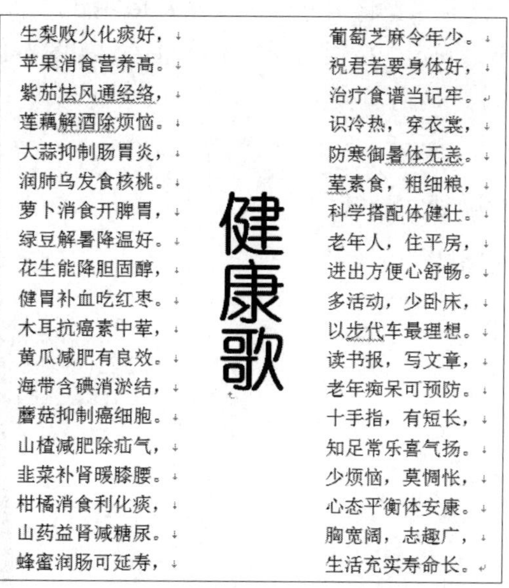

图 4-96　取消文本框线条颜色

（6）在文档中再次绘制一个文本框，用来制作“②健康歌”的背景。将文本框的“填充颜色”设置为浅绿色，“线条颜色”设置为“灰色”，线型中的“复合类型”设置为“三线”，“短划线类型”设置为“方点”，其他设置如图 4-97 所示。右击文本框，在弹出的快捷菜单中选择“置于底层”→“置于底层”命令，调整文本框的大小，效果如图 4-98 所示。

图 4-97　“设置形状格式”对话框

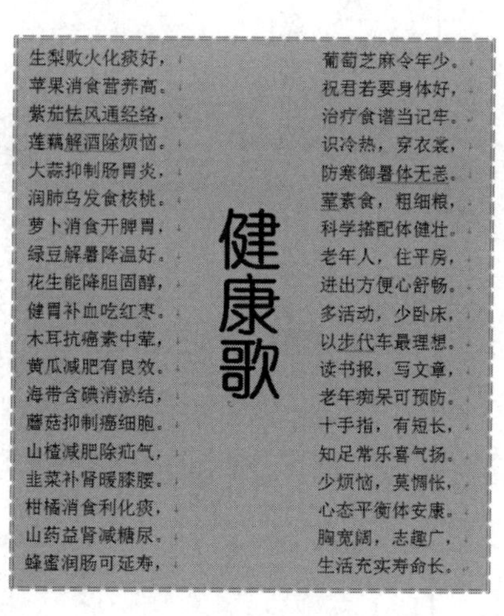

图 4-98　文本框设置效果

3. “③感冒药常识及用药”的设计

（1）在右侧插入一个竖排文本框，将光标移到竖排文本框的右上角，输入标题文字“感冒药常识及用药”，按 Enter 键另起一列，输入正文，然后进行格式设置。也可以将已准备好的电子文稿素材复制到竖排文本框中，然后进行格式设置。

（2）设置标题字体为黑体，字号为小三，内容字体为宋体，字号为五号。拖拽鼠标选中标题段落，单击“页面布局”选项卡“页面背景”组中的“页面边框”按钮，弹出“边框和底纹”对话框，选择“底纹”选项卡，将填充颜色设置为 RGB(170,240,207)，将颜色应用于“段落”，如图 4-99 所示，单击“确定”按钮返回文本编辑区，如图 4-100 所示。至此，健康周报的设置全部完成。

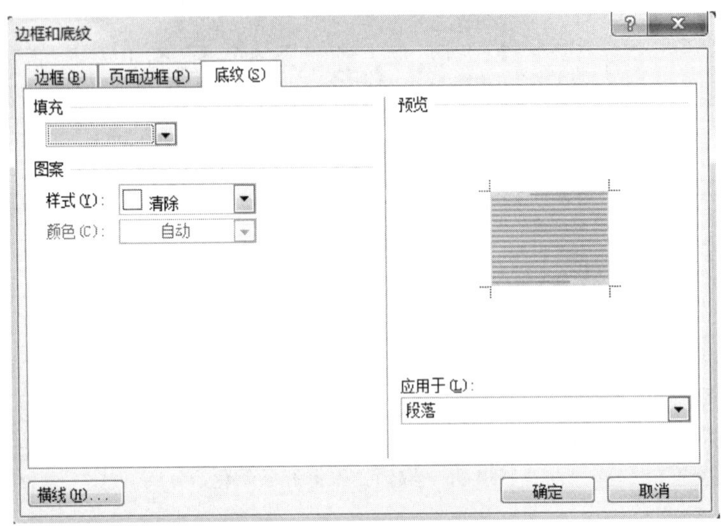

图 4-99　设置标题段落填充颜色

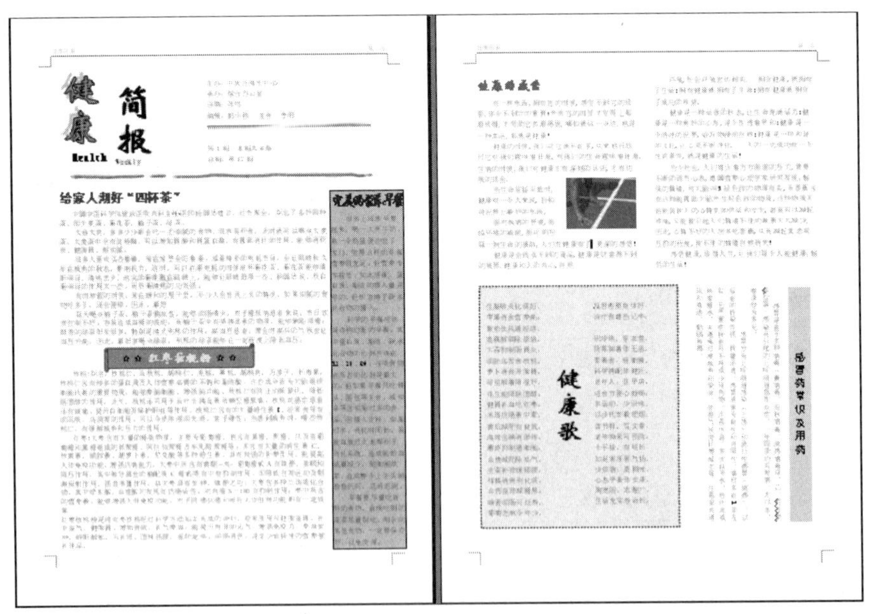

图 4-100　整版周报的最终效果

4. 打印健康周报

周报的设计排版完毕后，一般要把设计的最终结果打印出来。也可以把两个 A4 版面拼在一起打印在一张 A3 纸上，并且可实现正反面打印。例如在 A3 纸上打印正反 4 个版面，操作方法如下：

（1）单击“文件”选项卡中的“打印”命令，打开“打印”面板。

（2）在“设置”区域中，设置“每版打印 2 页”，“缩放至纸张大小”为 A4，如图 4-101 所示。

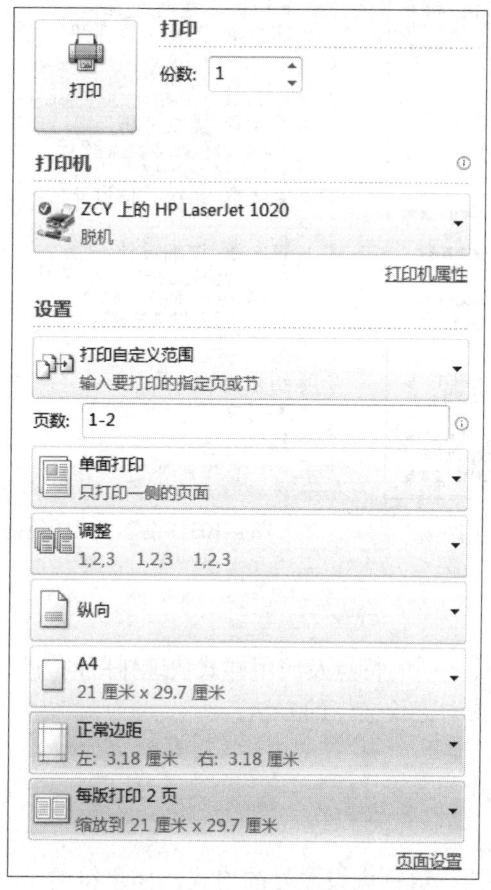

图 4-101 设置“打印”面板

（3）先在“页数”栏中选择“1-2”，打印正面；重新按以上方法设置打印参数并将“页数”改为“3-4”，再用纸张的反面打印。

任务 7 毕业论文排版

【任务分析】

本任务主要是使用 Word 2010 实现毕业论文的排版，让读者掌握 Word 2010 长文档的特点及应用样式实现毕业论文快速排版的方法，并使用大纲视图浏览长文档。任务完成后的效果如图 4-102 所示，大纲浏览视图效果如图 4-103 所示。

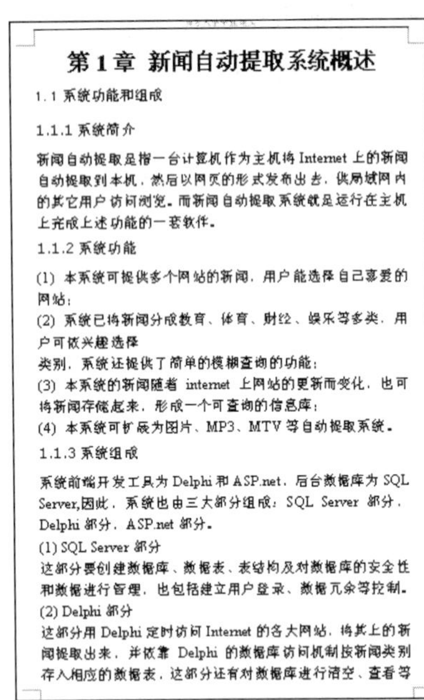

第 1 章 新闻自动提取系统概述

1.1 系统功能和组成

1.1.1 系统简介

新闻自动提取是指一台计算机作为主机将 Internet 上的新闻自动提取到本机，然后以网页的形式发布出去，供局域网内的其它用户访问浏览。而新闻自动提取系统就是运行在主机上完成上述功能的一套软件。

1.1.2 系统功能

(1) 本系统可提供多个网站的新闻，用户能选择自己喜爱的网站；

(2) 系统已将新闻分成教育、体育、财经、娱乐等多类，用户可依兴趣选择

类别，系统还提供了简单的模糊查询的功能；

(3) 本系统的新闻随着 internet 上网站的更新而变化，也可将新闻存储起来，形成一个可查询的信息库；

(4) 本系统可扩展为图片、MP3、MTV 等自动提取系统。

1.1.3 系统组成

系统前端开发工具为 Delphi 和 ASP.net，后台数据库为 SQL Server,因此，系统也由三大部分组成：SQL Server 部分，Delphi 部分，ASP.net 部分。

(1) SQL Server 部分

这部分要创建数据库、数据表、表结构及对数据库的安全性和数据进行管理，也包括建立用户登录、数据冗余等控制。

(2) Delphi 部分

这部分用 Delphi 定时访问 Internet 的各大网站，将其上的新闻提取出来，并依靠 Delphi 的数据库访问机制按新闻类别存入相应的数据表，这部分还有对数据库进行清空、查看等

图 4-102　毕业论文效果

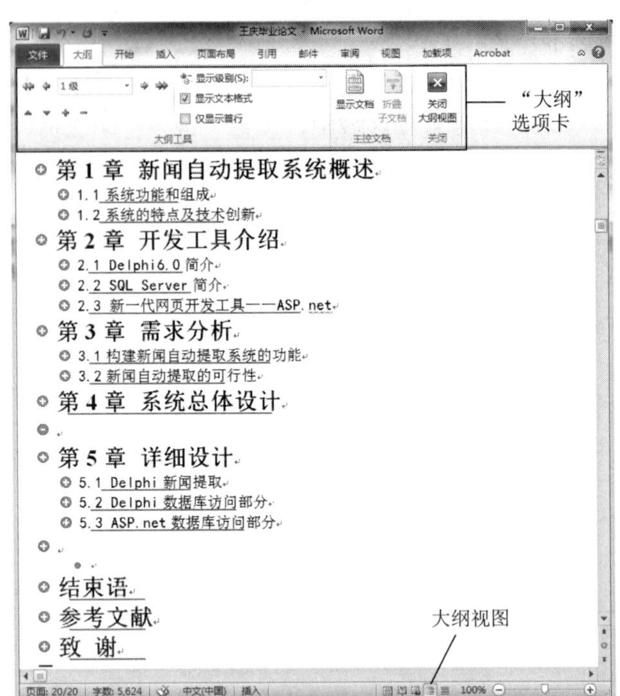

图 4-103　设置"显示级别 2"时的视图效果

【任务目标】

- 掌握 Word 2010 长文档的特点及应用样式快速排版的方法。
- 掌握使用大纲视图浏览长文档的方法。

【必备知识】

1. 样式

样式是用样式名表示的一组预先设置好的格式，如字符的字体、字形和字号，文本的对齐方式、行间距和段间距等。用户只要预先定义好所需的样式，以后就可以对选定的文本直接套用这种样式，如果修改了样式的格式，则文档中应用这种样式的段落或文本块将自动随之改变，以反映新变化。

文本的样式有两种类型：字符样式和段落样式。字符样式用来定义字符的格式，如字体、字形、字号和字间距等；段落样式中除了可以定义各种字符外，还可以定义段落的格式，如缩进、对齐方式和行间距等。

（1）Word 内置样式。Word 内置了许多样式，如标题 1、标题 2、标题 3 等。用户可以很容易将它们应用在自己的文档编排中，操作方法：选定要格式化的文本，单击"开始"选项卡"样式"组中的"样式"下拉列表框，如图 4-104 所示；或者单击"样式"组中的对话框启动器，弹出"样式"任务窗格，如图 4-105 所示，选择所需的样式名，则所选定的文本将会按照样式重新格式化。

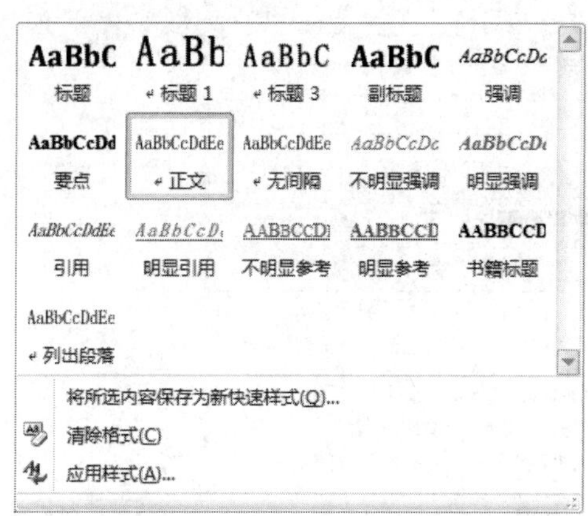

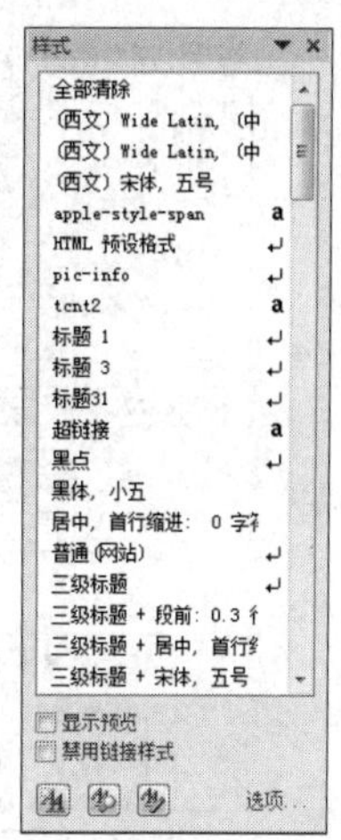

图 4-104　几种默认样式　　　　图 4-105　“样式”任务窗格

（2）创建新样式。如果在 Word 内置样式中没有所需要的样式，则用户可以自己创建新样式，操作方法：选中文字并进行字体、段落、边框等设置，单击“开始”选项卡“样式”组中的“样式”下拉列表框，在其中选择“将所选内容保存为新快速样式”，弹出“根据格式设置创建新样式”对话框，如图 4-106 所示；单击“修改”按钮，弹出如图 4-107 所示的对话框，在“名称”文本框中输入新样式的名称，单击“格式”按钮，可以进行字体、段落、边框等设置，如图 4-108 所示。新样式建立后会出现在“样式”列表框中，如图 4-109 所示。

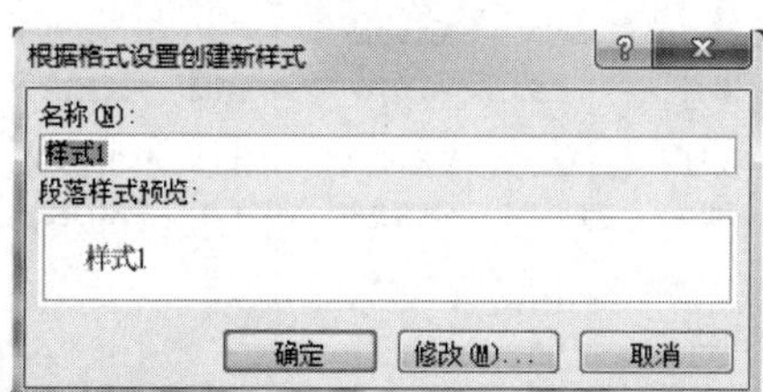

图 4-106　“根据格式设置创建新样式”对话框

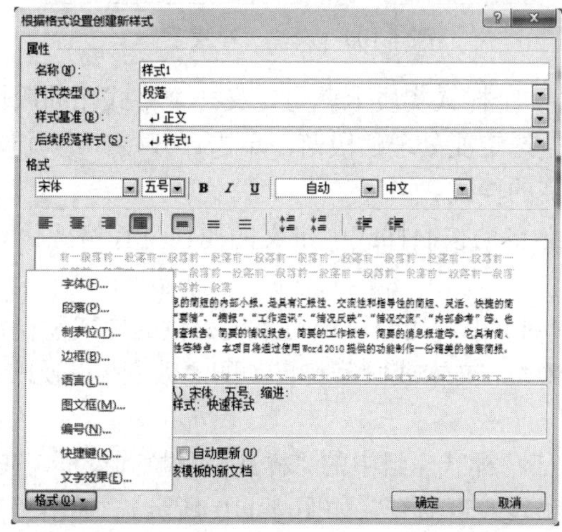

图 4-107　设置格式

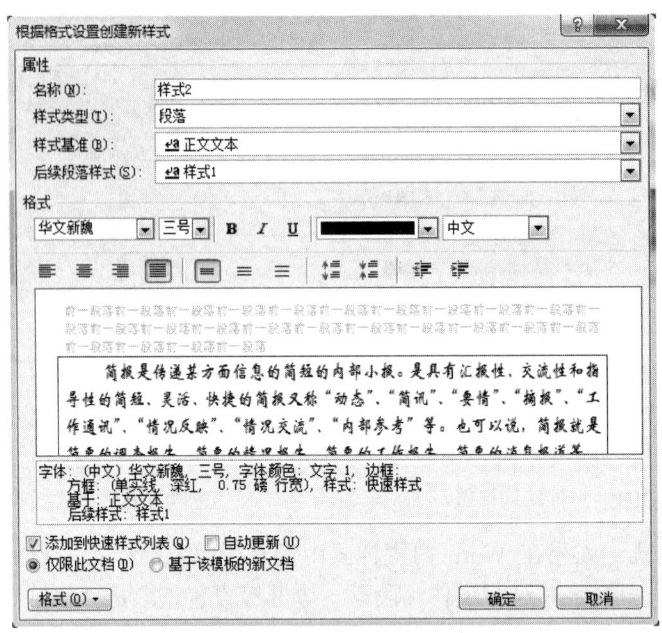

图 4-108　设置字体、段落、边框

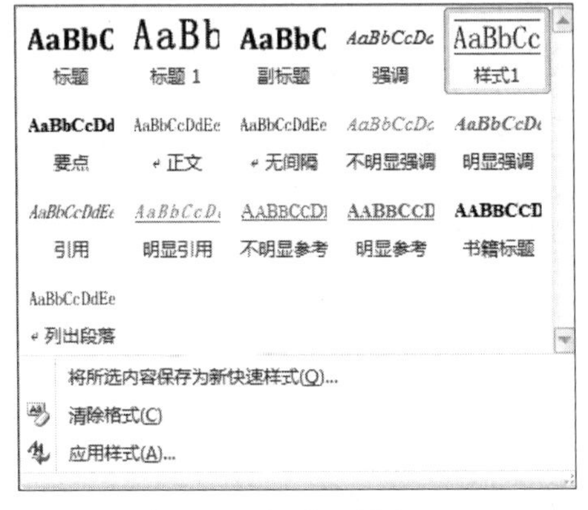

图 4-109　新建“样式 1”

（3）应用样式。创建一个样式实质上就是定义一个格式化的属性，可以应用它来对其他段落或文本块进行格式化。选定要处理的段落，单击“开始”选项卡“样式”组中的“样式”下拉列表框，从中选择所需的样式。

此时被选定的段落就会自动按照样式中定义的属性进行格式化。再重复上述操作即可完成其他段落的格式化。

（4）修改样式。在 Word 中，用户可以对系统提供的样式和自定义的样式进行修改，修改了样式后，所有套用该样式的文本或段落将自动随之改变，以反映新的格式变化，具体操作如下：

1）单击“开始”选项卡“样式”组中的“样式”下拉列表框，在其中右击要更改的样式，在弹出的快捷菜单中选择“修改”命令（如图 4-110 所示），弹出“修改样式”对话框，如图 4-111 所示。

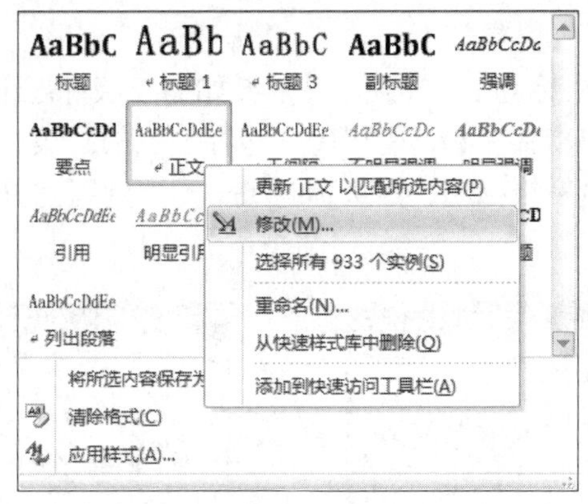

图 4-110 选择“修改”命令

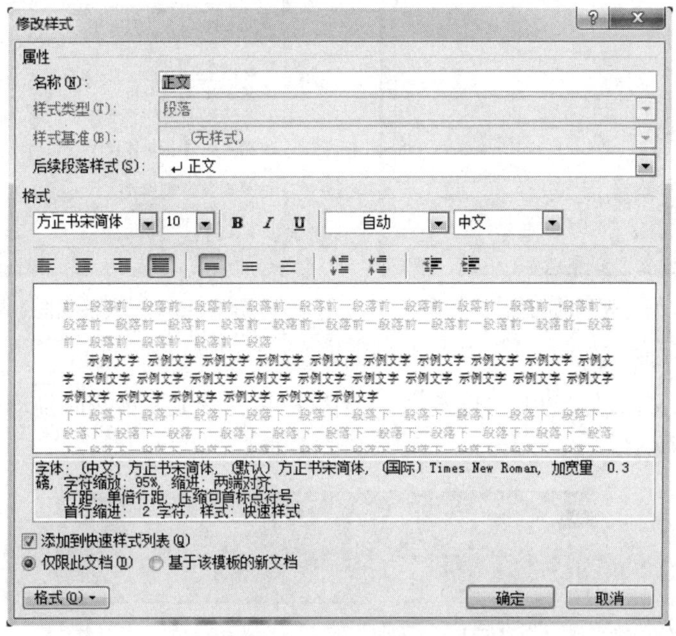

图 4-111 “修改样式”对话框

2）单击“格式”按钮，在弹出菜单中选择“字体”或“段落”等格式命令，即可弹出一个对话框，用以设置相应的样式格式，单击“确定”按钮来确认所做的操作。

3）删除样式。Word 不允许删除内置样式，但对于不再需要的自定义样式可以按照类似修改样式的操作方法将其删除。

2. 文档大纲

编写大纲时，首先需要进入 Word 2010 的大纲视图，这时 Word 自动显示“大纲”选项卡（如图 4-103 所示），并且在“样式”任务窗格中自动设置了“标题 1”的样式，如图 4-112 所示。

（1）在“标题 1”样式下写出文章的全部一级标题。

（2）把插入点移到第一个一级标题的末尾，按 Enter 键开始一个新的段落。

（3）按住 Shift 键单击“开始”选项卡中的“样式”下拉列表框，Word 2010 在列表框中显示“标题 1”到“标题 9”的样式。

（4）在列表框中单击“标题 2”样式，然后开始写一级标题下的二级标题。

（5）重复步骤（3）和步骤（4），写出每一级标题下的二级标题。

按照上述步骤可以写出三级标题、四级标题……，直到写完整个文档的大纲，如图 4-113 所示。

图 4-112　编写大纲的初始视图

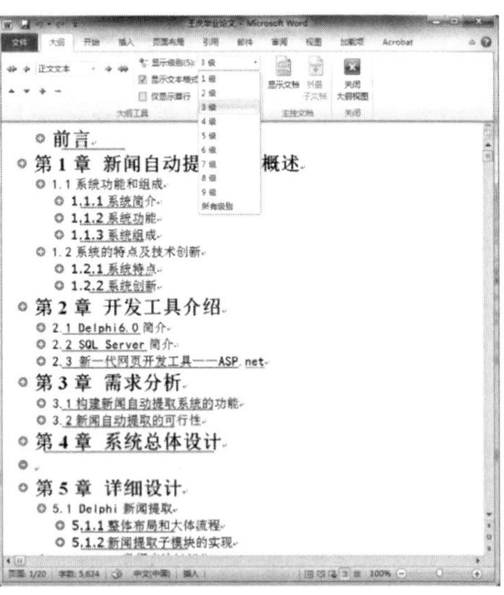

图 4-113　“大纲视图”显示三级标题

3. 调整多个标题

将鼠标移动到文档最左边的“选定栏”，当鼠标指针变成右箭头时拖动鼠标选定要调整的文本，如图 4-114 所示。

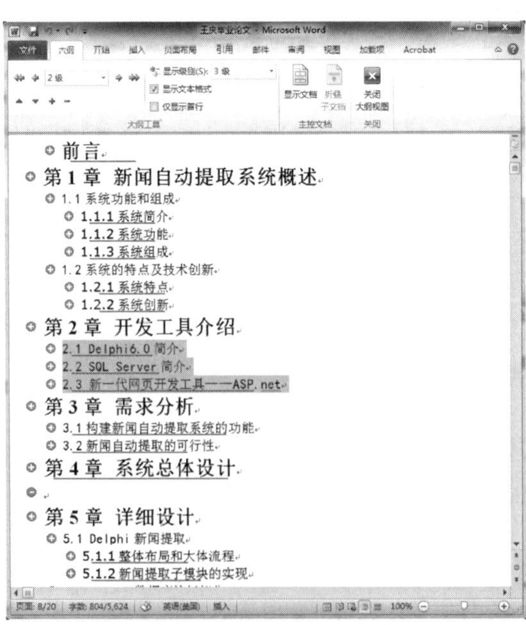

图 4-114　选中要调整的标题

单击“大纲”选项卡“大纲工具”组中的“升级”按钮、“降级”按钮或“降级为正文”按钮可以调整选定部分的级别，单击“大纲”选项卡“大纲工具”组中的“上移”按钮、“下移”按钮可以调整选定部分的位置。

4. 使用文档结构

文档结构是大纲视图的补充，可以在任何视图中显示类似大纲标题结构。若要显示文档结构图，应单击选中“视图”选项卡“显示”组中的“导航窗格”复选项，如图 4-115 所示。与大纲视图类似，文档结构图中的每个标题前面也有一个黑色或白色三角号标记，单击白色三角号标记可以显示标题下的详细内容，单击黑色三角号标记则会把该标题下的全部内容隐藏起来。在文档结构图中也可以按标题级别显示文档内容，方法：右击文档结构图中的任何位置，在弹出的快捷菜单中选择文档结构图显示的标题级别。如果要关闭文档结构图，则再次单击“视图”选项卡“显示”组中的“导航窗格”复选项取消选中即可。

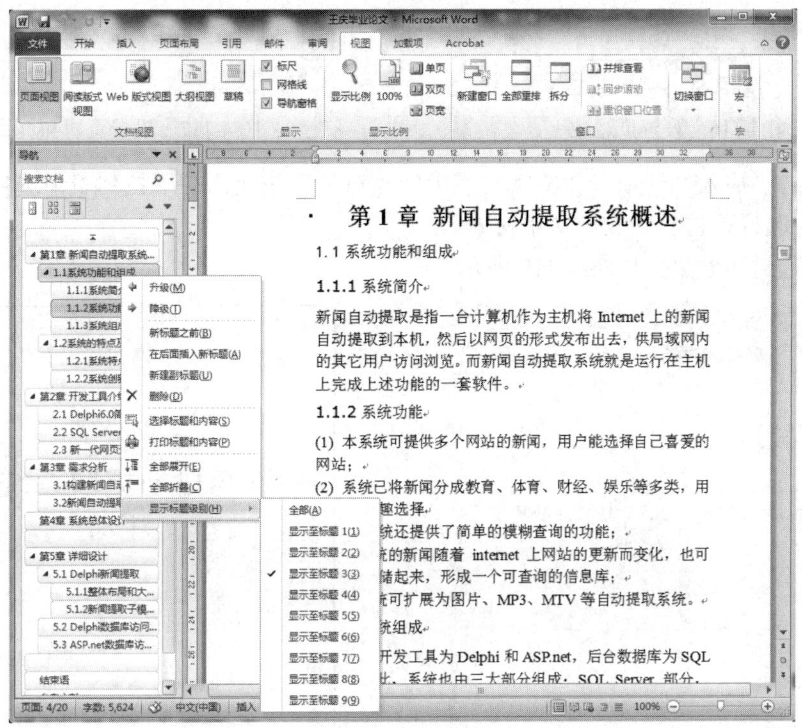

图 4-115 设置文档结构图中的显示级别

【完成过程】

（1）新建 Word 文档并命名为“毕业论文”。

（2）单击“页面布局”选项卡“页面设置”组中的对话框启动器，弹出“页面设置”对话框，在“页边距”选项卡中设置“上边距”为 2.5 厘米，“下边距”为 2 厘米，“左边距”为 2.5 厘米，“右边距”为 2 厘米，“装订线”为 1 厘米，如图 4-116 所示。

（3）单击“版式”选项卡，设置“页眉”为 1.5 厘米，“页脚”为 1.75 厘米，如图 4-117 所示；单击“纸张”选项卡，设置“纸张大小”为 B5，如图 4-118 所示。

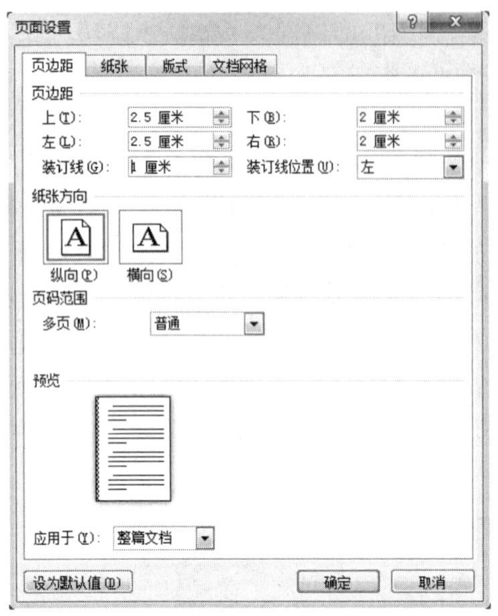

图 4-116　设置页边距

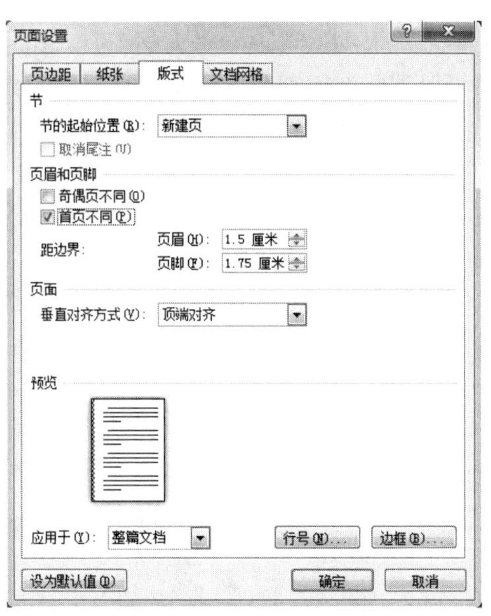

图 4-117　设置页眉和页脚

（4）单击“插入”选项卡“文本”组中的“对象”按钮，在下拉列表中选择“文件中的文字”命令，选择素材“毕业论文素材.docx”。

（5）设置封面效果，如图 4-119 所示。

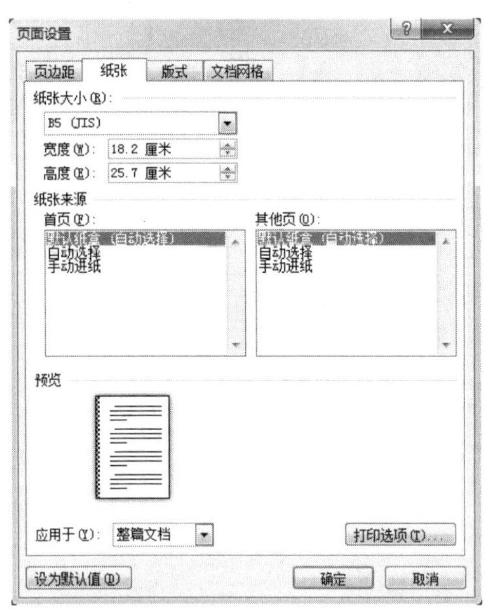

图 4-118　设置纸张大小

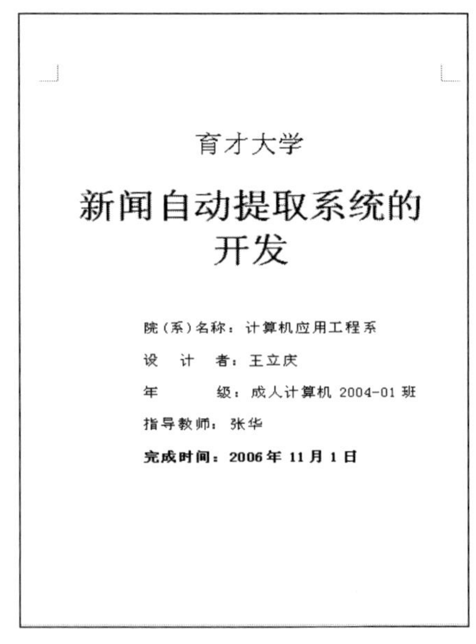

育才大学

新闻自动提取系统的开发

院（系）名称：计算机应用工程系

设　计　者：王立庆

年　　　级：成人计算机 2004-01 班

指导教师：张华

完成时间：2006 年 11 月 1 日

图 4-119　设置封面效果

1）选择“育才大学”，设置为宋体、一号、居中、无缩进，按 Enter 键增加一个空行。

2）选择标题“新闻自动提取系统的开发”，设置为宋体、小初、加粗、居中、无缩进，按 Enter 键增加两个空行。

3）选择“院（系）名称：”，设置为宋体、四号、首行缩进 5 字符，段前段后各 2.5 磅，如图 4-120 所示。

4）再次选择“院（系）名称：”，单击“开始”选项卡“样式”组中的“其他”按钮 ，在下拉列表中选择“将所选内容保存为新快速样式”命令，在弹出的“根据格式设置创建新样式”对话框中单击“修改”按钮，将“名称”更改为“样式-封面”，如图 4-121 所示，单击“确定”按钮。

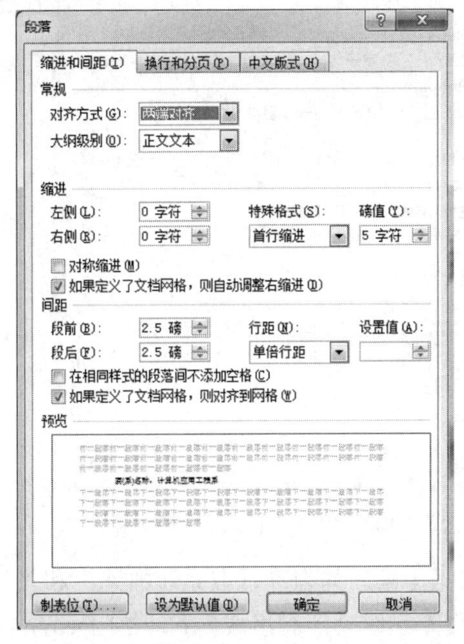

图 4-120　“院（系）名称：”格式设置

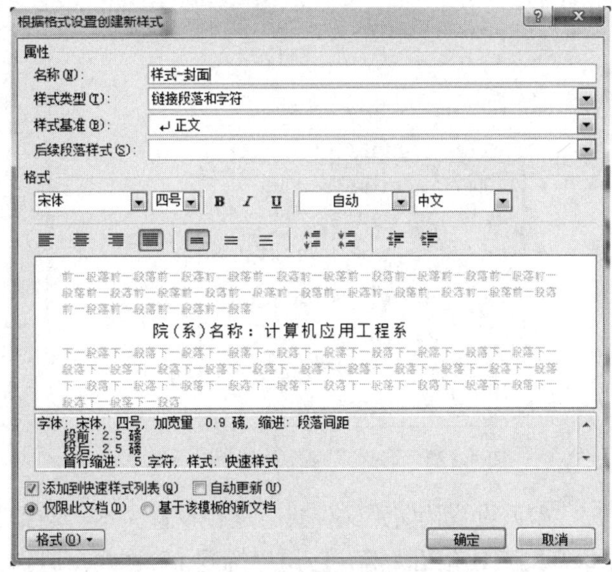

图 4-121　设置“样式-封面”样式

5）选中封面中的其他内容，单击“样式”组中的“样式-封面”。

6）在开始和结尾处按 Enter 键使其成为单独一页并设置文字位置居中。

（6）设置“前言”和“摘要”样式。

1）选中“前言”，设置字体为宋体、二号、加粗、居中；将行距设置为固定值 20 磅。单击“开始”选项卡“样式”组中的“其他”按钮 ，在下拉列表中选择“将所选内容保存为新快速样式”命令，在弹出的“根据格式设置创建新样式”对话框中设置“名称”为“样式 1”，单击“确定”按钮。

2）选中“摘要”，单击“样式”组中的“样式 1”。

3）选中“前言”内容，设置字体为宋体、四号。单击“开始”选项卡“样式”组中的“其他”按钮 ，在下拉列表中选择“将所选内容保存为新快速样式”命令，在弹出的“根据格式设置创建新样式”对话框中设置“名称”为“样式 2”，单击“确定”按钮。

4）右击“样式”组中要更改的样式“样式 2”，在弹出的快捷菜单中选择“修改”命令，如图 4-122 所示，增加首行缩进 0.49 厘米，并设置“名称”为“样式 3”，单击“确定”按钮，如图 4-123 所示。

5）选中“摘要”中的文本，单击“样式”组中的“样式 3”；选中“摘要”中内容下面的“关键字”，单击“样式”组中的“样式 2”。

6）按 Enter 键插入空行或者按 Ctrl+Enter 组合键插入分页符，适当设置文本，使得“前言”和“摘要”均成为独立一页内容。

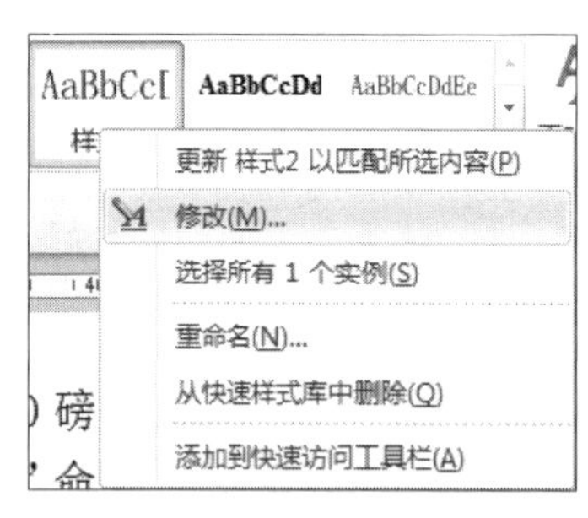

图 4-122　选择“修改”命令

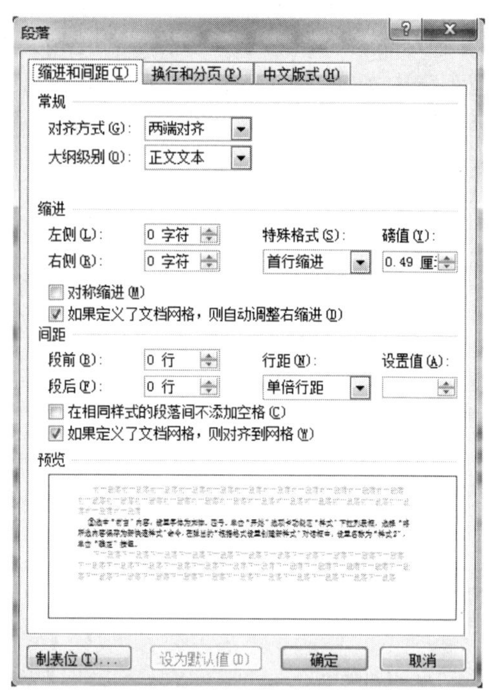

图 4-123　修改“样式 2”样式

（7）设置论文正文样式。逐行设置文本，遇到“第 1 章新闻自动提取系统概述”和“第 2 章开发工具介绍”等，应用“标题 1”样式；遇到“1.1 系统功能和组成”和“2.1 Delphi6.0 简介”等，应用“标题 2”样式；遇到“1.1.1 系统简介”和“1.1.2 系统功能”等，应用“标题 3”样式；遇到论文正文应用“样式 2”样式，直到论文正文全部设置完成。

（8）设置“结束语”“参考文献”和“致谢”样式。标题应用“标题 1”样式，“结束语”和“致谢”内容应用“样式 3”样式，“参考文献”应用“样式 2”样式。

（9）保存文件。

（10）单击“大纲视图”按钮将页面切换到大纲视图，同时屏幕上出现“大纲”选项卡。

（11）在“大纲”选项卡中单击“显示级别”下拉列表框，从中选择“3 级”选项，此时在文档窗口中就只显示一、二、三级标题。

（12）在“显示级别”下拉列表框中选择“所有级别”选项可以查看文档的全部内容。

（13）单击“视图”选项卡“窗口”组中的“拆分”按钮，此时鼠标指针变成双向拖拉箭头状态，在文档合适位置上单击即可将窗口拆分成上下两个窗口，在每一个窗口中可以相对独立地浏览同一文档中的不同内容，如图 4-124 所示。鼠标指针指向拆分线，当变成双向拖拉箭头状时可以调整拆分线位置；双击拆分线可以快速取消拆分的窗口。

（14）利用 Word 中的按对象浏览功能可以迅速对图形、表格、节等内容进行浏览。单击窗口右下角的“选择浏览对象”按钮，在弹出的面板中选择一种浏览方式，如“按图形浏览”，如图 4-125 所示，然后通过单击窗口右下角的两个浏览按钮（如图 4-126 所示）即可浏览上一个或下一个选中类型的对象。

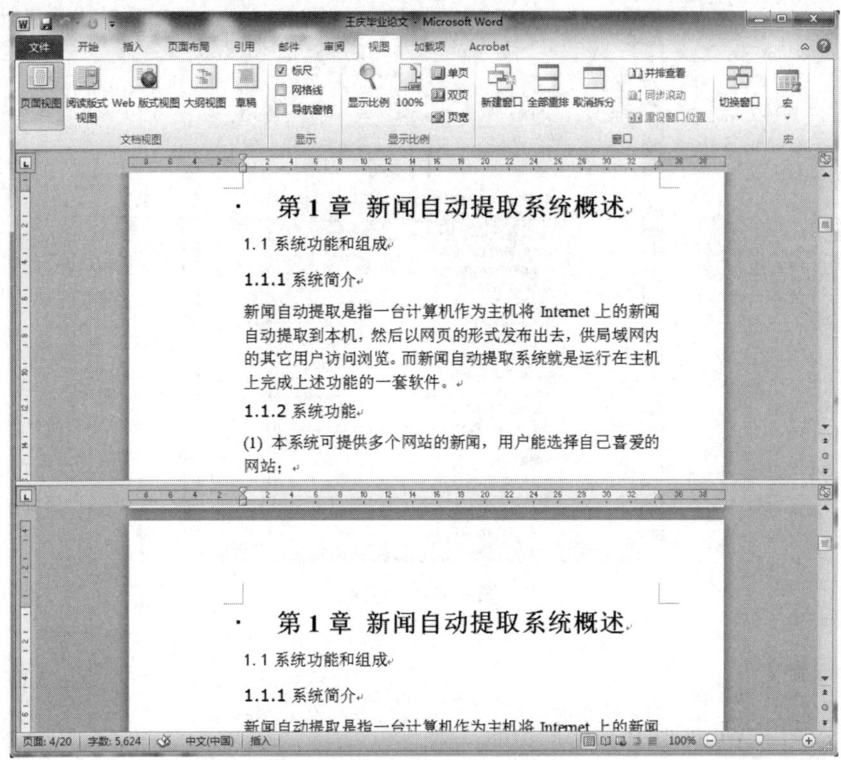

图 4-124　拆分后的窗口

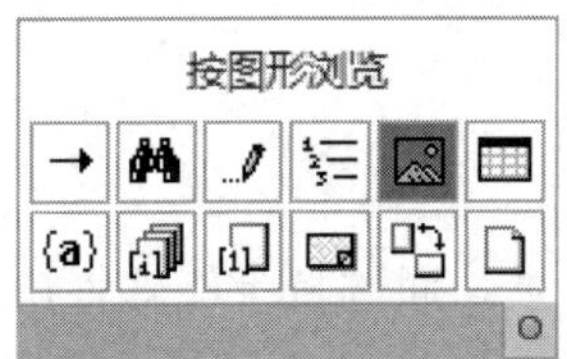

图 4-125　选择浏览方式面板

图 4-126　“浏览”按钮

（15）单击选中“视图”选项卡“显示”组中的“导航窗格”复选项，将在页面左窗格中显示文档结构图，在文档结构图中可以快速看到文档的整体信息。在此视图中右击文档结构图中的任何位置，从弹出的快捷菜单中可以选择显示的标题级别，如图 4-115 所示。

（16）单击对应的标题即可将文档视图中的文档内容立即切换到相应的章节，浏览文档变得非常方便。

任务 8　添加目录

【任务分析】

本任务主要是为毕业论文添加目录并根据实际需要添加不同的页眉和页脚，让读者掌握 Word 2010 长文档排版知识中自动提取目录及按节添加不同的页眉和页脚的方法。任务完成后的效果如图 4-127 所示。

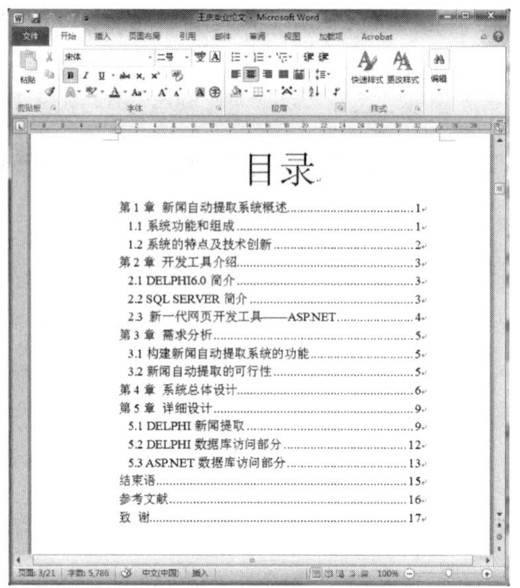

图 4-127 目录

【任务目标】

- 掌握利用 Word 2010 添加目录的方法。
- 掌握分页、分节的方法。
- 掌握按节添加不同的页眉和页脚的方法。

【必备知识】

1．编排目录

目录的使用频率很高，在书籍、杂志中都可以看到目录。通过目录能够很快地了解全书的内容或查找到所需的内容，大多数读者在阅读一本书或杂志时都是从目录开始的。使用 Word 2010 可以很方便地在文档中加入目录。在加入目录时，可以通过编辑文档的样式来编辑文档的目录样式。

在文档中加入目录最常用的方法就是根据文档标题样式生成目录。在建立之前必须设置出现在目录中的标题的样式，即将章标题的样式设置为"标题 1"，将第二级标题"1.1 系统功能和组成"和"1.2 系统的特点及技术创新"等的样式设置为"标题 2"，依此类推完成文档标题样式的设置。

设置好文档的标题后，即可根据标题样式来建立格式化的目录，具体操作方法如下：

（1）将光标放在要插入目录的位置。

（2）使隐藏文本和隐藏页码显示出来，这样在建立目录时文档就可以重新生成页码。

（3）单击"引用"选项卡"目录"组中的"目录"按钮，在弹出的面板中选择"插入目录"选项，弹出"目录"对话框，在其中选择"目录"选项卡，如图 4-128 所示。

（4）在"格式"下拉列表框中选择需要的目录格式：来自模板、古典、优雅、流行、现代、正式、简单，可以根据实际需要来选择。

（5）如果需要在目录中显示页码，可以选中"显示页码"复选项。

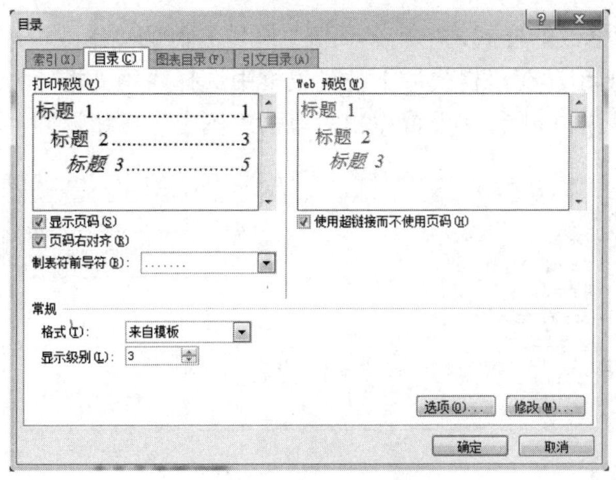

图 4-128 “目录”对话框

（6）选中“页码右对齐”复选项，目录中的页码将在页面右边对齐，在“制表符前导符”下拉列表框中选择目录和页码之间的前导符。

（7）如果要指定目录显示的标题级别，可以在“显示级别”微调框中进行调整，或者直接输入所需的级别数。这里目录使用的显示级别为 2，如图 4-127 所示。

（8）单击“确定”按钮，即可在光标所在位置插入目录。

2. 自定义目录的样式

Word 2010 虽然提供了许多目录样式，但是这并不能满足所有用户的需要。有时用户会希望目录的样式更好看一些，更特别一些。例如，需要标题级别为 1 的目录使用黑体字，标题级别为 2 的目录使用宋体字，标题级别为 3 的目录使用楷体字，或者是需要设置段落间距、斜体字、加粗等样式。

自定义目录样式的操作方法如下：

（1）单击“引用”选项卡“目录”组中的“目录”按钮，在弹出的面板中选择“插入目录”选项，弹出“目录”对话框，在其中选择“目录”选项卡。

（2）在“格式”下拉列表框中选择“来自模板”选项，这时下边的“修改”按钮已被激活。单击“修改”按钮，弹出“样式”对话框，如图 4-129 所示。

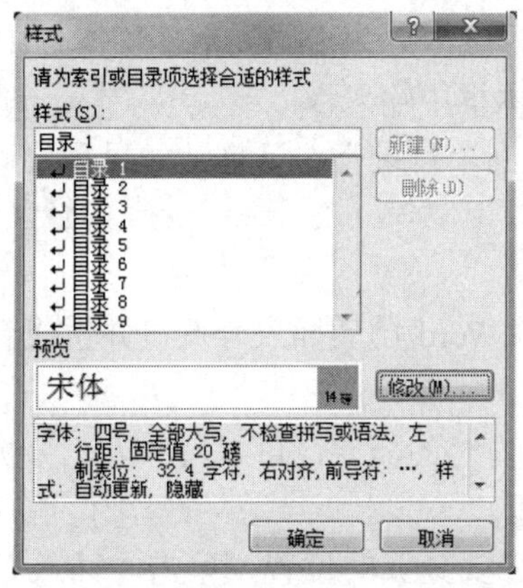

图 4-129 “样式”对话框

（3）选择要进行修改的样式，单击“预览”区域右侧的“修改”按钮，弹出“修改样式”对话框，如图 4-130 所示。在“格式”下拉列表框中选择“华文楷体”。如果还需要其他的设置，可以都在这个对话框中进行，设置完毕后单击“确定”按钮返回“样式”对话框。

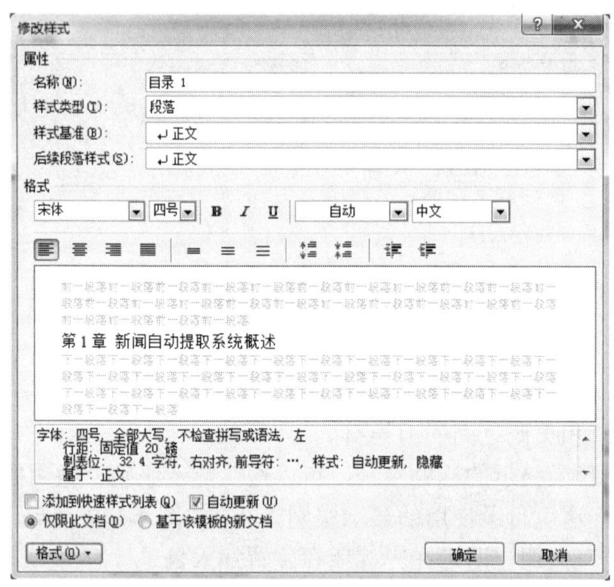

图 4-130　“修改样式”对话框

（4）单击“确定”按钮返回“目录”对话框。

（5）单击“确定”按钮，这时 Word 会询问是否更新目录，单击“是”按钮。

3. 指定式编排目录

系统默认的目录样式是标题 1、标题 2、标题 3，如果用户不需要“标题 3”而需要“标题 4”出现在目录中，则具体操作如下：

（1）让光标停留在需要插入目录的位置。

（2）单击“引用”选项卡“目录”组中的“目录”按钮，在弹出的面板中选择“插入目录”选项，弹出“目录”对话框，在其中选择“目录”选项卡。

（3）单击“选项”按钮，弹出“目录选项”对话框。

（4）在“有效样式”区域中删除“标题 3”后的文本框中的数字 3。

（5）在“标题 4”后的文本框中输入 3。

（6）单击“确定”按钮返回“目录”对话框，如果需要可以自定义目录样式。

（7）单击“确定”按钮。

4. 分页控制

当页面充满文本或图片时，Word 自动插入分页符并生成新页。在普通视图中，自动分页符是一条单点的虚线。

（1）人工分页。根据文档内容的需要，可以用“人工分页”强制换页。人工分页时，只需在换页处插入人工分页符即可。

第一种方法：把光标定位在要分页的位置，单击“插入”选项卡“页”组中的“分页”按钮；或者单击“页面布局”选项卡“页面设置”组中的“分隔符”按钮，在弹出的面板中选择“分页符”选项；或者单击“开始”选项卡“段落”组中的“显示/隐藏编辑标记”按钮¶，此时光标位于新建页的开始处。

第二种方法：把光标定位在需要人工分页的位置，按 Ctrl+Enter 组合键快速插入人工分页符。

人工分页符在单点虚线中有“分页符”3 个字，以表示与普通视图中自动分页符的区别。在页面视图中，设定非打印字符全部显示时（设置方法：单击“文件”选项卡中的“选项”命令，在弹出的对话框中单击“显示”选项卡，选中“显示所有格式标记”复选项，单击“确定”按钮）可以看到人工分页符，如图 4-131 所示。设置人工分页符后，系统自动调整其后的各自动分页符。删除人工分页符的方法很简单，只需把光标定位到人工分页符处，按 Delete 键或单击“开始”选项卡“剪贴板”组中的“剪切”按钮。

图 4-131　显示分页符标记

（2）用分页选项控制自动分页。除了用人工分页符来控制分页外，还可以用分页选项控制自动分页。单击“开始”选项卡“段落”组中的对话框启动器，在弹出的“段落”对话框中单击“换行和分页”选项卡，在“分页”区域中选择用户需要的复选项后单击“确定”按钮即可实现自动分页，如图 4-132 所示。

5. 分节控制

（1）节的概念。可以在 Word 文档中插入分节符把文档划分为若干节，然后根据需要设置不同的节格式。节格式包括页边距、纸张大小或方向、打印机纸张来源、页面边框、页眉和页脚、分栏、页码编排、行号、脚注和尾注。

（2）创建节。将光标定位在要建立新节的位置，单击“页面布局”选项卡“页面设置”组中的“分隔符”按钮，弹出的面板如图 4-133 所示。在“分节符”区域中，选择“下一页”选项，从下一页开始创建新节；选择“连续”选项，在光标所在位置的下一行产生新节；选择“偶数页”选项，从偶数页开始创建新节；选择“奇数页”选项，从奇数页开始创建新节。

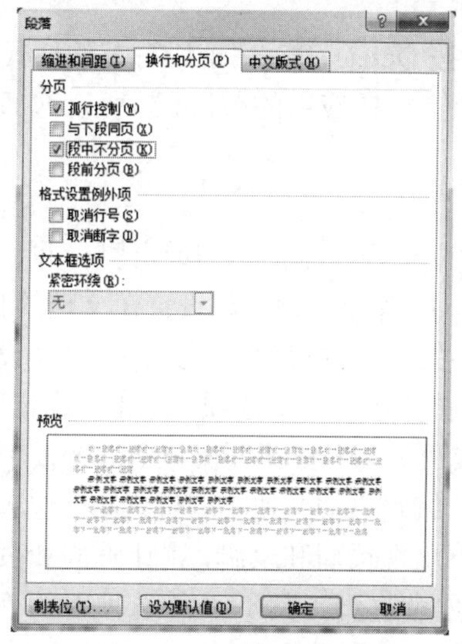

图 4-132　设置自动分页

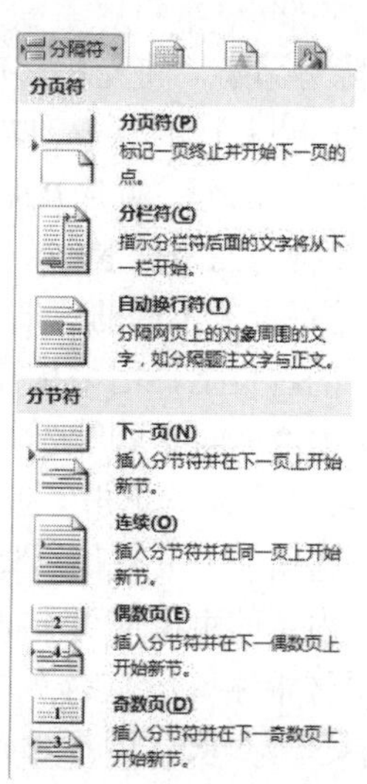

图 4-133　“分隔符”面板

分节符是双点线，中间有“分节符”字样。在页面视图下，单击“文件”选项卡中的“选项”命令，弹出“Word 选项”对话框，单击“显示”选项卡，在“始终在屏幕上显示这些格式标记”区域中选中“显示所有格式标记”复选项，如图 4-134 所示，则可以显示全部非打印字符，可以看到分节符，如图 4-135 所示。

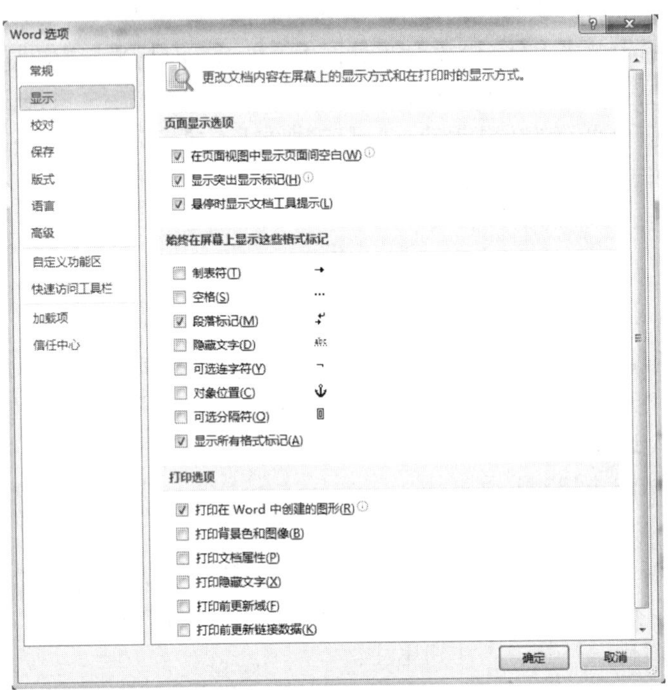

图 4-134　显示所有格式标记

图 4-135　显示分节符标记

（3）删除分节符。将光标移动到分节符标记处后按 Delete 键。由于所有节的格式设置均放在分节符中，删除了分节符意味着删除该分节符以上文本所应用的节格式，所以这部分文本成为后面一节的一部分，并应用后面一节的格式。

6. 页眉页脚的高级设置

（1）为首页设置不同的页眉或页脚。用户可以建立一个特制的页眉或页脚，并让它只出现在文档或节的首页上，用来标识一个章或节的开始，或者把标题信息设置在文档的首页上，设置方法：单击“页面布局”选项卡“页面设置”组中的对话框启动器，弹出“页面设置”对话框，如图 4-136 所示。单击“版式”选项卡，选中“首页不同”复选项，单击“确定”按钮。单击“插入”选项卡“页眉和页脚”组中的“页眉”或“页脚”按钮，在弹出的面板中可以选择 Word 2010 内置的页眉或页脚的样式，也可以选择“编辑页眉”或“编辑页脚”选项，在页眉或页脚编辑区中输入所需的文本，如果希望首页上不出现页眉和页脚，则让页眉和页脚为空白，即在页眉区或页脚区中不输入任何文本。在“页眉和页脚工具/设计”选项卡的“关闭”组中单击“关闭页眉和页脚”按钮返回到编辑前的“普通视图”方式。

（2）为奇偶页设置不同的页眉或页脚。在同一章或节内，Word 会在每一页面的同一位置上打印相同的页眉或页脚，当然也可以使奇数页面和偶数页面上的页眉或页脚不同，例如可以在偶数页面的页眉上显示章名，而在奇数页面的页眉上显示节名，操作方法：单击“页面布局”选项卡“页面设置”组中的对话框启动器，弹出“页面设置”对话框，如图 4-137 所示。单击“版式”选项卡，选中“奇偶页不同”复选项，单击“确定”按钮。单击“插入”选项卡“页眉和页脚”组中的“页眉”按钮，在弹出的面板中选择“编辑页眉”选项，屏幕上将显示奇数页的页眉。在奇数页的页眉区中输入所需的文本，在“页眉和页脚工具/设计”选项卡的“导航”组中单击“下一节”按钮，屏幕上出现偶数页的页眉区，在其中输入所需的文本。单击“转至页脚”按钮切换到页脚编辑区，操作与页眉相同。输入完毕后单击“关闭页眉和页脚”按钮，这时 Word 返回到编辑前的“普通视图”方式。

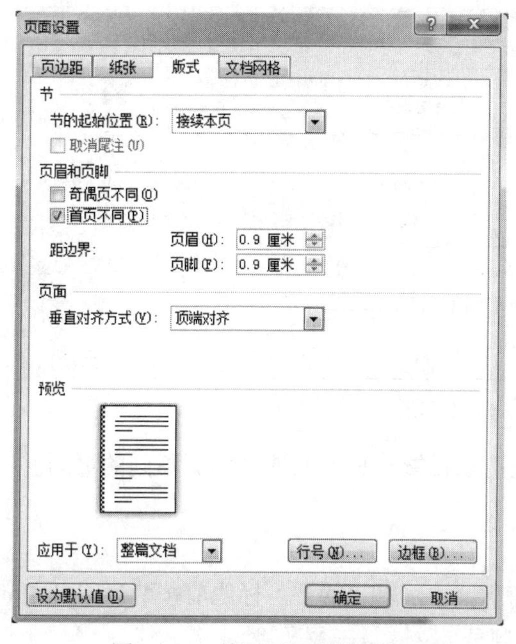

图 4-136　首页不同页眉页脚

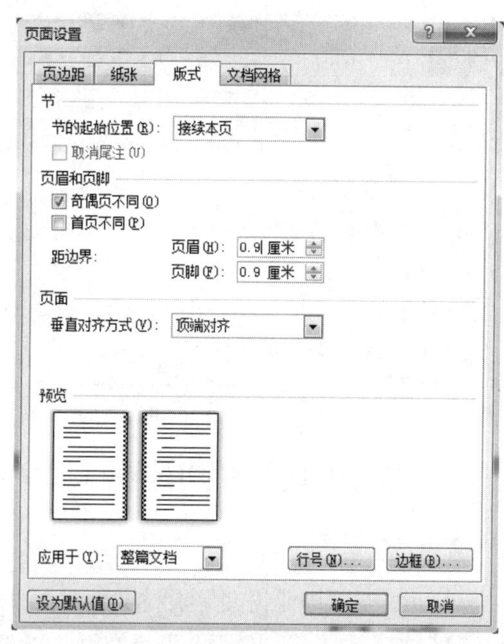

图 4-137　奇偶页不同页眉页脚

（3）设置节和页眉页脚。在添加页眉时，只要充分理解了分节的作用，就能快速设置出复杂的页眉。

1）要在文中设置与文档其他部分不同的页眉或页脚，应先将该部分内容用分节符括起来，设置为单独的节，方法：在该节的开始和结尾处分别插入分节符，单击“页面布局”选项卡“页面设置”组中的“分隔符”按钮，在弹出的面板中选择“分节符”区域中的“下一页”或“连续”等，提示插入下一页分节符可按 Ctrl+Enter 组合键。

2）单击“插入”选项卡“页眉和页脚”组中的“页眉”按钮，在弹出的面板中选择“编辑页眉”选项，进入页眉区，同时选项区会增加“页眉和页脚工具/设计”选项卡，如图 4-138 所示。

要设置与上一节不同的页眉，则单击“链接到前一条页眉”按钮断开与上一节的联系，如图 4-139 所示。

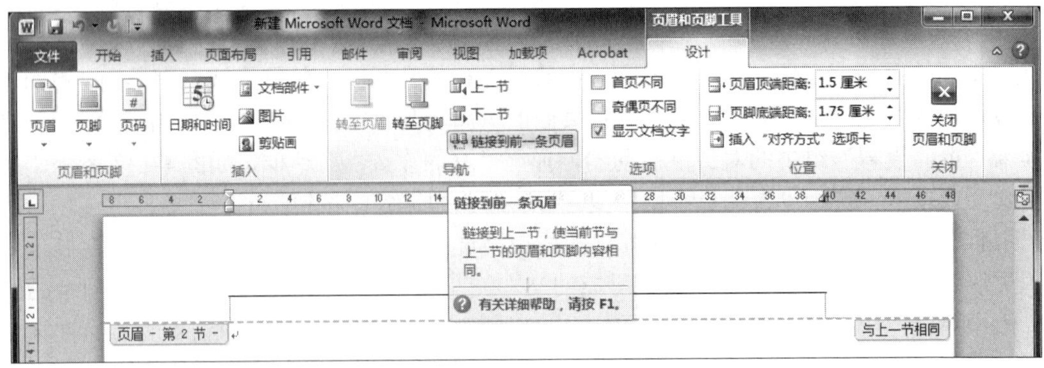

图 4-138　设置与上一节相同的页眉

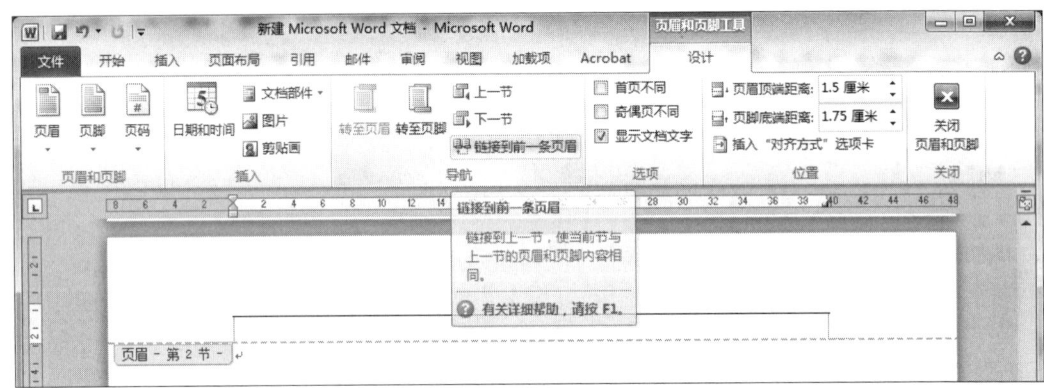

图 4-139　设置与上一节不同的页眉

此时设置页眉仅在本节中呈现，在本节中也可以设置首页不同或奇偶页不同的页眉。

【完成过程】

（1）打开“毕业论文”素材文件，在“前言”文本后和“摘要”标题前按两次 Ctrl+Enter 组合键和若干次 Enter 键插入一个空页，以放置目录。

（2）在“摘要”文本后和“第 1 章新闻自动提取系统概述”正文标题前插入“下一页”分节符，这样就可以设置正文有页码而毕业论文前面的封面、前言、目录、摘要均没有页码的效果。

（3）单击“第 1 章新闻自动提取系统概述”所在的页，再单击“插入”选项卡“页眉和页脚”组中的“页码”按钮，在弹出的面板中选择如图 4-140 所示的页码样式。单击“页眉和页脚工具/设计”选项卡“页眉和页脚”组中的“页码”按钮，在下拉列表中选择“设置页码格式”选项，在弹出的“页码格式”对话框中设置起始页码为 1，如图 4-141 所示。

（4）将光标定位在目录所在页的开始处，输入“目录”二字，设置为宋体、小一、居中，字与字之间空 4 个字距。新起一段，单击“引用”选项卡“目录”组中的“目录”按钮，在弹出的面板中选择“插入目录”选项，弹出“目录”对话框，在其中选择“目录”选项卡，“显示级别”设置为 2，如图 4-142 所示，单击“确定”按钮。

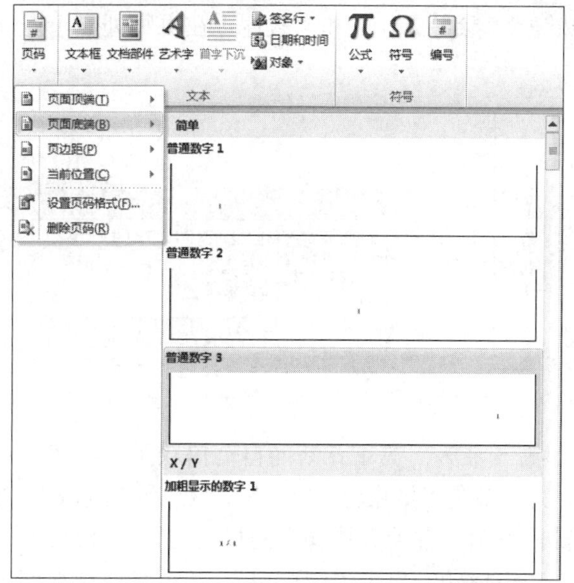

图 4-140　在论文正文部分插入页码

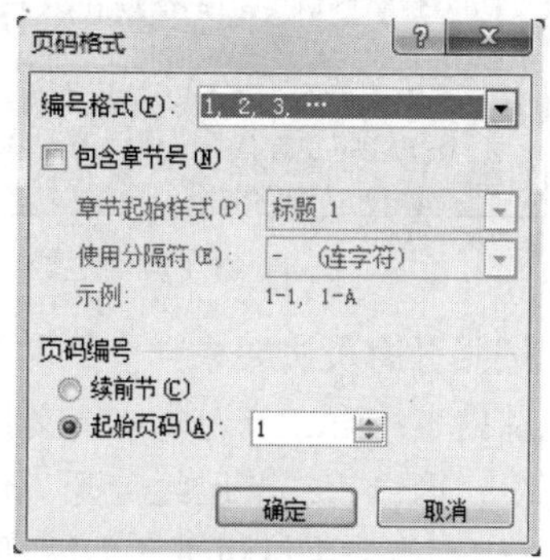

图 4-141　设置起始页码

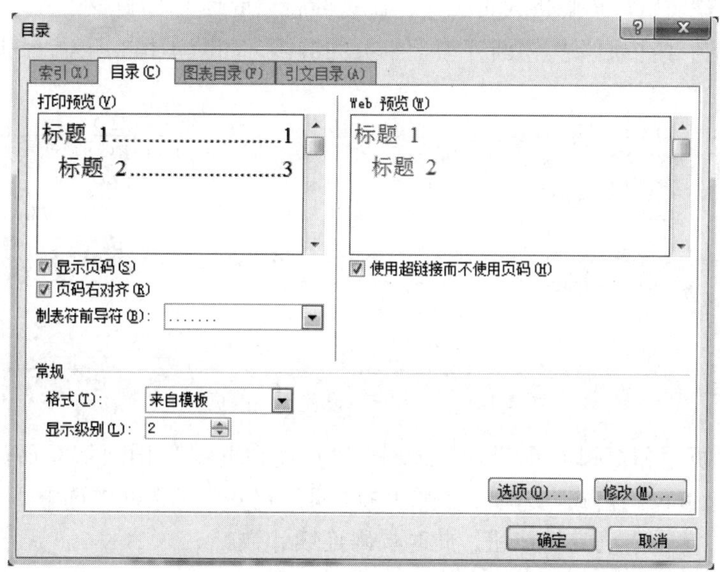

图 4-142　“目录”对话框

此时在光标处即可自动生成文档的录。通过这种方法生成的目录具有超链接功能，可以通过标题链接到相应的内容，如图 4-143 所示。当目录创建以后，如果对源文件进行了修改，使标题和页码发生了改变，则必须更新目录以适应文档的修改。

（5）选中整个目录，在目录中右击，在弹出的快捷菜单中选择“更新域”命令，弹出“更新目录”对话框，如图 4-144 所示。

（6）选择“更新整个目录”单选项，单击“确定”按钮，此时目录自动根据文档内容进行更新。

页眉页脚样式：我们希望为毕业论文的正文部分添加页眉“育才大学毕业论文”，其他部分不显示该页眉；保持正文和后面的“结束语”“参考文献”和“致谢”在页脚处显示连续的页码。

图 4-143 自动生成的目录

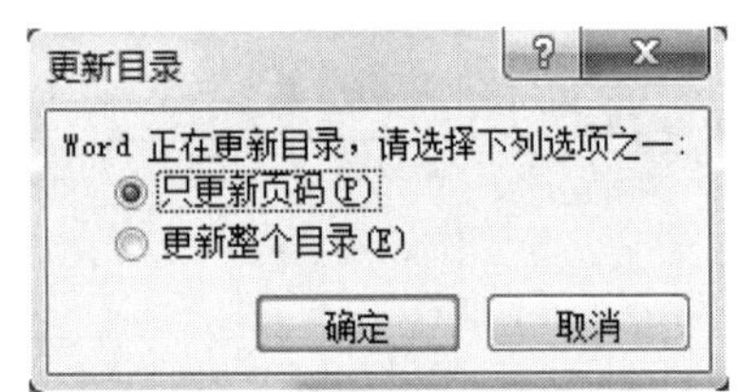

图 4-144 “更新目录”对话框

按照页眉页脚要求，全文共分三节，即第一节为“第 1 章新闻自动提取系统概述”正文标题前内容；第二节为毕业论文正文内容；第三节为“结束语”“参考文献”和“致谢”。现在的情况：第一、二节已经分开，仅需要设置第三节，并使其页脚中的页码与第二节连续。

（7）单击按钮进入大纲视图，显示 1 级标题，单击“结束语”，单击按钮返回页面视图，即定位到“结束语”开始处，插入下一页分节符。

（8）双击“结束页”页脚进入页脚区，在“页眉和页脚工具/设计”选项卡的“导航”组中单击“链接到前一条页眉”按钮断开与上一节的链接，如图 4-145 所示，此时页码从 1 开始计数，需要修改。

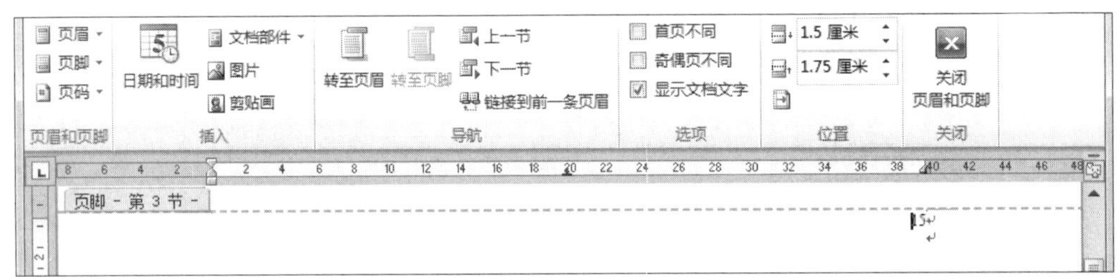

图 4-145 与上一节设置不同的页脚

（9）单击“页眉和页脚工具/设计”选项卡“页眉和页脚”组中的“页码”按钮，在弹出的面板中选择“设置页码格式”选项，在弹出的“页码格式”对话框中选中“续前节”单选项，如图 4-146 所示，单击“确定”按钮，此时页码连续计数。

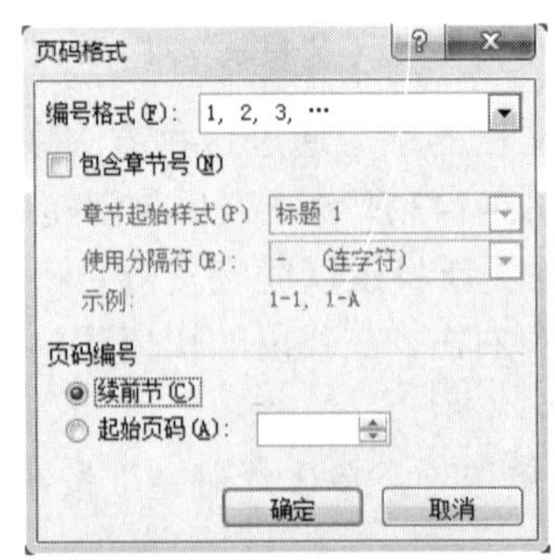

图 4-146 设置连续页码

（10）单击“页眉和页脚工具/设计”选项卡“导航”组中的“转至页眉”按钮，返回至第二节任何一页，如“第 1 章新闻自动提取系统概述”所在页，在页眉区中输入“育才大学毕业论文”，居中，如图 4-147 所示。

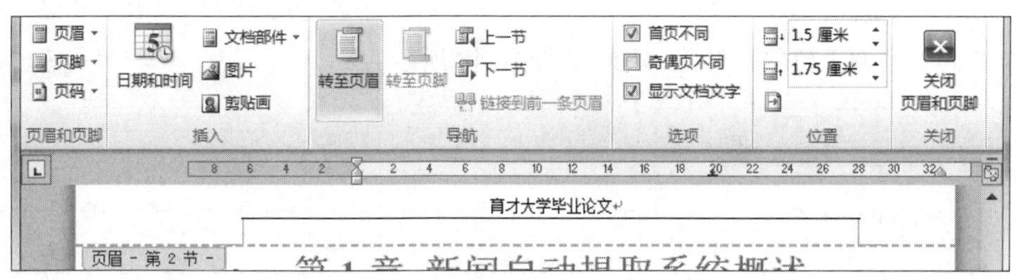

图 4-147　设置第二节的页眉

习题 4

一、选择题

1．在 Word 中，对选定的段落、表单元格及图形四周加的线条称为（　　）。

A．底纹　　B．文本框　　C．边框　　D．表格

2．在 Word 中，如果要调整行距，可以使用（　　）命令。

A．字体　　B．制表符　　C．段落　　D．样式

3．在 Word 中，（　　）的作用是控制文档内容在页面中的显示位置。

A．滚动条　　B．标尺　　C．控制框　　D．“最大化”按钮

4．图片的版式有（　　）种。

A．3　　B．4　　C．5　　D．6

5．文本框有（　　）种排列方式。

A．1　　B．2　　C．3　　D．4

6．下面对 Word 编辑功能的描述中，（　　）是错误的。

A．Word 可以开启多个文档编辑窗口

B．Word 可以插入多种格式的系统时间

C．Word 可以插入多种类型的图形文件

D．单击“开始”选项卡“剪贴板”组中的“复制”按钮可将已选中的对象复制到插入点位置

二、填空题

1．表格格式设置是通过“表格工具”的________和________选项卡进行的。

2．________是将文字、表格、图形精确定位的有效工具。

3．在打印文档之前，一般用户要对文档的总体版面进行设置，同时还要进行________、页脚、页边距、纸型等设置，这将直接影响到文档的打印效果。

4．Word 表格由若干行、若干列组成，行和列交叉的地方称为________。

5．当执行了误操作后，可以单击________按钮撤消当前操作，还可以从列表中执行多次撤消或恢复撤消的操作。

三、操作题

制作“关于上调工资的通知”，效果如图 4-148 所示。

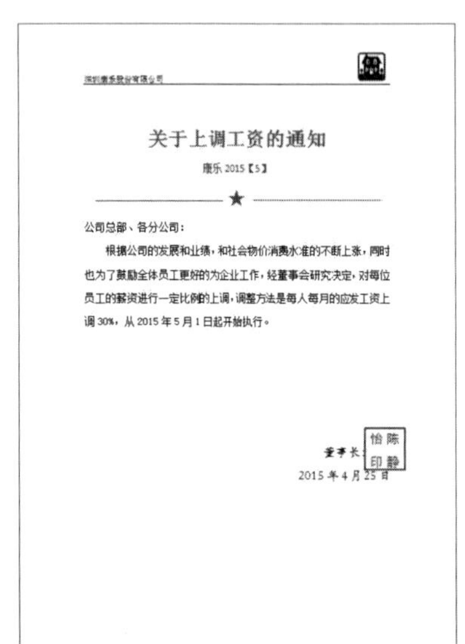

深圳康乐股份有限公司

关于上调工资的通知

康乐 2015【5】

★

公司总部、各分公司：

根据公司的发展和业绩，和社会物价消费水准的不断上涨，同时也为了鼓励全体员工更好的为企业工作，经董事会研究决定，对每位员工的薪资进行一定比例的上调，调整方法是每人每月的应发工资上调 30%，从 2015 年 5 月 1 日起开始执行。

董事长：陈静 之印

2015 年 4 月 25 日

深圳康乐股份有限公司

深圳康乐股份有限公司员工现用工资表

部门：公司总部　　制表日期：2015.5

员工	姓名	职务	工资类别			应发工资	上调金额	扣资项			实发工资
			岗位工资	技能工资	工种工资			养老保险	医疗保险	终身保险	
030622	刘永	总务组长									
030455	王晓琳	销售部主任									
030587	冯峰	人事部主任									
030687	许蕾蕾	办公室主任									

制表人：李阳　　审批（签印）：

图 4-148　操作题效果图

第3部分　Excel 2010基本操作

1. 掌握用公式和函数分析处理数据。
2. 掌握用数据排序、数据筛选、分类汇总等功能对数据进行管理与统计。
3. 掌握用图表更加灵活、直观地展示数据信息。
4. 掌握用数据保护功能来保护数据。
5. 使用数据排序、数据筛选等功能对数据进行管理。
6. 使用分类汇总、数据透视表等功能对数据进行统计。
7. 综合运用 Excel 2010 分析和解决实际问题。

1. 使用公式和函数分析处理数据;
2. 使用数据排序、数据筛选、分类汇总等功能对数据进行管理与统计。
3. 使用数据排序、数据筛选等功能对数据进行操作。
4. 使用分类汇总、数据透视表等功能对数据进行统计。

项目 5　电子表格的基本操作

Excel 拥有强大的计算、分析、传递和共享功能，可以帮助用户将繁杂的数据转化为信息。作为 Excel 产品历史中又一个程碑级的版本，Excel 2007 曾在用户界面、文件格式和诸多功能上进行了一次意义非凡的变革，改变之大，甚至让许多用户一时难以适应。Excel 2010 坚定地延续了所有的变革，并在增加一系列新功能的同时，在众多个细节上进行了优化和提高。

任务 1　Excel 基础知识

【任务分析】

本任务主要是让读者了解电子表格处理软件 Excel 2010，掌握 Excel 2010 的启动、退出、用户界面、工作簿、工作表、单元格等基本操作和基本概念。

【任务目标】

- 掌握 Excel 2010 的启动与退出方法。
- 掌握 Excel 2010 中工作簿的操作方法。
- 掌握 Excel 2010 中单元格的基本操作方法。
- 掌握 Excel 2010 中工作表的基本操作方法。

【必备知识】

1. Excel 2010 软件的启动

启动 Excel 2010 软件有以下几种方法：

- 单击 Windows 7 桌面任务栏中的“开始”菜单，选择“所有程序”选项，然后单击 Microsoft Office 程序组下的 Microsoft Office Excel 2010，如图 5-1 所示。
- 双击桌面上的 Excel 2010 快捷方式图标。
- 双击已有的 Excel 2010 文件图标。

2. Excel 2010 软件的退出

当完成工作并保存 Excel 文件后，用户即可退出 Excel 软件。退出 Excel 软件的方法有以下几种：

- 单击“文件”选项卡中的“退出”命令，如图 5-2 所示。
- 按 Alt+F4 组合键。
- 单击“关闭”按钮。

图 5-1 启动 Excel 2010 的第一种方法

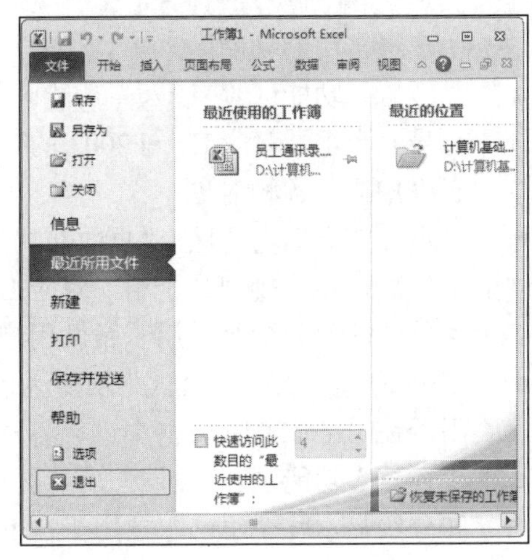

图 5-2 退出 Excel 2010 软件

3. Excel 2010 窗口的基本结构

当启动 Microsoft Excel 2010 时，会出现如图 5-3 所示的工作界面。它由标题栏、快速访问工具栏、选项卡、命令组、滚动条、编辑栏、工作表标签和状态栏等组成。

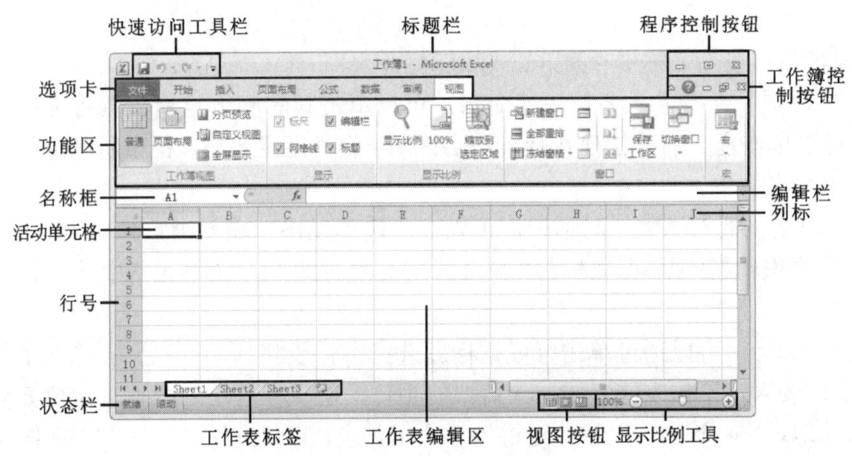

图 5-3 Excel 窗口的基本结构

（1）标题栏：窗口的最上端为标题栏，显示正在编辑的工作簿的文件名以及应用程序名。在标题栏上双击可以调整工作簿窗口的大小。在标题栏上右击显示包含有还原、移动、大小、最小化、最大化、关闭等项目的快捷菜单。

（2）快速访问工具栏：快速访问工具栏是一个可自定义的工具栏，包含一组独立于当前功能区的命令。单击右侧下拉箭头，在弹出的菜单中自定义工具栏及设置工具栏的位置。

（3）选项卡：Excel 2010 中所有的功能操作分类为八大选项卡：文件、开始、插入、页面布局、公式、数据、审阅和视图。各选项卡中收录相关的功能群组，方便使用者切换、选用。

- “开始”功能区。“开始”功能区中包括剪贴板、字体、对齐方式、数字、样式、单元格和编辑几个组，对应 Excel 2003 的“编辑”和“格式”菜单中的部分命令。该功能区主要用于帮助用户对 Excel 2010 表格进行文字编辑和单元格的格式设置，是用户最常用的功能区。

- “插入”功能区。“插入”功能区包括表、插图、图表、筛选器、链接、文本和特殊符号几个组，对应 Excel 2003 的“插入”菜单中的部分命令，主要用于在 Excel 2010 表格中插入各种对象。
- “页面布局”功能区。“页面布局”功能区包括主题、页面设置、调整为合适大小、工作表选项、排列几个组，对应 Excel 2003 的“页面设置”菜单中的命令和“格式”菜单中的部分命令，用于帮助用户设置 Excel 2010 表格的页面样式。
- “公式”功能区。“公式”功能区包括函数库、定义的名称、公式审核和计算几个组，用于在 Excel 2010 表格中进行各种数据计算。
- “数据”功能区。“数据”功能区包括获取外部数据、连接、排序和筛选、数据工具和分级显示几个组，主要用于在 Excel 2010 表格中进行数据处理相关方面的操作。
- “审阅”功能区。“审阅”功能区包括校对、语言、批注和更改几个组，主要用于对 Excel 2010 表格进行校对和修订等操作，适用于多人协作处理 Excel 2010 表格数据。
- “视图”功能区。“视图”功能区包括工作簿视图、显示、显示比例、窗口和宏几个组，主要用于帮助用户设置 Excel 2010 表格窗口的视图类型，以方便操作。

（4）命令组：操作时需要用到的命令位于此处，它与其他软件中的“菜单”或“工具栏”相同。

（5）编辑栏：包括名称框、fx和公式编辑栏。

可以在名称框中直接输入名称快速命名，可以单击其右侧下拉箭头查看工作表中已命名的名称，也可以单击任一名称快速选择该命名区域。在“定义名称”框中所定义的公式或常量不会显示在该命名框中。

单击fx，弹出“插入函数”对话框，可以在所选单元格中输入函数。

右侧的公式编辑栏中可以输入或编辑公式或文本。此外，在单元格中输入公式或文本时也显示在此处。

（6）行号列标：可以通过单击行或列标题选择整行或整列。

（7）工作表区：工作表区是 Excel 窗口的主体，用于存放用户数据，由单元格组成，每个单元格由其地址来标识。一般默认设置为 3 个工作表，可以通过“文件”选项卡中的“选项”来更改默认的工作表数量。

工作表标签位于工作簿窗口的左下角，显示工作表及名称，默认名称为 Sheet1、Sheet2、Sheet3 等。单击不同的工作表标签可在工作表间进行切换，在其上右击会弹出快捷菜单，可以进行删除、移动、重命名、复制等操作，双击工作表标签可重命名工作表。

（8）显示按钮：用以根据需要更改正在编辑的工作表的显示模式，有普通、页面布局、分页预览 3 种模式。

（9）滚动条：用于更改正在编辑的工作表的显示位置。

（10）缩放滑块：用于更改正在编辑的工作表的缩放设置。

4. 相关概念

（1）工作簿。工作簿由一或多个相关的工作表组成（如图 5-4 所示），在默认情况下，一个工作簿文件会打开 3 个工作表。一个工作簿最多可以有 255 个工作表。每个工作表都有一个标签，第一个工作表默认的标签为 Sheet1，第二个工作表默认的标签为 Sheet2，依此类推。

用户可以通过位于工作簿窗口下方的工作表标签来选择不同的工作表，当某一个工作表标签被选中时则激活了该工作表（这个工作表被称为当前工作表或活动工作表）。活动工作表的标签以白色显示，而其余标签是灰色的。

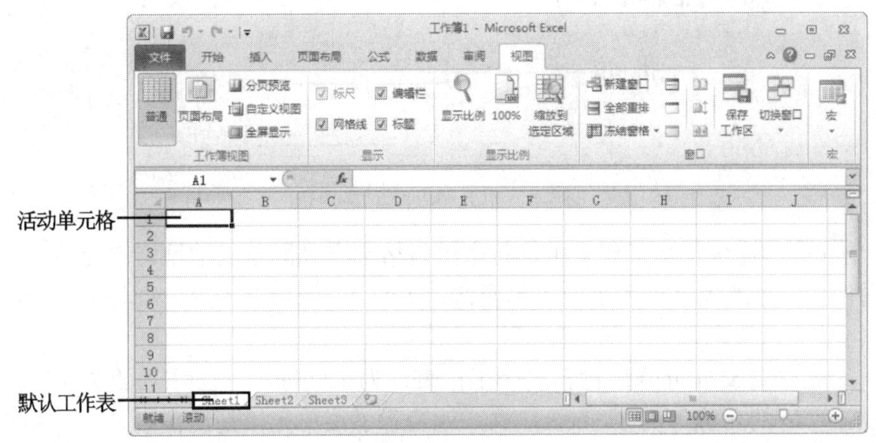

图 5-4　工作簿

（2）工作表。在 Excel 启动后，首先出现的是工作表，工作表是显示在工作簿窗口中由行和列构成的表格，一个工作表由许多单元格组成。它主要由单元格、行号、列标和工作表标签等组成。行号显示在工作簿窗口的左侧，依次用数字 1，2，...，1048576 表示；列标显示在工作簿窗口的上方，依次用字母 A，B，...，XFD 表示。默认情况下，一个工作簿包含 3 个工作表，用户可以根据需要添加或删除工作表。工作表中可以存储字符串、数字、图表、公式、声音等数据信息。在工作表中可对数据进行处理，以不同的形式展现出来。

（3）表格区域。表格区域是指一组相邻的呈现矩形的单元格，它可以是某行或某列单元格，也可以是任意行或列的组合。引用表格区域时可以用它的左上角单元格的地址和右下角单元格的地址来表示，中间用一个冒号作为分隔符，如 A1:D5（如图 5-5 所示）、B2:E4、C2:C4 等。

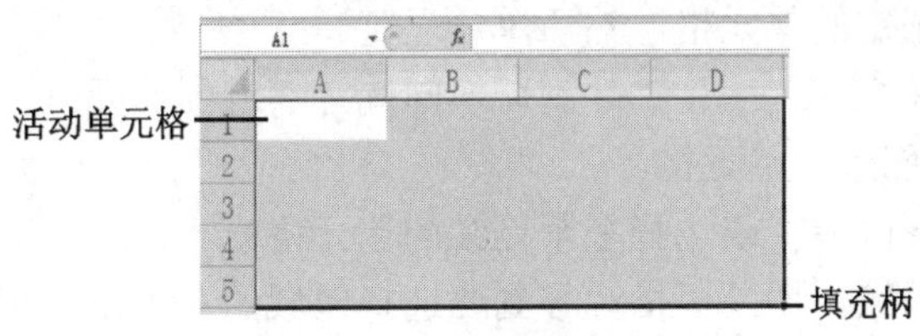

图 5-5　单元格区域 A1:D5

（4）单元格。Excel 的数据结构中，最基本的数据单元是单元格。每个单元格都有自己的行列位置（或称地址），行号的编号由上到下从 1 到 65535；列号则采用字母编号由左到右用 A，B，C，…，Z，AA，AB，…，AZ，BA，BB，…，BZ 等表示。每一个行、列坐标所指定的位置称为单元格。单元格与其坐标一一对应。

例如，第一行单元格位置可以表示为 A1，B1，C1，…，如图 5-6 所示。在一个工作簿文件中，无论有多少个工作表，将其保存时都会保存在同一个工作簿中，而不是按照工作表的个数保存。输入的数据都保存在“工作表”中，数据可以由字符串、数字、公式等组成。

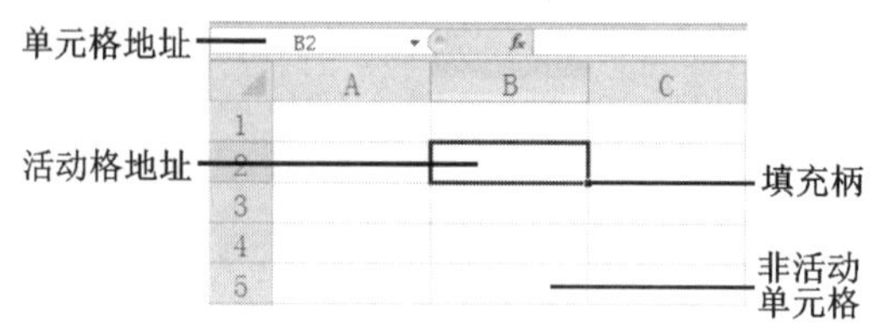

图 5-6 单元格及单元格地址

（5）单元格的地址。在工作表中，每个单元格都有其固定的地址，单元格与地址是一一对应的。同样，一个地址也只表示一个单元格，比如 A3 就代表了第一列与第三行相交的那个单元格。

由于一个工作簿文件可能会包含多个工作表，为了区分不同工作表的单元格，可以在地址前面增加工作表的名称。例如 Sheet1!A4，就表示了该单元格是工作表 Sheet1 中的 A4 单元格。“!”是工作表名与单元格之间的分隔符。

（6）活动单元格。活动单元格是指当前正在使用的单元格，在屏幕上用带黑色粗线的方框指示其位置。活动单元格在屏幕上的名称框中反映，这时输入的数据会被保存在该单元格中，一次只能有一个单元格是活动单元格。

右下角的实心黑方块叫做填充柄，当鼠标放在填充柄上时鼠标形状变为十字形。填充柄在实际使用中功能十分强大，可以自动填充等比序列、月份等，相关知识将在后面讲解。

5. 单元格的选定操作

Excel 中的操作主要是围绕工作表进行的，无论是在工作表中输入数据还是使用 Excel 命令，一般都是首先选定单元格或者其他对象如工作表，然后再执行插入、删除等操作。在工作表中可以一次选取一个或几个单元格，或者选定一个矩形区域。在执行选定操作后，被选定的区域将“反白”显示。

（1）选定一个单元格。

1）将鼠标指向要选定的单元格，然后单击左键。

2）方向键←、→和 Tab、Shift+Tab 键可横向选定邻近的单元格，方向键↑、↓和 Enter、Shift+Enter 可纵向选定邻近的单元格。

（2）选定一个矩形区域（或选择多个连续的单元格）。

1）使用鼠标选定区域。把鼠标指针移到要选择区域的左上角，按住鼠标左键，然后沿着对角线从第一个单元格拖动鼠标到最后一个单元格，放开鼠标左键。例如，要选定从 B2 到 C5 的矩形区域，首先把鼠标指向 B2 单元格，按住鼠标左键后拖动鼠标到 C5 单元格，选定的矩形区域 B2:C5 如图 5-7 所示。

2）使用键盘选定区域。利用方向键将活动单元格移到要选择区域的左上角，按住 Shift 键后使用方向键←或→可横向选择连续的单元格，使用方向键↑或↓可纵向选择连续的单元格。

（3）选择多个不连续的单元格。先选择一个单元格，然后按住 Ctrl 键的同时再选择其他单元格，如图 5-8 所示。如果要撤消某个选中的单元格，则按住 Ctrl 键的同时再单击要撤消的单元格。

（4）选定行或列。选定行或列的操作方法：用鼠标单击行号或列标，如图 5-9 所示。

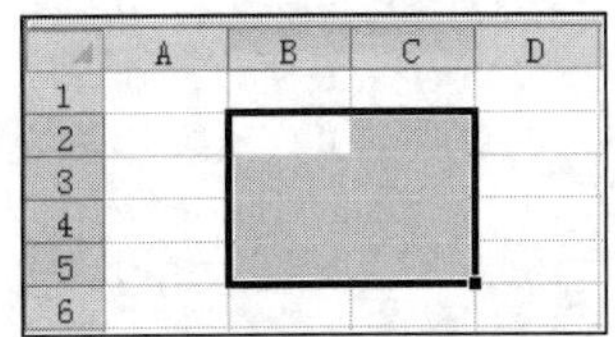

图 5-7　选定矩形区域 B2:C5

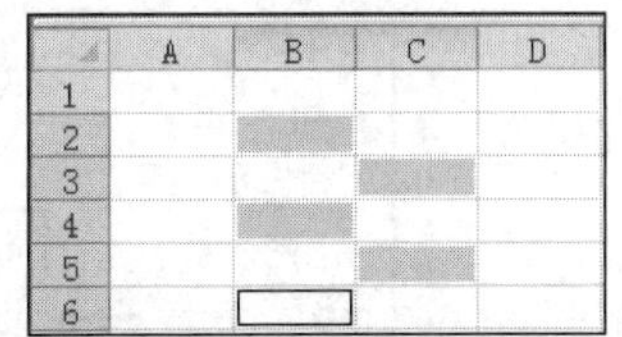

图 5-8　选定多个不连续的单元格

如果要选择连续的多行、多列，则先选择起始行或列，然后拖动鼠标到指定的行或列；行数或列数很多时，先选择起始行或列，按住 Shift 键，再选择最后一行或一列，如图 5-10 所示。在行号或列标上拖动鼠标则可选定多个连续的行或列，按住 Ctrl 键则可选中不连续的多行或多列，如图 5-11 所示。

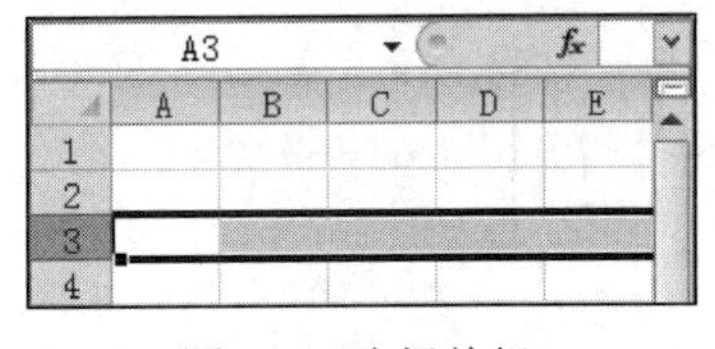

图 5-9　选择单行

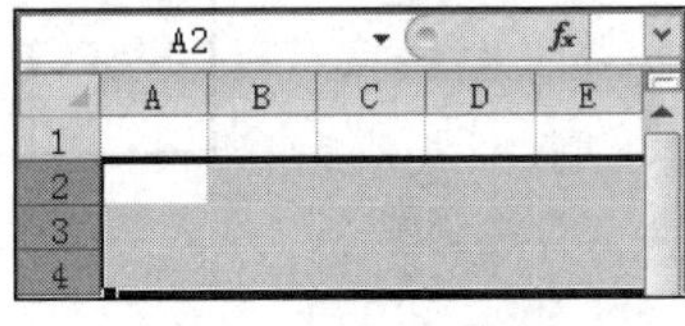

图 5-10　选择连续的多行

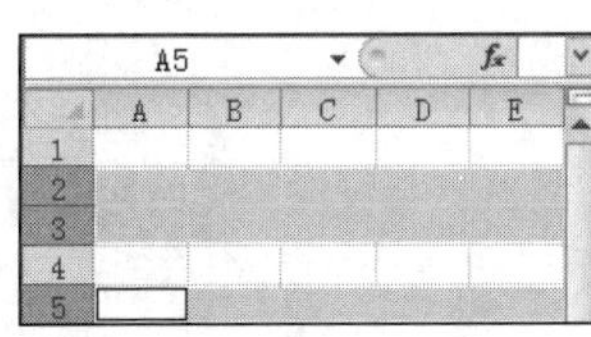

图 5-11　选择不连续的多行

（5）选定整个工作表。单击行号和列标交叉处（即工作簿窗口的左上角）或按 Ctrl+A 组合键都可以选定整个工作表。

（6）撤消选定。选定对象后，如果发现选定的内容有错误时，可以取消选定。方法有以下两种：

- 单击任一单元格。
- 按键盘上的任一方向键。

【完成过程】

1. 新建工作簿

在启动 Excel 2010 后，可以使用以下 3 种方法创建工作簿：

（1）单击“文件”选项卡中的“新建”选项，在右侧选择“空白工作簿”后单击“创建”按钮，如图 5-12 所示。“新建”命令中包含了大量格式规范的 Excel 文档模板，用户可通过这些模板创建 Excel 文档，快速获得具有固定规范格式的 Excel 文档。

- 可用模板：包含空白工作簿、最近打开的模板、样本模板、我的模板、根据现有内容新建等几个选项，选择其中一种即可创建新工作簿。
- Office.com 模板：包含报表、表单表格、费用报表等，选择一种模板类型即可创建新工作簿。

（2）单击“快速访问工具栏”中的“自定义快速访问工具栏”按钮，选择“新建”，会在“快速访问工具栏”中添加“新建”按钮，如图 5-13 和图 5-14 所示。“自定义快速访问工具栏”中的 √ 标志为已添加此项。

（3）利用快捷键新建 Excel 2010 文件：按 Ctrl+N 组合键。

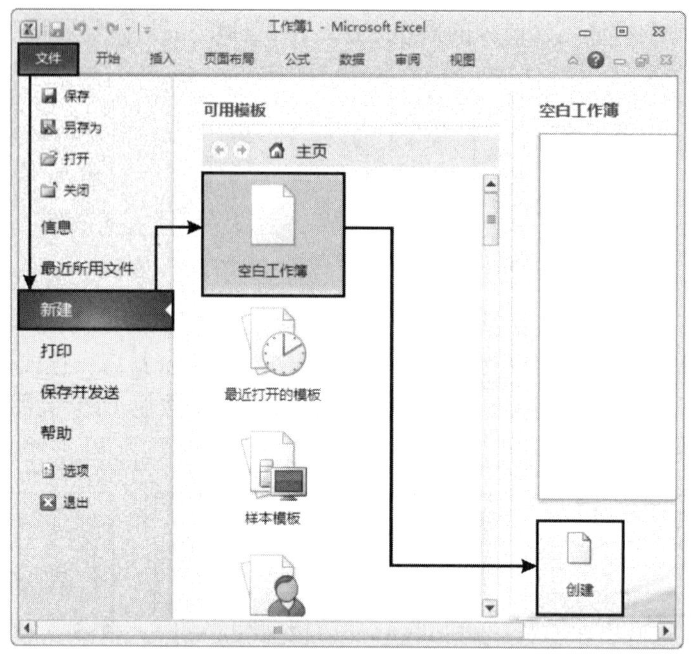

图 5-12 用功能区选项卡新建工作簿

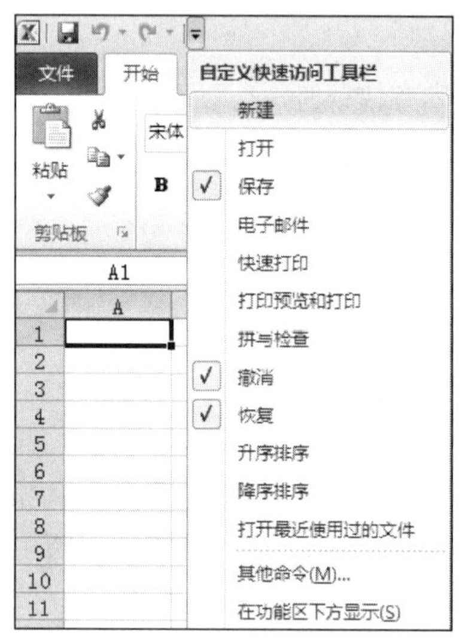

图 5-13 用快速访问工具栏新建工作簿

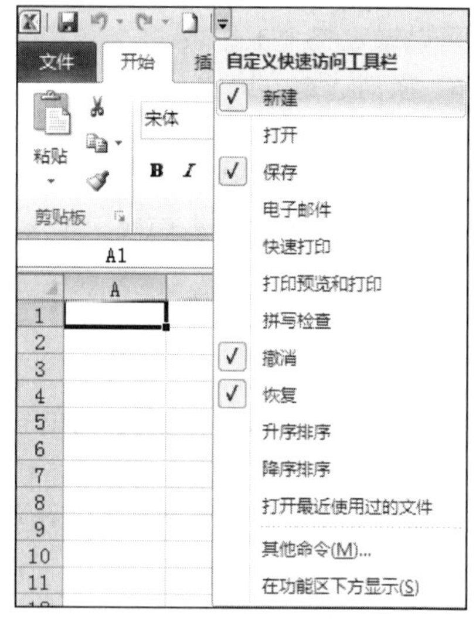

图 5-14 成功添加“新建”按钮

2. 保存工作簿

工作簿创建或修改完毕后，需要将其存储起来，方法如下：

（1）单击“文件”选项卡中的“保存”命令或“快速访问工具栏”中的按钮。如果该文件是一个新文件，这时会弹出如图 5-15 所示的“另存为”对话框；如果该文件已经存在，则系统直接保存而不出现该对话框。

（2）在“文件名”文本框中输入一个新名字“员工通讯录”来保存当前工作簿。若需要将工作簿保存到其他磁盘或文件夹下，可以在“保存位置”列表中选择其他磁盘或文件夹。

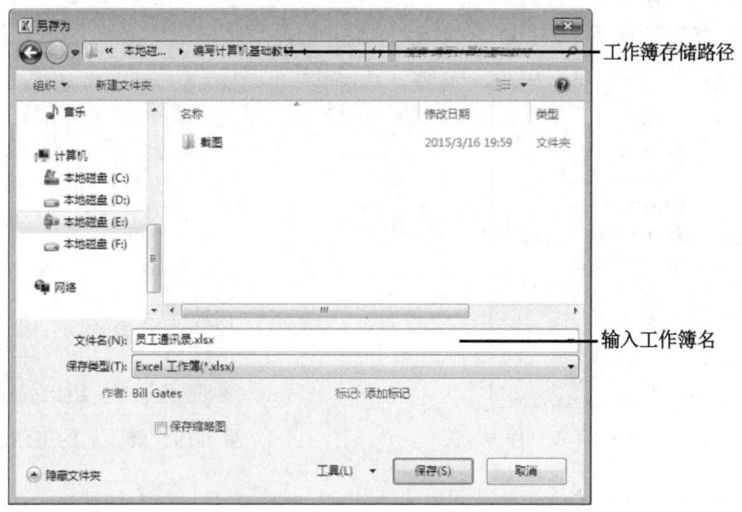

图 5-15 “另存为”对话框

（3）单击“保存”按钮完成保存文件工作，电子表格文件的扩展名为.xlsx。

3. 重命名工作簿

用户也可以对已经存在的工作簿进行重新命名来创建自己需要的文件，操作步骤如下：

（1）在计算机的任意本地磁盘中右击新建一个 Excel 文件，操作如图 5-16 所示。

（2）选中刚刚创建 Excel 文件，右击并在弹出的快捷菜单中选择“重命名”命令，操作如图 5-17 所示。

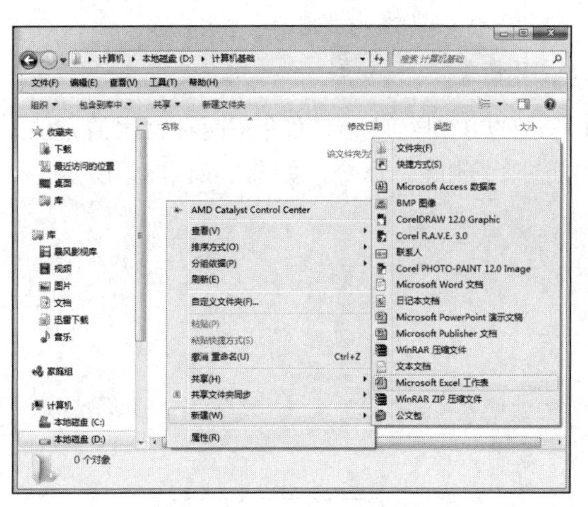

图 5-16 新建 Excel 文件

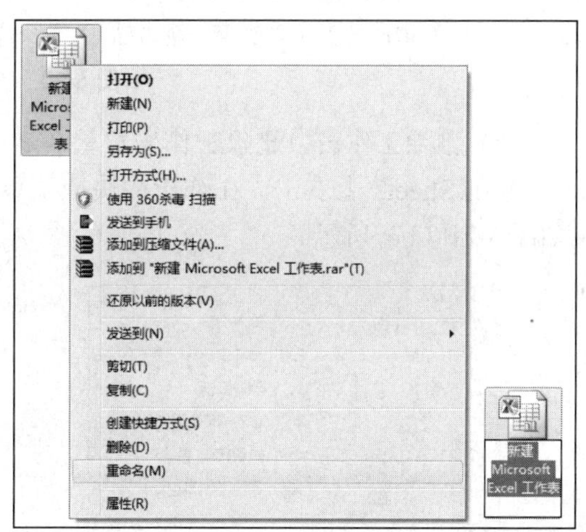

图 5-17 重命名文件

4. 工作表的相关操作

（1）重命名工作表。

1）右击 Sheet1，在弹出的快捷菜单中选择“重命名”命令，如图 5-18 所示。此时被选中的工作表标签处于编辑状态，用户输入新的工作表名称“号码表”，效果如图 5-19 所示。

2）选中要重命名的工作表标签 Sheet1，单击“开始”选项卡“单元格”组中的“格式”按钮，在下拉列表中选择“重命名工作表”命令，如图 5-20（a）所示，然后输入新的工作表名称“号码表”，效果如图 5-20（b）所示。

图 5-18 重命名工作表的第一种方法

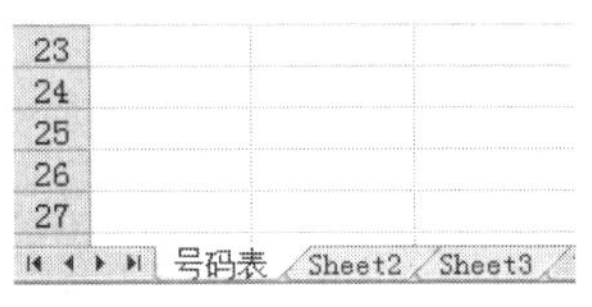

图 5-19 修改后的工作表名称

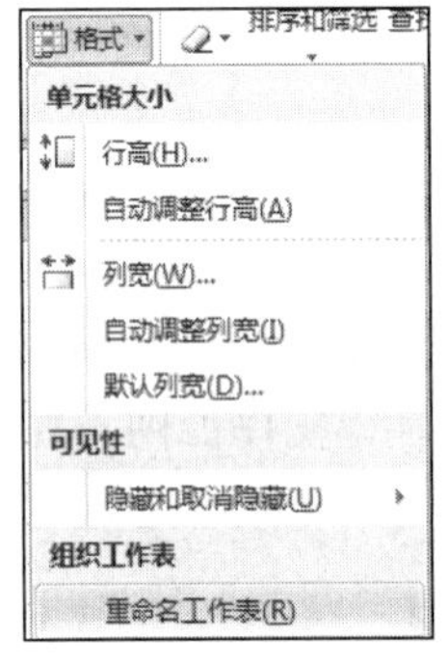

（a）重命名工作表的第二种方法

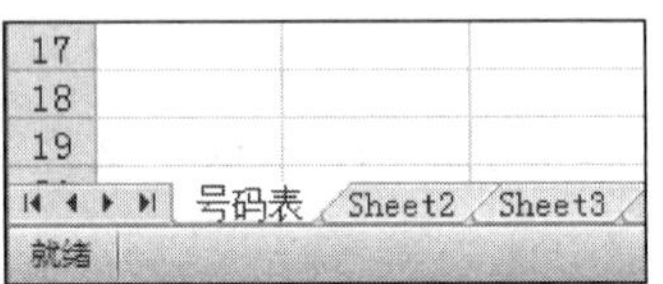

（b）修改后的工作表名称

图 5-20 重命名工作表

（2）删除工作表。删除工作表与重命名工作表的方法类似，下面介绍两种常用的方法。

1）在 Sheet2 上右击，在弹出的快捷菜单中选择“删除”命令，如图 5-21（a）所示，效果如图 5-21（b）所示。

（a）右键快捷方式删除工作表

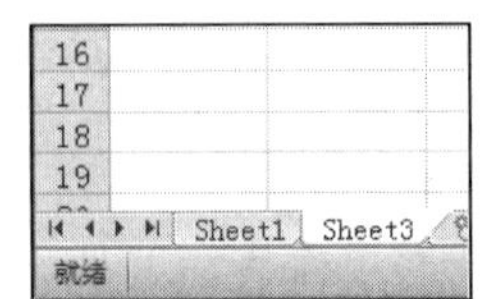

（b）删除工作表 Sheet2 后的效果

图 5-21 删除工作表

2）选择工作表标签 Sheet3，单击“开始”选项卡“单元格”组中的“删除”按钮，在下拉列表中选择“删除工作表”命令，效果如图 5-22 所示。

（3）插入、移动或复制工作表。插入工作表的方法与重命名和删除工作表的操作类似，这里不再赘述，请读者自己练习插入工作表“练习表 1”和“练习表 2”。下面重点讲解移动和复制工作表。

选择要移动或复制的工作表的标签，单击“开始”选项卡“单元格”组中的“格式”按钮，在下拉列表中选择“移动或复制工作表”命令（如图 5-23 所示）或者右击工作表标签，在弹出的快捷菜单中选择“移动或复制”命令（如图 5-24 所示），弹出“移动或复制”对话框，如图 5-25 所示。在“下列选定工作表之前”列表框中选择工作表的目标位置，若选中“建立副本”复选项则为复制工作表，否则为移动工作表，单击“确定”按钮完成工作表的移动或复制。练习移动 3 个工作表，顺序是“练习表 2”“号码表”“练习表 1”，最后将两个练习表删除。

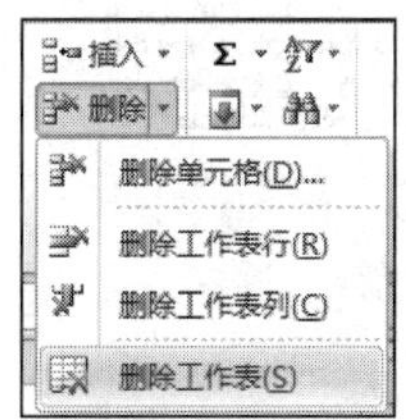

图 5-22　使用选项卡删除工作表

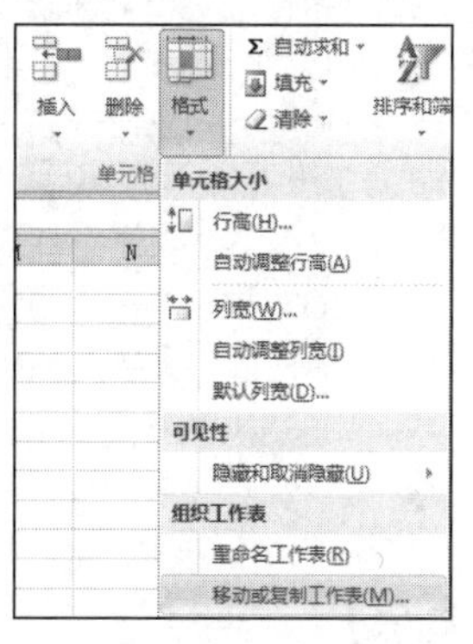

图 5-23　使用选项卡移动或复制工作表

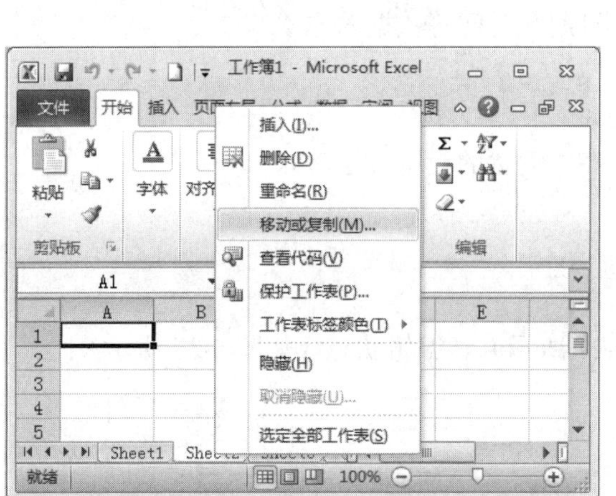

图 5-24　使用右键快捷方式移动或复制工作表

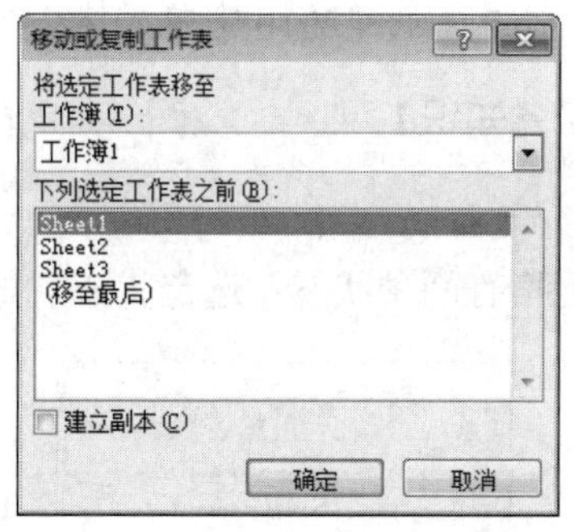

图 5-25　“移动或复制工作表”对话框

任务 2　制作通讯录

【任务分析】

本任务主要是制作通讯录，录入数据并为数据添加适当的批注。通过该任务读者可熟练使用 Excel 2010 录入各种数据并为数据添加批注，还可学会使用 Excel 2010 的自动填充功能快速录入数据，设置行高和列宽。任务完成后的效果如图 5-26 所示。

	A	B	C	D	E	F	G	H
1		*****鼎盛贸易有限公司通讯录						
2		更新日期：	2020-1-8					
3		序号	姓名			单位电话	手机	电子邮件
4		1	李 刚	人		010-82829988	18610100001	dsad@dingsheng.com
5		2	王淑波	人		010-82829988	18610100002	dsae@dingsheng.com
6		3	孔令娜	人		010-82829988	18610100003	ffeas@dingsheng.com
7		4	孙 丽	人力资源部	女	010-82829988	18610100004	jywvy@dingsheng.com
8		5	何耀东	人力资源部	男	010-82829988	18610100005	ltrs@dingsheng.com
9		6	王景山	财务部	男	010-82829989	18610100006	qgfd@dingsheng.com
10		7	唐 贵	财务部	男	010-82829989	18610100007	ljdrr@dingsheng.com
11		8	邵 平	财务部	女	010-82829989	18610100008	vds@dingsheng.com
12		9	吴平伟	财务部	男	010-82829989	18610100009	xvhrf@dingsheng.com
13		10	何玉红	财务部	女	010-82829989	18610100010	swtfw@dingsheng.com
14		11	曾 华	行政办公室	女	010-82829999	18610100011	jrgd@dingsheng.com
15		12	吕 刚	行政办公室	男	010-82829999	18610100012	luher@dingsheng.com
16		13	陈 乾	行政办公室	男	010-82829999	18610100013	tecw@dingsheng.com
17		14	廉立东	行政办公室	男	010-82829999	18610100014	ewig@dingsheng.com
18		15	陈淑娟	行政办公室	女	010-82829999	18610100015	uted@dingsheng.com
19		16	赵筱峰	市场营销部	女	010-82821313	18610100016	qtrw@dingsheng.com
20		17	李淑梅	市场营销部	女	010-82821313	18610100017	mgws@dingsheng.com
21		18	陈百合	市场营销部	女	010-82821313	18610100018	mmde@dingsheng.com
22		19	李力宏	市场营销部	男	010-82821313	18610100019	xasw@dingsheng.com
23		20	戴晓光	市场营销部	男	010-82821313	18610100020	hfef@dingsheng.com
24		21	何玉娟	客户服务部	女	010-82821311	18610100021	ffec@dingsheng.com
25		22	于莉莉	客户服务部	女	010-82821311	18610100022	jgrs@dingsheng.com
26		23	于伟众	客户服务部	男	010-82821311	18610100023	gedc@dingsheng.com
27		24	王 军	客户服务部	女	010-82821311	6553543	ybrv@dingsheng.com
28		25	邢伟斌	客户服务部	男	010-82821311	5436435	edot@dingsheng.com
29								

如果现有记录行数不够，您可以用“插入行”的方法自行增加

号码表 Sheet2 Sheet3

图 5-26　完成数据录入后的员工通讯录

【任务目标】

- 掌握 Excel 2010 输入文本、数值、日期和时间等数据的方法。
- 掌握 Excel 2010 的自动填充功能。
- 掌握 Excel 2010 中添加批注的方法。
- 掌握 Excel 2010 中单元格格式、行高、列宽的设置方法。

【必备知识】

1. 单元格的状态

单元格有两种状态：选定状态（如图 5-27 所示）和编辑状态（如图 5-28 所示）。

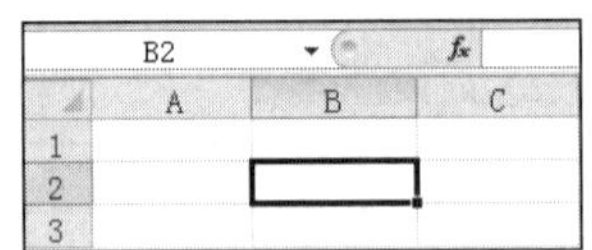

图 5-27　单元格选定状态

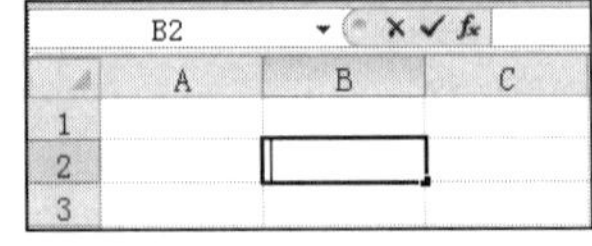

图 5-28　单元格编辑状态

（1）单击要输入数据的单元格进入单元格选定状态。此状态表示对整个单元格进行操作，比如右击鼠标弹出快捷菜单，如图 5-29 所示，选择“复制”命令表示复制整个单元格的内容和格式（对单元格还可以进行插入、删除等操作）；选择“设置单元格格式”命令，则弹出“设置单元格格式”对话框，如图 5-30 所示，通过此对话框可以对整个单元格进行属性设置，包括设置数字、对齐、字体、边框、填充、保护。

（2）双击单元格进入单元格编辑状态，此时单元格内出现插入光标，用户可以移动光标到适当位置后再开始输入、修改或删除数据。此状态表示对单元格中的内容进行操作，比如右

击鼠标弹出快捷菜单，如图 5-31 所示，选择“复制”命令表示复制单元格中部分选定的内容（不能对单元格进行插入、删除等操作，如果进行插入、删除，则是对单元格中的内容进行操作）；选择“设置单元格格式”命令，则弹出“设置单元格格式”对话框，如图 5-32 所示，通过此对话框可以对单元格内容进行属性设置。

图 5-29　单元格选定状态的快捷菜单

图 5-30　单元格选定状态进行的单元格格式设置

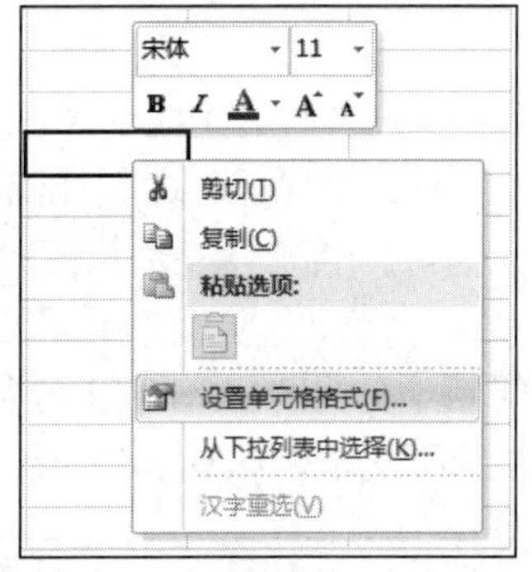

图 5-31　单元格编辑状态的快捷菜单

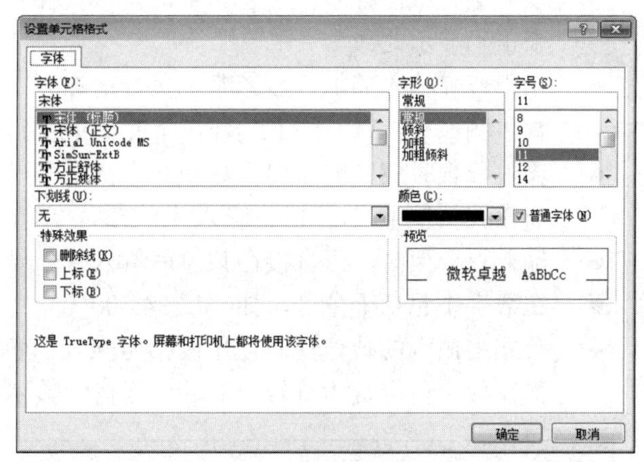

图 5-32　单元格编辑状态进行的单元格格式设置

2. 数据的录入

Excel 工作表的单元格中可以输入数值、文字、时间、日期、公式等数据。

（1）输入数据的方法。进行录入的过程中要注意选择相应的单元格，对单元格进行合并、移动、复制和自动填充，如果遇到录入出错的地方需要进行数据的清除或者是选择 Excel 撤消与恢复操作。

用户可以用以下几种方法向单元格中输入数据：

- 在单元格选定状态下单击要输入数据的单元格，然后直接输入数据。
- 在单元格编辑状态，即双击单元格，单元格内出现插入光标，用户可以移动光标到适当位置后再开始输入数据，这种方法通常用于修改单元格中的内容。

- 在活动单元格的编辑框中单击，可以在编辑框中编辑或添加单元格中的数据。当编辑输入含有长内容或复杂公式的单元格时，最好采用这种方式。
- 复制单元格数据。如果要将单元格复制或移动到同一个大工作表的其他位置、同一个工作簿的另一个工作表、另一个窗口或者另一个应用程序中，可以使用“开始”选项卡“剪贴板”组中的剪切、复制和粘贴按钮或者快捷键。
- 利用 Excel 提供的移动单元格命令实现将单元格从一个位置搬移到一个新的位置。可以利用鼠标左键选中进行移动或者是利用剪切、粘贴按钮对数据进行操作。

（2）确认输入。数据输入结束后可以采用以下方法来确认数据的输入：

- 按 Enter 键或方向键↓。
- 单击编辑框中的☑按钮。

（3）输入数值。数值除包括数字 0～9 外，还包括特殊字符+、−、(、)、/、$、￥、%等。默认方式下，数值在单元格中靠右对齐。

输入数值时，可以参照以下规则：

- 单元格中以默认的通用数字格式可显示的最大数字为 99 999 999 999，如果超出此范围，则自动在单元格中改为以科学记数法显示。
- 当数字的长度超过单元格的宽度时，Excel 将自动使用科学记数法来表示所输入的数字。例如输入“420000000”时，Excel 会用“4.2E+8”科学记数法来显示该数字。当以科学记数法显示列宽也不够时，单元格中显示一串“#”。此时可以通过调整列宽来正确显示此数。
- 在正数前输入的加号被忽略；负数前的“-”必须有，用圆括号括起来的数也代表负数。例如“-123”和(123)都在单元格中得到-123。
- 输入分数时应在前面用正数和一个空格引导，如输入“0 1/2”，单元格中显示 1/2，而在编辑框中显示 0.5；输入“1 1/2”，单元格中显示 1 1/2，而在编辑框中显示 1.5。
- 输入百分数时，可直接在数值后输入百分号“%”。
- 在数字中包括千分号，如“1,234,500”。
- 公式中出现的数值，不能用圆括号来表示负数，不能用千分号“,”分割千位数，不能在数字前用货币符号“$”，单元格中数字的默认显示格式示例如图 5-33 所示。

	A	B	C	D	E	F	G	H	I	J
1	数字默认显示格式示例									
2	类型	正数	负数	数值	科学记数	列宽不足	百分比	货币	分数	假分数
3	示例	99.9	-99.9	1,234,567	1.33+10	########	123.30%	$12,345.00	1/2	1 1/2

图 5-33　单元格中数字的默认显示格式示例

（4）输入文本。

1）文本的输入可以包含字母、数字和符号。

2）任何输入到单元格内的字符集，只要不被系统解释成数值、公式、日期、时间、逻辑值，则 Excel 一律将其视为文本。

3）默认方式下，文本在单元格内靠左对齐。一个单元格最多可存放 32767 个字符。

4）系统默认的单元格宽度是 8 个字符宽。如果输入的文本超过了默认的宽度，则该单元格的内容就会溢到右边单元格内，如果在其右边的单元格内输入数据，此单元格中的文字就会以默认的宽度显示，在单元格中的数据虽然不能完全显示出来，但还是完好无损地保存，而在编辑框中可以看到完整内容，如图 5-34 所示。

图 5-34　没有使用自动换行的效果

5）当输入文本超过默认宽度，要使全部内容在原宽度内全部显示出来，可以选择文字的自动换行功能，方法是选中设置自动换行的单元格，单击“开始”选项卡“字体”组中的对话框启动器或者按 Ctrl+Shift+F 组合键，弹出“设置单元格格式”对话框，单击“对齐”选项卡，选中“自动换行”复选项，然后单击“确定”按钮，如图 5-35 所示。也可以通过按 Alt+Enter 组合键在文本中插入硬回车使文本换行显示，设置完自动换行或输入硬回车的文字效果如图 5-36 所示。

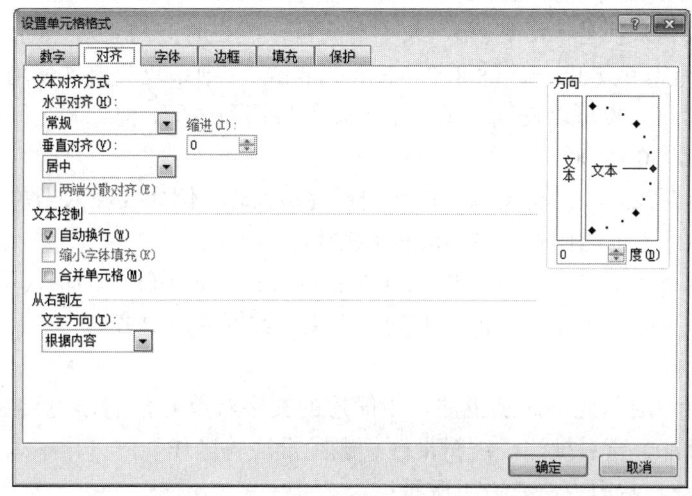

图 5-35　选中“自动换行”复选项

	A	B	C	D	E	F
1	在单元格中换行					
2						
3	右边的单元格中没有内容					
4	右边的 单元格 中没有 内容	666				

图 5-36　自动换行或输入硬回车文字效果

6）对于全部由数字组成的字符串，比如邮政编码、电话号码等的输入，为了避免被 Excel 认为是数字型数据，Excel 提供了在这些输入项前添加前导符“'”的方法来区分是“数字文本”而非“数字”数据。例如，要在 B5 单元格中输入字符串 67854，则可在输入框中输入“'67854”来确认其为数字字符串而不是数字数据，如图 5-37 所示。

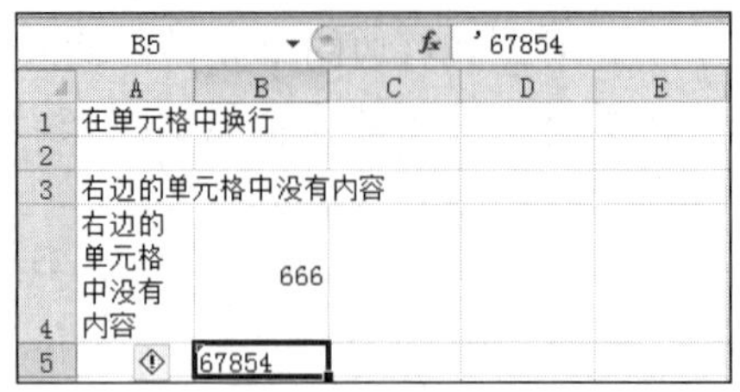

图 5-37　数字文本

（5）输入日期和时间。在 Excel 中，当在单元格中输入可识别的日期和时间数据时，单元格的格式就会自动从“通用”格式转换为相应的“日期”或“时间”格式，而不需要用户去设定该单元格为日期或者时间格式。在输入日期和时间数据时，可以按照以下规定输入：

- 输入日期时，可以使用斜杠（/）或连字符（—）来分隔年、月、日，如 2015 年 6 月 10 日，可以输入 2015/06/10。
- 当年份仅输入两位时，Excel 将进行不同的规定。如果输入的数字在 00～29 之间，那么解释为 2000～2029 年。如果输入的数字在 30～99 之间，则解释为 1930～1999 年。
- 如果要使用 12 小时制显示时间，则需要输入 am 或 pm 表示上午或下午。用户可以输入 a 或 p 来代替 am 或 pm，大小写均可，但在时间与字母之间包括一个空格。例如，6:00 pm 或 6:00 p。除非输入 am 或 pm，否则系统会自动使用 24 小时制显示时间，如 18:00。也可以在同一单元格中输入日期和时间，但二者之间必须用空格分隔，如 2015/04/10 18:00。
- 在输入日期或时间时也可以使用快捷键完成操作，例如要输入当前日期按 Ctrl+;组合键，要输入当前时间按 Ctrl+Shift+;组合键。
- 默认方式下，日期、时间在单元格内靠右对齐。如果输入的形式不对或者日期、时间超过了范围，则输入的内容被判断为文本数据靠左对齐。

3. 使用批注

可以在工作表中给单元格添加批注，用简短的文字对单元格的作用或内容进行注释。使用批注包括插入批注、查看批注、编辑批注、删除批注等操作。

（1）插入批注。常用方法有以下两种：

- 选中要添加批注的单元格，单击“审阅”选项卡“批注”组中的“新建批注”按钮或者按 Shift+F2 组合键，在“批注”框中输入批注文本，如图 5-38 所示。

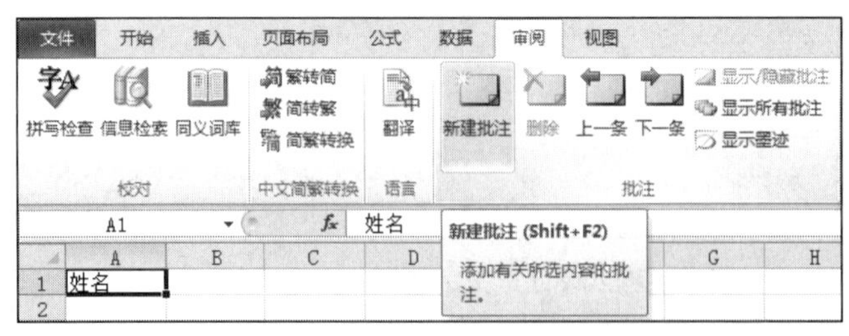

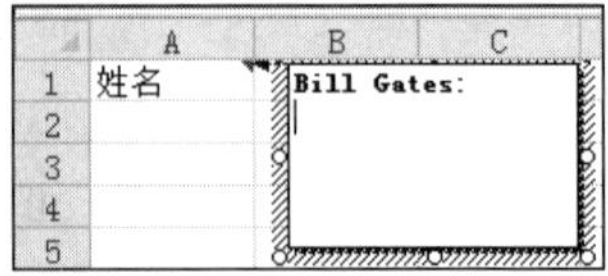

图 5-38　插入批注的第一种方法

- 在需要添加批注的单元格上右击，在弹出的快捷菜单中选择“插入批注”命令即可添加批注内容，效果如图 5-39 所示。

（2）查看批注。Excel 2010 提供了多种查看批注的方法。将鼠标停留在含有批注标记的单元格上即可显示该单元格的批注，如图 5-40 所示；显示所有单元格的批注，方法为单击“审阅”选项卡“批注”组中的“显示所有批注”按钮；单击“批注”组中“上一条”或“下一条”按钮可顺序查看每个批注，如图 5-41 所示。

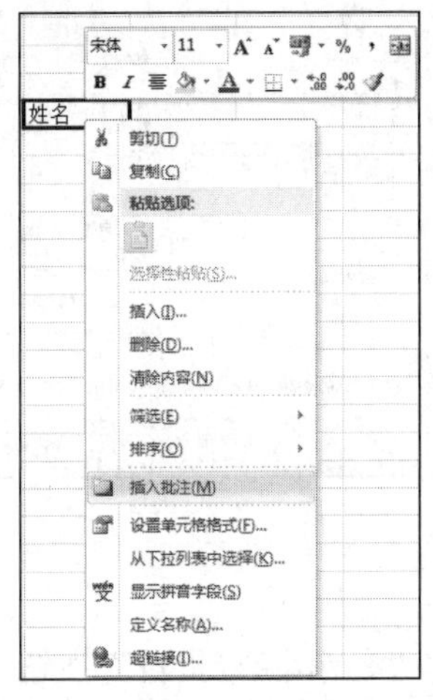

图 5-39　插入批注的第二种方法

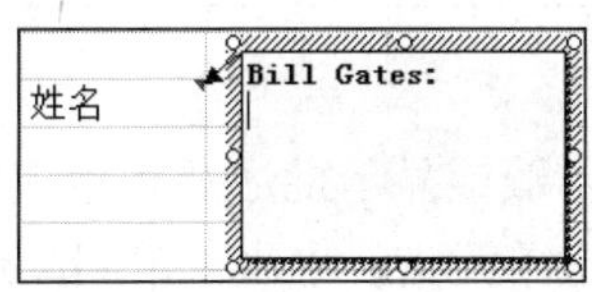

图 5-40　查看批注方法一

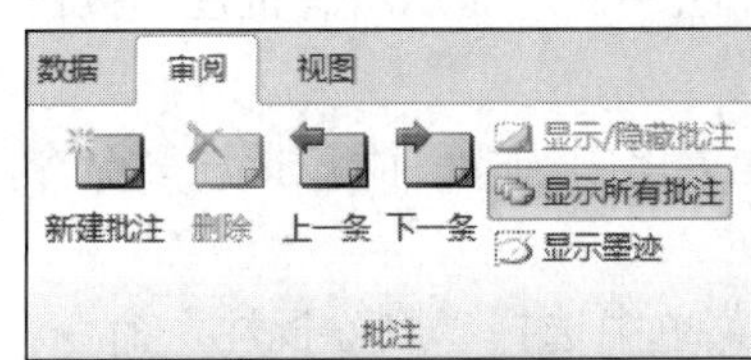

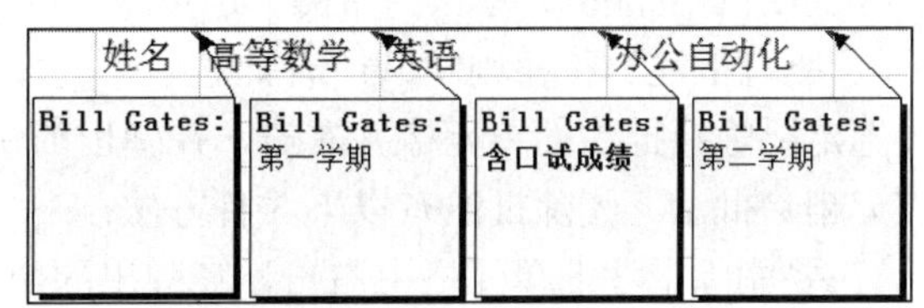

图 5-41　第二种方法显示所有批注

（3）编辑批注。Excel 2010 中编辑批注的方法有以下两种：

- 选中要编辑批注的单元格，单击“审阅”选项卡“批注”组中的“编辑批注”按钮，如图 5-42 所示。
- 选中要编辑批注的单元格并右击，在弹出的快捷菜单中选择“编辑批注”命令，如图 5-43 所示。

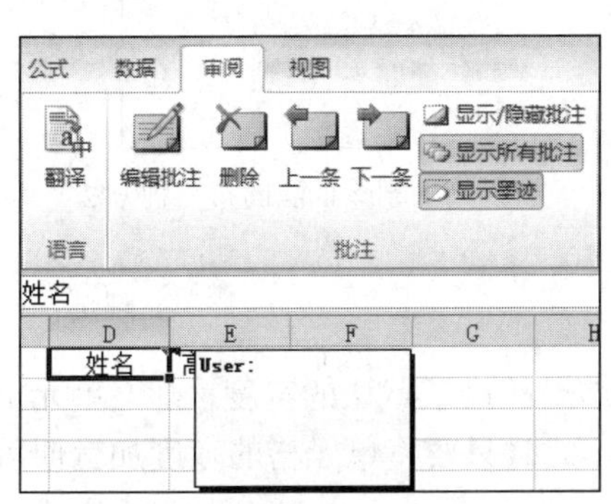

图 5-42　编辑批注的第一种方法

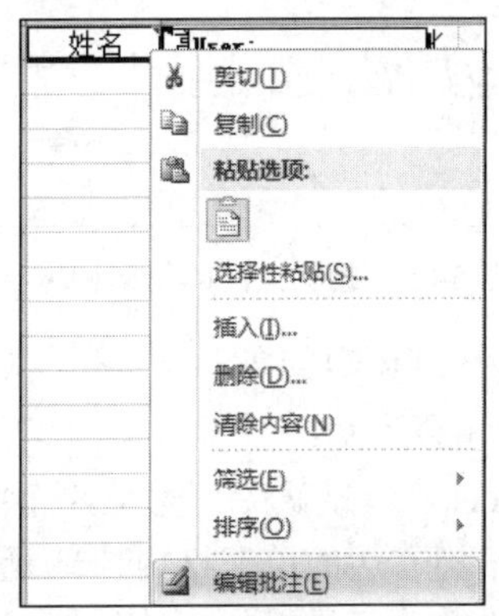

图 5-43　编辑批注的第二种方法

当进入批注编辑状态后，光标会出现在“批注”文本框中，在批注文本框上右击，在弹出的快捷菜单中选择“设置批注格式”命令，弹出“设置批注格式”对话框，在其中可以根据需要设置批注文本的字体、颜色、“批注”文本框的填充颜色等，如图 5-44 所示。

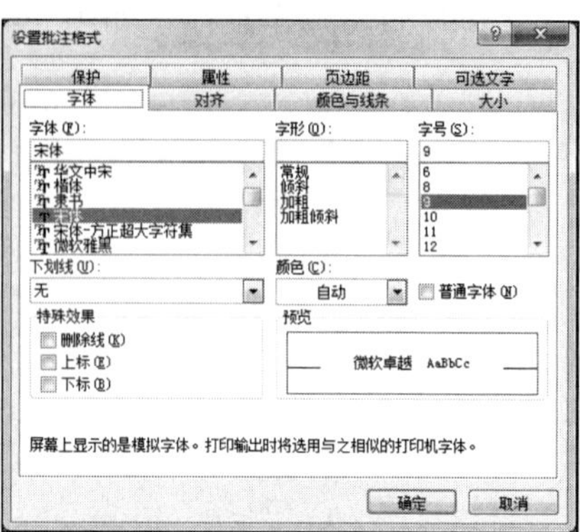

图 5-44 设置批注格式

（4）隐藏或显示批注及其标识符。

1）选定单元格，单击“审阅”选项卡“批注”组中的“显示/隐藏批注”按钮。当单元格中的批注已经处于隐藏状态，则再次单击“审阅”选项卡“批注”组中的“显示/隐藏批注”按钮。要显示所有批注时，单击“审阅”选项卡“批注”组中的“显示所有批注”按钮，再次单击“显示所有批注”按钮则隐藏所有批注。

2）选定要隐藏批注的单元格并右击，在弹出的快捷菜单中选择“隐藏批注”命令。

（5）删除批注。删除批注有以下 3 种方法：

- 在要删除批注的单元格上右击，在弹出的快捷菜单中选择“删除批注”命令。
- 单击“审阅”选项卡“批注”组中的“删除”按钮，如图 5-45 所示。
- 选中欲删除批注的单元格，单击“开始”选项卡“编辑”组中的“清除”按钮，在下拉列表中选择“清除批注”命令，如图 5-46 所示。

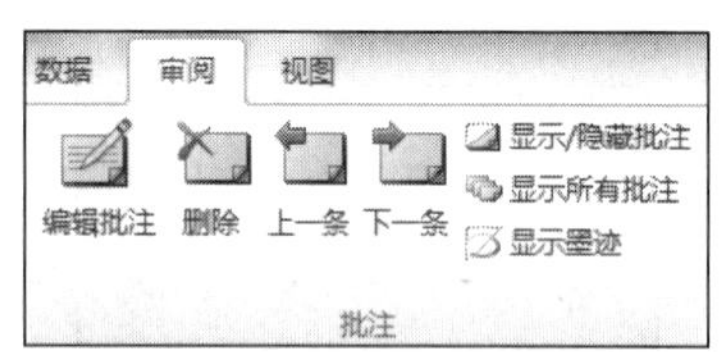

图 5-45 删除批注的第二种方法

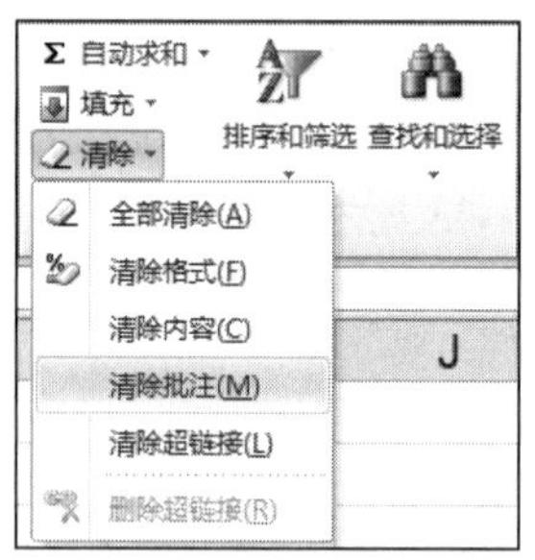

图 5-46 删除批注的第三种方法

4. 调整列宽和行高

（1）调整列宽。

在 Excel 中，默认的列宽是 8 个字符。如果计算结果超过了默认的宽度，则该单元格的内容就会溢出到右边的单元格内，单元格会用#号填满，此时只要将单元格的宽度加宽便可正确显示数据内容，具体操作方法如下：

1）选定调整列宽的区域，单击“开始”选项卡“单元格”组中的“格式”按钮，在下拉列表中选择“列宽”命令，在弹出的对话框中输入具体的数值，单击“确定”按钮完成列宽的调整，如图 5-47 所示；也可以快速调整列宽，即在下拉列表中选择“自动调整列宽”命令。

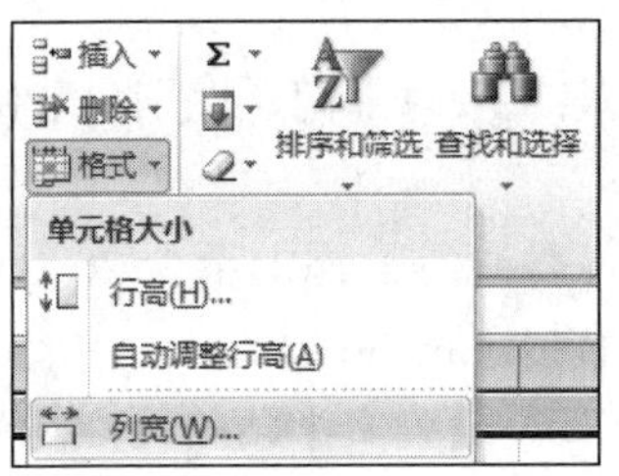

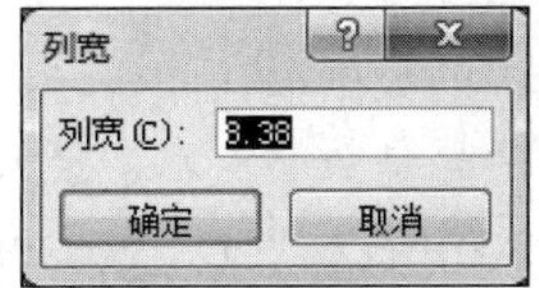

图 5-47　调整列宽的第一种方法

2）将鼠标指针指向要改变列宽的工作表的列编号之间的格线，当鼠标指针变成两条黑色竖线并且各带一个分别指向左右的箭头时按住鼠标左键并拖动鼠标，将列宽调整到所需的宽度时松开鼠标左键，如图 5-48 所示。

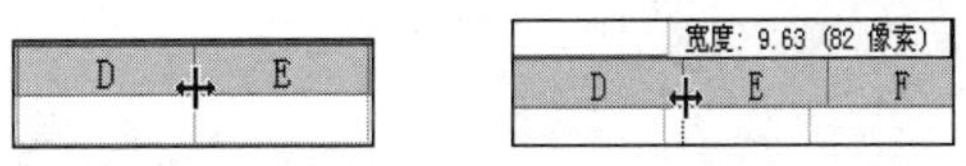

图 5-48　调整列宽的第二种方法

（2）调整行高。

1）选定要调整行高的区域，单击“开始”选项卡“单元格”组中的“格式”按钮，在下拉列表中选择“行高”命令，在弹出的对话框中输入具体的数值，单击“确定”按钮完成行高的调整，如图 5-49 所示；也可以快速调整行高，即在下拉列表中选择“自动调整行高”命令。

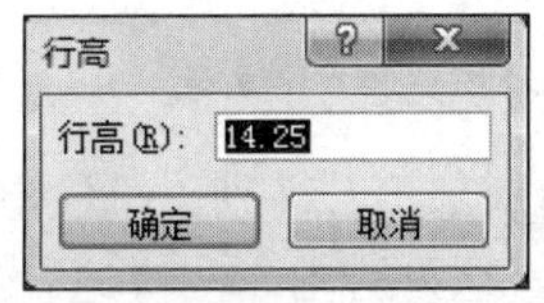

图 5-49　调整行高的第一种方法

2）将鼠标指针指向要改变行高的工作表的行编号之间的横线，当鼠标指针变成一个两条黑色横线并且各带一个分别指向上下的箭头时按住鼠标左键并拖动鼠标，将行高调整到所需的高度时松开鼠标左键，如图 5-50 所示。

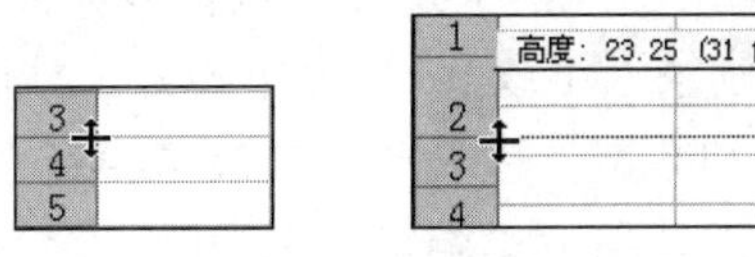

图 5-50　调整行高的第二种方法

【完成过程】

（1）启动 Excel 2010，单击“文件”选项卡中的“保存”命令，弹出“保存”对话框，在“保存位置”栏中选择文件的保存位置，文件名更改为“员工通讯录”，单击“保存”按钮。

（2）录入标题、更改时间、数据项标题。

1）在 B2 单元格中录入标题内容“鼎盛贸易有限公司通讯录”。

2）通讯录第二行显示最近的一次修改时间，即当前时间。假设今天是 2020 年 1 月 8 日，则在 B3 单元格中输入“更新日期：2020-1-8”。

3）在 B5 到 H5 单元格中分别输入序号、姓名、所属部门、性别、单位电话、手机、电子邮件等数据项标题。

（3）为通讯录中的数据项（如序号、姓名、性别等）添加至少 20 行数据。

1）输入序号。序号是数字文本，录入方法有以下两种：

- 在 B6 单元格中输入“'1”，注意单引号“'”是英文半角的标点符号，如图 5-51 所示，然后向下拖拽填充柄自动填充序号到最后一条数据。
- 在 B6 单元格中输入数字“1”，按 Ctrl 键的同时拖拽填充柄自动填充序号到最后一条数据，选中所有序号数字 B6:B30，单击“开始”选项卡“对齐方式”组中的对话框启动器，弹出“设置单元格格式”对话框，单击“数字”选项卡，在“分类”列表框中选择“文本”选项，单击“确定”按钮，序号将变成文本，表现为左对齐，如图 5-52 所示。

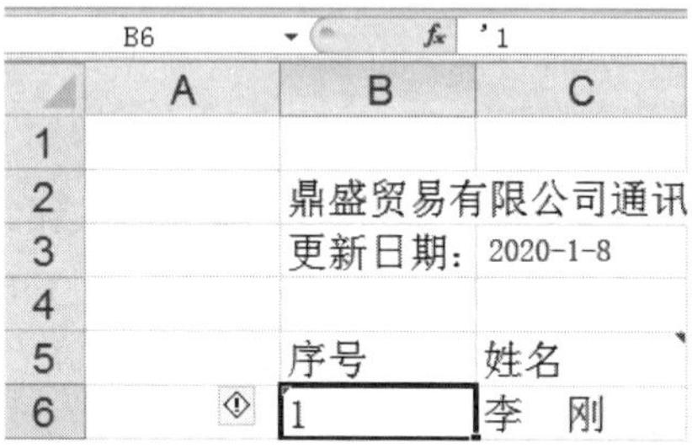

图 5-51 第一种填充序号的方法

序号	姓名	所属部门	性别	单位电话
1	李　刚	人力资源部	男	010-82829988
2	王淑波	人力资源部	女	010-82829989
3	孔令娜	人力资源部	女	010-82829999
4	孙　丽	人力资源部	女	010-82829999
5	何耀东	人力资源部	男	010-82829999
6	王景山	财务部	男	010-82826655
7	唐　贵	财务部	男	010-82826656
8	邵　平	财务部	女	010-82826656
9	吴平伟	财务部	男	010-82826656
10	何玉红	财务部	女	010-82826656
11	曾　华	行政办公室	女	010-82821313
12	吕　刚	行政办公室	男	010-82821316

图 5-52 第二种填充序号的方法

2）录入姓名、所属部门、性别、单位电话。在 C 列到 F 列分别录入姓名、所属部门、性别、单位电话等数据。这里给出一些快速录入的方法。

- 录入所属部门和单位电话的时候，注意观察数据，重复数据可用自动填充完成。
- 录入性别，试想有 1000 条数据，要录入性别，这将是个非常繁琐且容易出错的过程。经过实践，除了直接录入，还可以使用比较快捷的方法实现。

方法一：使用替换方法。

录入“男”和“女”与 1、0 相比很显然 1、0 要快得多。我们假定 1 代表“男”，0 代表“女”。首先在相应的单元格中分别录入 1 或 0，更简单的方法是仅录入代表男的 1。然后选中 E6:E30 单元格区域或者更多的性别数据。接着使用替换功能将“1”替换成“男”，“0”替换成“女”，具体操作：单击“开始”选项卡“编辑”组中的“查找和选择”按钮，在下拉列表中选择“替换”选项，如图 5-53 所示，弹出“查找和替换”对话框，如图 5-54 所示；在“查找内容”文本框中输入要查找的字符串“1”，在“替换为”文本框中输入替换后的内容“男”；单击“全部替换”按钮，“男”就一次性输入完成了。如果单击“查找下一个”按钮和“替换”按钮，则可以有选择地逐个替换或者不替换。在“查找内容”和“替换为”文本框中最多可输入 255 个英文字或 127 个中文字的字符串。

同样，在“查找内容”文本框中输入要查找的字符串“0”，在“替换为”文本框中输入替换后的内容“女”，单击“全部替换”按钮，“女”就一次性输入完成了。

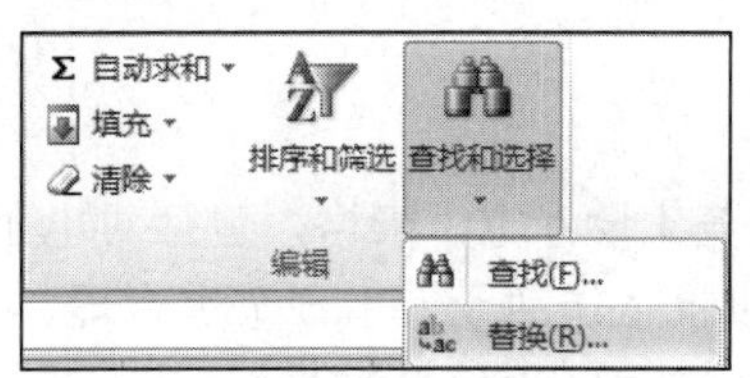

图 5-53　“查找和选择”按钮及下拉列表

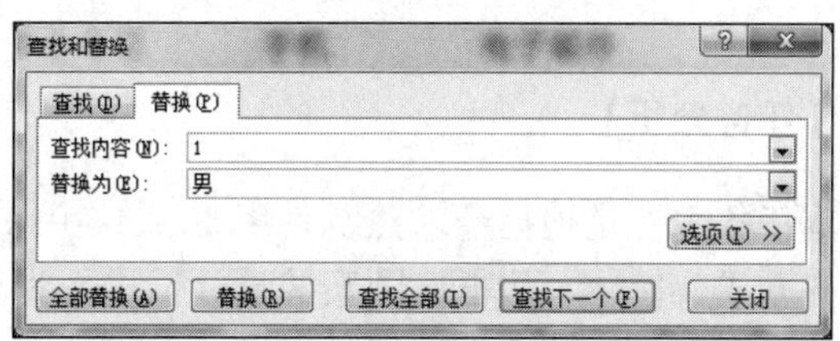

图 5-54　“查找和替换”对话框

方法二：使用复制粘贴方法。

先输入一个“男”，按 Ctrl+C 组合键或者右击并选择“复制”命令，或者单击“开始”选项卡“剪贴板”组中的“复制”按钮，在下拉列表中选择“复制”命令，接着运用单元格选取知识选择所有数值是“男”的单元格，按 Ctrl+V 组合键或者右击并选择“粘贴”命令，或者单击“编辑”组中的“粘贴”按钮，如图 5-55 所示，将性别为“男”的单元格都输入数据，性别为“女”的单元格的处理方法与此相同，这里将不再赘述。

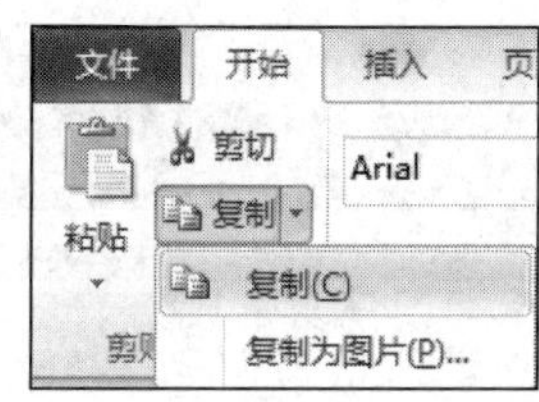

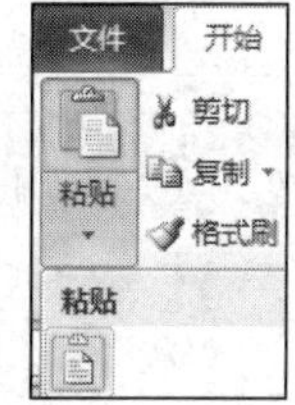

图 5-55　使用复制粘贴

3）录入手机、电子邮件。

手机数据是数值型数据，由于宽度 8 不够显示 11 位手机号，所以显示为科学记数法，如图 5-56（a）所示。应先调整足够的列宽，然后将其转化成文本，操作与录入序号相同。录入电子邮件后，如果按回车键确认输入，数据将自动添加超链接，以方便发邮件，如果用户不想此处显示超链接，可以选中一个带有超链接的单元格，右击并选择“取消超链接”命令去掉超链接，如图 5-56（b）所示。

手机
1.86E+10
1.86E+10
1.59E+10
1.87E+10

（a）输入手机号

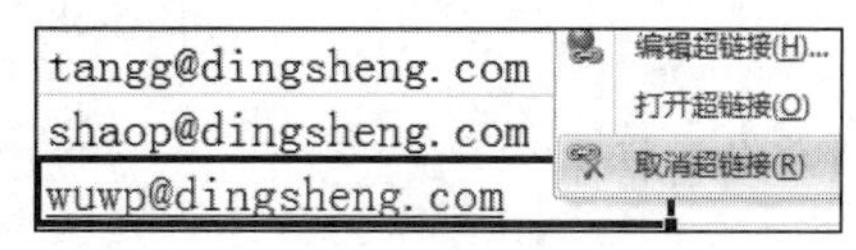

（b）输入 E-mail

图 5-56　输入手机号和 E-mail 信息

4）为“姓名”和部分“手机”号码添加批注。

- 为“姓名”添加批注，批注内容是：如果现有记录行数不够，您可以用“插入行”的方法自行增加。
- 为单元格 G27、G28 添加批注，批注内容是：小灵通。

5）保存。

任务 3 美化通讯录

【任务分析】

本任务主要是根据需求熟练使用 Excel 2010 的功能美化设计电子表格，包括对电子表格的对齐方式、字体、边框、图案的设计，进而为员工通讯录工作簿设计出一个更合理、简洁、精美的界面，最后按要求进行打印设置并打印输出。任务完成后的效果如图 5-57 所示，打印预览第二页的效果如图 5-58 所示。

序号	姓名	所属部门	性别	单位电话	手机	电子邮件
1	李 刚	人力资源部	男	010-82829988	18601000001	ligang@dingsheng.com
2	王淑波	人力资源部	女	010-82829989	18601000021	wangsb@dingsheng.com
3	孔令娜	人力资源部	女	010-82829999	15900590011	kongln@dingsheng.com
4	孙 丽	人力资源部	女	010-82829999	18691660757	sunli@dingsheng.com
5	何耀东	人力资源部	男	010-82829999	18609814020	heyd@dingsheng.com
6	王景山	财务部	男	010-82826655	15903698667	wangjs@dingsheng.com
7	唐 贵	财务部	男	010-82826656	15914894835	tangg@dingsheng.com
8	邵 平	财务部	女	010-82826656	15946943098	shaop@dingsheng.com
9	吴平伟	财务部	男	010-82826656	18604591582	wuwp@dingsheng.com
10	何玉红	财务部	女	010-82826656	13346943077	heyh@dingsheng.com

图 5-57 员工通讯录

鼎盛贸易有限公司通讯录

更新日期：2020-1-8

序号	姓名	所属部门	性别	单位电话	手机	电子邮件
1	李 刚	人力资源部	男	010-82829988	18601000001	ligang@dingsheng.com
2	王淑波	人力资源部	女	010-82829989	18601000021	wangsb@dingsheng.com
3	孔令娜	人力资源部	女	010-82829999	15900590011	kongln@dingsheng.com
4	孙 丽	人力资源部	女	010-82829999	18691660757	sunli@dingsheng.com
5	何耀东	人力资源部	男	010-82829999	18609814020	heyd@dingsheng.com
6	王景山	财务部	男	010-82826655	15903698667	wangjs@dingsheng.com
7	唐 贵	财务部	男	010-82826656	15914894835	tangg@dingsheng.com
8	邵 平	财务部	女	010-82826656	15946943098	shaop@dingsheng.com
9	吴平伟	财务部	男	010-82826656	18604591582	wuwp@dingsheng.com
10	何玉红	财务部	女	010-82826656	13346943077	heyh@dingsheng.com
11	曾 华	行政办公室	女	010-82821313	13904665145	zengh@dingsheng.com
12	吕 刚	行政办公室	男	010-82821316	18945944255	lug@dingsheng.com
13	陈 乾	行政办公室	男	010-82821316	18936910075	chenq@dingsheng.com
14	廉立东	行政办公室	男	010-82821316	18936912375	lianld@dingsheng.com
15	陈淑娟	行政办公室	女	010-82821316	13569612508	chensj@dingsheng.com
16	赵筱峰	市场营销部	女	010-82821320	13955570061	zhaoxf@dingsheng.com
17	李淑梅	市场营销部	女	010-82821322	18645944770	lism@dingsheng.com
18	陈百合	市场营销部	女	010-82821322	15959611978	chenbh@dingsheng.com
19	李力宏	市场营销部	男	010-82821322	15946908551	lilih@dingsheng.com
20	戴晓光	市场营销部	男	010-82821322	15936840662	daixg@dingsheng.com
21	何玉娟	客户服务部	女	010-82821328	15845605047	heyj@dingsheng.com
22	于莉莉	客户服务部	女	010-82821329	18645850106	yulili@dingsheng.com
23	于伟众	客户服务部	男	010-82821329	18904593512	yuwz@dingsheng.com
24	王 军	客户服务部	女	010-82821329	5878436	wangjun@dingsheng.com
25	邢伟斌	客户服务部	男	010-82821329	5389123	xingwb@dingsheng.com

图 5-58 打印预览员工通讯录

【任务目标】

- 掌握 Excel 2010 的单元格格式中字体、对齐、边框、底纹的设置方法。
- 掌握 Excel 2010 中工作表样式的设置方法。
- 掌握 Excel 2010 页面设置的方法。

【必备知识】

1. 设置单元格的字体、对齐方式

为了使表格美观或者突出表格中的某一部分，可以通过修改文字的字体类型、大小、颜色等样式达到这一目的。

（1）设置字体大小。在 Excel 中设置单元格中的字体和大小有以下两种方法：

- 使用“字体”对话框或 Ctrl+Shift+F 组合键进行设置。选定要设置字体的所有单元格，单击“开始”选项卡“字体”组中的对话框启动器，或者按 Ctrl+Shift+F 组合键，弹出“设置单元格格式”对话框。在“字体”选项卡的“字体”列表框中选择字体，如选择“宋体”；在“字号”列表框中选择所需字体的字号；在“字体”选项卡中还可以设置下划线、字体颜色、删除线等。用户每设置一项，都可以在“预览”窗口中看到效果。在设置完所有样式后单击“确定”按钮完成操作，如图 5-59 所示。

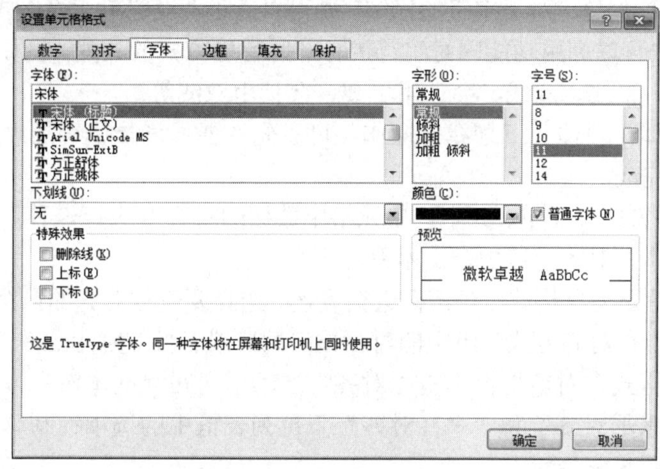

图 5-59 “设置单元格格式”对话框

- 使用“字体”选项卡设置字体样式。单击“开始”选项卡“字体”组“字体”下拉列表框中的任意一种字体设置字体类型，在“字号”下拉列表框中选择字号，**B**、*I*、U 分别表示粗体、斜体、下划线，如图 5-60 所示。

图 5-60 “开始”选项卡中的“字体”组

（2）设置字符颜色。在对单元格中的字体进行编辑时，还可以通过设置字符颜色的方式达到突出重点的目的。设置字符颜色的方法有以下两种：

- 使用“单元格格式”对话框进行设置。选定要设置字符颜色的单元格，单击“开始”选项卡“字体”组中的对话框启动器或者按 Ctrl+Shift+F 组合键，弹出“设置单元格格式”对话框。单击“字体”选项卡，在“颜色”下拉列表框中选择所需要的颜色。设置完成后单击“确定”按钮，如图 5-59 所示。
- 使用选项卡中的“调色板”设置字体颜色。选定要设置字符颜色的所有单元格，单击“开始”选项卡“字体”组中的“字体颜色”按钮（如图 5-60 所示），可以看到“字符颜色”调色板，如图 5-61 所示，在调色板上单击要使用的颜色。

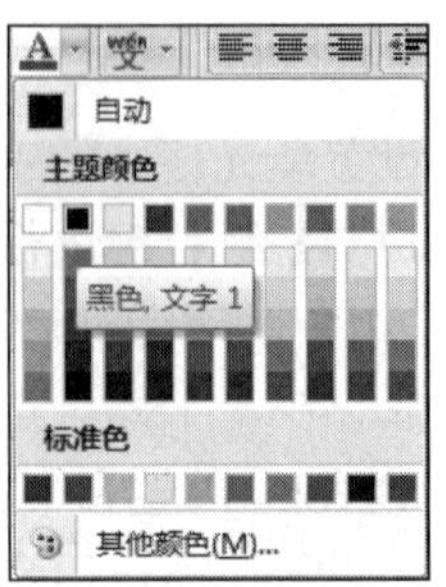

图 5-61 “字符颜色”调色板

（3）设置字符的修饰。对于字符的修饰，既可以通过“设置单元格格式”对话框中的“字体”选项卡设定，也可以利用功能区对字符进行一些特殊方式的改变。例如单元格定义为：删除线、上标、下标、单线、双线、会计用单线、会计用双线等。

对于改变为粗体、斜体、下划线等操作，可以先选择要增加修饰的内容，然后单击功能区中的相应按钮来完成。

（4）改变对齐方式。在 Excel 中，单元格中数据的对齐方式有 6 种：顶端对齐、垂直居中、底端对齐、文本左对齐、居中、文本右对齐。

- 使用“设置单元格格式”对话框进行设置。选择要进行对齐的多个单元格，单击“开始”选项卡“对齐方式”组中的对话框启动器或者按 Ctrl+Shift+F 组合键，弹出“设置单元格格式”对话框；单击“对齐”选项卡，在“文本对齐方式”区域中可以通过选择“水平对齐”和“垂直对齐”下拉列表框中的选项控制单元格内数据的对齐方式，如图 5-62 所示。

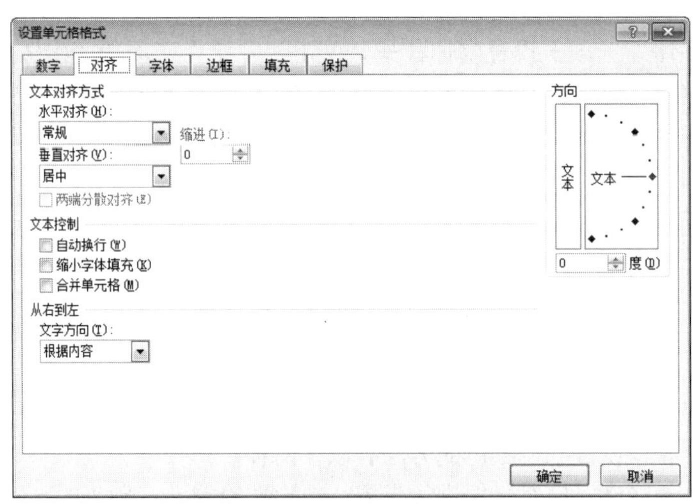

图 5-62 “设置单元格格式”对话框的“对齐”选项卡

- 使用“对齐方式”选项卡中的按钮进行设置。利用“开始”选项卡“对齐方式”组中的“对齐”按钮来改变对齐方式，如图 5-63 所示，第一行从左到右分别表示顶端对齐、垂直居中、底端对齐，第二行从左到右分别表示文本左对齐、居中、文本右对齐。

（5）合并居中。在 Excel 中，常将表格标题跨列居中显示。可选中欲合并为一个单元格的多个单元格，直接单击“对齐方式”组中的“合并后居中”按钮（如图 5-63 所示），合并单元格并将其内容居中显示。也可以在“设置单元格格式”对话框中选择“对齐”选项卡中的“合并单元格”复选项，即可将多个单元格合并为一个单元格，再通过“文本对齐方式”区域中的相关选项控制文字的对齐方式。

图 5-63　对齐按钮——对齐

2. 设置单元格的边框样式

（1）使用“开始”选项卡“字体”组中的“边框”按钮给表格添加边框。

1）使用“边框”按钮设置黑色多种线条样式的边框线。单击“开始”选项卡“字体”组中的“边框”按钮，在下拉列表中单击其中一个按钮即可设置该按钮所代表的边框线样式，如图 5-64 所示。

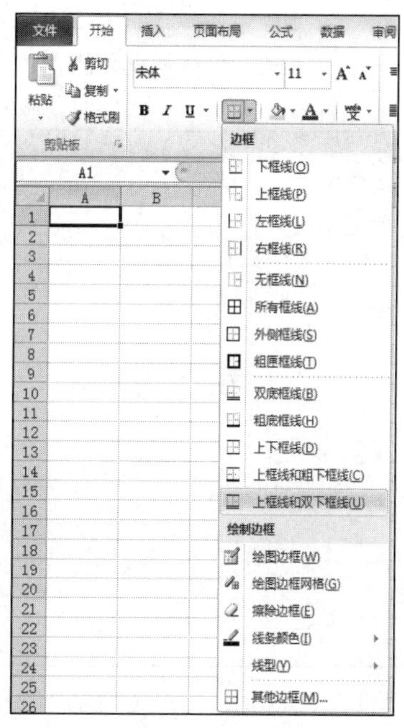

图 5-64　通过“开始”选项卡设置单元格边框

2）使用“边框”按钮设置带颜色的边框。如果要设置彩色边框线，则在“边框”下拉列表中单击“绘制边框”区域中的“线型”和“线条颜色”，首先选择线条样式和线条颜色，这里选择的是红色双实线，然后选择绘制方式，有绘制边框、绘制边框网格、擦除边框 3 种，最后拖动鼠标选择要加边框的区域，如图 5-65 所示。

（2）使用对话框添加表格边框。

1）选定要加上框线的单元格区域，单击“开始”选项卡“字体”组中的对话框启动器或者按 Ctrl+Shift+F 组合键，弹出“设置单元格格式”对话框，单击“边框”选项卡，则可以对选中的单元格设置边框样式，如图 5-66 所示。

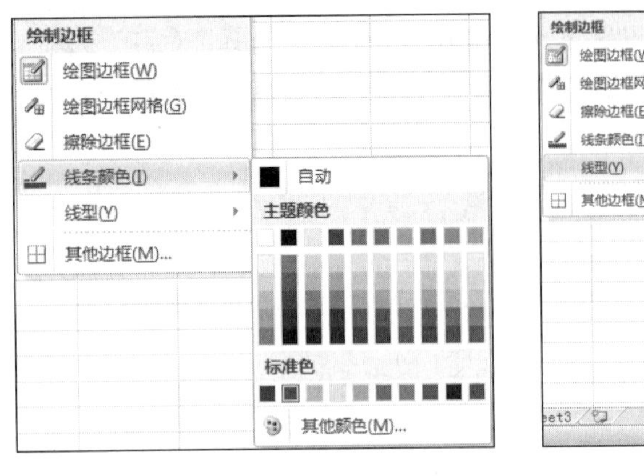

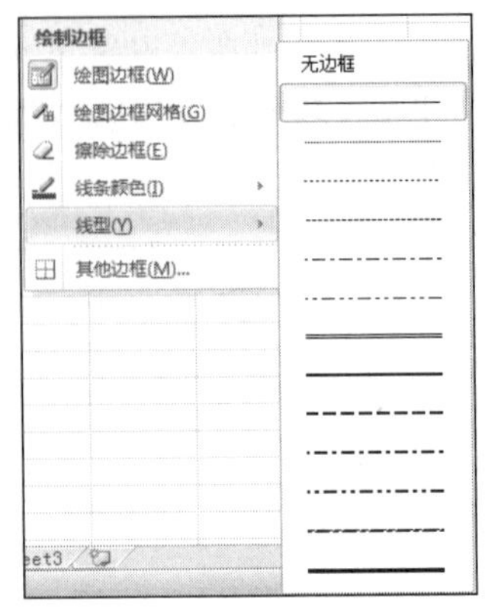

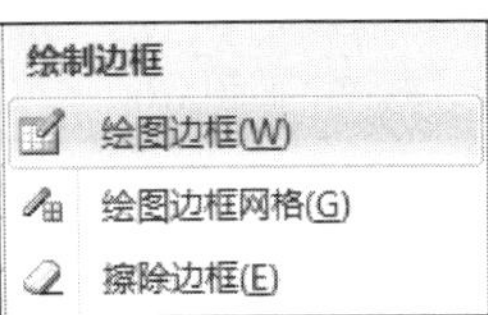

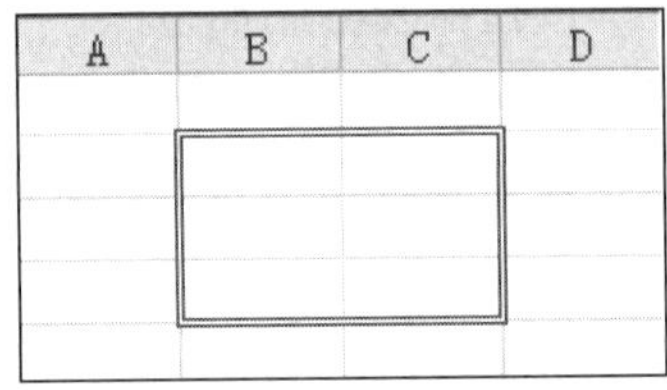

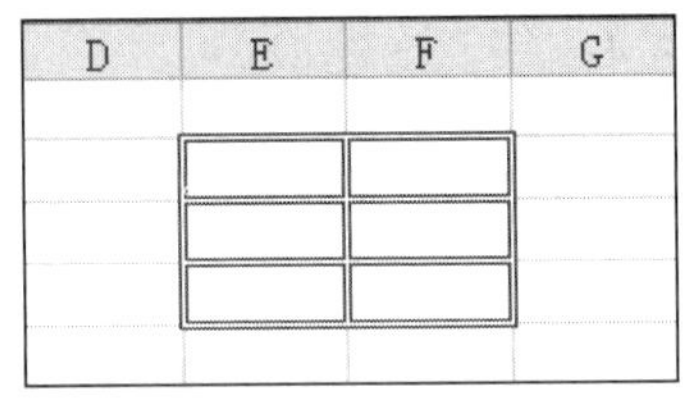

图 5-65 修改边框颜色

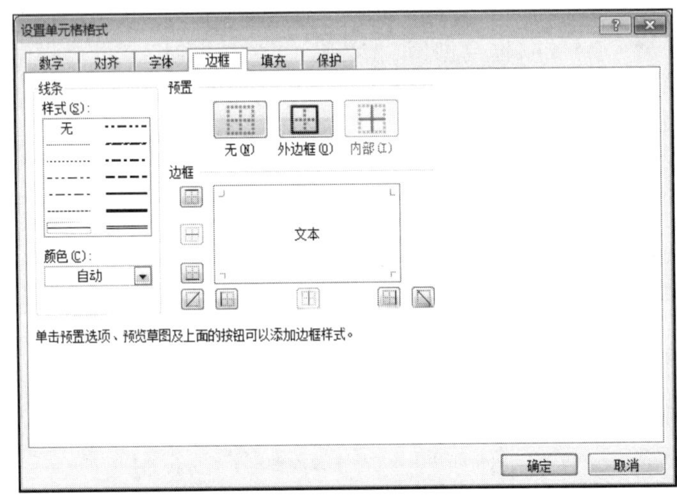

图 5-66 “设置单元格格式”对话框的“边框”选项卡

2）选择“线条”区域中“样式”列表框中的任意一种线条样式，如果想为边框指定颜色，可以在“颜色”下拉列表框中为其选择所需的颜色，如图 5-67 所示。

3）根据需要单击“预置”或“边框”区域中的各个按钮，设置工作表中所选区域的边框位置。

4）设置完所选区域边框后单击“确定”按钮。

3. 设置单元格的底纹（图案）样式

（1）使用功能区按钮修改底纹。选定要设置底纹的单元格区域，单击功能区中的“填充颜色”按钮右边的小箭头，弹出填充颜色列表，如图 5-68 所示。在“填充颜色”列表中选择需要使用的颜色，这时所选区域的底纹颜色发生了改变。

图 5-67 “设置单元格格式”对话框的“边框”选项卡

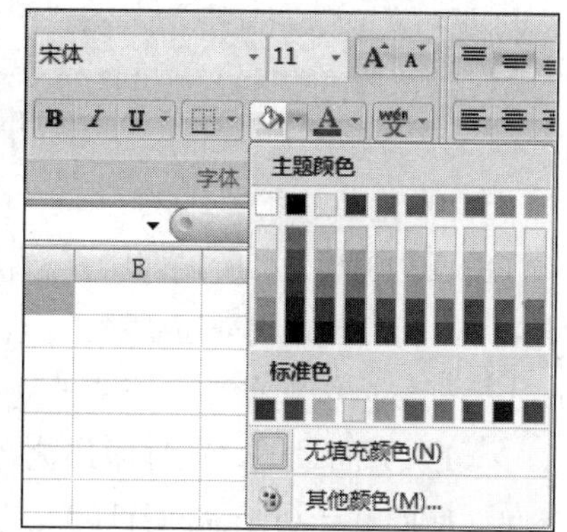

图 5-68 功能区中的“填充颜色”列表

（2）用对话框方式修改底纹。选定要设置底纹的单元格区域，单击“开始”选项卡“字体”组中的对话框启动器或者按 Ctrl+Shift+F 组合键，弹出“设置单元格格式”对话框，单击“填充”选项卡，在“背景色”区域中选择底纹颜色，如果想设置底纹图案样式则可以选择“图案颜色”和“图案样式”下拉列表框中的样式如 75%灰色、50%灰色、25%灰色等，如图 5-69 所示。

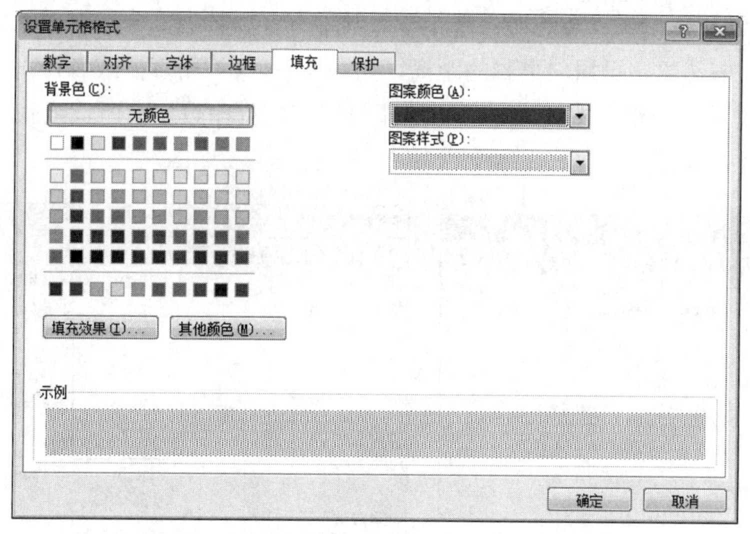

图 5-69 “设置单元格格式”对话框的“填充”选项卡

4. 设置工作表——隐藏网格线

当用户启动 Excel 2010 进入一个新的工作表时都会看到在工作表里设有网格线，这些网格线可以隐藏，具体操作方法：在“页面布局”选项卡“工作表选项”组中的“网格线”区域中取消对“查看”复选项的选择，如图 5-70 所示，可以看到工作表中的网格线被隐藏，再勾选该复选项则显示网格线。

图 5-70　功能区——隐藏网格线

5. 预览与打印工作表

Excel 2010 为“所见即所得”软件，可以在打印之前通过打印预览命令在屏幕上观察打印效果。但在打印之前，还要对工作表进行必要的页面设置及打印设置。例如可以调整页面的纸张、控制分页符和页数、调整独立图表的缩放比例、指定打印页数等。

（1）页面设置。在打印预览之前一定要先进行页面设置，页面设置主要指纸张的大小、方向（横向打印还是纵向打印）、打印内容在打印纸中的位置等。

1）设置页面。单击“页面布局”选择卡，在“页面设置”组中也可以很方便地设置页面属性。例如选择工作表“号码表”，单击“页面布局”选项卡“页面设置”组中的对话框启动器，弹出“页面设置”对话框；选择“页面”选项卡设置打印方向，单击“横向”或“纵向”单选按钮可以设置文本的打印方向。默认的打印方向是纵向打印，如果表很宽，可以设置横向打印。在“页面”选项卡中还可以设置纸张的缩放比例、纸张的大小、起始页码等，如图 5-71（a）所示。

2）调整页边距。单击“页边距”选项卡，其中有 6 项数据，分别表示正文离上边界、下边界、左边界、右边界、页眉、页脚的距离，如图 5-71（b）所示，或者在“打印预览”界面的右下角单击“显示边距”按钮进行页边距设置，即打印数据在所选纸张上、下、左、右留出的空白尺寸，如图 5-71（c）所示。

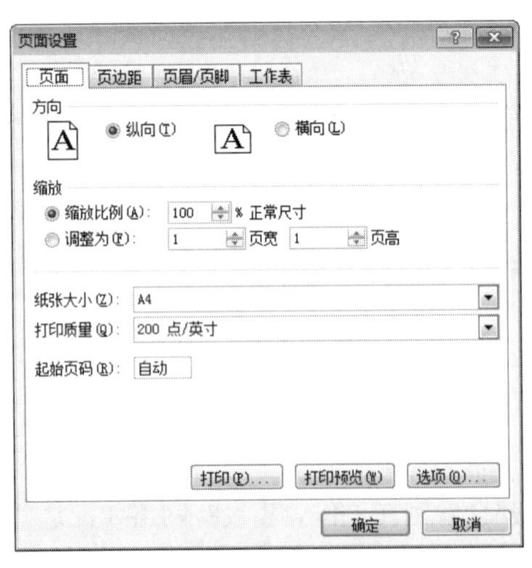

（a）“页面”选项卡

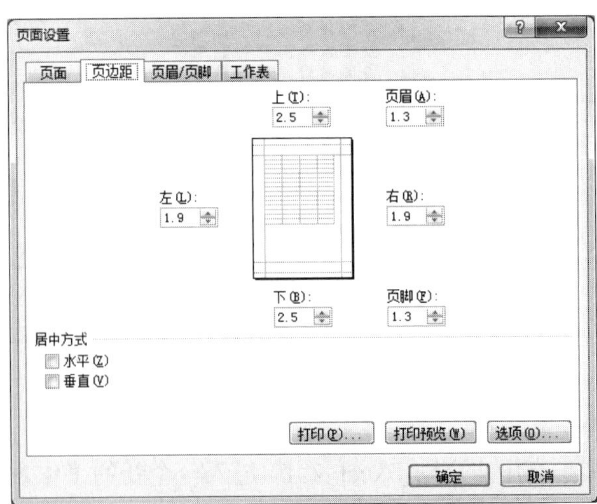

（b）“页边距”选项卡

图 5-71　“页面设置”对话框

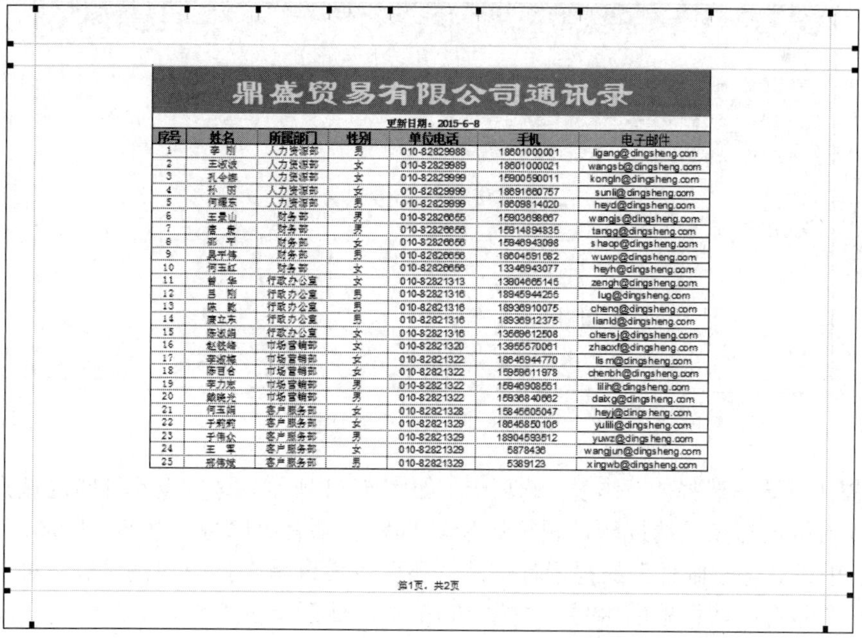

鼎盛贸易有限公司通讯录

更新日期：2015-6-8

序号	姓名	所属部门	性别	单位电话	手机	电子邮件
1	李　刚	人力资源部	男	010-82829988	18601000001	ligang@dingsheng.com
2	王淑波	人力资源部	女	010-82829989	18601000021	wangsb@dingsheng.com
3	孔令娜	人力资源部	女	010-82829999	15900590011	kongln@dingsheng.com
4	孙　丽	人力资源部	女	010-82829999	18691660757	sunli@dingsheng.com
5	何耀东	人力资源部	男	010-82829999	18609814020	heyd@dingsheng.com
6	王景山	财务部	男	010-82826655	15903698667	wangjs@dingsheng.com
7	唐　集	财务部	男	010-82826656	15814894835	tangg@dingsheng.com
8	邵　平	财务部	女	010-82826656	15846943098	sheop@dingsheng.com
9	吴平伟	财务部	男	010-82826656	18604591582	wuwp@dingsheng.com
10	何玉红	财务部	女	010-82826656	13346943077	heyh@dingsheng.com
11	曾　华	行政办公室	女	010-82821313	13904665145	zengh@dingsheng.com
12	吕　刚	行政办公室	男	010-82821316	18945944255	lug@dingsheng.com
13	陈　毅	行政办公室	男	010-82821316	18936910075	cheng@dingsheng.com
14	廉立东	行政办公室	男	010-82821316	18936912375	lianld@dingsheng.com
15	陈淑娟	行政办公室	女	010-82821316	13569612508	chensj@dingsheng.com
16	赵筱峰	市场营销部	女	010-82821320	13955570061	zhaoxf@dingsheng.com
17	李淑梅	市场营销部	女	010-82821322	18645944770	lism@dingsheng.com
18	陈百合	市场营销部	女	010-82821322	15959611978	chenbh@dingsheng.com
19	李力宏	市场营销部	男	010-82821322	15946908551	lilih@dingsheng.com
20	戴晓光	市场营销部	男	010-82821322	15936840662	daixg@dingsheng.com
21	何玉娟	客户服务部	女	010-82821328	15845605047	heyj@dingsheng.com
22	于莉莉	客户服务部	女	010-82821329	18645850106	yulili@dingsheng.com
23	于伟众	客户服务部	男	010-82821329	18904593512	yuwz@dingsheng.com
24	王　军	客户服务部	女	010-82821329	5878436	wangjun@dingsheng.com
25	邢伟斌	客户服务部	男	010-82821329	5389123	xingwb@dingsheng.com

第1页，共2页

（c）页边距设置效果

图 5-71　“页面设置”对话框（续图）

3）设置页眉。选择“页眉/页脚”选项卡，如图 5-72 所示，“页眉/页脚”允许给打印页面添加页眉和页脚。如果想更改页眉和页脚的设置，可以单击“自定义页眉”和“自定义页脚”按钮来进行设置，如单击“自定义页眉”按钮，弹出“页眉”对话框，如图 5-73 所示。

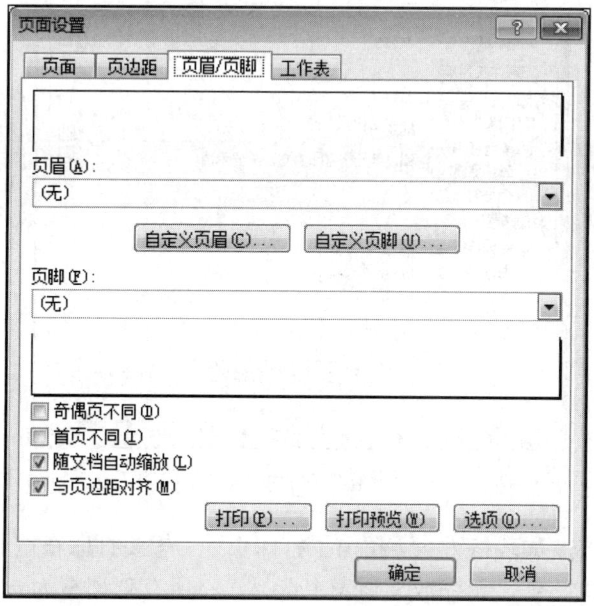

图 5-72　“页面设置”对话框的“页眉/页脚”选项卡

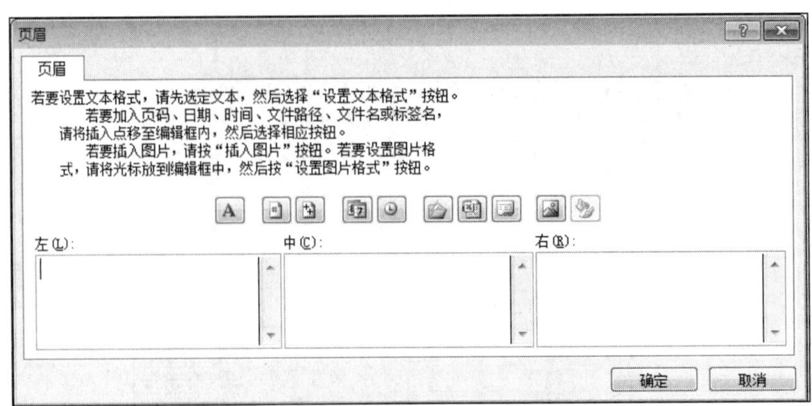

图 5-73 “页眉”对话框

4）设置工作表。选择“工作表”选项卡，如图 5-74 所示，这里设置打印区域为 B2:H55，从第二页开始每页都在顶端打印标题行$5:$5，即每页都有“序号、姓名、所属部门、性别、单位电话、手机、电子邮件”的提示行信息，还可以设置是否打印网格线等。对于多个工作表，选择一个包含打印标题的区域，按住 Shift 键，然后单击工作表队列中用户要打印的最后一张工作表。如果要清除打印标题，只需要将“打印标题”区域中各文本框的内容清除即可。设置好后单击“确定”按钮，然后单击“打印预览”按钮观看打印的模拟显示效果，如图 5-75 所示。

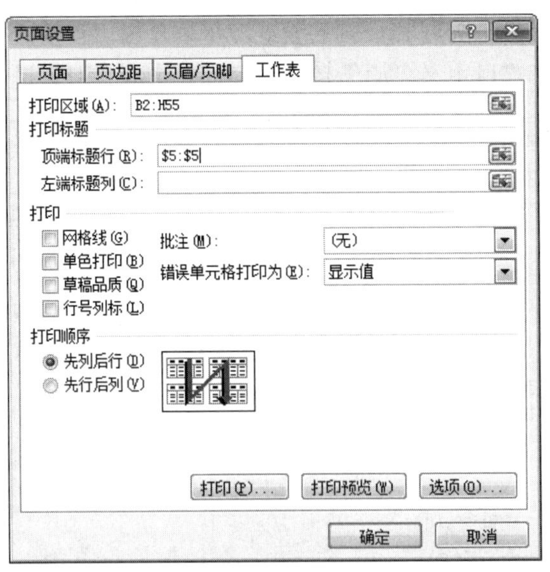

图 5-74 “页面设置”对话框的“工作表”选项卡

（2）设置页面缩放。如表格太大，超出了打印页面，想要打印在同一页中则需要单击“文件”选项卡中的“打印”，在“无缩放”列表中选择“将所有列调整为一页”，同时会出现自动预览画面和打印设置，如图 5-75 所示。

（3）打印。当对一个工作表通过预览进行观察后没有发现任何问题时即可将其打印输出。Excel 2010 提供了灵活的打印方式，用户可以选择打印单页、若干页或全部打印输出。

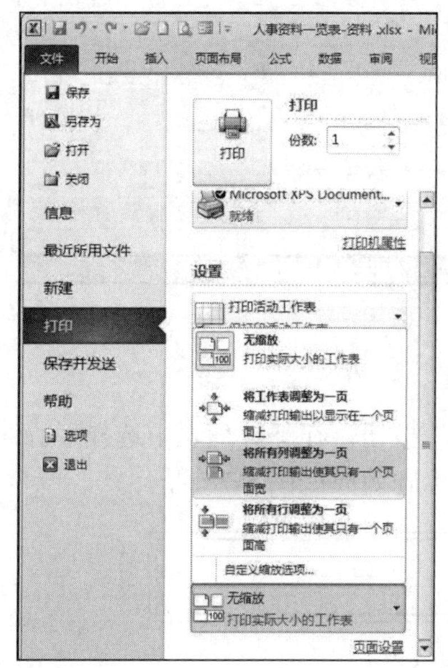

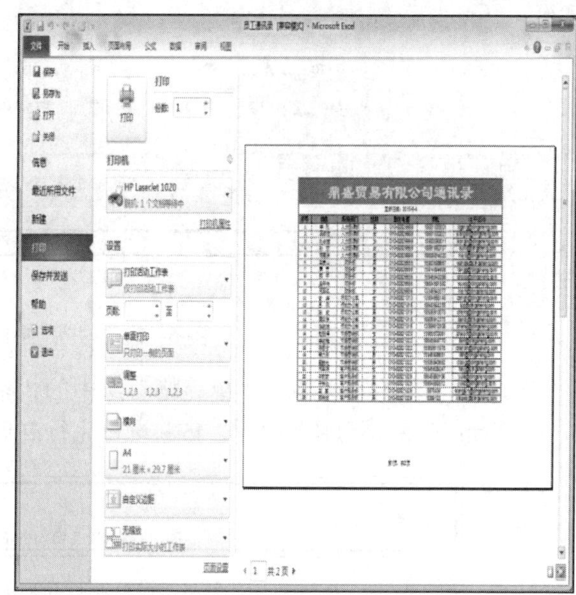

图 5-75　设置页面缩放

单击“文件”选项卡中的“打印”，在“打印”面板中有打印机类型、打印份数、打印内容、打印范围等设置栏，用户可以根据需要设置相应的打印方式。

打印份数用于指定打印文件的份数，此处必须是整数；在“打印”面板中的“设置”区域，选择“打印活动工作表”下拉列表中的“打印选定区域”表示打印用户选择的数据区域，选择“打印整个工作簿”表示打印当前工作簿中所有工作表中的数据；选择“打印活动工作表”表示打印当前工作表中的所有数据。打印范围默认打印整个工作表内容，如打印具体页数，请在“页数”框中输入××至××的起始页号至终止页号；还可以设置打印缩放、纸张及方向，如图 5-76 所示。

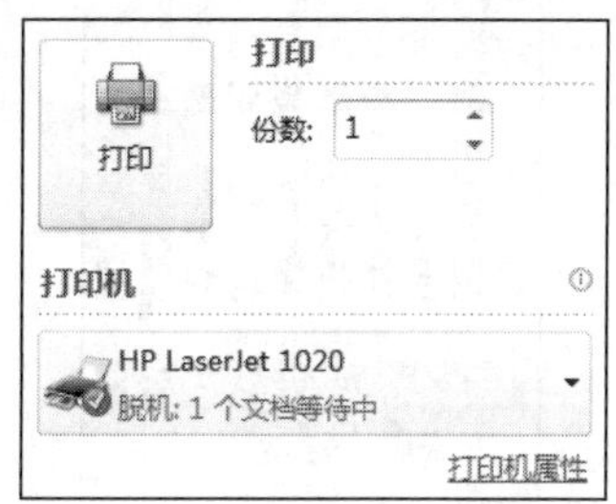

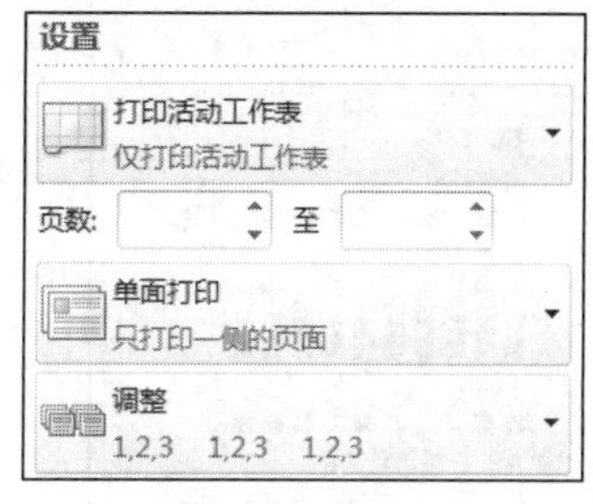

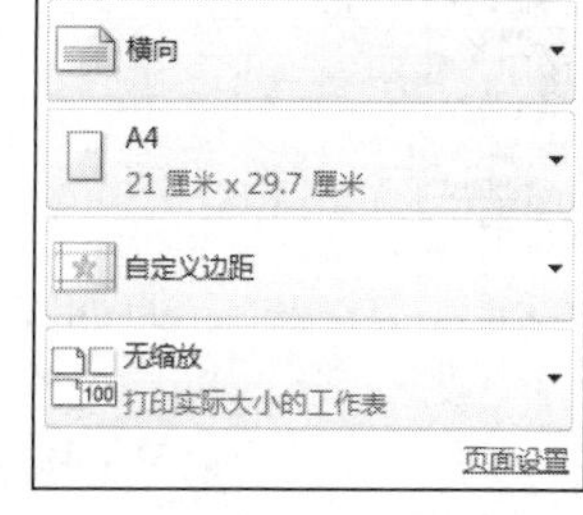

图 5-76　设置打印方式

【完成过程】

1．设计标题

（1）启动 Excel 2010，单击“文件”选项卡中的“打开”命令，弹出“打开”对话框，在“查找范围”栏中选择文件的位置，找到素材文件“员工通讯录.xlsx”，双击打开文件。选中 B2:H2 区域，单击“开始”选项卡“对齐方式”组中的“合并后居中”按钮，如图 5-77 所示。

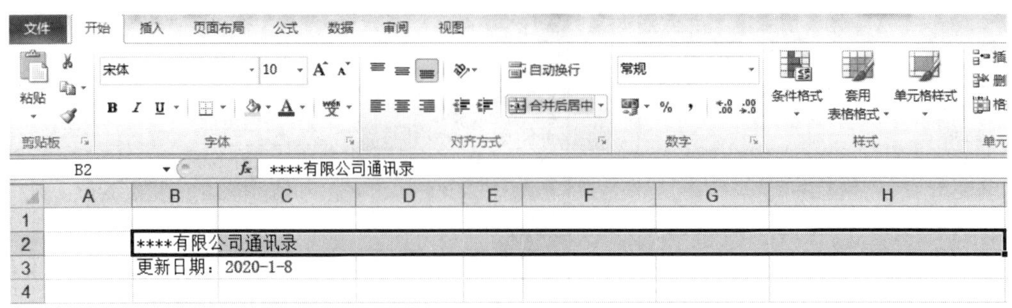

图 5-77　合并后居中标题

（2）单击“开始”选项卡“单元格”组中的“格式”按钮，在下拉列表中选择“行高”选项，在“行高”对话框中输入 42.45，设置完行高后的标题效果如图 5-78 所示。

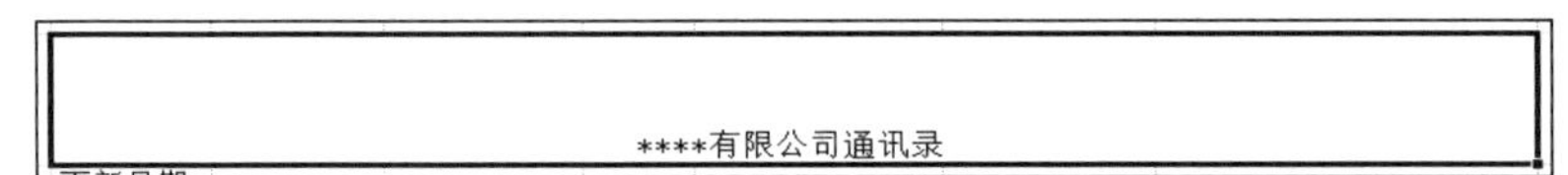

图 5-78　设置完行高后的标题效果

Excel 行高所使用的单位为磅，1cm=28.3 磅，列宽使用的单位为 1/10 英寸。

（3）单击“开始”选项卡“字体”组中的对话框启动器，在弹出的“设置单元格格式”对话框中选择“字体”选项卡，设置字体类型为隶书，字号为 36，字形为加粗，字体颜色为黄色，如图 5-79 所示。单击“开始”选项卡“字体”组中的“填充颜色”按钮右边的小箭头，设置单元格的填充色为“白色，背景 1，深色 50%”，如图 5-80 所示。

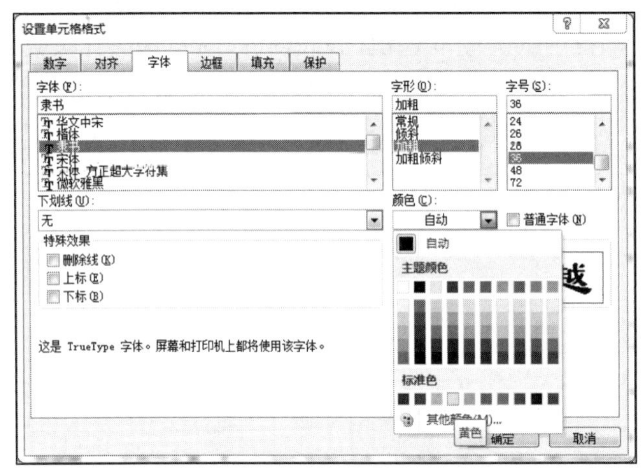

图 5-79　设置标题字体

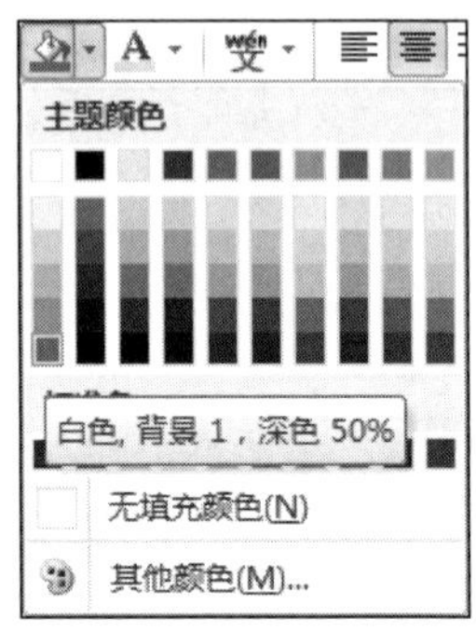

图 5-80　设置标题底纹

2. 合并居中更新时间，文字颜色为蓝色

选择 B3:H3 区域，单击“开始”选项卡“对齐方式”组中的“合并后居中”按钮，合并单元格并使文字居中显示；单击“开始”选项卡“对齐方式”组中“字体颜色”按钮右侧的小箭头，在弹出的颜色列表中选择“其他颜色”选项，弹出“颜色”对话框，在其中选择“自定义”选项卡，设置 R=0，G=0，B=255 后单击“确定”按钮，如图 5-81 所示，此时更新时间字体颜色变为蓝色。

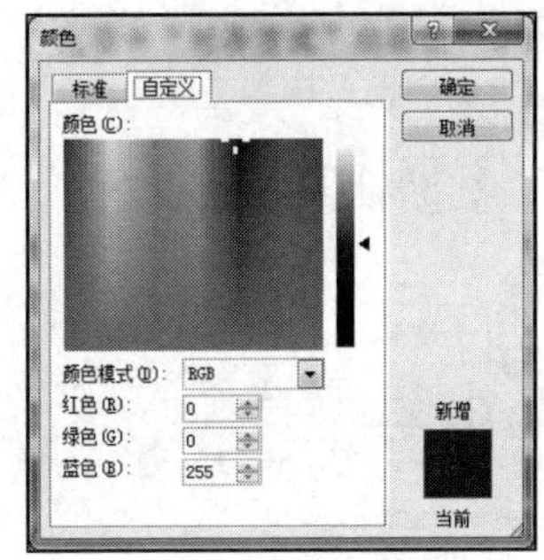

图 5-81 “颜色”对话框的“自定义”选项卡

3. 设置数据项标题

（1）设置序号、姓名等数据项标题行字体类型为华文楷书，字形为加粗，字号为 12，单元格底纹为浅绿色，设置完成后的效果如图 5-82 所示。

图 5-82 设置数据项标题字体和底纹

（2）选中 B5:H5 区域，单击“开始”选项卡“字体”组中的“边框”按钮右边的小箭头，在下拉列表中选择“其他边框”选项，在“设置单元格格式”对话框中选择“边框”选项卡，在“预置”区域中单击“外边框”按钮，在“线条”区域的“样式”列表中选择“单实线”，在预览窗口中可以看到外边框设置为黑色单实线，如图 5-83 所示。利用同样的方法设置内部边框为单虚线，如图 5-84 所示。

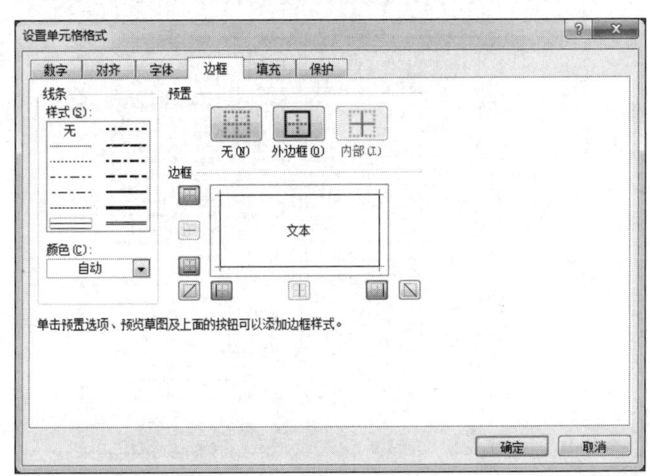

图 5-83 设置外边框线条

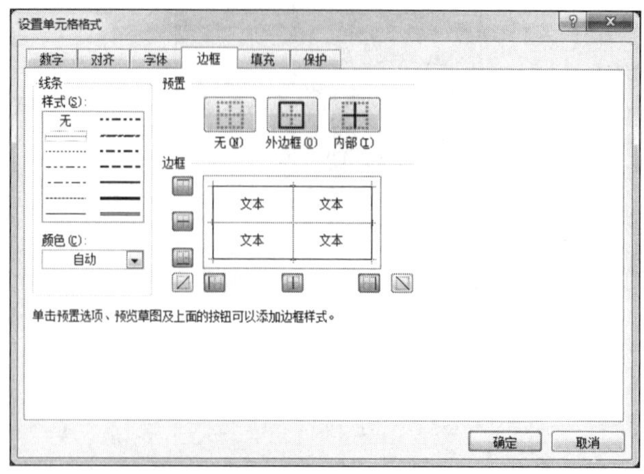

图 5-84　设置内部线条

4. 设置数据项

（1）选择 B6:H30 区域将其数据均设置为黑色、10 号字、水平居中。

（2）设置数据项 B6:H30 区域内单元格内部边框为黑色单虚线。

5. 设置边框

选择 B2:H30 区域，单击“开始”选项卡“字体”组中的“边框”按钮右侧的小箭头，在下拉列表中选择“其他边框”选项，在“设置单元格格式”对话框中选择“边框”选项卡，设置选择区域的外边框为黑色单实线。

6. 显示/隐藏网格线

在“号码表”工作表中选择任意单元格，在“页面布局”选项卡“工作表选项”组的“网格线”区域中取消对“查看”复选项的选中，在“标题”区域中取消对“查看”复选项的选中，通过以上设置即可去掉行号列标和数据区域以外的网格线，效果如图 5-85 所示。

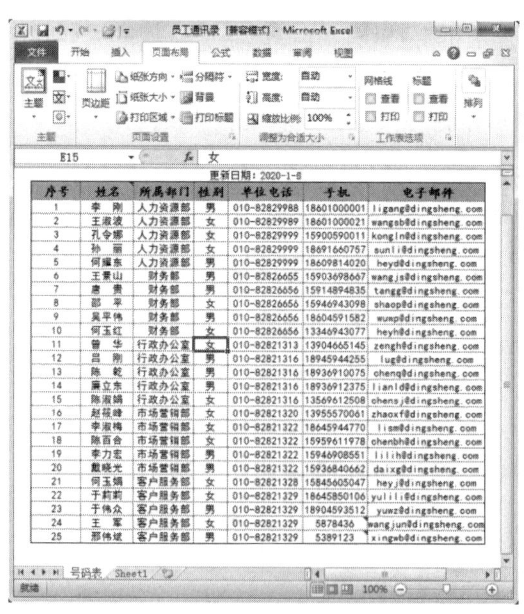

序号	姓名	所属部门	性别	单位电话	手机	电子邮件
1	李　刚	人力资源部	男	010-82829988	18601000001	ligang@dingsheng.com
2	王淑波	人力资源部	女	010-82829989	18601000021	wangsb@dingsheng.com
3	孔令娜	人力资源部	女	010-82829999	15900590011	kongln@dingsheng.com
4	孙　丽	人力资源部	女	010-82829999	18691660757	sunli@dingsheng.com
5	何耀东	人力资源部	男	010-82829999	18609814020	heyd@dingsheng.com
6	王景山	财务部	男	010-82826655	15903698667	wangjs@dingsheng.com
7	唐　贵	财务部	男	010-82826656	15914894835	tangg@dingsheng.com
8	邵　平	财务部	女	010-82826656	15946943098	shaop@dingsheng.com
9	吴平伟	财务部	男	010-82826656	18604591582	wuwp@dingsheng.com
10	何玉红	财务部	女	010-82826656	13346943077	heyh@dingsheng.com
11	曾　华	行政办公室	女	010-82821313	13904665145	zengh@dingsheng.com
12	吕　刚	行政办公室	男	010-82821316	18945944255	lug@dingsheng.com
13	陈　乾	行政办公室	男	010-82821316	18936910075	chenq@dingsheng.com
14	廉立东	行政办公室	男	010-82821316	18936912375	lianld@dingsheng.com
15	陈淑娟	行政办公室	女	010-82821316	13569612508	chensj@dingsheng.com
16	赵筱峰	市场营销部	女	010-82821320	13955570061	zhaoxf@dingsheng.com
17	李淑梅	市场营销部	女	010-82821322	18645944770	lism@dingsheng.com
18	陈百合	市场营销部	女	010-82821322	15959611978	chenbh@dingsheng.com
19	李力宏	市场营销部	男	010-82821322	15946908551	lilih@dingsheng.com
20	戴晓光	市场营销部	男	010-82821322	15936840662	daixg@dingsheng.com
21	何玉娟	客户服务部	女	010-82821328	15845605047	heyj@dingsheng.com
22	于莉莉	客户服务部	女	010-82821329	18645850106	yulili@dingsheng.com
23	于伟众	客户服务部	男	010-82821329	18904593512	yuwz@dingsheng.com
24	王　军	客户服务部	女	010-82821329	5878436	wangjun@dingsheng.com
25	邢伟斌	客户服务部	男	010-82821329	5389123	xingwb@dingsheng.com

图 5-85　去掉行号列标和网格线效果

7. 打印员工通讯录

（1）横向打印工作表。单击“页面布局”选项卡“页面设置”组中的“纸张方向”按钮，在下拉列表中选择“横向”，如图 5-86 所示。

（2）增加打印标题。单击“页面布局”选项卡“页面设置”组中的“打印标题”，弹出“页面设置”对话框，单击“工作表”选项卡“打印标题”区域中“顶端标题行”右侧的按钮选择工作表的第 5 行，如图 5-87 所示。

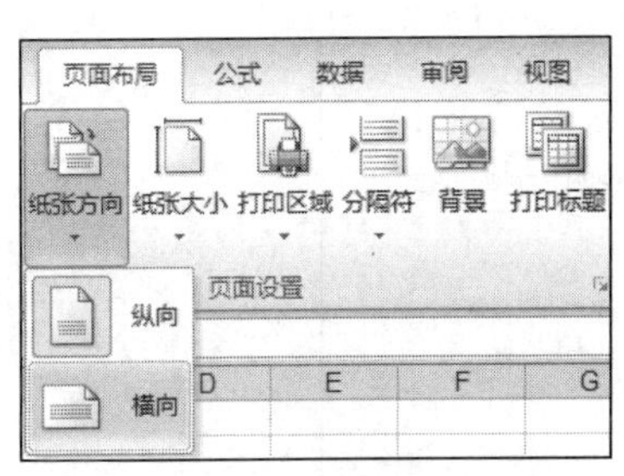

图 5-86　设置横向打印

图 5-87　添加打印标题

（3）添加页脚。单击“页面设置”对话框中的“页眉/页脚”选项卡，然后单击“自定义页脚”按钮，弹出“页脚”对话框，单击“插入页码”按钮和“插入页数”按钮添加汉字，将格式修改为“第&[页码]页，共&[总页数]页”，如图 5-88 所示，单击“确定”按钮返回“页眉/页脚”选项卡，单击“保存”按钮，最后单击“打印”按钮打印输出员工通讯录。

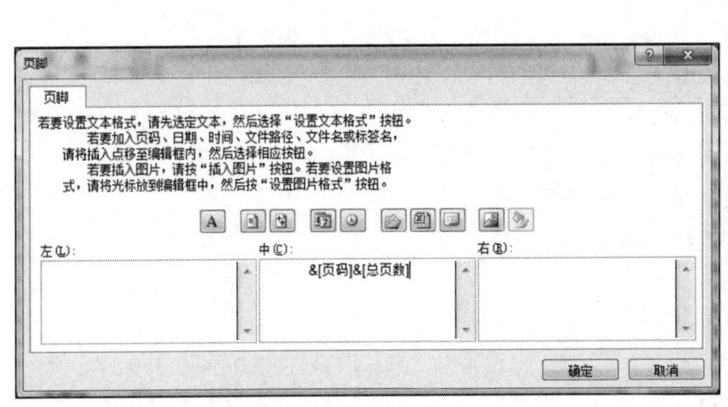

输入页脚信息

设置页脚效果

图 5-88　设置页脚

任务 4　制作校历

【任务分析】

本任务主要是为育才大学 2014～2015 学年第二学期校历录入数据。一般情况下，一个学期的校历有 20 周，每周 7 天，再加上标题、星期、周次等，需要录入近 170 个数据，而且这些数据主要是日期，十分相似，容易出错。如果采用上一项目介绍的方法录入数据，将需要很长时间，而且出错的概率比较大。通过对校历表中的数据进行观察寻找出了数据的规律，例如“周”一列中的数据每次增加“1”，可以采用序列填充方法实现快速录入数据。

通过该任务读者可熟练使用 Excel 2010 的序列填充、自动填充等功能快速录入数据，并能使用自动更正、替换等功能修改数据，任务完成后的效果如图 5-89 所示。

	A	B	C	D	E	F	G	H	I	J
2										
3			2014～2015学年度第二学期校历							
4										
5	2015	周次	一	二	三	四	五	六	日	
6	2月	第一周	23	24	25	26	27	28	29	2月27日晚自习注册，2月28日正式上课
7										
8	3月	第二周	2	3	4	5	6	7	8	
9										
10		第三周	9	10	11	12	13	14	15	
11										
12		第四周	16	17	18	19	20	21	22	3月26～27日组织学生补考
13										
14		第五周	23	24	25	26	27	28	29	
15										
16	4月	第六周	30	31	1	2	3	4	5	
17										
18		第七周	6	7	8	9	10	11	12	
19										
20		第八周	13	14	15	16	17	18	19	
21										
22		第九周	20	21	22	23	24	25	26	
23										
24	5月	第十周	27	28	29	30	1	2	3	
25										
26		第十一周	4	5	6	7	8	9	10	5月4日纪念“五四”系列活动表彰
27										
28		第十二周	11	12	13	14	15	16	17	
29										
30		第十三周	18	19	20	21	22	23	24	近期举办第25届运动会
31										
32		第十四周	25	26	27	28	29	30	31	
33										
34	6月	第十四周	1	2	3	4	5	6	7	
35										
36		第十五周	8	9	10	11	12	13	14	
37										
38		第十六周	15	16	17	18	19	20	21	
39										
40		第十七周	22	23	24	25	26	27	28	
41										
42	7月	第十八周	29	30	1	2	3	4	5	
43										
44		第十九周	6	7	8	9	10	11	12	复习周
45										
46		第二十周	13	14	15	16	17	18	19	考试周

图 5-89　任务完成效果

【任务目标】

- 掌握 Excel 2010 填充序列的方法。
- 掌握 Excel 2010 添加自定义序列的方法。
- 掌握 Excel 2010 自动更正功能的使用方法。

【必备知识】

1. 插入特殊符号

插入符号在 Word 中已经学习过，在 Excel 中插入特殊符号的方法与其类似。下面以插入标点符号“～”为例进行讲解。

（1）用选项卡输入符号。单击“插入”选项卡“符号”组中的“符号”按钮，弹出“插入特殊符号”对话框，如图 5-90 所示。单击“标点符号”选项卡，单击选中要输入的符号～，最后单击“确定”按钮或者双击该符号，符号就会输入到插入点处。

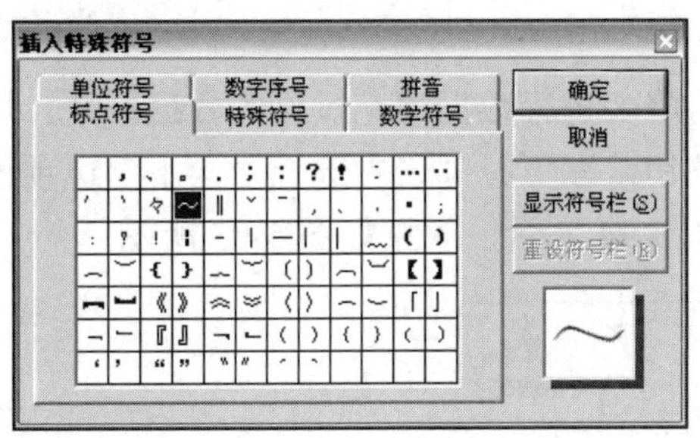

图 5-90　用“插入特殊符号”对话框插入～符号

（2）用输入法的软键盘插入符号。在某中文输入法状态下选择插入点后右击输入法工具栏中的软键盘，在弹出的快捷菜单中选择“标点符号”命令，在弹出的软键盘中单击符号“～”，该符号就会输入到插入点处。最后单击软键盘按钮退出软键盘，如图 5-91 所示。

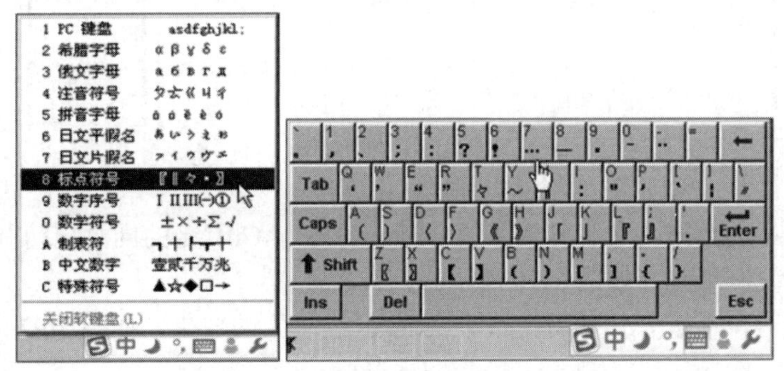

图 5-91　用输入法的软键盘插入～符号

2. 填充序列

利用序列快速填充数据是行之有效的方法，前面介绍的自动填充知识就是一种快捷的填充等差序列的方法，不过“公差”只能是“1”或“0”。

（1）复制填充。

当首单元格中的数据为纯数字或纯文字时可以有两种填充方法。

- 拖动首单元格的填充柄到尾单元格进行复制填充，即自动填充方法。

自动填充纯数字后会弹出“自动填充选项”列表，如图 5-92 所示。单击右侧的小箭头可以选择填充方式，当前状态是“复制单元格”，如果选择“填充序列”，则实现数据递增“1”，如图 5-93 所示，也可以自行选择另外两种填充方式以查看效果。

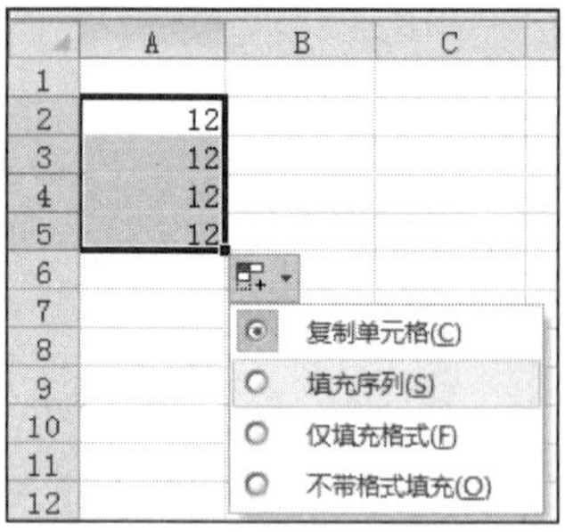

图 5-92　“自动填充选项”列表

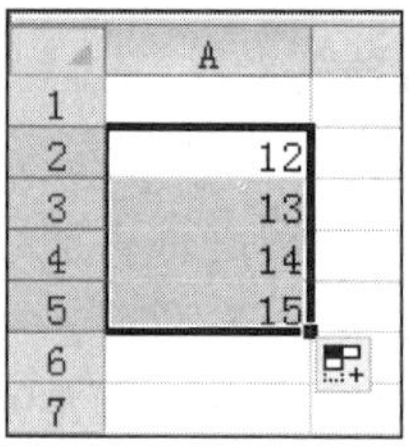

图 5-93　在“自动填充选项”列表中选择“填充序列”后的效果

- 选择含数字单元格将要进行数据填充操作的数据区域，单击“开始”选项卡“编辑”组中的“填充”按钮，在下拉列表中选择“向下”选项或按 Ctrl+D 组合键可以完成相应的操作，如图 5-94 所示，效果如图 5-95 所示。

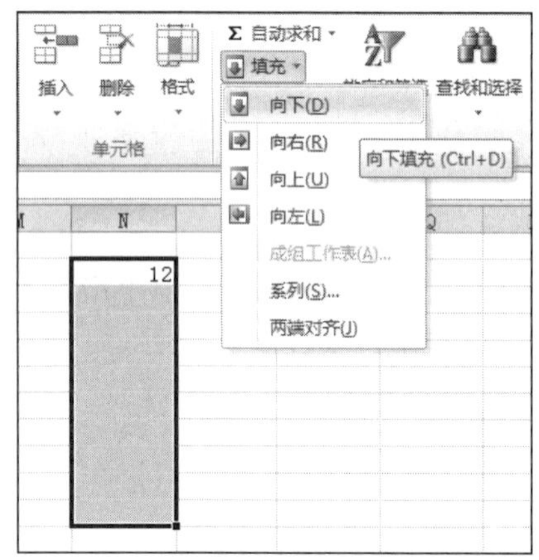

图 5-94　利用“填充”按钮完成填充

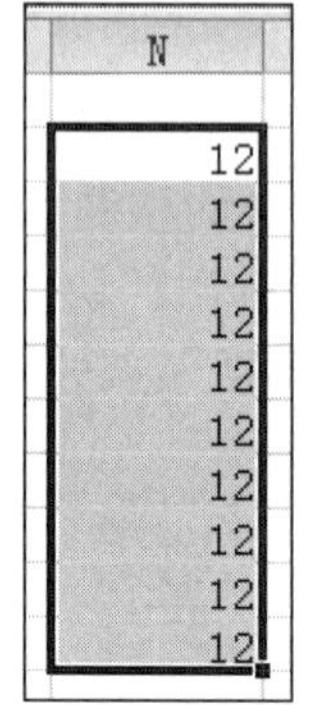

图 5-95　向下填充效果

当首单元格中的数据为文字和数字混合时，在按下 Ctrl 键的同时拖动首单元格的填充柄到尾单元格进行复制填充，如图 5-96 所示。

使用此方法时，不按 Ctrl 键可使数字实现递增“1”的效果，如图 5-97 所示。

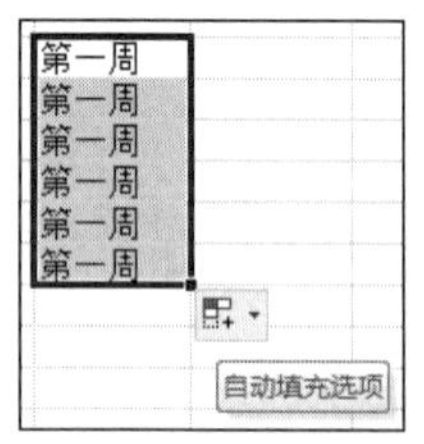

图 5-96　混合复制填充

图 5-97　混合复制填充效果

（2）序列填充。选择含首单元格的填充区域或者只选择首单元格，单击“开始”选项卡“编辑”组中的“填充”按钮，在下拉列表中选择“系列”选项，如图 5-98 所示，弹出“序列”对话框。Excel 2010 能够处理 4 种序列：等差序列、等比序列、日期、自动填充，如图 5-99 所示。下面以等差序列填充为例进行说明。

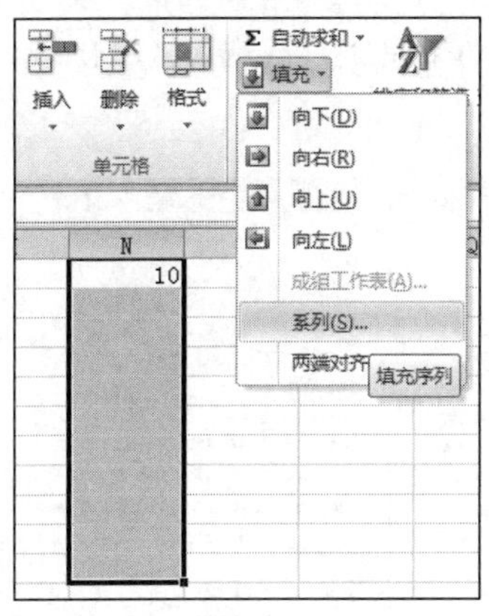

图 5-98　用“填充”按钮填充序列

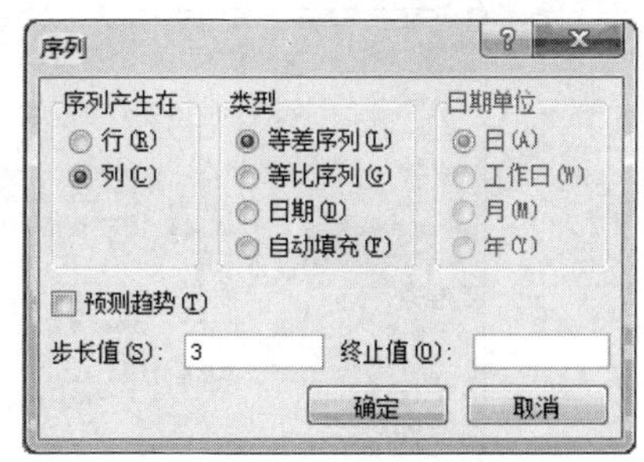

图 5-99　“序列”对话框

例如要求在单元格区域 N1:N10 中填入序列数字 10，13，16，…，34。

分析：填充序列时 3 个条件是必需的，一是首单元格数据，如 N1 中数据是 10；二是序列类型，如等差序列，公差是 3；三是结束填充条件，可以分成两种，该例都给出了（一种是给出填充区域，如 N1:N10，此时不需要填写终止值，填充方法如图 5-98 和图 5-99 所示；另一种是给出终止值，如填充到 34 结束，此时只选择首单元格，在实际应用中也无法判断结束单元格的位置）。

操作步骤：在单元格 N1 中输入起始数 10 并按 Enter 键；选定 N1 单元格，单击“开始”选项卡“编辑”组中的“填充”按钮，在下拉列表中选择“系列”选项；在弹出的“序列”对话框中选择“列”单选项，在“类型”区域中选择“等差序列”单选项，在“步长值”文本框中输入 3，在“终止值”文本框中输入 34，单击“确定”按钮，填充完成后的效果如图 5-100 所示。

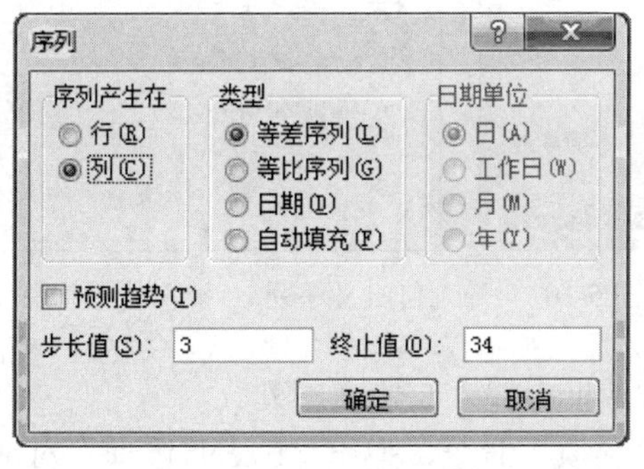

图 5-100　填充等差序列效果

3. 自定义序列

除了 Excel 2010 所提供的序列外，有时还会用到一些特定的序列，例如一个文具店要经常处理的商品有日记本、田格本、拼音本、生字本、英语本等，对这种情况可以自定义成序列，通过使用“自动填充”功能可以将数据自动输入到工作表中。

（1）将工作表中已经存在的序列导入定义成序列。

1）选定工作表中已经输入的序列。

2）单击“文件”选项卡中的“选项”命令，弹出“Excel 选项”对话框。

3）在其中选中“高级”选项卡，向下拖动右侧的滚动条直到“常规”区域出现，单击“编辑自定义列表”按钮，如图 5-101 所示。

	A
1	日记本
2	田格本
3	拼音本
4	生字本
5	英语本

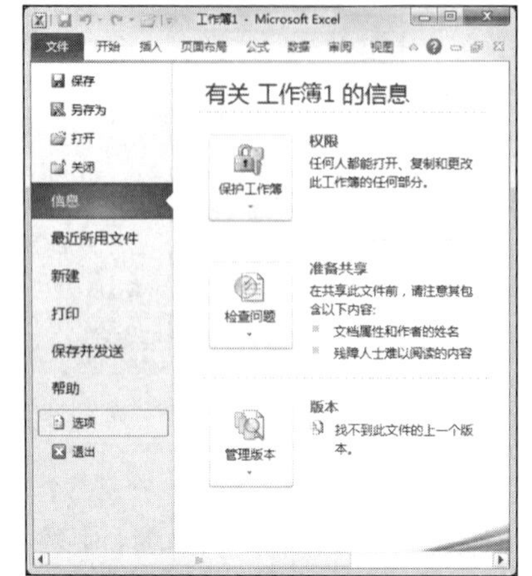

图 5-101　将工作表中已经存在的序列导入定义成序列

4）弹出“自定义序列”对话框，单击“导入”按钮，则“输入序列”组合框中就会出现选定的项目，单击“确定”按钮，序列定义成功，以后就可以使用刚才自定义的序列进行填充操作了，如图 5-102 所示。

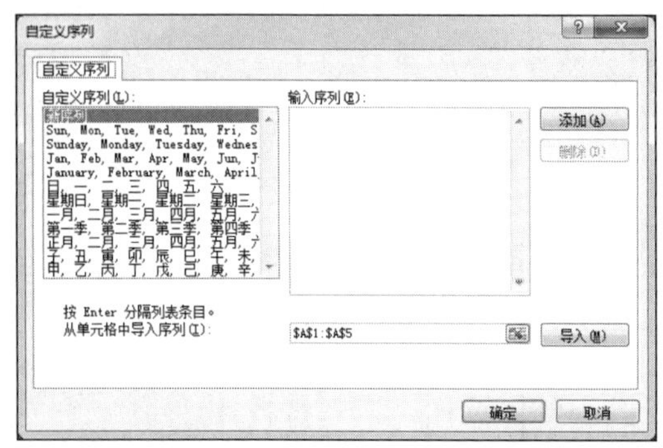

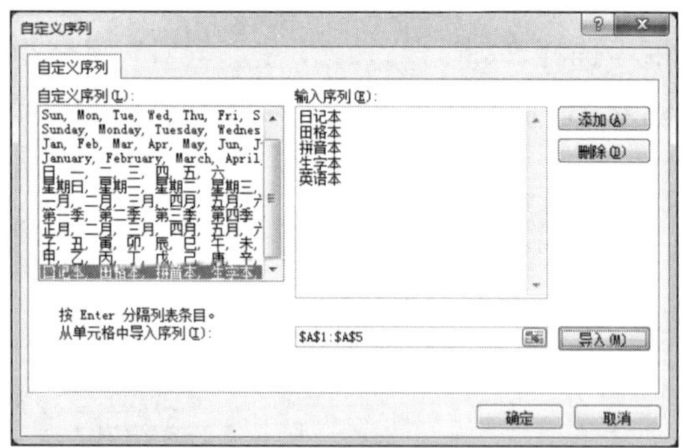

图 5-102　导入自定义序列

（2）直接在“自定义序列”对话框中输入自定义序列。

1）单击“文件”选项卡中的“选项”命令，弹出“Excel 选项”对话框，在“高级”选项卡的“常规”区域中单击“编辑自定义列表”按钮，弹出“自定义序列”对话框。

2）在“输入序列”组合框中输入“笔记本”，按 Enter 键，接着输入“练习本”，按 Enter 键，直至输入完所有的内容。

3）单击“添加”按钮，刚才定义的序列格式已经出现在“自定义序列”列表中了。

（3）编辑或删除自定义序列。

可以对已经存在的序列进行编辑或者将不需要使用的序列删除，操作步骤如下：

1）单击“文件”选项卡中的“选项”命令，弹出“Excel 选项”对话框，在“高级”选项卡的“常规”区域中单击“编辑自定义列表”按钮，弹出“自定义序列”对话框。

2）在“自定义序列”列表框中选定要编辑的自定义序列，就会看到它们出现在“输入序列”组合框中。

3）选择要编辑的序列项进行编辑，若要删除序列中的某一项请按 Backspace 键。若要删除整个序列则单击“删除”按钮。

4. 自动更正

在输入文字的同时更正各种错误，不必再担心因为错按了大写键 Caps Lock 而造成书写错误，例如“English”错写成“ENGLISH”。Word 会自动将其恢复成“English”并自动关闭 Caps Lock 功能。具体设置方法：单击“文件”选项卡中的“选项”命令，弹出“Excel 选项”对话框，选择“校对”选项卡，在其中单击“自动更正选项”按钮，弹出“自动更正”对话框，如图 5-103 所示，在“替换”和“为”文本框中输入相应的单词，单击“添加”按钮。

图 5-103 “Excel 选项”对话框和“自动更正”对话框

【完成过程】

1. 输入标题

启动 Excel 2010，单击“文件”选项卡中的“保存”命令，弹出“保存”对话框，在“保存位置”栏中选择文件的保存位置，文件名更改为“制作校历”，单击“保存”按钮。在 E3 单元格中输入标题“2014～2015 学年度第二学期校历”，注意插入标点符号“～”。

2. 用填充柄自动填充星期

在 A5 单元格中输入 2015，在 B5 单元格中输入“周次”，在 C5 单元格中输入“一”，向右拖拽 C5 单元格的填充柄到 I5，在 J5 单元格中输入“教学事项”，将 A5:J5 设置为适当的列宽，最终效果如图 5-104 所示。

3. 增加自定义序列周次，然后自动填充

单击“文件”选项卡中的“选项”命令，弹出“Excel 选项”对话框，在“高级”选项卡的“常规”区域中单击“编辑自定义列表”按钮，弹出“自定义序列”对话框，在“输入序列”

组合框中输入“第一周”到“第二十周”，按 Enter 键；单击“添加”按钮，将刚刚定义的序列格式添加到“自定义序列”列表中，如图 5-105 所示，单击“确定”按钮。

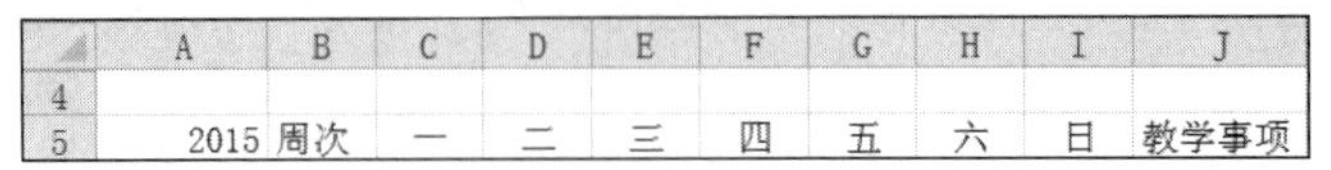

图 5-104 列标题内容

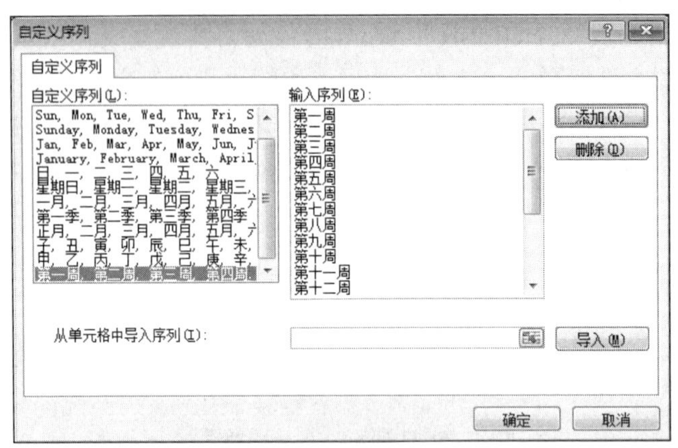

图 5-105 添加周次自定义序列

在 B6 单元格中输入“第一周”，向下拖动填充柄到显示出“第二十周”时放开鼠标。

4. 用填充序列的方法填充日期

（1）设置第一天仅显示当前日期的天数。

在 C6 单元格中输入日期“2015/2/23”，选中 C6:I26，右击并选择“设置单元格格式”命令，如图 5-106 所示。在“设置单元格格式”对话框中单击“数字”选项卡，在“分类”列表框中选择“自定义”，在“类型”文本框中输入 d，表示仅显示日期，如图 5-107 所示，单击“确定”按钮，效果如图 5-108 所示。

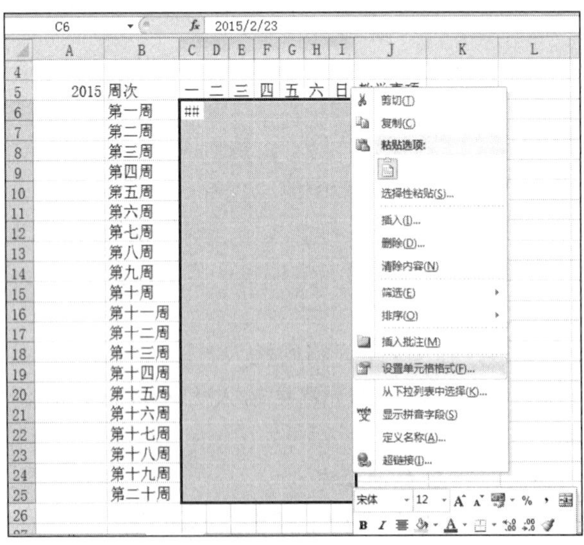

图 5-106 设置特定日期单元格格式

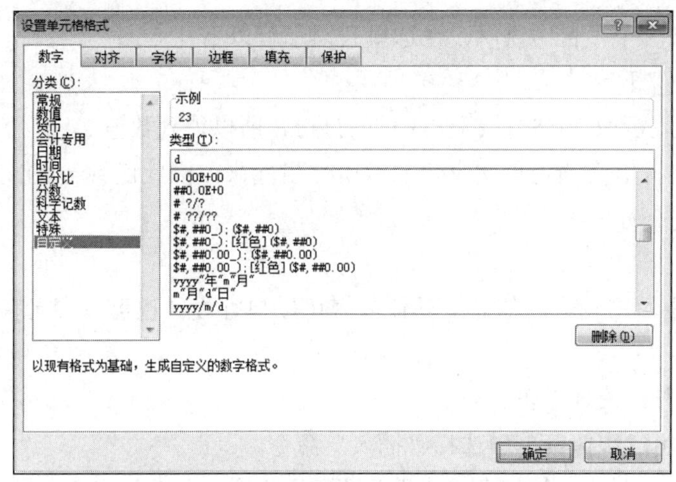

图 5-107　设置仅显示日子的日期格式

图 5-108　仅显示日期中天数的效果

（2）填充日期。

1）单击 C6 单元格，向右拖拽填充柄到 I6 单元格，如图 5-109 所示。

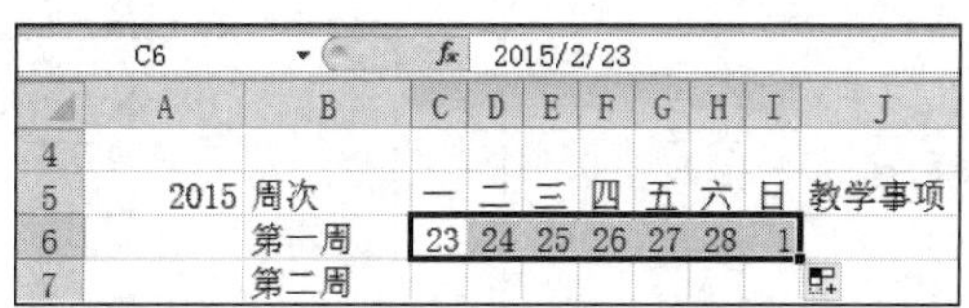

图 5-109　填充第一周数据

2）选中 C6:I26 区域，单击“开始”选项卡“编辑”组中的“填充”按钮，在下拉列表中选择“系列”选项。在弹出的“序列”对话框中选择“列”单选项，在“类型”区域中选择“等差序列”单选项，在“步长值”文本框中输入 7（因为一周 7 天），如图 5-110 所示。

图 5-110　填充 20 周数据

5. 输入月份

- 在每月的开始处输入相应的月份，如在 A6 单元格中输入“2 月”。
- 用公式在某月的开始处计算相应的月份，如在 A6 单元格中输入“=MONTH (C6)&"月"”并回车。然后选中该单元格，单击“复制”按钮，到其他月份开始单击“粘贴”按钮。

有关公式和函数的操作将在下一个项目中讲解，在这里只需了解以下几点：

- 公式均以英文半角的“=”开头。
- 函数 MONTH(2015/2/23)表示取 2015 年 2 月 23 日的月份，所以得到数值 2。
- &表示连接，公式中的字符串必须用英文半角的双引号引起来，因此函数=MONTH (2015/2/8)&"月"的结果是 2 月。

6. 填写教学事项

在每个月的“教学事项”栏中填写相应的信息，具体内容可以自行设计也可以参考任务源文件。

7. 在每一周下面插入一个空行，使日期合理显示

（1）选中 7 行并右击，在弹出的快捷菜单中选择“插入”命令。

（2）选中单元格 C9 并右击，在弹出的快捷菜单中选择“插入”命令，在弹出的“插入”对话框中选择“整行”单选项，如图 5-111 所示。

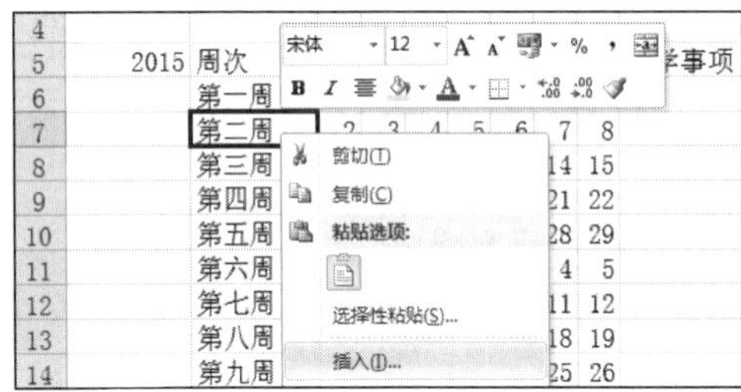

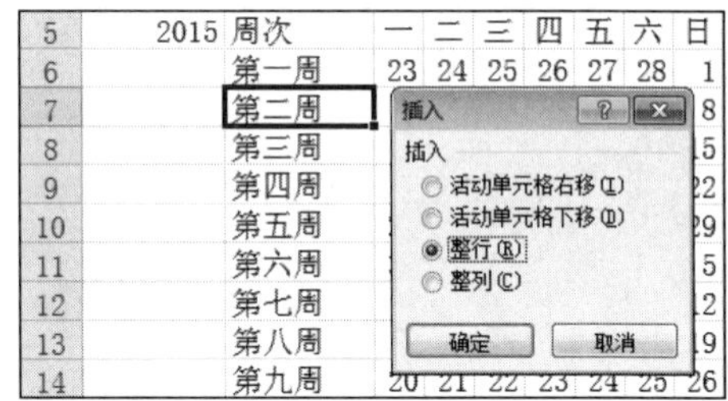

图 5-111　每周下插入一个空行

（3）使用步骤（1）或（2）的方法在其他周次下面插入空行。

8. 取消工作表网格线

在“页面布局”选项卡“工作表选项”组的“网格线”区域中取消对“查看”复选项的选择，可以看到工作表中的网格线被隐藏。

9. 保存

任务 5　美化校历

【任务分析】

本任务是对上一任务中完成的工作表进行改进，主要是为育才大学 2014～2015 学年第二学期校历设置精美界面，插入背景和页眉图片。通过本任务读者可熟练使用 Excel 2010 插入图片、设置背景，使用 Excel 2010 页面设置功能为育才大学校历设置带图片的页眉。美化校历表过程中除了设置单元格的字体、边框、图案外，还要使用 Excel 2010 的自动套用格式、转置、绘制斜线表头、冻结窗口等功能快速制作一份横版校历。任务完成后，美化校历效果如图 5-112 所示，横版校历效果如图 5-113 所示。

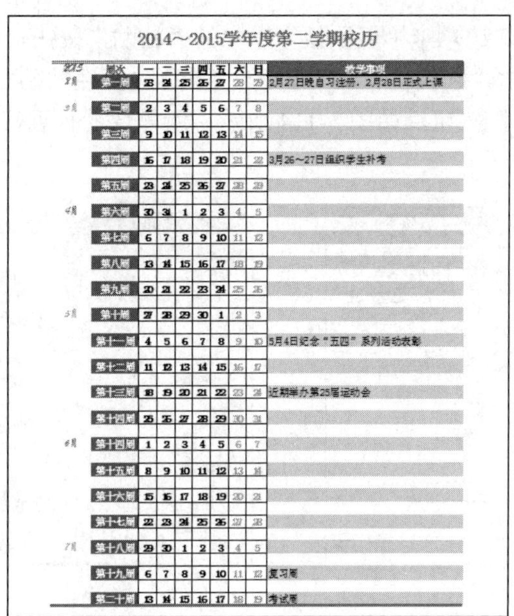

2014～2015学年度第二学期校历

2015	周次	一	二	三	四	五	六	日	教学事项
2月	第一周	23	24	25	26	27	28	29	2月27日晚自习注册，2月28日正式上课
3月	第二周	2	3	4	5	6	7	8	
	第三周	9	10	11	12	13	14	15	
	第四周	16	17	18	19	20	21	22	3月26～27日组织学生补考
	第五周	23	24	25	26	27	28	29	
4月	第六周	30	31	1	2	3	4	5	
	第七周	6	7	8	9	10	11	12	
	第八周	13	14	15	16	17	18	19	
	第九周	20	21	22	23	24	25	26	
5月	第十周	27	28	29	30	1	2	3	
	第十一周	4	5	6	7	8	9	10	5月4日纪念“五四”系列活动表彰
	第十二周	11	12	13	14	15	16	17	
	第十三周	18	19	20	21	22	23	24	近期举办第25届运动会
	第十四周	25	26	27	28	29	30	31	
6月	第十四周	1	2	3	4	5	6	7	
	第十五周	8	9	10	11	12	13	14	
	第十六周	15	16	17	18	19	20	21	
	第十七周	22	23	24	25	26	27	28	
7月	第十八周	29	30	1	2	3	4	5	
	第十九周	6	7	8	9	10	11	12	复习周
	第二十周	13	14	15	16	17	18	19	考试周

图 5-112　美化校历效果

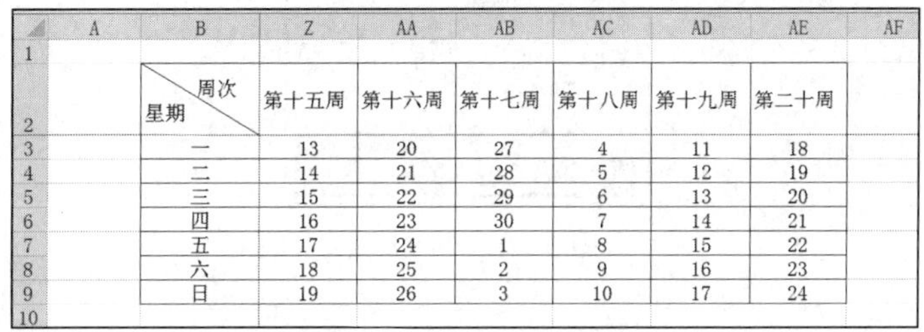

	A	B	Z	AA	AB	AC	AD	AE	AF
1									
2		周次 星期	第十五周	第十六周	第十七周	第十八周	第十九周	第二十周	
3		一	13	20	27	4	11	18	
4		二	14	21	28	5	12	19	
5		三	15	22	29	6	13	20	
6		四	16	23	30	7	14	21	
7		五	17	24	1	8	15	22	
8		六	18	25	2	9	16	23	
9		日	19	26	3	10	17	24	
10									

图 5-113　横版校历效果

【任务目标】

- 掌握 Excel 转置的方法。
- 掌握 Excel 绘制斜线表头的方法。
- 掌握 Excel 拆分和冻结窗格的方法
- 掌握 Excel 快速格式设置的方法。
- 掌握 Excel 插入图片的方法。
- 掌握 Excel 设置工作表背景的方法。

【必备知识】

1．选择性粘贴——转置

在 Excel 2010 中实现表格的行列转置方法如下：

（1）选择工作表中要转置的区域。

（2）复制所选区域中的数据。

（3）在新的工作表或本工作表的空白区域中输入内容，输入完成并选定内容，按 Ctrl+C

组合键，然后单击“开始”选项卡“剪贴板”组中的“粘贴”按钮，在下拉列表中选择“选择性粘贴”命令或右击并选择“选择性粘贴”命令，弹出“选择性粘贴”对话框，在其中选中“转置”复选项，单击“确定”按钮，如图 5-114 所示，所需要的行列转置结果就呈现在面前了，如图 5-115 所示。

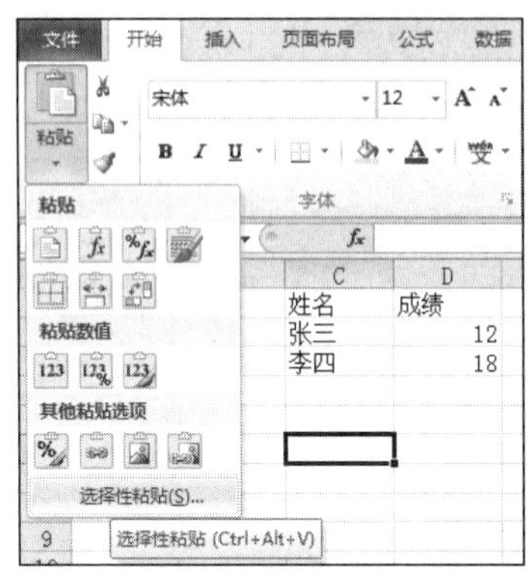

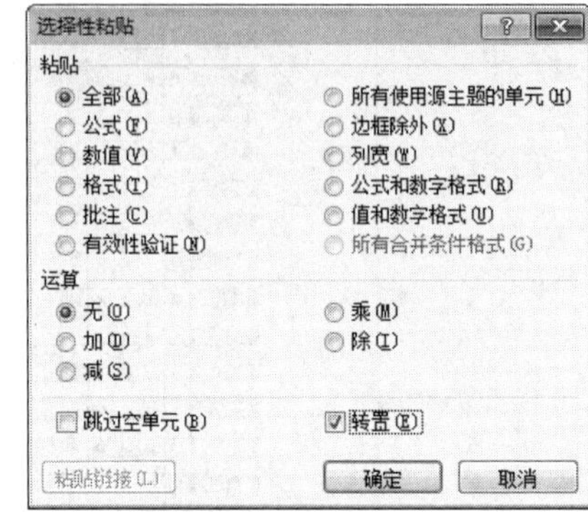

图 5-114　转置操作

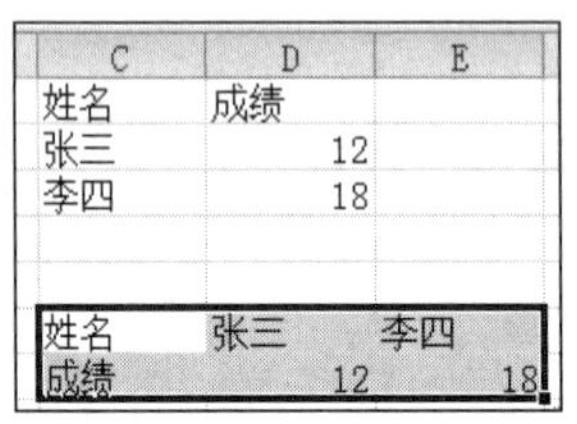

C	D	E
姓名	成绩	
张三	12	
李四	18	
姓名	张三	李四
成绩	12	18

图 5-115　转置结果

2. 绘制斜线表头

斜线是单元格边框的一种，在 Excel 2010 中绘制斜线主要是实现单元格中数据的多行显示，操作方法如下：

（1）单击工作表中的 A1 单元格，输入斜线表头的内容，例如本例中的两个标题“成绩”和“姓名”。首先输入“成绩”，然后按 Alt+Enter 组合键，这样可以在单元格内向下换行，接着输入“姓名”，按 Ctrl+Enter 组合键，这样可以在不离开该单元格的情况下选中该单元格，如图 5-116 所示。

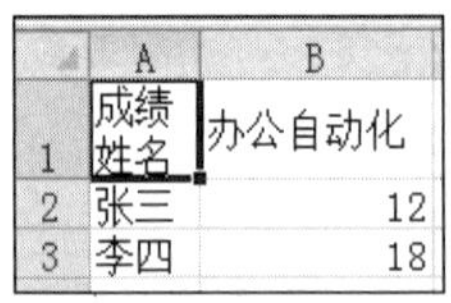

	A	B
1	成绩 姓名	办公自动化
2	张三	12
3	李四	18

图 5-116　单元格显示多行数据

（2）按 Ctrl+1 组合键，或者在单元格上右击，在弹出的快捷菜单中选择“设置单元格格式”命令，弹出“设置单元格格式”对话框。在其中单击“边框”选项卡，再单击“左斜线”按钮，如图 5-117 所示；单击“对齐”选项卡，将文本的水平和垂直对齐方式都设置为“两端对齐”，如图 5-118 所示，单击“确定”按钮。

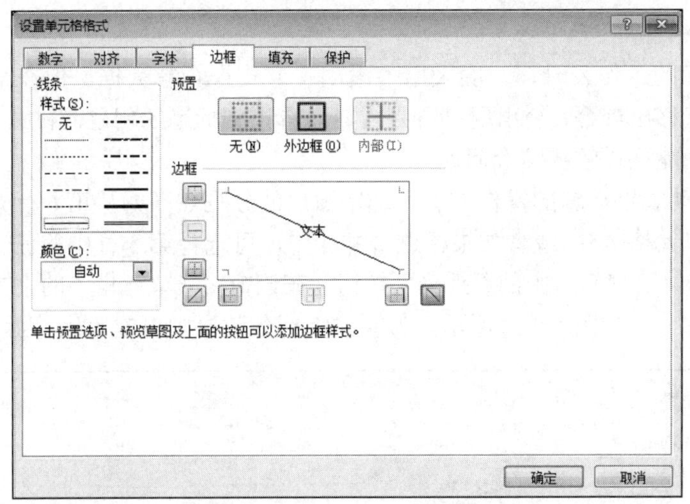

图 5-117　单元格设置左斜线

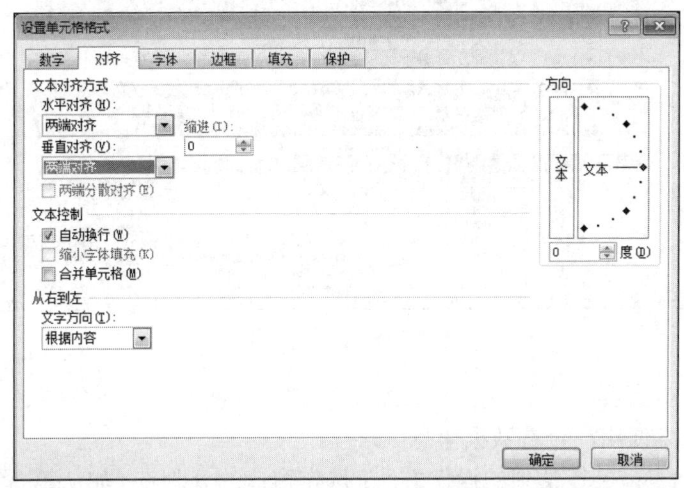

图 5-118　单元格设置两端对齐

（3）观察表头中的文本，显然项目名称的位置不是很合适。双击 A1 单元格，将插入点定位到“成绩”左侧，按 3 次空格键让“成绩”的位置向右一些。然后按 Ctrl+Enter 组合键离开编辑状态并选中 A1 单元格，如果发现“成绩”换行了，可以通过调整该列的宽度将其调整到合适位置，同样可以调整行宽使表头的大小变得合适。当然，也可以改变表头中文本的大小，最后可以看到表头斜线效果如图 5-119 所示。

（4）使用 Alt+Enter 组合键设置文字换行改变文字方向（纵向），如图 5-120 所示；或者通过设置单元格格式的文字方向制作斜线表头倾斜效果，如图 5-121 所示。

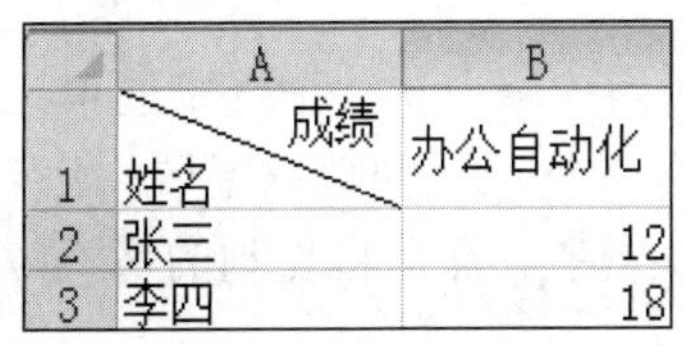

图 5-119　斜线表头效果

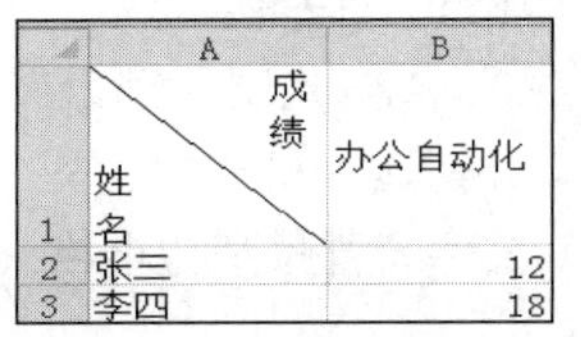

图 5-120　文字纵向的斜线表头

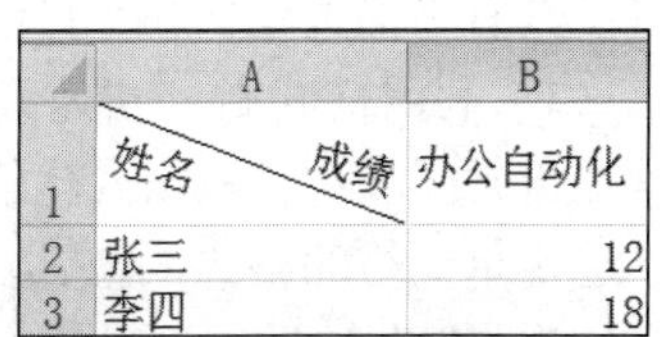

图 5-121　文字倾斜的斜线表头

3. 拆分和冻结窗格

查看数据较多的工作表时，一般采用“滚动”方式来查看数据。但在滚动时，表格标题也会随着数据一起移出屏幕，会出现只看到内容而看不到标题的问题。利用 Excel 2010 的“拆分和冻结窗格”功能可以解决这个问题。

（1）拆分滚动表格标题的操作方法：选定窗口的分割点（如从第 6 行开始分割，则选择第 6 行的第一个单元格 A5；或者如果标题合并居中，可选择第 5 行中的任一单元格，然后单击“视图”选项卡“窗口”组中的“拆分”按钮，在该窗格（单元格）的上方线和左边线进行拆分，共分 4 个部分，如图 5-122 所示，如要撤除拆分效果则再次单击“拆分”按钮。

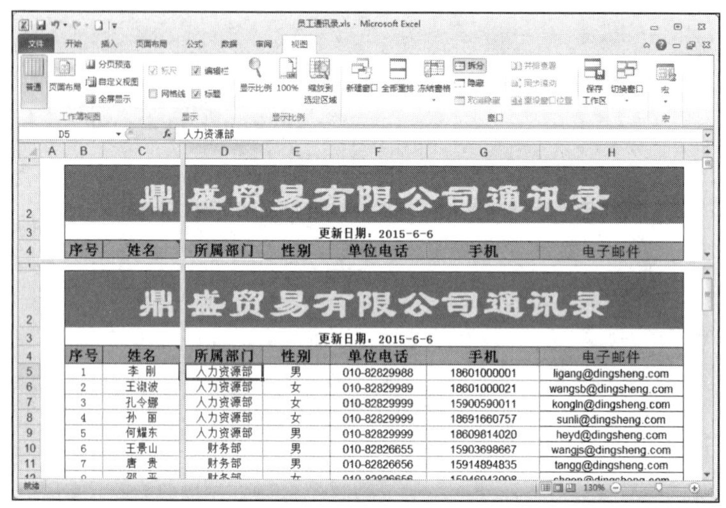

图 5-122 拆分单元格

这样处理后，当查看时，分割点（如 A2）上部内容被冻结，而分割点所在行及以下行内容可以滚动，可以方便用户查看数据信息。

（2）冻结滚动表格某行某列的操作方法：选定窗口的分割点（如从第 5 行 D 列开始分割，则选 D5 单元格），单击“视图”选项卡“窗口”组中的“冻结窗格”按钮，在下拉列表中选择“冻结拆分窗格”命令，可以实现窗口的冻结。这样处理后，当查看数据时，分割点（如 D5）上部内容和左边内容都被冻结，而分割点右下内容可以滚动，效果如图 5-123 所示，在“冻结窗格”按钮的下拉列表中还可以设置“冻结首行”和“冻结首列”。

（3）若要取消冻结拆分窗口，则单击“视图”选项卡“窗口”组中的“冻结窗格”按钮，在下拉列表中选择“取消冻结窗格”命令。

4. 快速格式设置

快速格式设置可以已有的格式为基础，迅速对其他单元格进行格式化。常用的快速格式设置工具有“格式刷”和“自动套用格式”两种。

（1）利用格式刷快速设置格式。“格式刷”按钮被设计为让用户从一个选定的单元格或其他数据区域中拾取格式化信息，并把这个格式用于另一个单元格或其他数据区域。所有依附于选定单元格的格式，包括数字、文字、背景和边框格式都被复制，然后将复制的格式应用到其他数据区域。

1）选定想要从中复制信息的单元格可以称之为源单元格。单击“开始”选项卡“剪贴板”

组中的“格式刷”按钮，鼠标指针变成✤♙形状。鼠标指针指向欲复制格式的单元格或单元格区域首单元格后按住鼠标左键，拖动鼠标到目标单元格后释放鼠标左键。当鼠标指针扫过这些单元格时，它们就自动地接收了来自源单元格的格式。当释放鼠标左键时屏幕指针变回到正常形状，复制工作完成。

图 5-123 冻结单元格

2）双击“格式刷”按钮，可以无限次地使用“格式刷”复制格式，要恢复正常光标，可以按 Esc 键或再次单击“格式刷”按钮。

（2）指定单元格格式。在 Excel 内提供了自动格式化的功能，它可以根据预设的一些格式将用户制作的报表格式化，产生美观的报表。

1）选定要格式化的区域。

2）单击“开始”选项卡“样式”组中的“单元格样式”按钮，打开预置列表，如图 5-124（a）所示。从中选择一个预置样式，相应的格式即可应用到选定的单元格中。

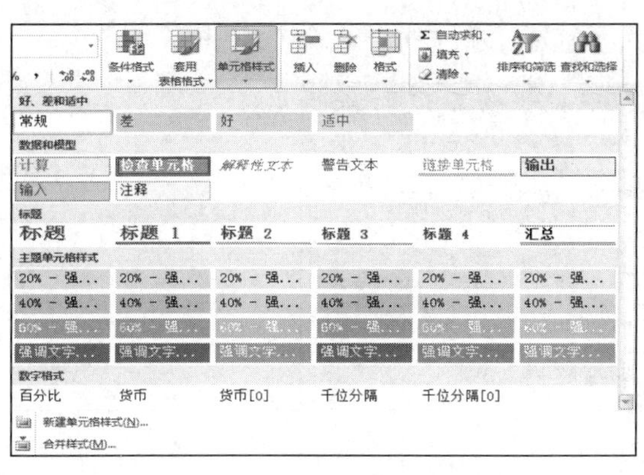

（a）预置列表

（b）“样式”对话框

图 5-124 指定单元格样式

3）若要自定义格式，可以单击下拉列表中的“新建单元格样式”命令，弹出“样式”对话框，如图 5-124（b）所示，输入样式名，包括样式的项目包含数字、对齐、字体、边框、填充、保护复选项，去掉其前面的“√”，则在格式化时就不能调用，在其中单击“格式”按钮，弹出“设置单元格格式”对话框，在其中进行相应的设置。如果对格式化的结果不满意，还可以使用快速访问工具栏中的“撤消键入”按钮或按 Ctrl+Z 组合键取消自动套用格式。

（3）自动套用表格格式。

1）选择需要套用格式的单元格区域。

2）单击“开始”选项卡“样式”组中的“套用表格格式”按钮，打开预置列表，如图 5-125（a）所示。

3）选择某个合适的预置样式，相应的格式即可填充到选定的单元格区域。

4）若要自定义样式，可以单击下拉列表中的“新建表样式”命令，弹出“新建表快速样式”对话框，如图 5-125（b）所示，依次输入样式名称并设定格式后单击“确定”按钮。

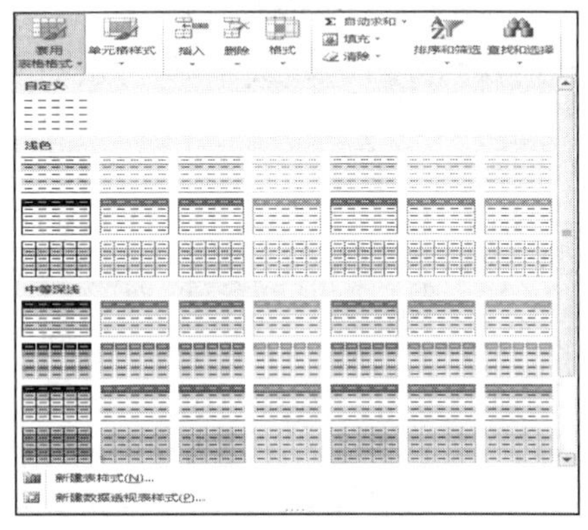

（a）预置列表

（b）“新建表快速样式”对话框

图 5-125　自动套用表格样式

5. 在 Excel 2010 中插入图片

Excel 2010 中可以插入剪贴画、图片文件、艺术字，与 Word 不同的是，插入的图片总是浮于文字上方，不能设置版式，如图 5-126 所示在“设置图片格式”对话框中没有“版式”选项卡。

图 5-126　“设置图片格式”对话框

插入并修改图片的具体操作步骤如下：

（1）单击“插入”选项卡“插图”组中的“图片”按钮，弹出“插入图片”对话框，选择要插入的图片文件单击“插入”按钮。

（2）双击插入的图片，弹出“设置图片格式”对话框，选择“大小”选项卡，按比例缩放图片大小。

（3）拖动图片到适当位置。

6. 设置工作表背景

单击“页面布局”选项卡“页面设置”组中的“背景”按钮，如图 5-127 所示。在弹出的“工作表背景”对话框中选择背景图片，如图 5-128 所示，单击“插入”按钮。

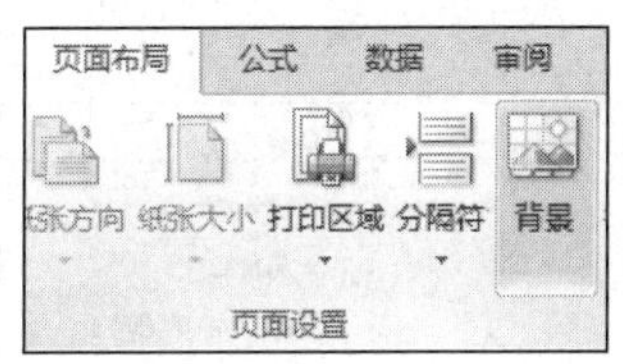

图 5-127　单击“背景”按钮

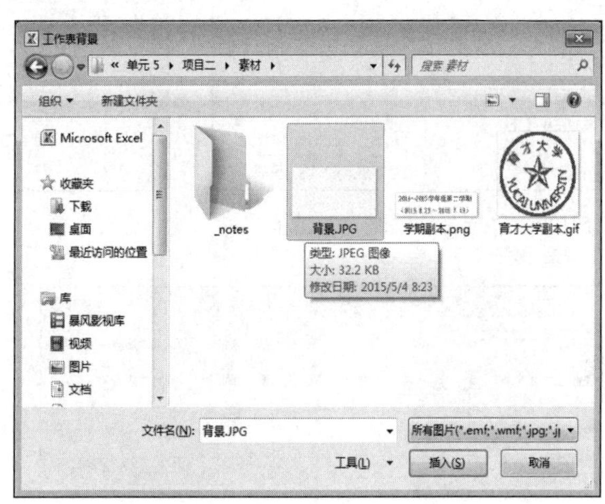

图 5-128　“工作表背景”对话框

【完成过程】

1. 绘制横版校历

（1）启动 Excel 2010，单击“文件”选项卡中的“打开”命令，弹出“打开”对话框，在“查找范围”栏中选择文件的位置，找到文件素材“制作校历.xlsx”，双击打开文件。选择 B5:I46 区域，右击并选择“复制”命令。单击工作表 Sheet2 中的 B2 单元格，右击并选择“选择性粘贴”命令，弹出“选择性粘贴”对话框，单击“转置”复选项，如图 5-129 所示。转置效果如图 5-130 所示。

（2）按住 Ctrl 键的同时单击 D 列、F 列、H 列、J 列选中多列，右击并选择“删除”命令删除周次间的空列，按照同样的方法依次删除剩下的空列。

（3）单击工作表行号和列标的交汇处即工作表左上角或者按 Ctrl+A 组合键全选工作表，单击“开始”选项卡“单元格”组中的“格式”按钮，在下拉列表中选择“自动调整列宽”选项，使数据紧凑。

（4）选择 B2:W9 区域，单击“开始”选项卡“字体”组中的“边框”按钮，在下拉列表中选择“所有框线”选项，为横向校历添加边框，如图 5-131 所示。

（5）双击 B2 单元格，按 Alt+Enter 组合键在单元格内换行，在第二行输入“周次”，按 Ctrl+Enter 组合键退出，此时 B2 单元格仍然是活动单元格，右击并选择“设置单元格格式”

命令，在弹出的“设置单元格格式”对话框中选择“边框”选项卡，在“边框”栏中单击左斜线“\”，单击“确定”按钮。调整 B2 单元格中“周次”的位置和行高。

（6）右击工作表 Sheet2，在弹出的快捷菜单中选择“重命名”选项，如图 5-132 所示，输入新工作表名“横版校历”。

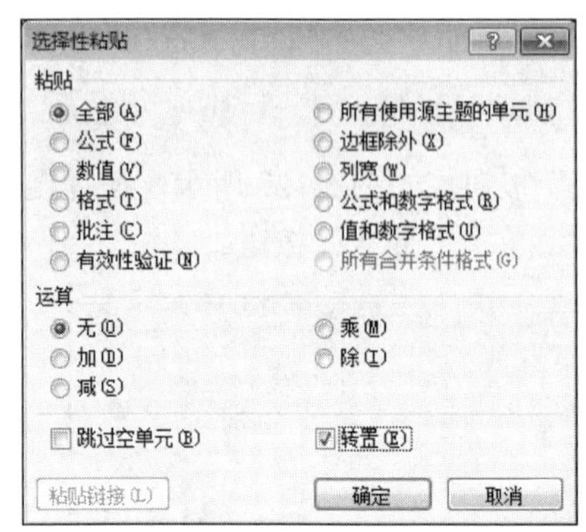

图 5-129 “选择性粘贴”对话框

	A	B	C	D	E	F	G	H	I
1									
2		周次	第一周		第二周		第三周		第四周
3		一	23		2		9		16
4		二	24		3		10		17
5		三	25		4		11		18
6		四	26		5		12		19
7		五	27		6		13		20
8		六	28		7		14		21
9		日	29		8		15		22

图 5-130 转置效果

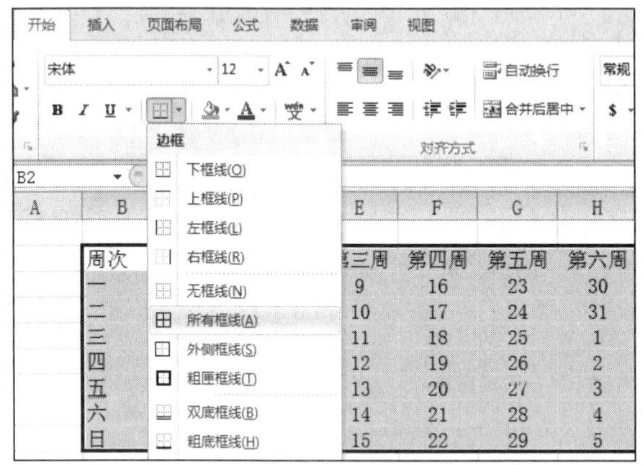

图 5-131 为横向校历添加边框

图 5-132 重命名工作表

2. 冻结窗格

选择 C3 单元格，单击“视图”选项卡“窗口”组中的“冻结窗格”按钮，在下拉列表中选择“冻结拆分窗格”命令，使周次和星期不动，其他数据滚动显示。

3. 设置校历的字体、边框和图案

（1）单击“校历”工作表标签，然后选中 A3:J3 区域即工作表标题，单击“开始”选项卡“对齐方式”组中的“合并后居中”按钮，设置标题字体为宋体，字号为 20，字体颜色为绿色。

（2）选择 B5 单元格，设置其字体为宋体，字号为 12，字形为加粗，字体颜色为绿色。

（3）按住 Ctrl 键的同时选中 B6、B8、B10 单元格，即第一周、第二周和第三周，设置其字体为宋体，字号为 12，字形为加粗，字体颜色为白色，填充颜色为绿色，利用格式刷将其余周次文字设置为同样格式。

（4）选择 J5 单元格即教学事项，设置字体为宋体，字号为 12，字形为加粗。

（5）选择 J3:J46 区域，即输入与教学事项相关的内容，单击“开始”选项卡“样式”组中的“套用表格格式”按钮，在下拉列表中选择“中等深浅”区域中的“表样式中等深浅 16”，弹出“套用表格式”对话框，如图 5-133 所示，勾选“表包含标题”复选项，单击“确定”按钮。

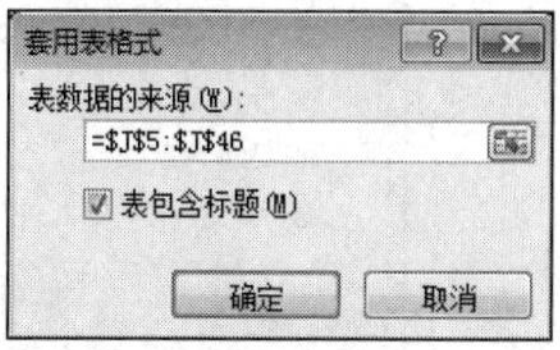

图 5-133 “套用表格式”对话框

（6）选择 A5 单元格即 2015，设置字体为华文行楷，字号为 14，字体颜色为绿色。

（7）按住 Ctrl 键的同时单击单元格 A6、A16、A34 即偶数月份，设置字体为华文行楷，字号为 12，字体颜色为紫色；按住 Ctrl 键的同时单击单元格 A8、A24、A42 即奇数月份，设置字体为华文行楷，字号为 12，字体颜色为橄榄色。

（8）选定 H6:I46 区域即周六周日，字体颜色设置为橙色。

（9）选定 C5:I46 区域即所有日期和星期，单击“开始”选项卡“字体”组中的“边框”按钮右侧的小箭头，在下拉列表中选择“所有框线”选项。

（10）选定 A46:J46 区域并右击，在弹出的快捷菜单中选择“设置单元格格式”命令，弹出“设置单元格格式”对话框，单击“边框”选项卡，选择线条颜色为“灰色-50%”，线条类型为“粗实线”，单击下边框线，单击“确定”按钮。同理选定 A4:J4 区域即校历上方空行的数据单元格，设置其下边框线为绿色双实线，单击“确定”按钮。

4. 替换标题

选择 A3 单元格，单击编辑框将标题替换为“育才大学校历”，并在标题中每个字之间添加一个空格。

5. 添加背景

单击“页面布局”选项卡“页面设置”组中的“背景”按钮，在弹出的“工作表背景”对话框中选择“背景.jpg”，单击“打开”按钮。

6. 设置页眉

单击“页面布局”选项卡“页面设置”组中的对话框启动器，弹出“页面设置”对话框，单击“页眉/页脚”选项卡中的“自定义页眉”按钮，弹出“页眉”对话框，如图 5-134 所示。在“左”文本框中单击“插入图片”按钮，弹出“插入图片”对话框，选择“学期副本.gif”图片，如图 5-135 所示，单击“打开”按钮。

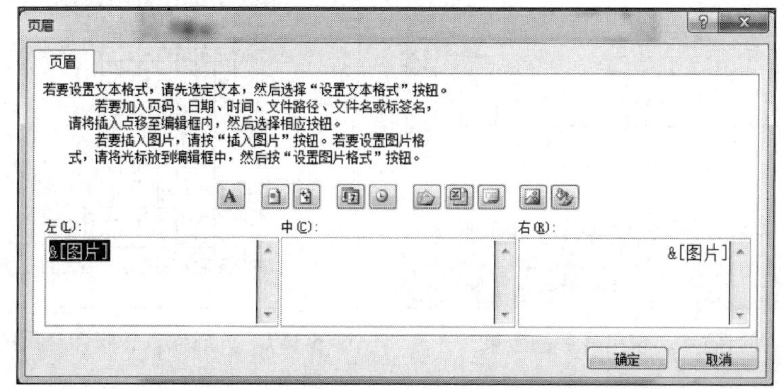

图 5-134 “页眉”对话框

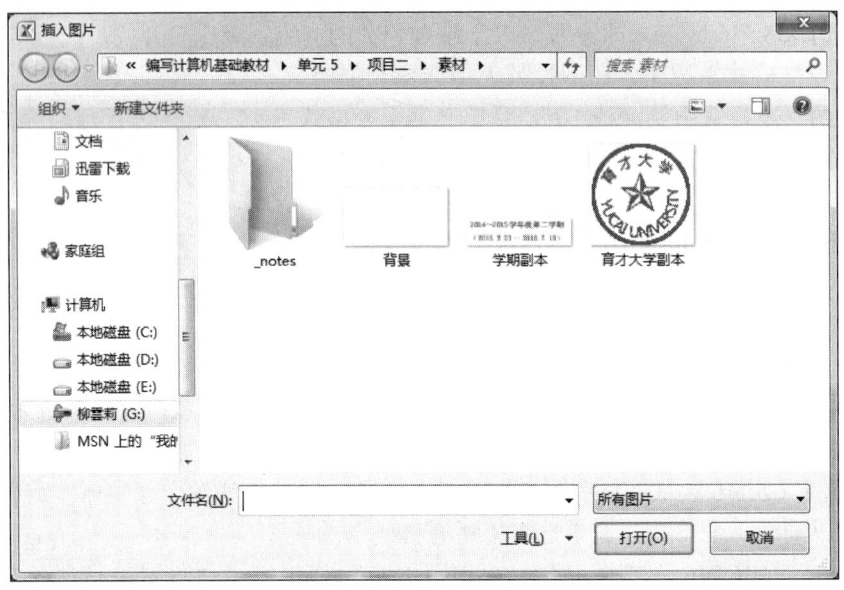

图 5-135　“插入图片”对话框

在“右”文本框内单击“插入图片”按钮，弹出“插入图片”对话框，选择“育才大学副本.gif”图片，单击“打开”按钮，再单击“确定”按钮，如图 5-136 所示。单击“确定”按钮，再单击“打印预览”按钮，效果如图 5-137 所示。

图 5-136　页眉插入 2 张图片后的效果

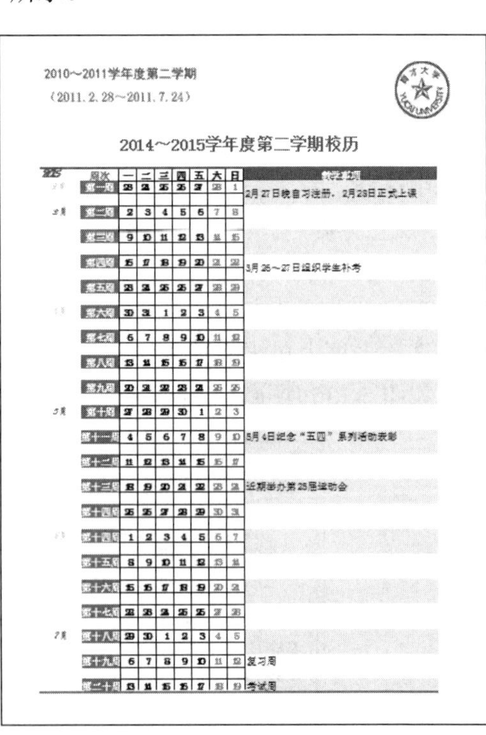

图 5-137　页眉插入 2 张图片后的打印预览效果

7. 保存

任务 6　制作销售行情表

【任务分析】

本任务主要是制作车市销售行情表并设置精美界面，在绘制车市行情表过程中要求读者熟练掌握 Excel 2010 的数据输入方法，设置单元格的字体、边框、图案等格式，计算车市销售行情表中的交易额，统计销售额总和、平均销售额、汽车品牌数量等。通过该任务读者可熟练使用 Excel 2010 的输入公式、单元格引用、自动求和、自动计算等功能。任务完成后的效果如图 5-138 所示。

	A	B	C	D
1	某车市销售行情表			
2	品牌	销售量	平均售价(万元)	交易额(万元)
3	爱丽舍	62	12.98	804.76
4	福田	13	7.82	101.66
5	富康	80	9.36	748.80
6	吉利	14	4.10	57.40
7	宝来	69	17.10	1179.90
8	捷达	151	10.93	1650.43
9	奇瑞	50	9.77	488.50
10	千里马	74	10.68	790.32
11	桑塔纳	22	12.23	269.06
12	夏利	86	6.74	579.64
13	现代	17	15.50	263.50
14	优利欧	14	6.30	88.20
15	波罗	21	12.29	258.09
16	长安奥拓	42	4.23	177.66
17	奇瑞QQ	80	5.11	408.80
18	帕萨特	68	23.73	1613.64
19			合计	9480.36

图 5-138　车市销售行情表

【任务目标】

- 掌握 Excel 2010 公式的使用方法。
- 掌握 Excel 2010 自动求和功能的使用方法。
- 掌握 Excel 2010 自动计算的方法。

【必备知识】

1. 公式的使用

Excel 除了能进行一般的表格处理外，还具有较强的数据计算能力。在 Excel 2010 中，可以使用公式或函数来完成对工作表数据的计算。

Excel 的公式由数字、运算符、单元格引用和函数组成。Excel 不仅提供了多种运算符，还提供了丰富的函数，可以构造出各种复杂的数据、统计、财务和工程运算公式，而且当公式中所引用的单元格的数据发生变化时，公式的计算结果也将自动更新，这是手工计算方式无法达到的。

（1）公式中使用的运算符。

1）算术运算符。算术运算符包括+、−、×、/（除）、^（乘幂）、%（百分号）等。例如=8^3*25%，表示 8 的立方再乘以 0.25，结果为 128。

日期/时间型数据也可以参与简单运算，例如=A1+80，假设 A1 为日期型数据，表示日期 A1 加上 80 天；两个日期值也可以直接进行运算，例如="2006-1-1"-"2005-1-1"（日期和时间字符串必须用双引号括起来），结果为 365；例如="11:09:00"-"5:09:00"，结果为 0.25 天，如图 5-139 所示。

	A	B	C	D
1	2015/6/6		公式	结果
2			=8^3*25%	128
3		算术	=A1+80	2015/8/25
4		运算符	="2015-1-1"-"2014-1-1"	365
5			="11:10:00"-"5:09:00"	0.25
6		文本	="计算机"&"电脑"	计算机电脑
7	123	运算符	=A7&A8	12332
8	32	比较	=A8<42	TRUE
9		运算符	=A8>=32	TRUE

图 5-139　公式的使用

2）文本运算符。“&”又叫连接运算符，作用是把两个文本类型的数据连接起来而生成一个新的文本值。例如="计算机"&"电脑"的运算结果是“计算机电脑”；例如=A1&B2 能把单元格 A1 和 B2 中的文本值进行连接而生成一个新的文本类型数据，如果 A1 的值为 10，B2 的值为 20，其结果为“1020”而非“30”。

3）比较运算符。比较运算符可以比较两个同类型的数据，包括=（等于）、>（大于）、<（小于）、>=（大于等于）、<=（小于等于）和<>（不等于）。比较运算的结果是逻辑值，即 TRUE（真）和 FALSE（假）。例如，假设单元格 B2 中的内容为 32，则=B2<42 的结果为 TRUE，=B2>32 的结果为 FALSE，=B2>=32 的结果为 TRUE。

（2）公式的输入。公式必须由“=”开头，后面接表达式。输入公式的操作类似输入文本，可以在单元格中输入，也可以在编辑框中输入。在一个公式中可以包含各种算术运算符、常量、变量、函数、单元格地址等。在单元格中输入公式的方法：选择要输入公式的单元格，在编辑栏的输入框中输入一个“=”，然后输入一个公式，例如输入=5*3+6-2，输入完毕后按 Enter 键或者单击编辑栏上的“ √ ”完成操作。

2. 单元格的引用——相对引用、绝对引用、混合引用

公式的灵活性是通过单元格的引用来实现的，引用的作用是标识工作表上的单元格或单元格区域，并指明公式中所使用的数据的位置。例如公式“=A1+80”中出现了其他单元格的引用地址 A1。这种方式使得在 Excel 公式中不仅可以使用常量、运算符，还可以使用其他单元格或区域中的数据进行运算。而且当引用的源单元格中的数据发生变化时（被应用的单元格中的数据中不能含有“￥”“$”“,”），公式中的引用数据也随之变化。

在进行数据引用时可以引用同一工作表中的其他单元格或区域，还可以引用其他工作表甚至是其他工作簿的工作表中的单元格或区域。根据单元格引用方式可以将单元格的引用分为相对引用、绝对引用和混合引用。

（1）相对引用。

1）相对引用的概念。相对引用是指当把一个含有单元格地址的公式复制到一个新的位置或者用一个公式填入某个区域时，公式中的单元格地址会随之改变，Excel 2010 中默认的单元格引用为相对引用。

- 单元格相对引用：由单元格的列标和行号表示，如 A1，引用了第 A 列与第 1 行交叉处的单元格。
- 单元格区域相对引用：由单元格区域的左上角单元格相对引用和右下角单元格相对引用组成，中间用冒号分隔，如 A1:D5，引用了以单元格 A1 为左上角，以单元格 D5 为右下角的单元格区域。

如图 5-140 所示，在工作表“学生成绩单”的 E2 单元格中，利用单元格相对引用计算第一个学生的总成绩。除了在单元格 E2 中直接输入公式“=B2+C2+D2”引用 B2、C2、D2 单元格以外，还可以用鼠标选取要引用的单元格。操作步骤：单击 E2 单元格，输入“=”，单击单元格 B2，B2 被虚线框包围，单元格 E2 中显示“=B2”；输入“+”，单击单元格 C2，C2 被虚线框包围，单元格 E2 中显示“=B2+C2”；输入“+”，单击单元格 D2，D2 被虚线框包围，单元格 E2 中显示“=B2+C2+D2”，按 Enter 键或单击编辑栏中的输入按钮“√”确认。

SUM　=B2+C2+D2

	A	B	C	D	E
1	课程 姓名	数学	英语	语文	总成绩
2	李力	98	87	92	=B2+C2+D2
3	张强	89	89	84	
4	王红	97	94	88	

图 5-140　单元格相对引用

2）含有相对引用的公式复制。如果要在 E3 单元格中计算第二个学生的总成绩，只需把 E2 单元格中的公式复制到 E3 单元格中。如图 5-141 所示，E3 单元格中的公式会变为“=B3+C3+D3”，所引用的单元格地址也会发生变化。

如果要计算每个学生的总成绩，可用鼠标对准 E2 单元格右下角的填充柄，向下拖动到 E4 单元格，E2 单元格中的公式即被复制到 E3:E4 单元格区域中。右击 E2 单元格并选择“复制”命令，选中要复制公式的区域 E3:E4，右击并选择“粘贴”命令，同样可以完成学生成绩的计算工作。

（2）绝对引用。绝对引用是指在公式复制或填入到新位置时，使其中的单元格地址保持不变。设置绝对地址需要在行号和列号前加符号“$”。例如公式“=$C$2*$D$2”。

例如把单元格 E2 中的公式改为“=$B$2+$C$2+$D$2”，然后将公式复制到单元格 E3 中，E3 中的值与 E2 中相同，引用地址没有变化，如图 5-142 所示。

E3　=B3+C3+D3

	A	B	C	D	E
1	课程 姓名	数学	英语	语文	总成绩
2	李力	98	87	92	277
3	张强	89	89	84	262
4	王红	97	94	88	

图 5-141　含有相对引用的公式复制

E3　=$B$2+$C$2+$D$2

	A	B	C	D	E
1	课程 姓名	数学	英语	语文	总成绩
2	李力	98	87	92	277
3	张强	89	89	84	277
4	王红	97	94	88	

图 5-142　含有绝对引用的公式复制

（3）混合引用。混合引用是指在一个单元格地址中，既有绝对地址引用又有相对地址引用。例如，单元格地址“$A1”表明保持列不发生变化，而行随着新的复制位置发生变化；单元格地址“A$1”表明保持行不发生变化，而列随着新的复制位置发生变化。

3 种引用输入时可以相互转换，在公式中选定引用单元格的部分，反复按功能键 F4 可进行引用间的转换，转换规律：A1→$A$1→A$1→$A1→A1。

（4）引用其他工作表数据。公式中也可以应用其他工作表中的单元格或单元格区域的数据，甚至其他工作簿的工作表中的单元格或单元格区域数据，具体操作方法如下：

1）引用同一工作簿的其他工作表中的单元格（或区域）。

引用格式：工作表名!单元格（或区域）的引用地址

必须用感叹号“!”将工作表名和单元格引用分开，例如要引用工作表 Sheet2 的 B3 单元格，应输入公式“=Sheet2!B3”。如果引用的工作表名称中含有空格，必须用单引号将工作表名称括住，如“='My Sheet'!B3”。

如果用鼠标引用工作簿中其他工作表的单元格或者单元格区域，可在公式中输入引用的位置，单击需要引用的单元格所在的工作表标签，选中需要引用的单元格或单元格区域，则该引用将显示在公式中。

2）引用其他工作簿中的单元格（或区域）。

引用格式：[工作簿名称]工作表名!单元格（或区域），例如要引用 Book2 工作簿中 Sheet2 工作表的 B3 单元格，应输入公式“=[Book2]Sheet2!B3”。如果引用的工作簿名称中含有空格，也必须用单引号将工作簿名称连同工作表名称一起括起来，如“='[Book2]Sheet2'!B3”。

如果用鼠标引用其他工作簿中的单元格或者单元格区域，可在公式中输入引用的位置，首先选择需要引用的工作簿为当前工作簿，然后单击需要引用的单元格所在的工作表标签，选中需要引用的单元格或单元格区域，则该引用将显示在公式中。

如果公式中要引用的工作簿没有打开，则必须在公式中的工作簿名称前加入该工作簿的路径，并在路径前和工作表名后加上单引号，即路径、文件名和工作表名要用单引号括起来，例如“='D:[Book2]Sheet2'!B3”。

3. 自动求和

在工作表中经常会遇到对数据进行求和的问题，为此在 Excel 2010 的“公式”选项卡“函数库”组中提供了“自动求和”工具列表，利用该列表可以快速地调用求和、求平均值、求最大值和最小值等函数。

如图 5-143 所示，在工作表中求数学的单科平均分。操作步骤：选中要存放求平均分结果的单元格 B5，单击“公式”选项卡“函数库”组中的“自动求和”按钮，在下拉列表中选择“平均值”命令，如图 5-144 所示，Excel 软件会自动在单元格中插入 AVERAGE 函数并给出求平均分范围，生成相应的求平均分公式，如果用户想更改求平均分的数据区域，可以用鼠标拖拽选取新的求平均分区域。

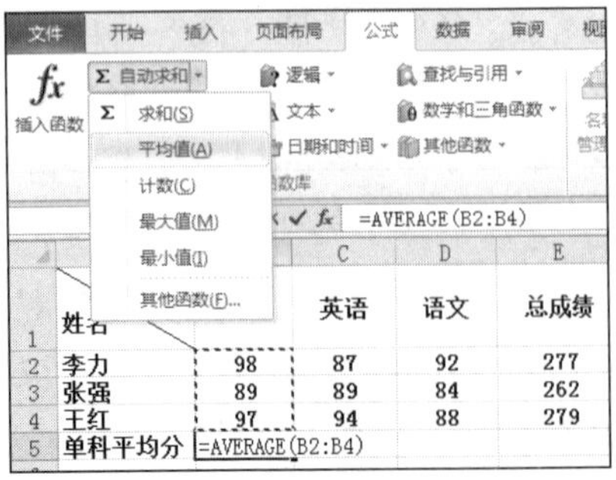

图 5-143　求数学平均分

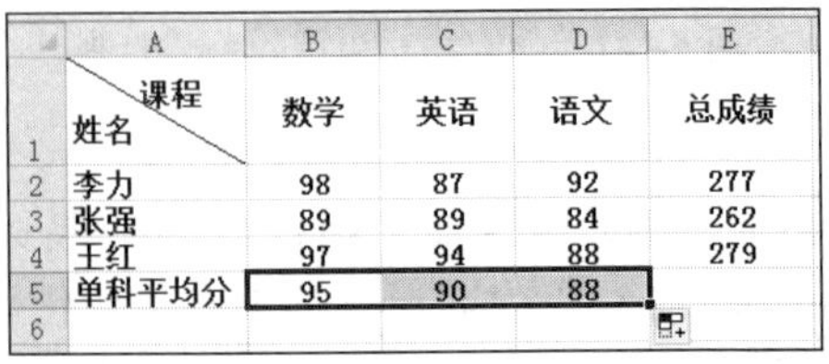

图 5-144　求工作表中所有行和列的平均值

如图 5-144 所示，求工作表中每个学生的平均分及每门课程的平均分。操作步骤：选取单元格区域 B2:E9，单击“自动求和”按钮，在下拉列表中选择“平均值”命令，Excel 软件会在相应的位置自动求出每个学生的平均分和每门课程的平均分。

4. 自动计算

Excel 2010 提供了自动计算功能，也叫快速计算。利用它可以自动计算选定单元格区域的平均值、最小值、最大值、计数及求和，操作方法：在状态栏单击，弹出“自定义状态栏”列表，如图 5-145 所示。勾选设置某自动计算功能后，当选定了要计算的单元格区域时，其计算结果将在状态栏中显示出来，如图 5-146 所示。

自动计算和自动求和是不同的，自动计算的结果显示在状态栏中，自动求和的结果显示在工作表中。如果选中含有非数值的单元格区域并选择“计数”命令时，自动求和计数数值单元格个数，自动计算则计数所有单元格个数，如图 5-147 所示。

图 5-145 “自定义状态栏”列表

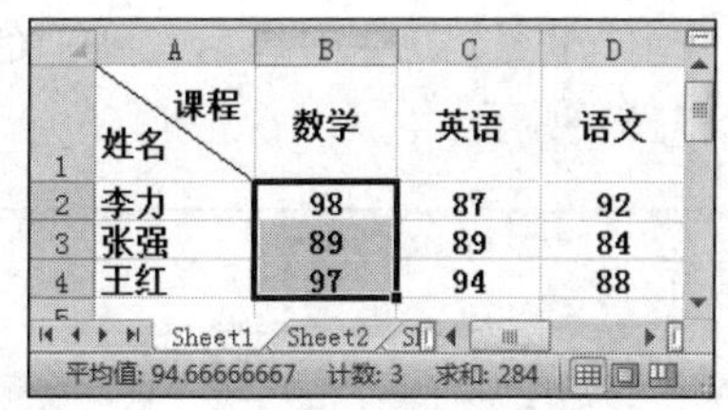

图 5-146 状态栏中显示所选区域的总和

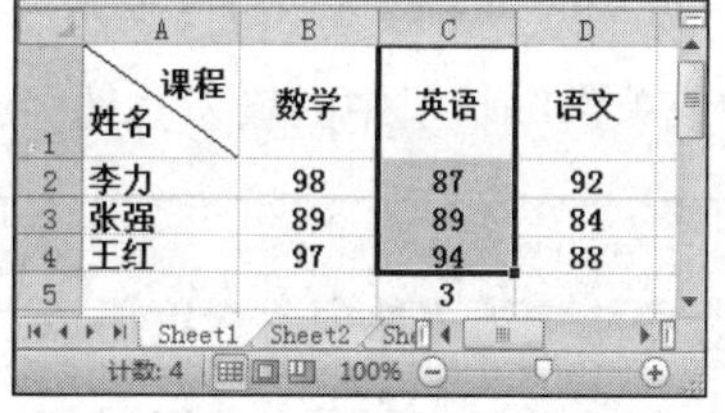

图 5-147 计数差别

【完成过程】

（1）启动 Excel 2010，新建一个 Excel 文件并命名为“车市销售行情表.xlsx”。

（2）在工作表 Sheet1 中输入某车市销售行情的具体数据，如图 5-148 所示。

（3）单击“开始”选项卡“单元格”组中的“格式”按钮，在下拉列表中选择“重命名工作表”命令，将 Sheet1 工作表的名字更改为“某车市销售行情原表”。

（4）单击工作表“某车市销售行情原表”，按 Ctrl+A 组合键将数据内容全部选中，再按 Ctrl+C 组合键复制所选区域。单击工作表 Sheet2，按 Ctrl+V 组合键将刚刚复制的数据复制到第二个工作表中，右击 Sheet2 并选择“重命名”命令，将 Sheet2 更名为“销售图表”。

（5）选中 A1:D1 区域，单击“开始”选项卡“对齐方式”组中的“合并后居中”按钮，然后设置标题字体为宋体，字号为 18，字体颜色为白色，填充颜色为绿色。

（6）选中 A2:D18 区域，单击“开始”选项卡“字体”组中的“填充颜色”按钮，在下拉列表中选择“黄色”。

（7）选中 A1:D18 区域，单击“开始”选项卡“字体”组中的对话框启动器，在弹出的“设置单元格格式”对话框中单击“边框”选项卡。设置外边框和内边框的颜色均为蓝色，线条类型为单实线，单击“确定”按钮，效果如图 5-149 所示。

	A	B	C	D
1	某车市销售行情表			
2	品牌	销售量	平均售价(万元)	交易额(万元)
3	爱丽舍	62	12.98	804.76
4	福田	13	7.82	101.66
5	富康	80	9.36	748.8
6	吉利	14	4.1	57.4
7	宝来	69	17.1	1179.9
8	捷达	151	10.93	1650.43
9	奇瑞	50	9.77	488.5
10	千里马	74	10.68	790.32
11	桑塔纳	22	12.23	269.06
12	夏利	86	6.74	579.64
13	现代	17	15.5	263.5
14	优利欧	14	6.3	88.2
15	波罗	21	12.29	258.09
16	长安奥拓	42	4.23	177.66
17	奇瑞QQ	80	5.11	408.8
18	帕萨特	68	23.73	1613.64
19			合计：	9480.36
20				

某车市销售行情原表 / 销售图表 / Sheet3

就绪

图 5-148　车市销售行情原表

	A	B	C	D
1	某车市销售行情表			
2	品牌	销售量	平均售价(万元)	交易额(万元)
3	爱丽舍	62	12.98	
4	福田	13	7.82	
5	富康	80	9.36	
6	吉利	14	4.10	
7	宝来	69	17.10	
8	捷达	151	10.93	
9	奇瑞	50	9.77	
10	千里马	74	10.68	
11	桑塔纳	22	12.23	
12	夏利	86	6.74	
13	现代	17	15.50	
14	优利欧	14	6.30	
15	波罗	21	12.29	
16	长安奥拓	42	4.23	
17	奇瑞QQ	80	5.11	
18	帕萨特	68	23.73	
19				

某车市销售行情原表 / 销售图表 / Sheet3

就绪

图 5-149　销售图表

（8）选择 D3 单元格，单击编辑框，在其中输入公式“=B3*C3”，按 Enter 键或单击编辑栏中的“√”确认输入，如图 5-150 所示。

或者单击 D3 单元格，输入“=”，再单击 B3 单元格，B3 被虚线框包围，单元格 D2 中显示“=B3”。输入“*”，单击 C3 单元格，C3 被虚线框包围，单元格 D2 中显示“=B3*C3”。按 Enter 键或单击编辑栏中的输入按钮“√”确认，如图 5-151 所示。

D3　fx　=B3*C3

	A	B	C	D
1	某车市销售行情表			
2	品牌	销售量	平均售价(万元)	交易额(万元)
3	爱丽舍	62	12.98	804.76
4	福田	13	7.82	

图 5-150　直接输入公式

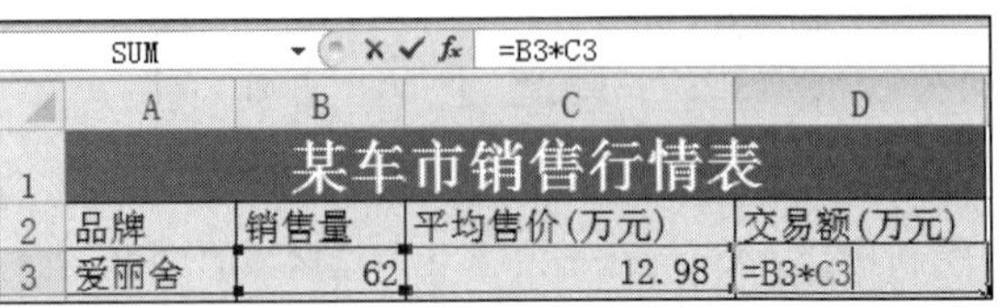

SUM　✕ ✓ fx　=B3*C3

	A	B	C	D
1	某车市销售行情表			
2	品牌	销售量	平均售价(万元)	交易额(万元)
3	爱丽舍	62	12.98	=B3*C3

图 5-151　用鼠标选取引用单元格

（9）鼠标对准 D3 单元格右下角的填充柄，向下拖拽鼠标到 D18 单元格释放，则用公式复制并完成了所有交易额的计算，如图 5-152 所示。

（10）在 C9 单元格中输入“合计”，选中 D9 单元格，单击“公式”选项卡“函数库”组中的“自动求和”按钮，在下拉列表中选择“求和”选项，则自动进行交易额求和，如图 5-152 所示。

（11）右击状态栏，在弹出的快捷菜单中选择“计数”命令，然后选中 A3:A18 单元格区域，状态栏中显示该车市中车的种类总数，如图 5-153 所示。

	A	B	C	D
1	某车市销售行情表			
2	品牌	销售量	平均售价(万元)	交易额(万元)
3	爱丽舍	62	12.98	804.76
4	福田	13	7.82	101.66
5	富康	80	9.36	748.80
6	吉利	14	4.10	57.40
7	宝来	69	17.10	1179.90
8	捷达	151	10.93	1650.43
9	奇瑞	50	9.77	488.50
10	千里马	74	10.68	790.32
11	桑塔纳	22	12.23	269.06
12	夏利	86	6.74	579.64
13	现代	17	15.50	263.50
14	优利欧	14	6.30	88.20
15	波罗	21	12.29	258.09
16	长安奥拓	42	4.23	177.66
17	奇瑞QQ	80	5.11	408.80
18	帕萨特	68	23.73	1613.64
19			合计	=SUM(D3:D18)

图 5-152 自动求和——交易额

	A	B	C	D
1	某车市销售行情表			
2	品牌	销售量	平均售价(万元)	交易额(万元)
3	爱丽舍	62	12.98	804.76
4	福田	13	7.82	101.66
5	富康	80	9.36	748.80
6	吉利	14	4.10	57.40
7	宝来	69	17.10	1179.90
8	捷达	151	10.93	1650.43
9	奇瑞	50	9.77	488.50
10	千里马	74	10.68	790.32
11	桑塔纳	22	12.23	269.06
12	夏利	86	6.74	579.64
13	现代	17	15.50	263.50
14	优利欧	14	6.30	88.20
15	波罗	21	12.29	258.09
16	长安奥拓	42	4.23	177.66
17	奇瑞QQ	80	5.11	408.80
18	帕萨特	68	23.73	1613.64
19			合计	9480.36

图 5-153 自动计算——车的种类

任务 7 绘制销售图表

【任务分析】

本任务主要是在车市销售行情表中绘制销售图表，如平均售价图表、销售行情图表等，从而更加直观地观察销售情况。通过该任务读者可熟练使用 Excel 2010 图表的建立、编辑、修饰等功能，任务完成后的效果如图 5-154 所示。

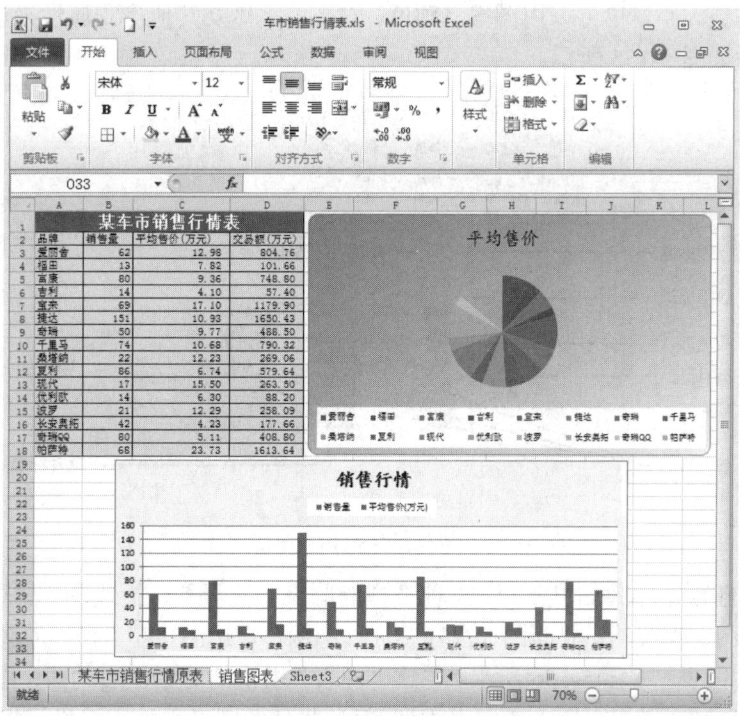

图 5-154 车市销售行情表

【任务目标】

- 掌握 Excel 2010 建立图表的方法。
- 掌握 Excel 2010 编辑图表的方法。
- 掌握 Excel 2010 修饰图表的方法。

【必备知识】

1. 建立图表

在 Excel 中图表的主要作用是将工作表中的数据用图表表示出来，帮助用户分析和比较数据，使数据变得更加直观。

（1）图表元素和术语介绍。

- 数据点：当基于工作表选定区域建立图表时，Excel 2010 使用来自工作表的一个单元格中的数据，并将其当作数据点在图表上显示。
- 数据标记：数据点用条形、线条、柱形、切片、点及其他形状表示，这些形状称为数据标记。
- 坐标轴：分类轴的水平 X 轴和数值轴的垂直 Y 轴。若是三维图，用 Z 轴作为第三个坐标。
- 绘图区：以两条坐标轴为界的矩形区域。
- 刻度线：沿分类（X）轴和数值（Y 和 Z）轴的分割线。

建立了图表以后，可以增加图表项，如数据标记、标题、文字等来设计图表。图表项可以被移动或者调整大小，也可以用图案、颜色、对齐、字体及其他格式属性来设置这些图表的格式。图表元素如图 5-155 所示。

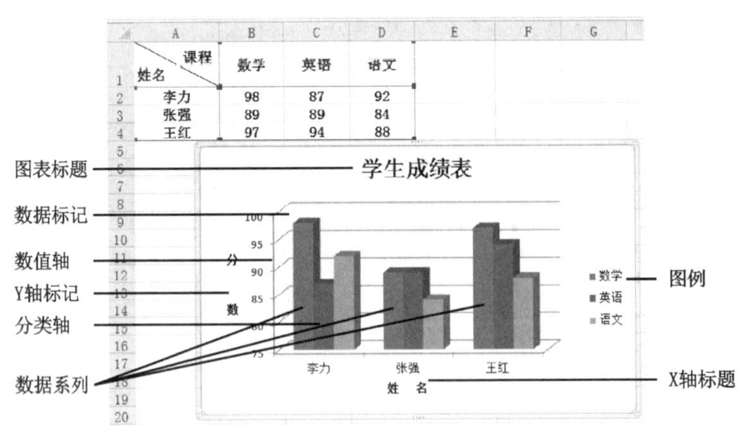

图 5-155 按列定义数据系列生成图表

（2）图表的类型。Excel 提供了 11 种类型的图表：柱形图、折线图、饼图、条形图、面积图、XY 散点图、股市图、曲面图、圆环图、气泡图、雷达图。在“插入”选项卡的“图表”组中列出了 7 种图表，如图 5-156 所示。单击“图表”组中的对话框启动器，弹出“插入图表”对话框，在其中可以选择想要插入的图表类型，每种类型的图表系统都提供了很多样式供选择，如图 5-157 所示。

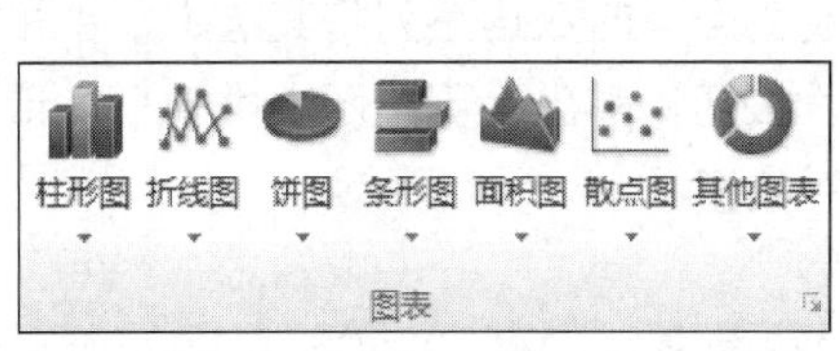

图 5-156　“插入”选项卡的“图表”组

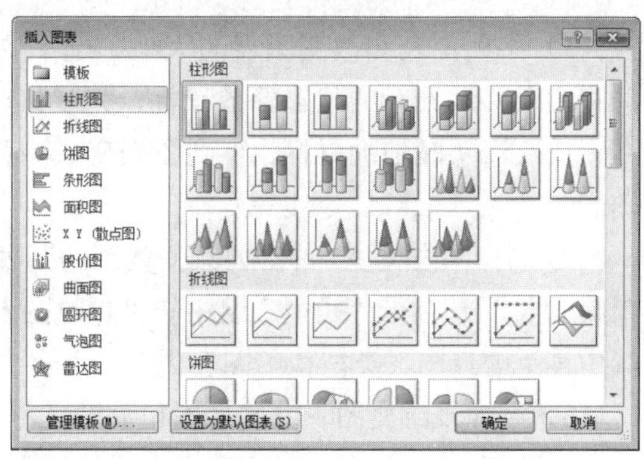

图 5-157　“插入图表”对话框

（3）建立图表。

建立图表可以用“插入”选项卡“图表”组中的按钮来实现，例如在 Excel 2010 中创建一个新的图表，将图 5-155 所示的学生成绩表用图表显示出来，操作方法：创建一组用图表来显示的数据，选择要包含在统计图表中的单元格 A1:D4，单击“插入”选项卡“图表”组中的“柱形图”按钮，在下拉列表中选择“三维簇状柱形图”，在工作表中生成图表，如图 5-158 所示。如果选错数据源区域，可以在图表中的任意位置右击并选择“选择数据”选项来更改数据源选择范围。

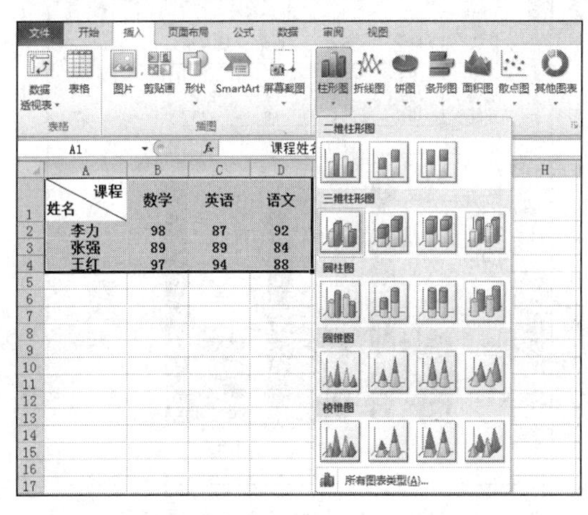

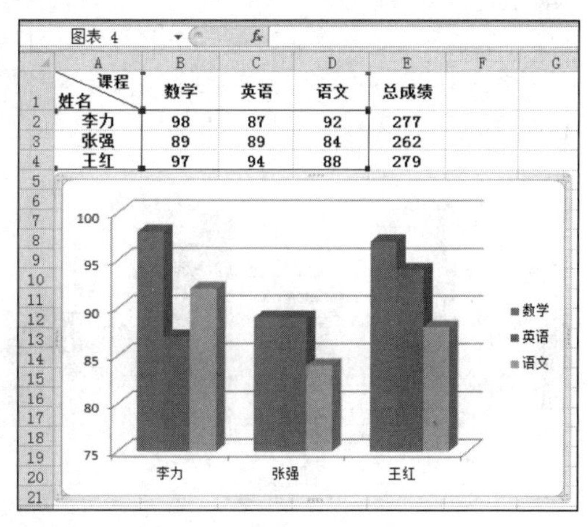

课程 / 姓名	数学	英语	语文	总成绩
李力	98	87	92	277
张强	89	89	84	262
王红	97	94	88	279

图 5-158　创建新图表

2. 编辑图表

插入图表后单击需要编辑的图表，在标题栏右边会显示一个“图表工具”选项卡，该选项卡显示了系统提供的图表工具，如图 5-159 所示。

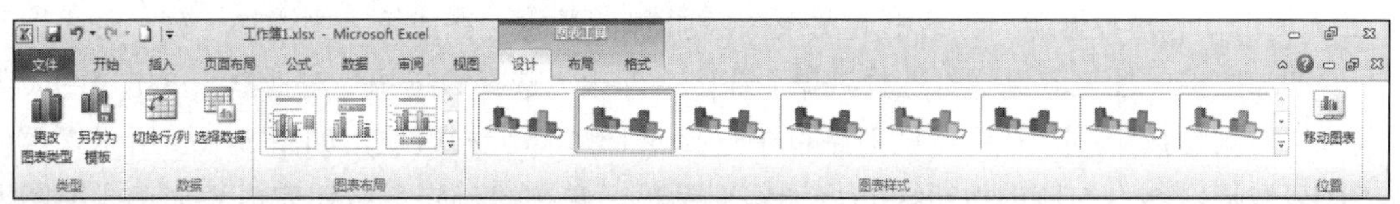

图 5-159　“图表工具”选项卡

（1）移动图表和改变图表的大小。选中要移动的图表，将鼠标指针指向选中的图表并拖动将图表移动到新的位置释放鼠标，完成移动图表的操作。选中要改变大小的图表，鼠标指针变成双箭头时拖动鼠标，直到图表变成满意的大小为止释放鼠标，即可看到改变大小后的图表。

（2）选择图表类型。单击要改变类型的图表或要改变类型的数据系列将其选中，单击“图表工具/设计”选项卡“类型”组中的“更改图表类型”按钮，弹出“更改图表类型”对话框，在其中重新选择图表类型和子图表类型，单击“确定”按钮。

（3）添加及改变图表中的文本和数据。

1）使用颜色标记向嵌入式图表中添加/删除数据。如图 5-160（a）所示为以数学、英语、语文为分类，以“姓名”为系列所建立的图表。当选中图表时，工作表的数据区域中分类标记“数学”等有绿色边框，并在四个角上有绿色尺寸控点；系列名称“李力”等学生的四周有紫色边框，并在四个角上有紫色尺寸控点；数据区域的四周有蓝色边框，并在四个角上有蓝色尺寸控点。

如果要向图表中添加新的分类和数据点，如“总成绩”分类以及该分类中各系列对应的数值，用鼠标指针对准绿色和蓝色右下方的尺寸控点向右拖动即可添加新的分类和数据点，如图 5-160（b）所示。

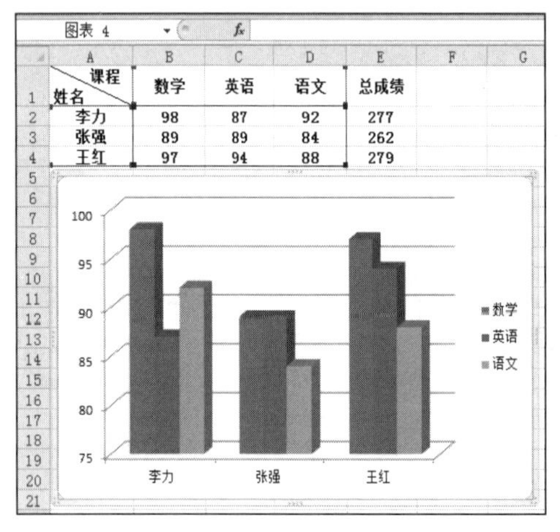

（a）分类图表

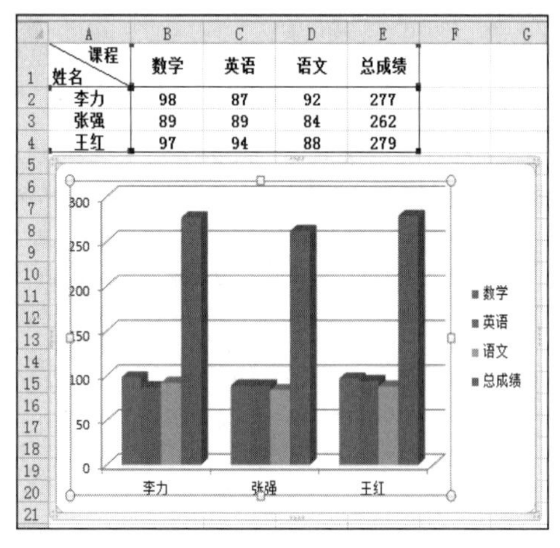

（b）添加新的分类和数据点

图 5-160　使用颜色标记添加“总成绩”数据列

2）在嵌入式图表中删除“李力”数据系列。用鼠标指针对准蓝色上端的尺寸控点向下拖动即可删除该系列，如图 5-161 所示；或者单击要删除的数据系列，然后按 Delete 键。

3）使用“选择数据源”对话框向图表中添加/删除数据。在成绩表中添加一列“总成绩”，右击要增加数据的图表并选择“选择数据”命令，弹出“选择数据源”对话框，单击“图表数据区域”右侧的按钮，在弹出的对话框中选择 A1:E4 单元格区域，如图 5-162 所示，再单击“图表数据区域”右侧的按钮返回上级对话框，单击“确定”按钮完成添加总成绩图表数据。

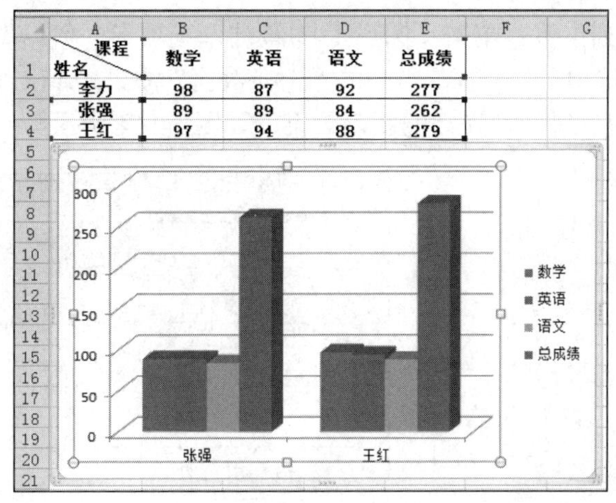

图 5-161　删除“李力”数据系列

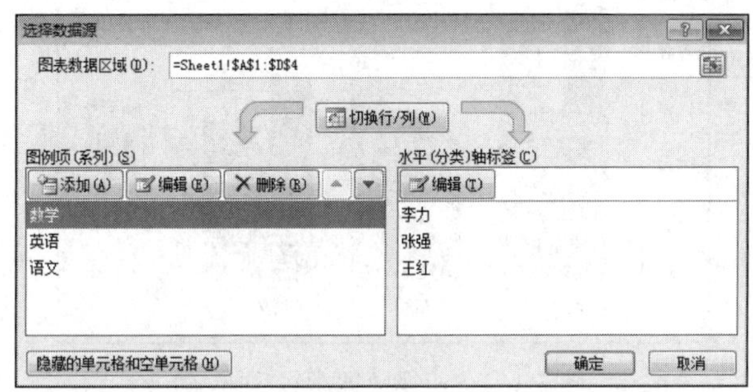

课程 姓名	数学	英语	语文	总成绩
李力	98	87	92	277
张强	89	89	84	262
王红	97	94	88	279

选择数据源

=Sheet1!$A$1:$E$4

图 5-162　使用对话框添加“总成绩”数据列

删除成绩表中的总成绩数据列：右击要删除数据的图表并选择“选择数据”命令，在弹出的“选择数据源”对话框中选择图列项“总成绩”，单击“删除”按钮后再单击“确定”按钮，如图 5-163 所示。

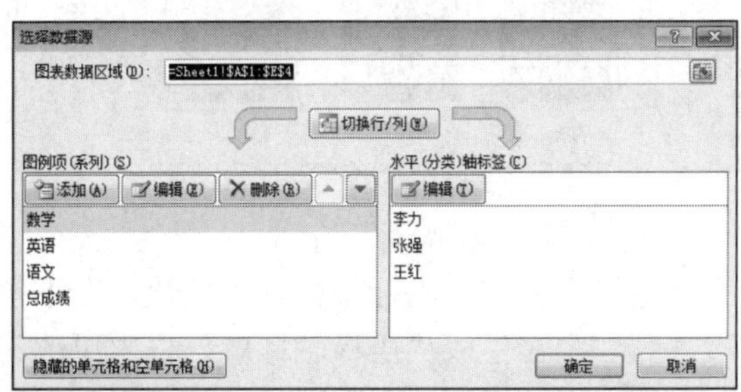

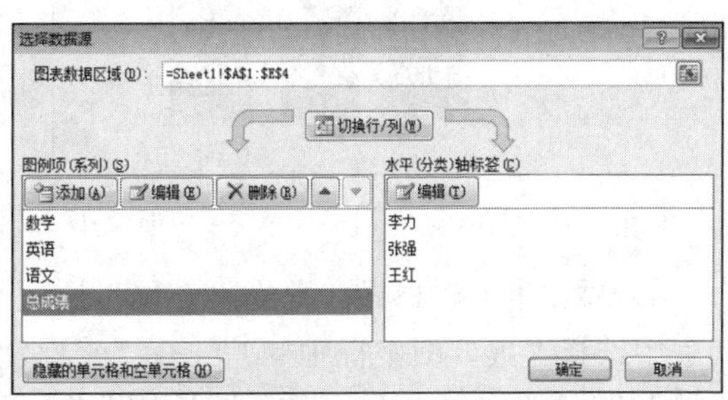

图 5-163　使用对话框删除“总成绩”数据列

4）切换数据源行/列位置。单击“图形工具/设计”选项卡“数据”组中的“切换行/列”按钮；或单击“设计”选项卡“数据”组中的“选择数据”按钮，弹出“选择数据源”对话框，单击“切换行/列”按钮，得到切换后的图表效果，如图 5-164 所示。

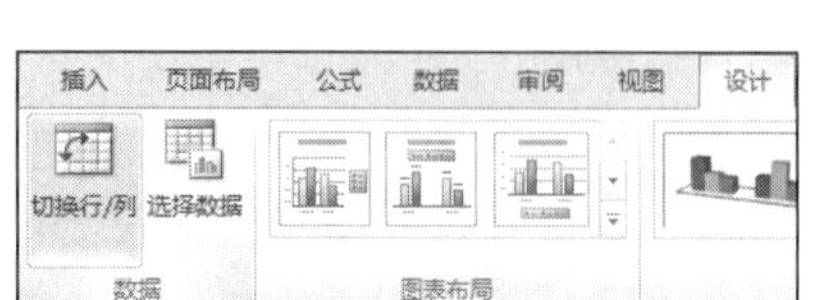

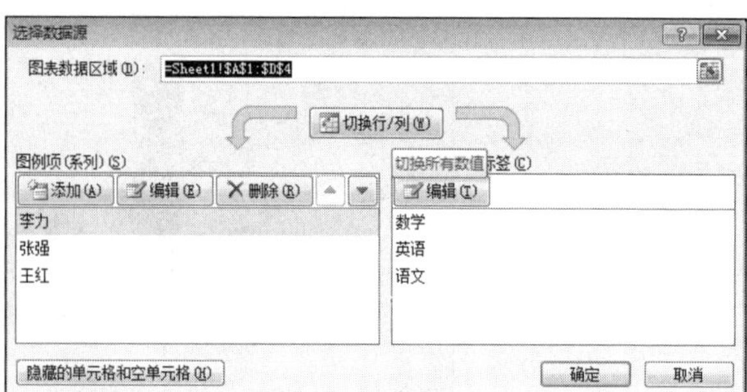

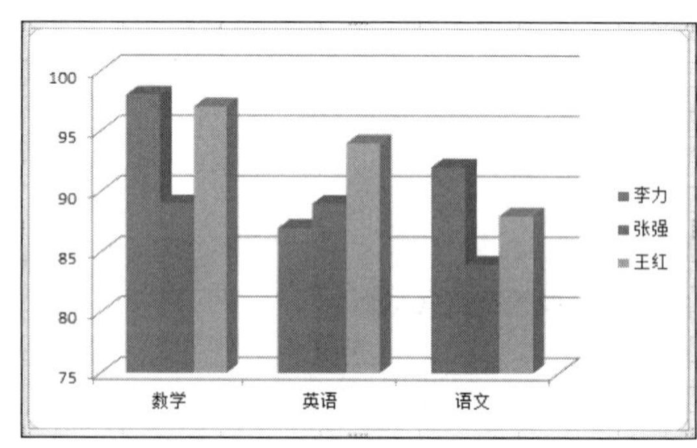

图 5-164　切换数据源行/列位置

5）添加图表标题。单击“布局”选项卡“标签”组中的“图表标题”按钮，在下拉列表中选择“图表上方”，在生成“图表标题”框内更改为“学生成绩表”，得到更改后的图表效果，如图 5-165 所示。

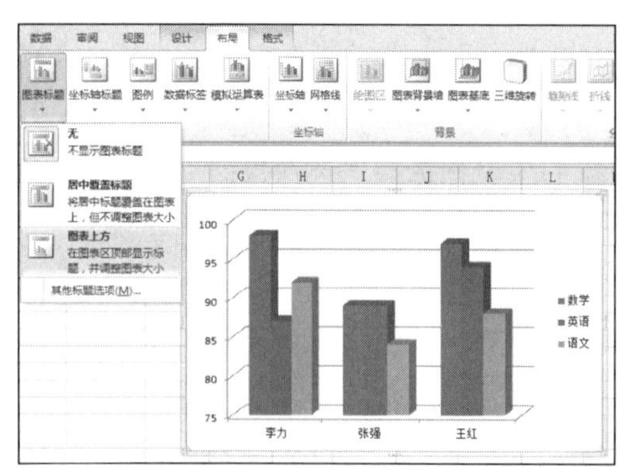

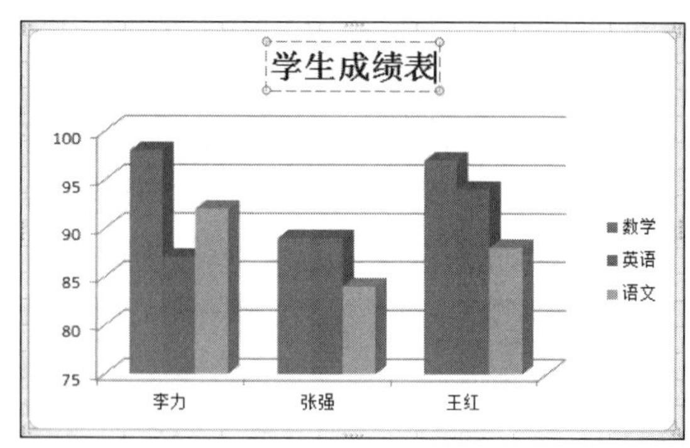

图 5-165　更改图表标题

6）添加坐标轴标题。单击“布局”选项卡“标签”组中的“坐标轴标题”按钮，在下拉列表中选择“主要横坐标轴标题”→“坐标轴下方标题”，在生成“坐标轴标题”框内更改为“姓名”，参照“坐标轴下方标题”的操作方法添加纵坐标轴标题，得到更改后的图表效果，如图 5-166 所示。

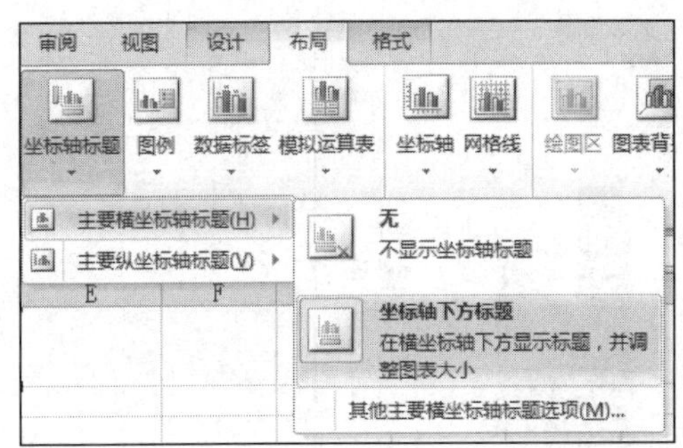

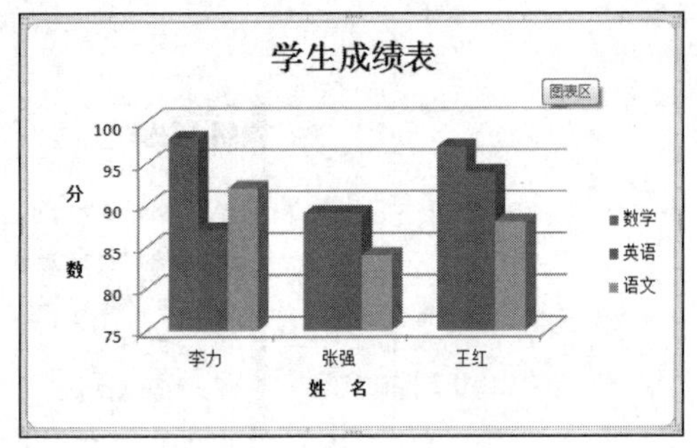

图 5-166　更改坐标轴标题

7）添加模拟运算表。单击“布局”选项卡“标签”组中的“模拟运算表”按钮，在下拉列表中选择“显示模拟运算表”选项，得到添加后的效果，如图 5-167 所示。

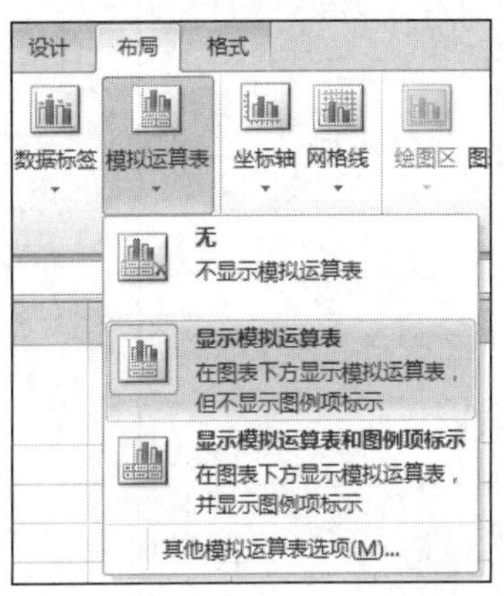

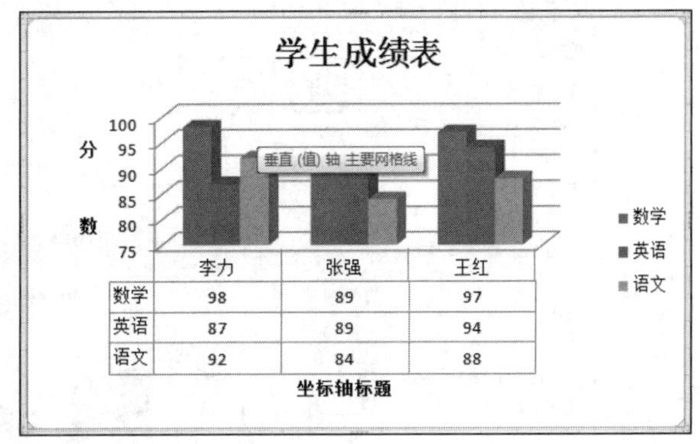

图 5-167　添加模拟运算表

3. 修饰图表

修饰图表是通过对图表元素进行格式设置实现的，包括文字和数值的格式、颜色、外观和区域的填充格式等。设置图表元素的格式可以采用以下几种方法：

- 选择“图表工具/格式”选项卡“图表元素”组中的各元素，系统会根据所选图表元素的不同自动调整“格式”选项卡中的组命令。单击各元素各组中的对话框启动器即弹出该图表元素的格式对话框，然后在其中对该图表元素进行格式设置。
- 双击图表中的图表元素，弹出该图表元素的格式对话框，然后在其中对该图表元素进行格式设置。
- 将鼠标指针指向要格式化的图表元素并右击，弹出有关该图表元素格式化的快捷菜单，如图 5-168 所示；选中格式化命令，弹出相应图表元素的格式对话框，然后在其中对该图表元素进行格式设置。

下面仅以第一种方法为例介绍对图表元素的格式设置。

（1）修饰标题。在“图表工具/格式”选项卡“图表元素”组的下拉列表框中选择“图表标题”，如图 5-169 所示。选择“图表标题”元素后，在“格式”选项卡中可以设置修饰图表标题样式，如图 5-170 所示。单击“艺术字样式”组中的对话框启动器，弹出“设置文本效果格式”对话框。

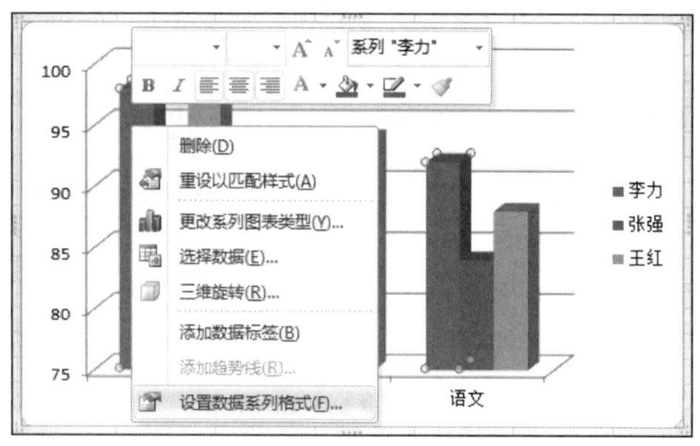

图 5-168 当前图表元素的快捷菜单

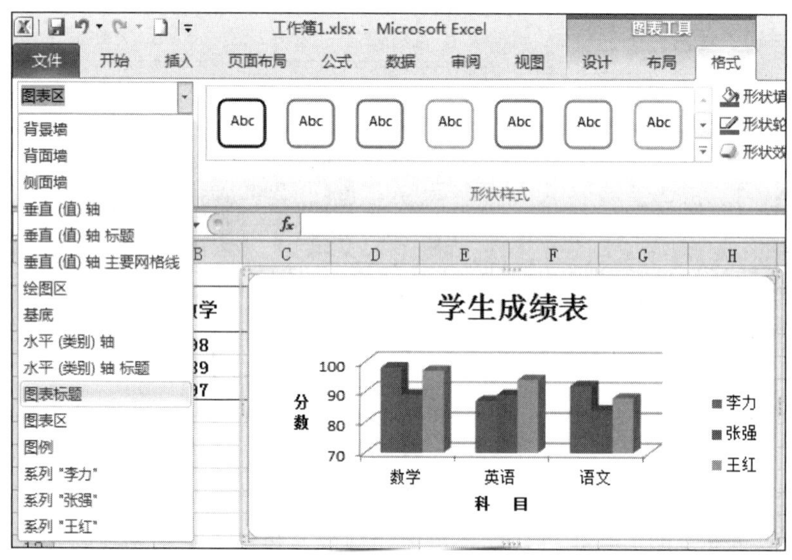

图 5-169 修改图表标题样式

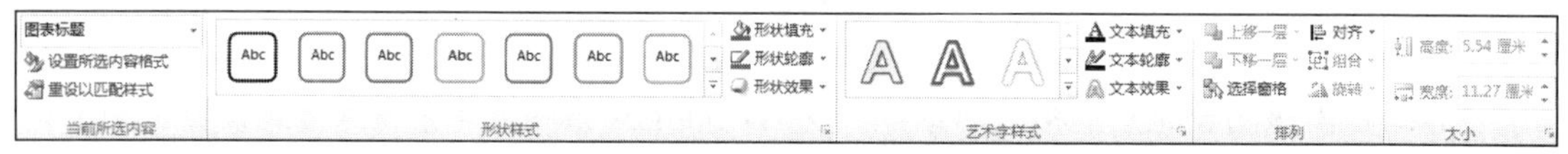

图 5-170 修饰图表标题

（2）修饰图表区。单击“图表工具/格式”选项卡“形状样式”组中的对话框启动器，弹出“设置图表区格式”对话框，如图 5-171 所示，在其中可以设置图表区域填充效果、边框颜色、边框样式、阴影等。

（3）修饰坐标轴。双击图表中的分类轴或数值轴，弹出“设置主要网格线格式”对话框，如图 5-172 所示，在其中可以设置坐标轴的线条颜色、线型等。

（4）修饰数据系列。双击图表中的数据系列，弹出“设置数据系列格式”对话框，如图 5-173 所示，在其中设置数据系列的间距、形状、填充、边框颜色、边框样式、阴影等。

（5）修饰图例。双击图表中的图例，弹出“设置图例格式”对话框，如图 5-174 所示，在其中设置图例的位置、填充、边框颜色、边框样式、阴影等。

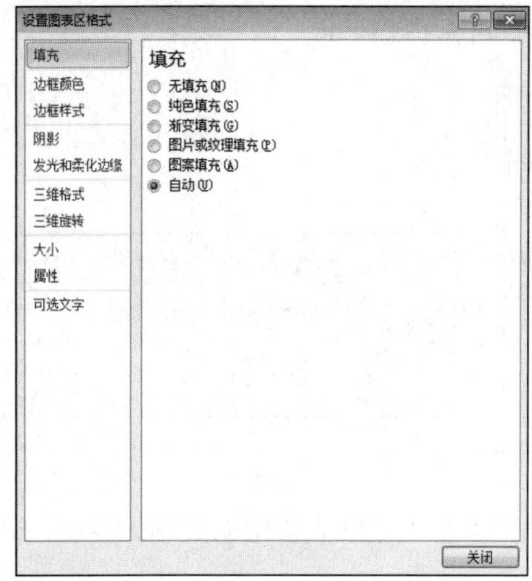

图 5-171 “设置图表区格式”对话框

图 5-172 “设置主要网格线格式”对话框

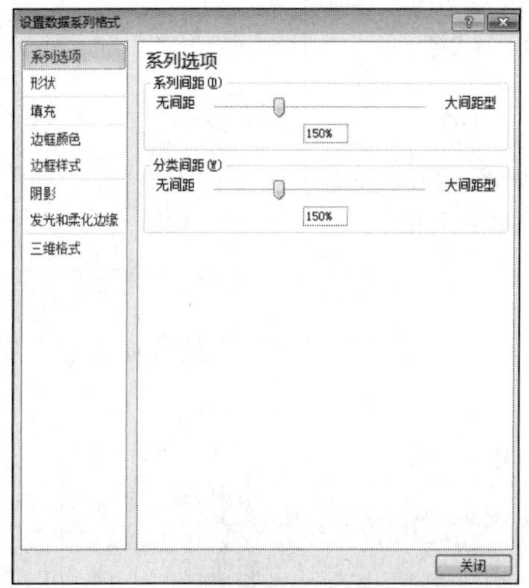

图 5-173 “设置数据系列格式”对话框

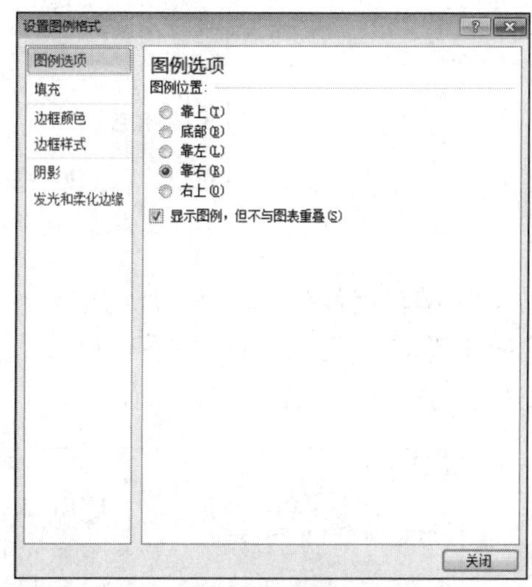

图 5-174 “设置图例格式”对话框

4. 建立迷你图

迷你图是 Excel 2010 中加入的一种全新的图表制作工具，它以单元格为绘图区域，简单便捷地绘制出简明的数据小图表，方便把数据以小图的形式呈现在读者面前，是存在于单元格中的小图表。迷你图作为一个将数据形象化呈现的制图小工具，使用方法非常简单。只有使用 Excel 2010 创建的数据表才能创建迷你图，低版本的 Excel 文档即使使用 Excel 2010 打开也不能创建，必须将数据拷贝至 Excel 2010 文档中才能使用该功能。

（1）创建折线迷你图。在 Excel 2010 中目前提供了 3 种形式的迷你图：折线迷你图、柱形迷你图、盈亏迷你图，由于“学生成绩表”数据区域在 B2:E4 区域中，因此本例在 F2:F4 区域中创建“折线迷你图”，步骤：单击“插入”选项卡“迷你图”组中的“折线图”按钮，弹出“创建迷你图”对话框，在“数据范围”文本框中输入数据所在的区域 B2:D2，即源数据区域；“位置范围”是指生成迷你图的单元格区域，例如图中的“位置范围”为 F2，单击“确定”按钮后迷你图创建成功；创建其他数据区域迷你图时把鼠标放在已生成迷你图单元格的右下角，指针变成黑色实心的十字后向下拖拽即可，如图 5-175 所示。

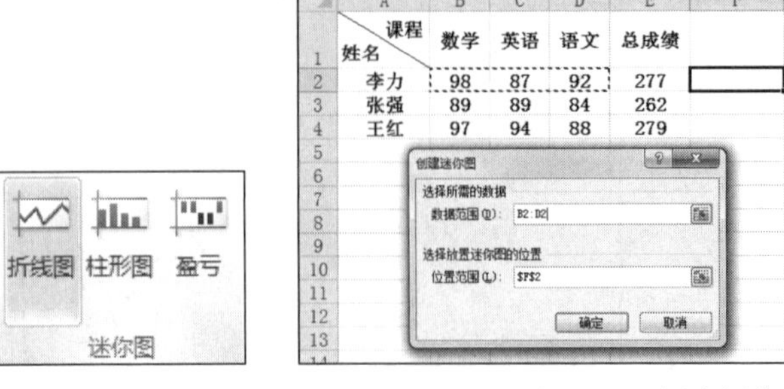

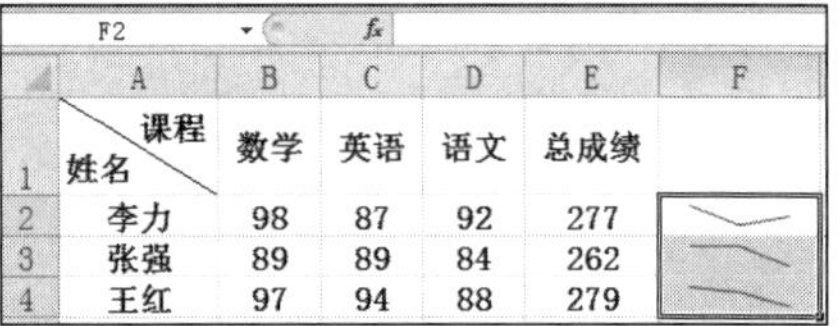

姓名\课程	数学	英语	语文	总成绩
李力	98	87	92	277
张强	89	89	84	262
王红	97	94	88	279

图 5-175　创建折线迷你图

（2）创建迷你柱形图。参照折线迷你图的方法为“学生成绩表”中的数学、英语、语文、总成绩分别生成迷你图，如图 5-176 所示。

姓名\课程	数学	英语	语文	总成绩
李力	98	87	92	277
张强	89	89	84	262
王红	97	94	88	279

图 5-176　创建柱形迷你图效果

（3）编辑迷你图。

1）迷你图颜色。选中迷你图，单击“设计”选项卡“样式”组中的“迷你图颜色”按钮，改变颜色为红色，如图 5-177 所示。

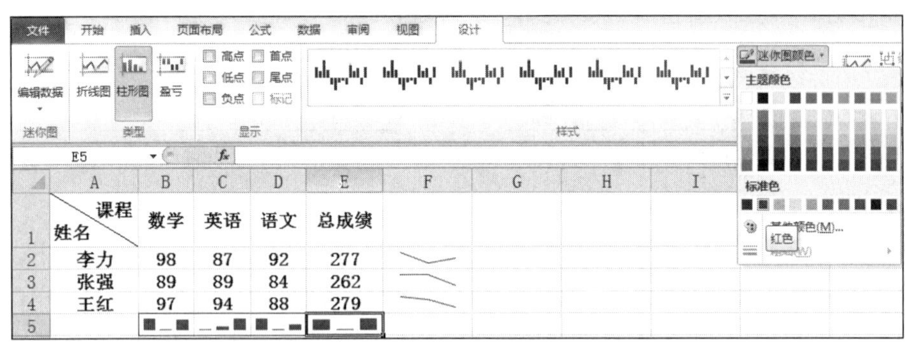

姓名\课程	数学	英语	语文	总成绩
李力	98	87	92	277
张强	89	89	84	262
王红	97	94	88	279

图 5-177　设置迷你图颜色

2）高亮显示最大值和最小值。对于“迷你图”组，可以同时对其中的各迷你图进行设置。选择 F2:F4 中的某个单元格，这时整个“迷你图”组就被选择了，并在功能区自动增加了“迷你图工具/设计”选项卡。选择“设计”选项卡，在“样式”组中单击“标记颜色”按钮，在下拉列表中选择“高点”，选择某种颜色作为最大值标记颜色，本例中选择红色；用同样的方法设置“低点”为浅蓝色，这样各科成绩情况一目了然，可以看到每位学生哪科成绩最高、哪科成绩最低，如图 5-178 所示。

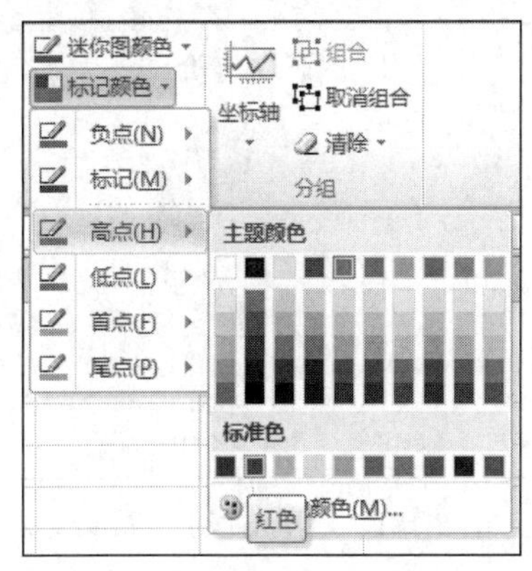

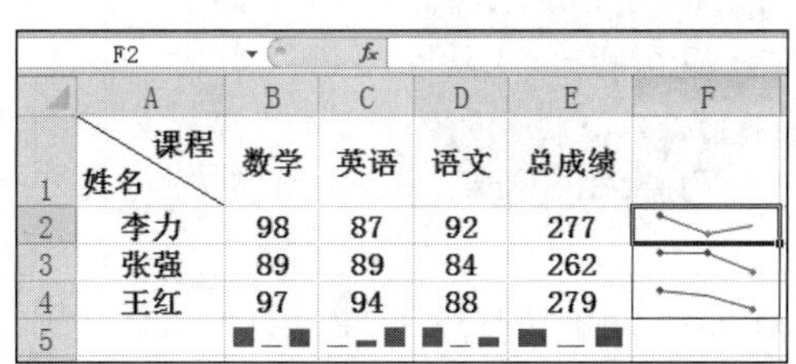

	A	B	C	D	E	F
1	课程 姓名	数学	英语	语文	总成绩	
2	李力	98	87	92	277	
3	张强	89	89	84	262	
4	王红	97	94	88	279	
5						

图 5-178　高亮显示最大值和最小值

3）清除迷你图。选择任意包含迷你图的单元格，单击“设计”选项卡“分组”组中的“清除”按钮，在下拉列表中选择“清除所选迷你图”（或清除所选迷你图组）命令；或者右击并选择“迷你图”→“清除所选迷你图”（或清除所选迷你图组）”命令。

【完成过程】

（1）打开已经建立的“车市销售行情表.xlsx”文件。

（2）按住 Ctrl 键选择 A3:A18 单元格区域和 C3:C18 单元格区域，单击“插入”选项卡“图表”组中的“饼图”按钮，在下拉列表中选择“二维饼图”→“饼图”命令，如图 5-179 所示。

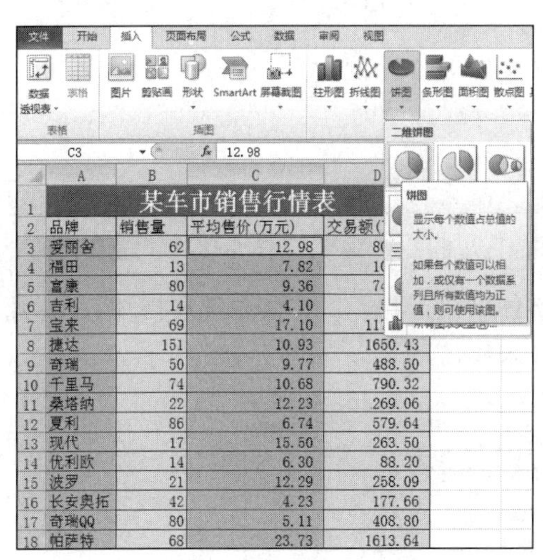

	A	B	C	D
1	某车市销售行情表			
2	品牌	销售量	平均售价(万元)	交易额(
3	爱丽舍	62	12.98	
4	福田	13	7.82	
5	富康	80	9.36	
6	吉利	14	4.10	
7	宝来	69	17.10	
8	捷达	151	10.93	1650.43
9	奇瑞	50	9.77	488.50
10	千里马	74	10.68	790.32
11	桑塔纳	22	12.23	269.06
12	夏利	86	6.74	579.64
13	现代	17	15.50	263.50
14	优利欧	14	6.30	88.20
15	波罗	21	12.29	258.09
16	长安奥拓	42	4.23	177.66
17	奇瑞QQ	80	5.11	408.80
18	帕萨特	68	23.73	1613.64

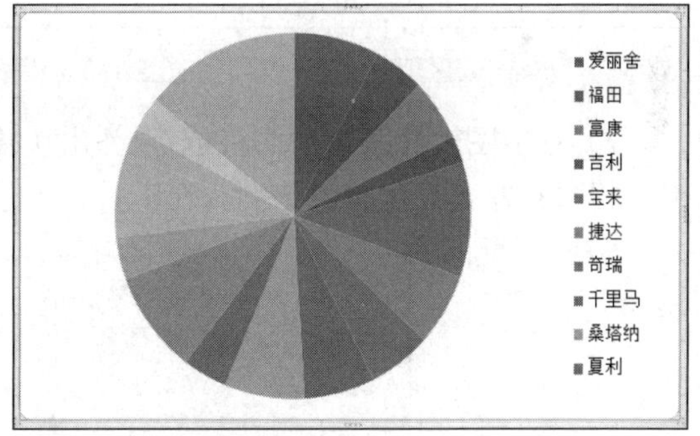

图 5-179　创建图表

（3）选择图表，单击“布局”选项卡“标签”组中的“图表标题”按钮，在下拉列表中选择“图表上方”命令，在生成“图表标题”文本框内更改为“平均售价”，添加图表标题效果如图 5-180 所示。

（4）选择图表，单击“布局”选项卡“标签”组中的“图例”按钮，在下拉列表中选择“在底部显示图例”命令，设置图例效果如图 5-181 所示。

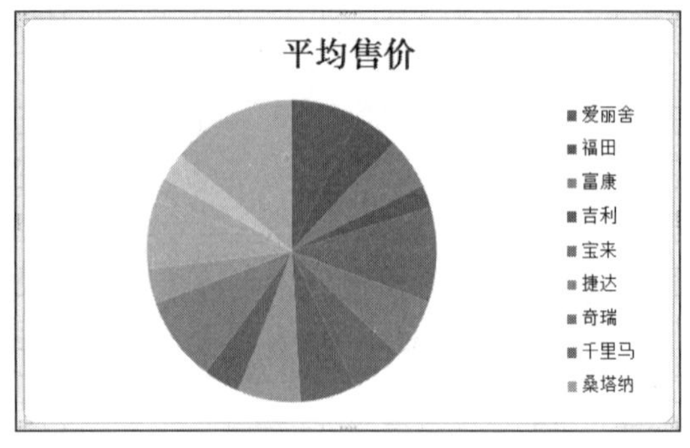

图 5-180 添加图表标题“平均售价”

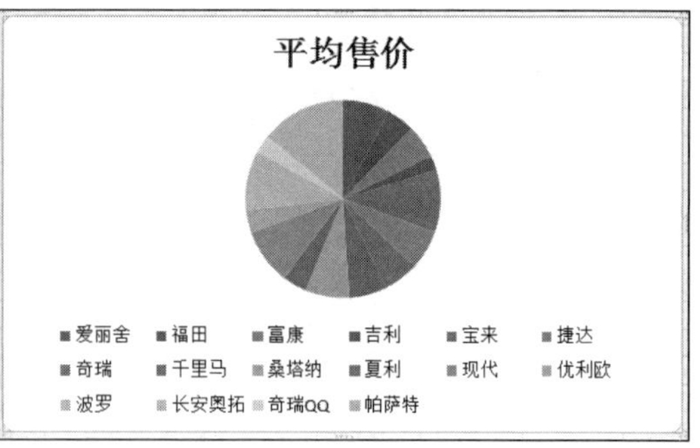

图 5-181 “平均售价”最初效果

（5）双击图表区，弹出“设置图表区格式”对话框，在其中设置填充为“渐变填充”，预设颜色为“雨后初晴”，如图 5-182 所示；设置边框样式的“宽度”为 1.5 磅，“复合类型”为双线，勾选“圆角”复选项，如图 5-183 所示。

（6）双击图表图例，弹出“设置图例格式”对话框，设置填充为“纯色填充”，填充颜色为白色，如图 5-184 所示。

图 5-182 设置图表区填充

图 5-183 设置图表区边框

图 5-184 设置图例

（7）右击图表标题“平均售价”，弹出快捷字体格式工具栏，在其中选择楷体、20 号、加粗。相同的方式设置图表图例，在工具栏中选择宋体、10 号，如图 5-185 所示。

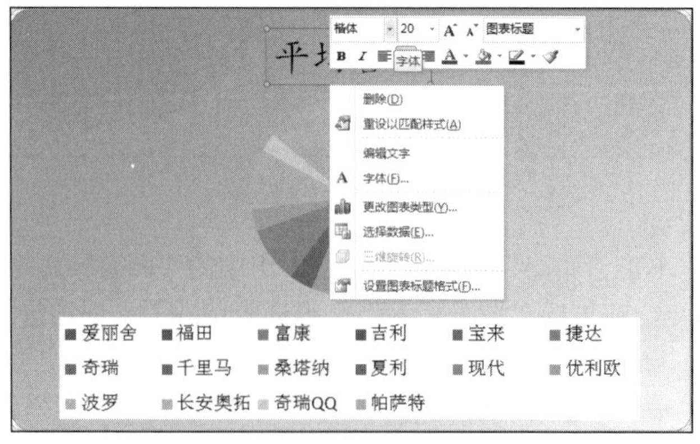

图 5-185 设置图表标题字体格式

（8）单击图表，对准图表右侧中间的句柄向右拖拽到适当宽度。

（9）单击图例，拖拽控制句柄直到图例以两行显示，效果如图 5-186 所示。

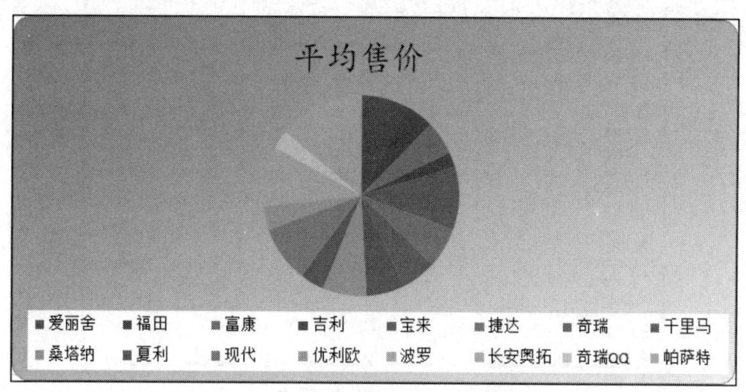

图 5-186　平均售价图表效果

（10）选择“车市销售行情表.xlsx”中的 A2:C18 单元格区域，单击“插入”选项卡“图表”组中的“柱形图”按钮，在下拉列表中选择“二维柱形图”→“簇状柱形图”命令。

（11）选择图表，单击“布局”选项卡“标签”组中的“图表标题”按钮，在下拉列表中选择“图表上方”命令，在生成“图表标题”文本框内更改为“销售行情”，右击图表标题“销售行情”，在弹出的快捷字体格式工具栏中选择楷体、20 号、加粗。

（12）单击“布局”选项卡“标签”组中的“图例”按钮，在下拉列表中选择“在顶部显示图例”命令，右击图例，在弹出的快捷字体格式工具栏中选择宋体、10 号，形状填充为白色，效果如图 5-187 所示。

（13）双击图表区，弹出“设置图表区格式”对话框，在其中设置填充为“图片或纹理填充”，如图 5-188 所示，单击“文件”按钮，弹出“插入图片”对话框，选择项目 5/任务 7/素材/背景.jpg 文件，如图 5-189 所示，单击“插入”按钮返回“设置图表区格式”对话框，单击“关闭”按钮，效果如图 5-190 所示。

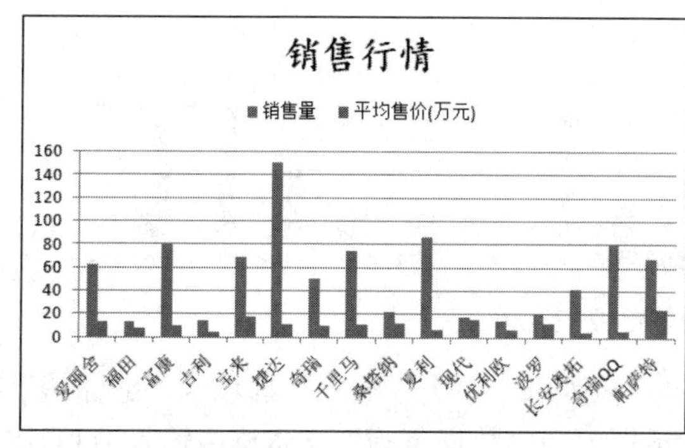

图 5-187　销售行情最初效果

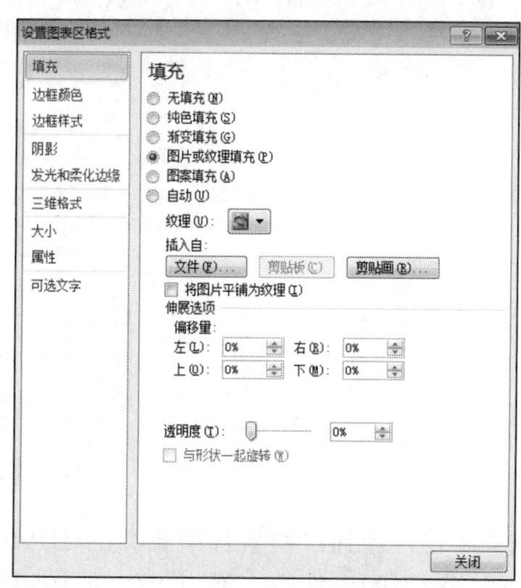

图 5-188　设置背景阴影

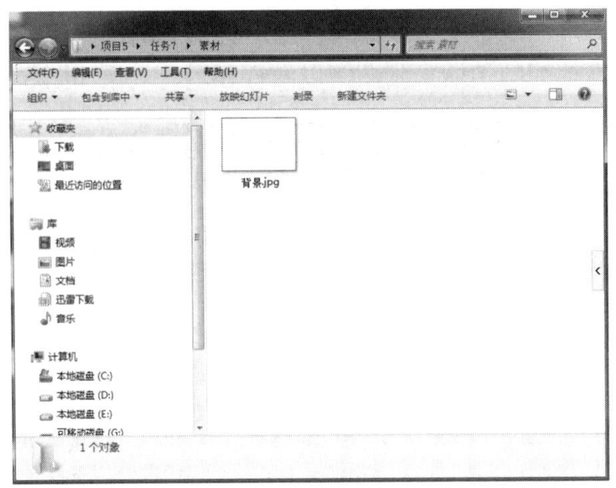

图 5-189　选择背景图片

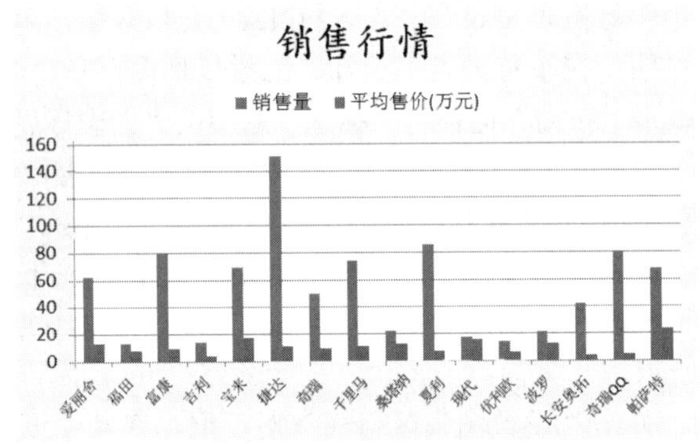

图 5-190　设置背景后的图表效果

（14）单击图表，对准图表右侧中间的句柄向右拖拽到适当宽度；单击绘图区，拖拽控制句柄直到完成显示效果，如图 5-191 所示。

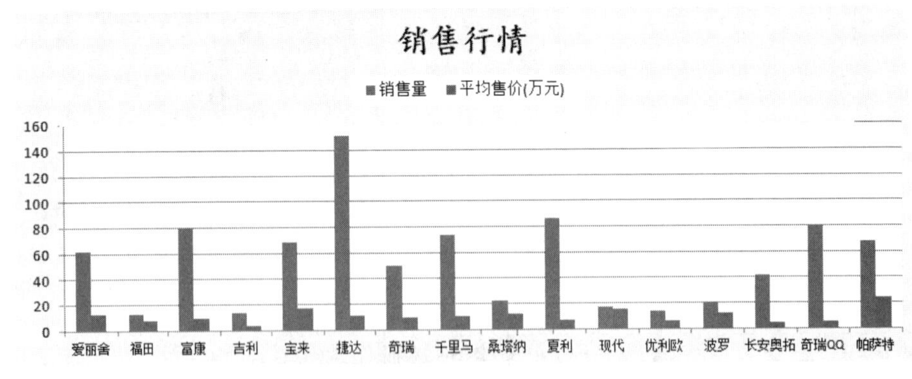

图 5-191　销售行情图表效果

（15）选择“销售行情表”的 B19:D19 单元格区域，单击“插入”选项卡“迷你图”组中的“柱形图”按钮，弹出“创建迷你图”对话框，在“数据范围”文本框中输入 B3:D18，在“位置范围”文本框中输入$B$19:$D$19，如图 5-192 所示，单击“确定”按钮。

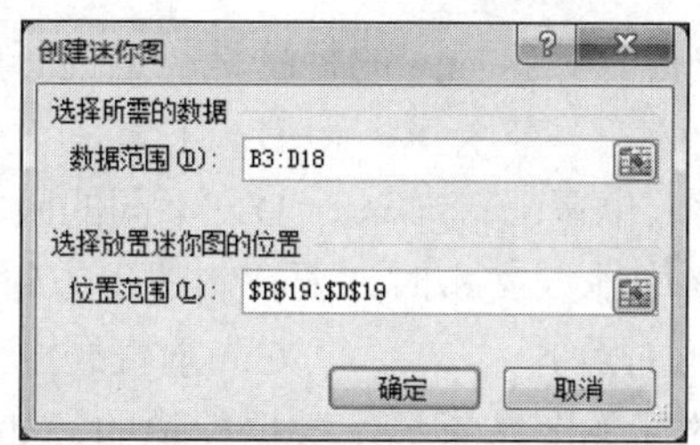

图 5-192　设置销售行情迷你图参数

（16）选择 B19:D19 单元格区域中的任意单元格，在“设计”选项卡的“样式”组中单击“标记颜色”按钮，在下拉列表中选择“高点”，设置为红色，再选择“低点”，设置为浅蓝色，效果如图 5-193 所示。

	A	B	C	D
1	某车市销售行情表			
2	品牌	销售量	平均售价(万元)	交易额(万元)
3	爱丽舍	62	12.98	804.76
4	福田	13	7.82	101.66
5	富康	80	9.36	748.80
6	吉利	14	4.10	57.40
7	宝来	69	17.10	1179.90
8	捷达	151	10.93	1650.43
9	奇瑞	50	9.77	488.50
10	千里马	74	10.68	790.32
11	桑塔纳	22	12.23	269.06
12	夏利	86	6.74	579.64
13	现代	17	15.50	263.50
14	优利欧	14	6.30	88.20
15	波罗	21	12.29	258.09
16	长安奥拓	42	4.23	177.66
17	奇瑞QQ	80	5.11	408.80
18	帕萨特	68	23.73	1613.64
19				

图 5-193　销售行情迷你图效果

习题 5

一、选择题

1．Excel 2010 的主要功能是（　　）。

A．表格处理、文字处理、文件处理　　B．表格处理、网络通信、图表处理

C．表格处理、数据库管理、图表处理　D．表格处理、数据库管理、网络通信

2．Excel 工作表中，D2:E4 区域所包含的单元格个数是（　　）。

A．5　　B．6　　C．7　　D．8

3．如果想要改变工作表的名称，可以通过下述操作中的（　　）实现。

A．单击工作表的标签，然后输入新的标签内容

B．双击工作表的标签，然后输入新的标签内容

C．在名称框中输入工作表的新名称

D．在编辑栏中输入工作表的新名称

4．在 Excel 中输入新的一行时，新插入的行总是在当前行的（　　）。

A．上方　　B．下方

C．可以由用户选择插入位置　　D．不同的版本插入位置不同

5．在带有右斜线的单元格中输入文本时，要在斜线下方输入文本，应采用（　　）方式。

A．左对齐　　B．右对齐　　C．垂直居中　　D．靠下对齐

6．在默认情况下，创建的迷你图是不显示数据标记的，如果要显示数据标记，则可以设置高点、低点、首点、负点、尾点和（　　）。

A．标签　　B．标点　　C．标记　　D．中点

二、简答题

1．简述 Excel 2010 中单元格、工作表、工作簿之间的关系。

2．Excel 2010 的主要优点体现在哪 4 个方面？

3．要在工作表的单元格中快速输入数据序列，可用什么方法完成？

4．删除单元格和清除单元格之间有什么区别？

5．Excel 2010 中输入的数据类型分为哪几类？

三、操作题

1．工作表的基本操作和格式化。

（1）工作簿的创建。建立图 5-194 所示的成绩表，设标题为“期末成绩表”，表列标题字段名依次为学号、姓名、性别、专业、外语、计算机、数学、总成绩、平均分，输入每位学生相应的信息。

	A	B	C	D	E	F	G	H	I
1	期末成绩表								
2	学号	姓名	性别	专业	外语	计算机	数学	总成绩	平均分
3	001	程平	男	经济	80	87	90	257	85.7
4	002	王新欣	女	计算机	96	93	96	285	95.0
5	003	张小东	男	中文	70	65	76	211	70.3
6	004	李乐	女	经济	55	86	75	216	72.0
7	005	马天一	男	中文	63	71	75	209	69.7
8	006	赵明清	男	经济	60	54	55	169	56.3
9	007	冯苗	女	中文	80	65	78	223	74.3
10	008	何飞	女	中文	95	84	65	244	81.3
11	009	陈果	男	计算机	45	65	96	206	68.7
12	010	吴艳	女	经济	89	82	63	234	78.0
13	011	杨彤	男	中文	73	65	85	223	74.3
14	012	杨丹	女	经济	55	36	81	172	57.3
15	013	周小梅	女	中文	65	85	71	221	73.7
16	014	赵成军	男	经济	69	63	74	206	68.7
17	015	何波	男	计算机	75	66	72	213	71.0
18	016	吴小兰	女	中文	63	53	72	188	62.7
19	017	朱晓群	男	计算机	69	78	83	230	76.7
20	018	毛一波	女	计算机	81	73	75	229	76.3
21	019	范琳琳	女	中文	67	88	70	225	75.0
22	020	黄军	男	计算机	81	93	86	260	86.7
23	021	李丁	女	经济	64	73	55	192	64.0
24	平均成绩				71.2	72.6	75.9	219.7	73.2
25	最高分				96	93	96	285	95.0
26	最低分				45	36	55	169	56.3

图 5-194　操作题 1 用表

（2）公式的使用。计算出每位学生的总成绩、平均分，各项目的平均成绩、最高分、最低分。

（3）工作表数据的格式化。将标题设为华文楷体、22 号，跨列居中；行标题中各字段设为黑体、14 号、垂直居中；数据内容为宋体、12 号、居中对齐，设置表格边框线。

（4）工作簿的保存。将工作簿保存为“学生成绩表.xlsx”。

（5）工作表的基本操作。打开“学生成绩表.xlsx”工作簿，将期末成绩表所在的工作表更名为“期末成绩表”。

（6）将期末成绩低于 60 分的单元格设为“浅红色填充和深红色文本”。

2．数据图表化。

（1）图表的创建（如图 5-195 所示）。针对此表建立一个饼图，将生成的图表放置在 D1:G11 单元格区域内，设置图表样式为“样式 26”，设置图表布局为“布局 6”。

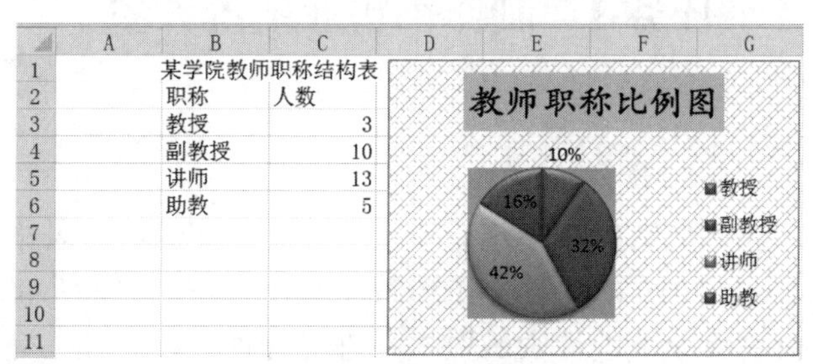

	A	B	C
1		某学院教师职称结构表	
2		职称	人数
3		教授	3
4		副教授	10
5		讲师	13
6		助教	5

图 5-195　操作题 2 用表

（2）图表的格式化。图表标题为“教师职称比例图”，字体设为华文楷体，字号为 18，标题底纹为“红色，强调文字颜色 2，淡色 60%”；将图表区底纹设置为“对角砖形”图案，绘图区底纹设置为“深蓝，文字 2，淡色 60%”。

项目 6　电子表格的高级操作

Microsoft Office Excel 2010 的一个主要功能就是对数据进行高效的管理，它可以帮助人们方便快速地输入和修改数据，进行数据的存储、查找和统计等。继上一项目 Excel 2010 的基本操作之后，本项目重点介绍如何利用它完成数据管理、统计、分析、预测等工作。本项目从业务员销售业绩统计表开始，循序渐进地介绍 Excel 2010 在实际工作中经常用到的数据管理和统计知识。

任务 1　制作销售业绩统计表

【任务分析】

本任务主要是绘制业务员销售业绩统计表，让读者在使用电子表格处理软件 Excel 2010 公式的基础上，掌握 Excel 2010 的各种常用函数的操作方法，如 SUM、COUNT、IF 等，然后录入完成整个业务员销售业绩统计表的数据并进行合理设计。任务完成后的效果如图 6-1 所示。

	A	B	C	D	E	F	G	H	I	J	K
1	业务员销售业绩统计表										
2									制表日期：	年　　月	日
3	日期	员工编号	产品名称	数量	单价	销售金额	折扣	赊销金额	收款金额	销售提成	奖金
4	2015/6/2	95103	电冰箱	5	2550	¥ 12,750.00	0.8	4000	¥ 6,200.00	¥ 1,860.00	200
5	2015/6/7	95103	电冰箱	4	2540	¥ 10,160.00	0.78		¥ 7,924.80	¥ 2,377.44	200
6	2015/6/12	95103	电冰箱	2	2540	¥ 5,080.00	0.73		¥ 3,708.40	¥ 1,112.52	无
7	2015/6/1	95101	电视机	2	2300	¥ 4,600.00	0.9	2000	¥ 2,140.00	¥ 642.00	无
8	2015/6/6	95101	电视机	2	3500	¥ 7,000.00	0.79		¥ 5,530.00	¥ 1,659.00	200
9	2015/6/11	95101	电视机	8	2550	¥ 20,400.00	0.74		¥ 15,096.00	¥ 4,528.80	600
10	2015/6/3	95102	空调	2	3500	¥ 7,000.00	0.7		¥ 4,900.00	¥ 1,470.00	无
11	2015/6/8	95102	空调	2	2550	¥ 5,100.00	0.77		¥ 3,927.00	¥ 1,178.10	无
12	2015/6/13	95102	空调	6	2550	¥ 15,300.00	0.72	2000	¥ 9,016.00	¥ 2,704.80	400
13	2015/6/5	95105	热水器	2	2550	¥ 5,100.00	0.8		¥ 4,080.00	¥ 1,224.00	无
14	2015/6/10	95105	热水器	2	3500	¥ 7,000.00	0.75		¥ 5,250.00	¥ 1,575.00	200
15	2015/6/15	95105	热水器	2	2550	¥ 5,100.00	0.7		¥ 3,570.00	¥ 1,071.00	无
16	2015/6/4	95104	洗衣机	3	2540	¥ 7,620.00	0.9	4000	¥ 2,858.00	¥ 857.40	无
17	2015/6/9	95104	洗衣机	5	2540	¥ 12,700.00	0.76	1500	¥ 8,152.00	¥ 2,445.60	400
18	2015/6/14	95104	洗衣机	8	3500	¥ 28,000.00	0.71		¥ 19,880.00	¥ 5,964.00	600
19	总计：				41760	¥ 152,910.00			¥ 102,232.20	¥ 30,669.66	1600

图 6-1　业务员销售业绩统计表

【任务目标】

- 掌握 Excel 2010 的常用函数。
- 掌握 Excel 2010 的单元格格式设置方法。

【必备知识】

1．逻辑函数 IF

格式：IF(logical_test,value_if_true,value_if_false)

其中 logical_test 为比较条件式，可以使用比较运算符如=、<>、>、<、>=、<=等；value_if_true 为条件成立时的取值；value_if_false 为条件不成立时的取值。

功能：本函数对比较条件式进行测试，如果条件成立，则取第一个值（即 value_if_true），否则取第二个值（即 value_if_false）。

例如已知单元格 C3 中存放性别信息，原来以代码表示（“1”和“0”），现在要将其转换为中文表示。“1”代表“男”，“0”代表“女”，则可以采用函数=IF(C3=1,"男","女")实现转换，完成此工作的方法有以下几种：

- 单击 D3 单元格，在编辑框中输入=IF(C3=1,"男","女")函数，按 Enter 键，如图 6-2 所示。

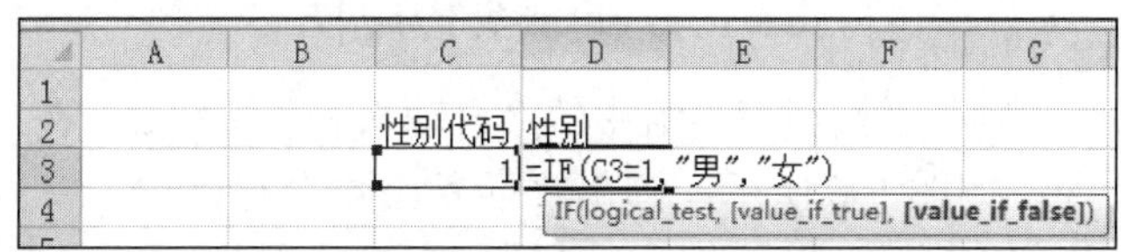

图 6-2 IF 函数——直接录入

- 单击 D4 单元格，输入“=”，单击名称框下拉列表框并选择 IF 函数，如图 6-3 所示，在弹出的“函数参数”对话框中输入相应的数据，如图 6-4 所示。

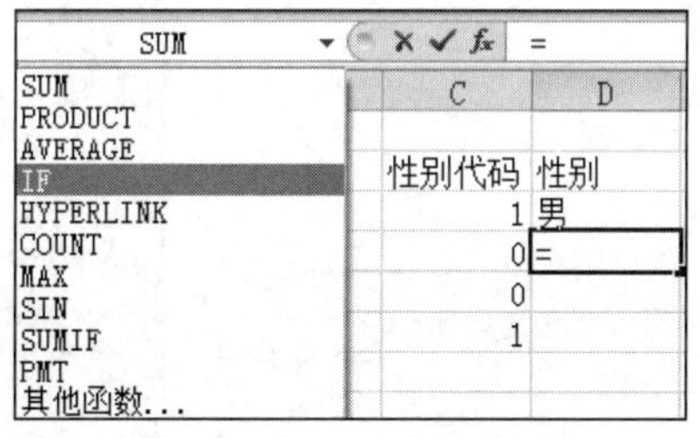

图 6-3 IF 函数——名称框

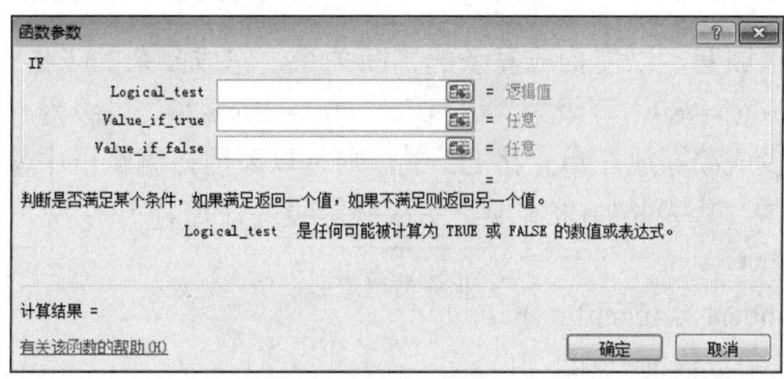

图 6-4 “函数参数”对话框

- 单击编辑栏中的“插入函数”按钮fx，如图 6-3 所示，弹出“插入函数”对话框，找到 IF 函数，如图 6-5 所示。单击 IF 函数，弹出“函数参数”对话框，在其中输入相应的数据。

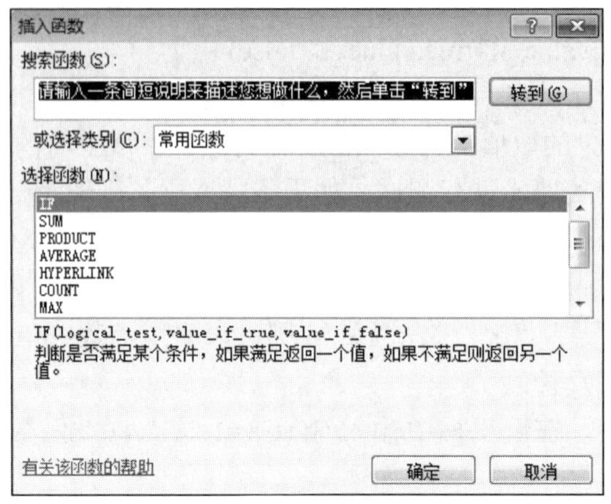

图 6-5 “插入函数”对话框

- 单击“公式”选项卡“函数库”组中的“自动求和”按钮 Σ，在下拉列表中选择“其他函数”命令，如图 6-6 所示，弹出“插入函数”对话框，以后的操作与第三种方法相同。
- 单击“公式”选项卡“函数库”组中的“插入函数”按钮，如图 6-7 所示，弹出“插入函数”对话框，以后的操作与第三种方法相同。

图 6-6 插入函数

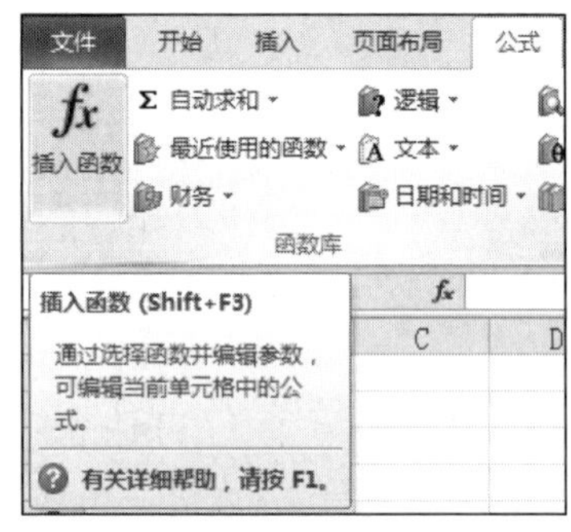

图 6-7 利用选项卡插入函数

IF 函数可以多重嵌套，以便构成复杂的判断关系，完成复杂的工作。例如成绩等级与分数存在如下关系：“成绩>=80”等级为“优良”；“60<=成绩<80”等级为“中”；“成绩<60”等级为“不及格”。假设成绩存放在单元格 D3 中，则可以采用在编辑框中输入函数=IF(D3>=80, "优良",IF(D3>=60, "中","不及格"))来实现学生成绩等级的评定。

2. 求和函数 SUM

格式：SUM(number1,number2,…)

功能：计算参数中数值的总和。

说明：每个参数可以是数值、单元格引用地址或函数。

例如在工作表中，要求计算出所有商品的单价总和，并将结果存放在单元格 D8 中，操作步骤：单击单元格 D8 使之成为活动单元格，输入公式=SUM(D2:D7)并按 Enter 键，如图 6-8 所示。

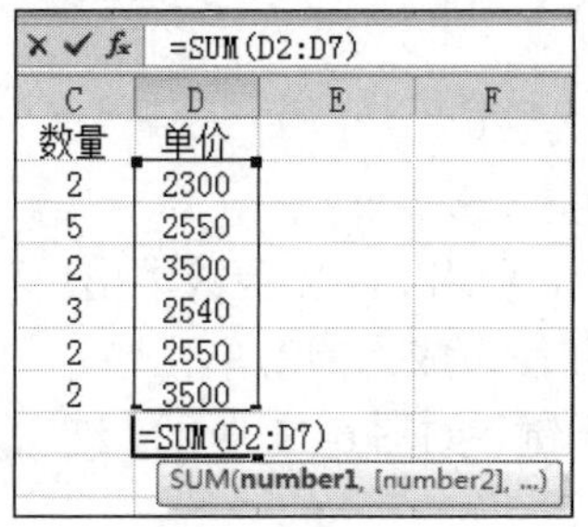

图 6-8　求和函数

3．求平均值函数 AVERAGE

格式：AVERAGE(number1,number2,…)

功能：计算参数中数值的平均值。

例如在上例的基础上，要求计算出所有商品单价的平均值并将结果存放在单元格 D9 中。具体操作：单击单元格 D9 使之成为活动单元格，单击“公式”选项卡“函数库”组中的“插入函数”按钮，弹出“插入函数”对话框，在“或选择类别”下拉列表框中选择“统计”选项，在“选择函数”列表框中选择 AVERAGE，如图 6-9 所示；单击“确定”按钮弹出“函数参数”对话框，在 Number1 文本框中输入 D2:D7，如图 6-10 所示，单击“确定”按钮。

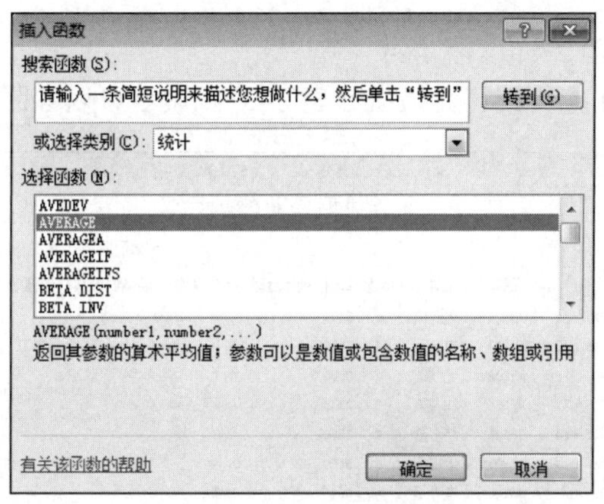

图 6-9　求平均值函数

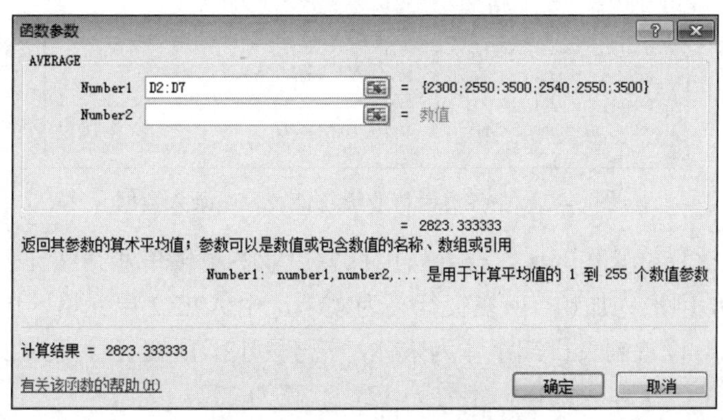

图 6-10　AVERAGE 函数参数

4. 求最大值函数 MAX

格式：MAX(number1,number2,…)

功能：求参数中数值的最大值。

例如在图 6-8 所示的工作表中，利用 MAX 函数求出单价的最大值并将结果存放在单元格 C9 中，操作方法：单击单元格 C9 使之成为活动单元格，输入公式=MAX(D2:D7)并按 Enter 键，如图 6-11 所示，结果将会显示在单元格 C9 中。

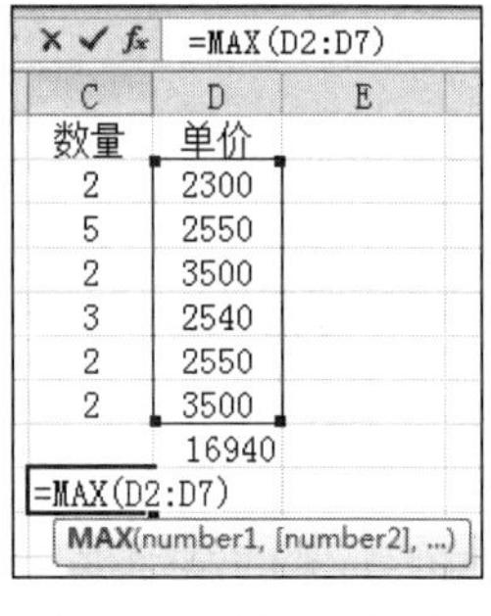

图 6-11 求最大值函数

5. 求最小值函数 MIN

格式：MIN(number1,number2,…)

功能：求参数中数值的最小值。

操作方法与 MAX 相似，请读者自行练习求出单价的最小值。

6. 求数字个数函数 COUNT

格式：COUNT(number1,number2,…)

功能：求参数中数值数据的个数。

假设单元格 A1、A2、A3、A4 的值分别为 1、2、空、ABC，则 COUNT(A1:A4)的值为 2。

【完成过程】

（1）新建工作簿“业务员销售业绩统计表.xlsx”，读者可以参照图 6-12 录入相关表数据。

	A	B	C	D	E	F	G	H	I	J	K
1	业务员销售业绩统计表										
2								制表日期：	年	月	日
3	日期	员工编号	产品名称	数量	单价	销售金额	折扣	赊销金额	收款金额	销售提成	奖金
4	2015/6/1	95101	电视机	2	2300		0.9	2000			
5	2015/6/2	95103	电冰箱	5	2550		0.8	4000			
6	2015/6/3	95102	空调	2	3500		0.7				
7	2015/6/4	95104	洗衣机	3	2540		0.9	4000			
8	2015/6/5	95105	热水器	2	2550		0.8				
9	2015/6/6	95101	电视机	2	3500		0.79				
10	2015/6/7	95103	电冰箱	4	2540		0.78				
11	2015/6/8	95102	空调	2	2550		0.77				
12	2015/6/9	95104	洗衣机	5	2540		0.76	1500			
13	2015/6/10	95105	热水器	2	3500		0.75				
14	2015/6/11	95101	电视机	8	2550		0.74				
15	2015/6/12	95103	电冰箱	2	2540		0.73				
16	2015/6/13	95102	空调	6	2550		0.72	2000			
17	2015/6/14	95104	洗衣机	8	3500		0.71				
18	2015/6/15	95105	热水器	2	2550		0.7				
19	总计：										

图 6-12 业务员销售业绩统计表——录入数据

（2）选中 A1:K1 单元格区域，合并居中标题“业务员销售业绩统计表”，设置标题字体为宋体，字号为 20，字形为加粗，所在行行高为 43；选中 A2:K2 单元格区域，合并右对齐“制表日期：年 月 日”，设置制表日期字体为宋体，字号为 12，所在行行高为 27；其他数据设置：对齐方式为水平居中，字体为宋体，字号为 12，行高为 23。

（3）按照公式“销售金额=数量*单价”计算每种商品的销售金额。具体做法：双击 F4

单元格并输入=E4*D4，如图 6-13 所示，按 Enter 键。然后向下拖动 F4 单元格的填充柄到 F18，复制销售金额公式完成数据的计算。

（4）按照公式“收款金额=销售金额*折扣-赊销金额”计算收款金额。具体做法：双击 I4 单元格并输入=F4*G4-H4，如图 6-14 所示，按 Enter 键。然后向下拖动 I4 单元格的填充柄到 I18，复制收款金额公式完成数据的计算。

（5）按照收款金额的 3%计算销售提成，具体做法：双击 J4 单元格并输入=I4*30%，如图 6-15 所示，按 Enter 键。然后向下拖动 J4 单元格的填充柄到 J18，复制销售提成公式完成数据的计算。

数量	单价	销售金额
2	2300	=E4*D4

图 6-13　计算销售金额

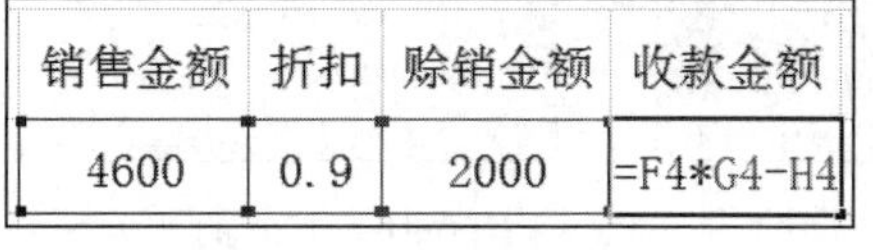

销售金额	折扣	赊销金额	收款金额
4600	0.9	2000	=F4*G4-H4

图 6-14　计算收款金额

收款金额	销售提成
2140	=I4*30%

图 6-15　计算销售提成

（6）按照收款金额不到 5000 无奖金，收款金额在 5000 到 8000 之间（包括 5000）奖金为 200，收款金额在 8000 到 15000 之间（包括 8000）奖金为 400，收款金额达到 15000 奖金为 600 的规则计算奖金。

双击 K4 单元格并输入如图 6-16 所示的公式表达式，按 Enter 键。然后向下拖动 K4 单元格的填充柄到 K18，复制公式完成奖金的计算。

=IF(I4<5000,"无",IF(I4>=15000,"600",IF(I4>=800,400,IF(I4>=5000,200))))

C	D	E	F	G	H	I	J	K
业务员销售业绩统计表								
					制表日期：	年	月	日
产品名称	数量	单价	销售金额	折扣	赊销金额	收款金额	销售提成	奖金
电视机	2	2300	4600	=IF(I4<5000,"无",IF(I4>=15000,"600",IF(I4>=800,400,IF(I4>=5000,200))))				
电冰箱	5	2550		0.8	4000	IF(logical_test, [value_if_true], [value_if_false])		

图 6-16　计算奖金

（7）对数量、销售金额、赊销金额、收款金额、销售提成进行总计求和。按住 Ctrl 键的同时选中 E4:F19 单元格区域和 I4:K19 单元格区域，单击“公式”选项卡“函数库”组中的“自动求和”按钮，在下拉列表中选择“求和”命令，Excel 会自动算出各项数据的总和，如图 6-17 所示。

（8）试用另外两种方法完成（3）～（7）的过程。提示，可以使用名称框、“公式”选项卡、“开始”选项卡、编辑框中的fx按钮。

（9）选中 I4:K18 单元格区域，即销售金额、收款金额、销售提成数据项中的数据，右击并选择“设置单元格格式”命令，在“数字”选项卡中选择“自定义”为“¥#,##0;¥-#,##0”格式，如图 6-18 所示。如果数据显示为######，则单击“开始”选项卡“单元格”组中的“自动调整列宽”按钮，以正常显示数据。

（10）选中 A3:K19 单元格区域，单击“开始”选项卡“字体”组中的“边框”按钮，在下拉列表中选择“所有框线”命令设置该数据区域的边框。

单价	销售金额	折扣	赊销金额	收款金额	销售提成	奖金
2300	4600	0.9	2000	2140	642	无
2550	12750	0.8	4000	6200	1860	400
3500	7000	0.7		4900	1470	无
2540	7620	0.9	4000	2858	857.4	无
2550	5100	0.8		4080	1224	无
3500	7000	0.79		5530	1659	400
2540	10160	0.78		7924.8	2377.44	400
2550	5100	0.77		3927	1178.1	无
2540	12700	0.76	1500	8152	2445.6	400
3500	7000	0.75		5250	1575	400
2550	20400	0.74		15096	4528.8	600
2540	5080	0.73		3708.4	1112.52	无
2550	15300	0.72	2000	9016	2704.8	400
3500	28000	0.71		19880	5964	600
2550	5100	0.7		3570	1071	无

图 6-17 同时计算多项数据的和

图 6-18 “设置单元格格式”对话框的“数字”选项卡

任务 2 根据需求筛选销售业绩

【任务分析】

本任务主要是根据实际需要筛选业务员的销售业绩。通过该任务读者可掌握 Excel 2010 的记录单、自动筛选、高级筛选等功能的使用方法，最后形成数据筛选工作表。任务完成后的效果如图 6-19 和图 6-20 所示。

	A	B	C	D	E	F	G	H	I	J	K
1	业务员销售业绩统计表										
2									制表日期：	年 月	日
3	日期	员工编	产品名	数	单价	销售金额	折	赊销金	收款金额	销售提成	奖
12	2015/6/9	95104	洗衣机	5	2540	¥ 12,700.00	0.76	1500	¥ 8,152.00	¥ 2,445.60	400
16	2015/6/13	95102	空调	6	2550	¥ 15,300.00	0.72	2000	¥ 9,016.00	¥ 2,704.80	400

图 6-19 自动筛选效果

	A	B	C	D	E	F	G	H	I	J	K
1	业务员销售业绩统计表										
2									制表日期：	年 月	日
3	日期	员工编	产品名	数	单价	销售金额	折	赊销金	收款金额	销售提成	奖
4	2008/6/1	95101	电视机	2	2300	¥ 4,600.00	0.9	2000	¥ 2,140.00	¥ 642.00	无
5	2008/6/2	95103	电冰箱	5	2550	¥ 12,750.00	0.8	4000	¥ 6,200.00	¥ 1,860.00	200
6	2008/6/3	95102	空调	2	3500	¥ 7,000.00	0.7		¥ 4,900.00	¥ 1,470.00	无
7	2008/6/4	95104	洗衣机	3	2540	¥ 7,620.00	0.9	4000	¥ 2,858.00	¥ 857.40	无
8	2008/6/5	95105	热水器	2	2550	¥ 5,100.00	0.8		¥ 4,080.00	¥ 1,224.00	无
9	2008/6/6	95101	电视机	2	3500	¥ 7,000.00	0.79		¥ 5,530.00	¥ 1,659.00	200
10	2008/6/7	95103	电冰箱	4	2540	¥ 10,160.00	0.78		¥ 7,924.80	¥ 2,377.44	200
11	2008/6/8	95102	空调	2	2550	¥ 5,100.00	0.77		¥ 3,927.00	¥ 1,178.10	无
12	2015/6/9	95104	洗衣机	5	2540	¥ 12,700.00	0.76	1500	¥ 8,152.00	¥ 2,445.60	400
13	2008/6/10	95105	热水器	2	3500	¥ 7,000.00	0.75		¥ 5,250.00	¥ 1,575.00	200
14	2008/6/11	95101	电视机	8	2550	¥ 20,400.00	0.74		¥ 15,096.00	¥ 4,528.80	600
15	2008/6/12	95103	电冰箱	2	2540	¥ 5,080.00	0.73		¥ 3,708.40	¥ 1,112.52	无
16	2015/6/13	95102	空调	6	2550	¥ 15,300.00	0.72	2000	¥ 9,016.00	¥ 2,704.80	400
17	2008/6/14	95104	洗衣机	8	3500	¥ 28,000.00	0.71		¥ 19,880.00	¥ 5,964.00	600
18	2008/6/15	95105	热水器	2	2550	¥ 5,100.00	0.7		¥ 3,570.00	¥ 1,071.00	无
19	总计：				41760	¥ 152,910.00			¥ 102,232.20	¥ 30,669.66	1600
20											
21		赊销金额	销售提成								
22		>=0	>2000								
23											
24	日期	员工编号	产品名称	数量	单价	销售金额	折扣	赊销金额	收款金额	销售提成	奖金
25	2015/6/9	95104	洗衣机	5	2540	¥ 12,700.00	0.76	1500	¥ 8,152.00	¥ 2,445.60	400
26	2015/6/13	95102	空调	6	2550	¥ 15,300.00	0.72	2000	¥ 9,016.00	¥ 2,704.80	400

图 6-20 高级筛选效果

【任务目标】

- 掌握 Excel 2010 记录单功能的使用方法。
- 掌握 Excel 2010 筛选功能的使用方法。

【必备知识】

1. 记录单

在实际工作中，用户经常会遇到对一个数据量较大的工作表进行数据的增加、删除、修改、检索、排序、筛选和汇总等操作。普通的做法是在 Excel 中逐行逐列地输入相应的数据，如果工作表的数据量巨大，工作表的长度、宽度也会非常庞大，这样输入数据时就需要将很多宝贵的时间用于来回切换行、列的位置上，这个给用户的工作带来了极大的不便。而 Excel 2010 的“记录单”可以帮助用户在一个小窗口中完成输入数据的工作，不必在长长的工作表中进行数据输入。

Excel 数据库又称数据清单，它是按行和列来组织数据的。如图 6-20 所示的业绩统计表等都是数据清单。

（1）数据清单的建立。数据清单有两部分内容：标题栏和记录。建立数据清单时，它可以像数据库一样使用，其中的行表示记录，列表示字段。数据清单的第一行是数据库中的字段名称。输入记录的方法：一是在单元格中直接输入记录内容；二是通过“快速访问工具栏”中的“记录单”按钮来追加记录。

数据清单的有关规定：

- 在一个工作表中只能建立一个数据清单。
- 在工作表的数据清单与其他数据之间至少留出一个空白列和一个空白行。
- 避免在数据清单内放置空白列和空白行。

（2）使用“记录单”管理数据清单。“记录单”的简单操作方法：从数据清单中可以查看、修改、添加、删除记录，或者根据指定的条件查找记录。一个“记录单”一次只显示一个完整的记录。如果在“记录单”中编辑了数据，Excel 将在工作表中更改相应单元格中的数据。打开数据清单的方法如下：

1）在“Excel 选项”对话框中单击“快速访问工具栏”，然后在右侧的“从下列位置选择命令”下拉列表框中选择“不在功能区中的命令”，如图 6-21 所示，下拉滑块找到并选中“记录单”功能，然后单击“添加”按钮添加到“快速访问工具栏”，单击“确定”按钮，这样“记录单”按钮成功添加到快速访问工具栏了。单击“记录单”按钮，弹出“记录单”对话框，这时记录单已经自动读取了列的信息，然后将滑块拉到最后，会有一个空白的选项供填写数据。数据填写完成之后，单击“新建”按钮，随即看到数据已经准确地添加到了表格中。使用记录单功能可以减少在行与列之间的不断切换，从而提高输入的速度和准确性。

2）选定当前数据清单即销售业绩统计表中的 A3:L29 单元格区域，或者删除图 6-20 所示销售业绩统计表中的 A4 行，使其成为标准的数据清单，然后在数据清单中选中任意一个单元格（如 A2）使之成为活动单元格。

（3）记录的增加、修改和删除。完成记录的输入后，如果发现有错误可以对记录内容进行增加、修改和删除等操作。操作步骤：单击数据清单中记录区域的任意一个单元格，单击“快速访问工具栏”中的“记录单”按钮，弹出“数据筛选”对话框，如图 6-22 所示。在其中左边显示的是当前记录内容，右上方是当前记录在数据清单中的位置（如 1/15，表示一共有 15 个记录，当前记录为第一个记录）。

图 6-21 在快速访问工具栏中添加“记录单”按钮

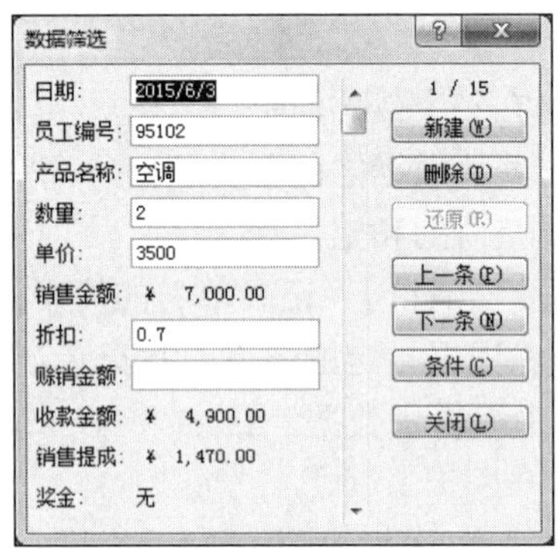

图 6-22 “数据筛选”对话框

在本对话框中可以实现以下几种操作：

- 浏览记录内容：通过单击“上一条”和“下一条”按钮可以查看当前数据清单的上一条、下一条记录内容。
- 按条件查找记录：如果要查找员工编号为 95105 的记录，先单击“条件”按钮再在“员工编号”文本框中输入 95105 并按 Enter 键。如果满足条件的记录不只一个，则可单击“下一条”按钮来查找下一条满足条件的记录。
- 增加记录：单击“新建”按钮，用户便可以在各字段框中输入新的记录内容，输入完成后按 Enter 键。
- 修改记录：在浏览记录内容时，单击要修改的文本框然后输入新的内容，修改完成后按 Enter 键。

- 删除记录：在浏览记录内容时，单击“删除”按钮可以删除当前记录。
- 结束操作：单击“关闭”按钮。

2. 数据筛选

Excel 2010 有两种筛选记录的方法：自动筛选和高级筛选。自动筛选采用简单条件来快速筛选记录，将不满足条件的记录暂时隐藏起来，而将满足条件的记录显示在工作表中；高级筛选采用复合条件来筛选记录，并允许把满足条件的记录复制到另外的区域，以生成一个新的数据清单。

在指定筛选条件时，可使用以下运算符：

- 比较运算符：=（等于）、>（大于）、>=（大于等于）、<（小于）、<=（小于等于）、<>（不等于）。
- 逻辑运算符：and（逻辑与）、or（逻辑或）、not（逻辑非）。
- 通配符：?（代表任意一个字符）、*（代表任意多个字符）。

	A	B	C	D
1	姓名	英语	数学	总评
2	刘伟	82	92	174
3	马禹	77	93	170
4	王思雯	94	70	164
5	王澎	85	94	179
6	王煜德	88	90	178
7	乔鹏	76	87	163
8	张威	91	87	178
9	李慧	84	90	174
10	肖明	88	84	172
11	孟超	77	87	164
12	韩强	89	92	181
13	张诚	94	87	181
14	朱杰	79	83	162
15	孔祥	96	97	193
16	李立	84	95	179
17	吴晓	90	92	182

图 6-23　数据清单——成绩表

（1）记录的自动筛选。应当注意的是不能对工作表中的两个数据清单同时使用筛选命令，而且进行筛选的数据清单必须含有列标题。例如在图 6-23 所示的成绩表中，筛选出总成绩大于等于 180 分的记录。操作步骤：选择数据成绩表的 A1:D17 单元格区域，在“数据”选项卡的“排序和筛选”组中单击“筛选”按钮，如图 6-24 所示，系统将在列旁边增加筛选条件下拉框，此时在标题栏中每个字段名的右侧出现一个下拉箭头，如图 6-25 所示。单击“总评”字段名右侧的下拉箭头，弹出下拉列表，在其中通过选择值或搜索进行筛选，在启用筛选功能的列中单击箭头时该列中的所有值都会显示在列表中，如图 6-26 所示。选择“自定义筛选”选项，弹出“自定义自动筛选方式”对话框，如图 6-27 所示。在“总评”中选择“大于或等于”，在右侧文本框中输入 180，单击“确定”按钮，执行结果如图 6-28 所示。

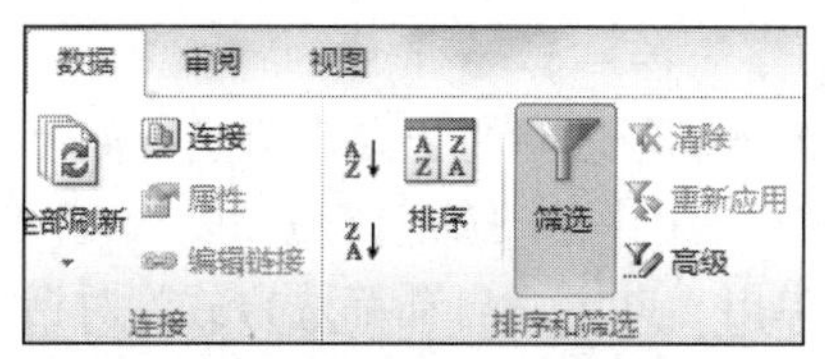

图 6-24　“筛选”按钮

	A	B	C	D
1	姓名	英语	数学	总评
2	刘伟	82	92	174
3	马禹	77	93	170
4	王思雯	94	70	164
5	王澎	85	94	179
6	王煜德	88	90	178
7	乔鹏	76	87	163
8	张威	91	87	178
9	李慧	84	90	174
10	肖明	88	84	172
11	孟超	77	87	164
12	韩强	89	92	181
13	张诚	94	87	181
14	朱杰	79	83	162
15	孔祥	96	97	193
16	李立	84	95	179
17	吴晓	90	92	182

图 6-25　自动筛选效果

可使用“搜索”框输入要搜索的文本或数字，选中或清除用于显示从数据列中找到的值的复选框；也可使用高级条件查找满足特定条件的值。例如，若要在列中搜索文本，请在“搜索”框中输入文本或数字。还可以选择使用通配符，例如星号（*）或问号（?）。

图 6-26　设置自动筛选下拉列表

图 6-27　“自定义自动筛选方式”对话框

	A	B	C	D
1	姓名	英语	数学	总评
12	韩强	89	92	181
13	张诚	94	87	181
15	孔祥	96	97	193
17	吴晓	90	92	182

图 6-28　筛选结果

例如在上述成绩表中，如果想查找数学成绩在 70～90 分之间的记录，可进行如下操作：选定当前数据清单，单击“数据”选项卡“排序和筛选”组中的“筛选”按钮，单击“总评”字段名右侧的下拉箭头，选择“自定义筛选”命令，弹出“自定义自动筛选方式”对话框，筛选条件是“数学>=70 and 数学<90”，因此设置方式如图 6-29 所示，执行结果如图 6-30 所示。

说明：执行筛选操作后，如果要恢复数据清单的原始状态（即显示全部记录），则单击筛选标题字段名右侧的下拉箭头，在弹出的下拉列表中勾选“全选”复选项。如果要取消“筛选”功能，可以再次单击“数据”选项卡“排序和筛选”组中的“筛选”按钮。

图 6-29 多条件筛选

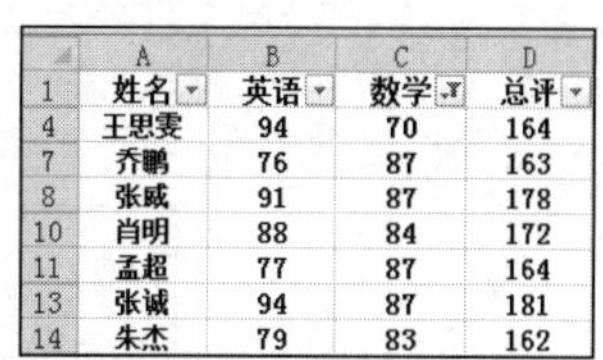

	A	B	C	D
1	姓名	英语	数学	总评
4	王思雯	94	70	164
7	乔鹏	76	87	163
8	张威	91	87	178
10	肖明	88	84	172
11	孟超	77	87	164
13	张诚	94	87	181
14	朱杰	79	83	162

图 6-30 筛选结果

（2）高级筛选。在使用“高级筛选”命令之前，必须先建立条件区域。条件区域的第一行为条件字段标题，第二行为条件内容。条件字段名必须与数据清单的字段名相同，排列顺序可以不同。建立条件区域时，要注意以下几点：

- 同一条件行的条件互为“与（and）”的关系，表示筛选的数据必须是同时满足这些条件的记录。例如要查找数学成绩大于等于 80 分，且总成绩大于等于 265 分的所有记录，其筛选条件可以表示为：数学>=80 and 总成绩>=265，则条件区域的表示方法如图 6-31 所示。
- 不同条件行的条件互为“或（or）”的关系，表示筛选出满足任何一个条件的记录，例如查找英语和数学中至少有一科成绩大于 90 分的记录，则条件区域表示如图 6-32 所示。

数学	总成绩
>=80	>=265

图 6-31 高级筛选条件“与”

英语	数学
>90	
	>90

图 6-32 高级筛选条件“或”

- 对相同的列（字段）指定一个以上的条件或条件为一个数据范围，则应重复列标记。例如查找英语成绩大于等于 60 分且小于等于 90 分的姓“王”的记录，条件区域表示如图 6-33 所示。

下面举例来说明高级筛选的使用方法。例如在上述的成绩表中，查找两科成绩中有一科 80 分以上的所有记录。筛选条件为“数学<80 or 英语<80”。建立条件区域的具体操作方法：先把标题栏中的“数学”和“英语”两个字段标题复制到某一空白区域中（如 F2:G2），然后在 F3:G4 中输入条件内容，如图 6-34 所示。

姓名	英语	英语
王*	>=60	<=90

图 6-33 多条件高级筛选

英语	数学
<80	
	<80

图 6-34 建立条件区域

单击“数据”选择卡“排序和筛选”组中的“高级”按钮，弹出“高级筛选”对话框，选择“将筛选结果复制到其他位置”单选项，在“列表区域”文本框中输入数据区域范围$A$2:$D$17，在“条件区域”文本框中输入条件区域范围$F$2:$G$4，在“复制到”文本框中输入用于存放筛选结果区域的左上角单元格地址，单击“确定”按钮，如图 6-35 所示，执行结果如图 6-36 所示。

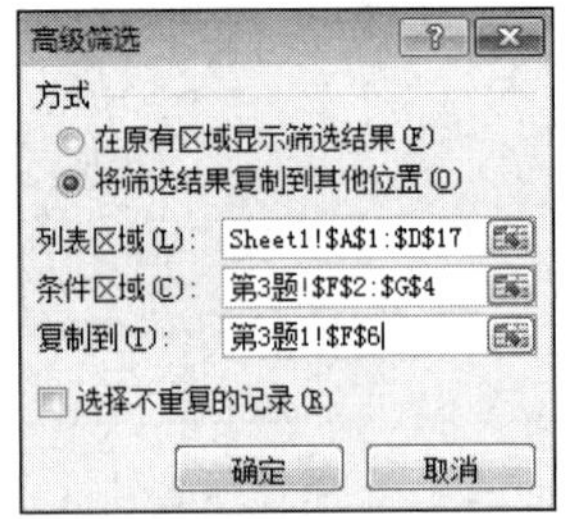

图 6-35　高级筛选

	A	B	C	D	E	F	G	H	I
1	姓名	英语	数学	总评					
2	刘伟	82	92	174		英语	数学		
3	马禹	77	93	170		<80			
4	王思雯	94	70	164			<80		
5	王澎	85	94	179					
6	王煜德	88	90	178		姓名	英语	数学	总评
7	乔鹏	76	87	163		马禹	77	93	170
8	张威	91	87	178		王思雯	94	70	164
9	李慧	84	90	174		乔鹏	76	87	163
10	肖明	88	84	172		孟超	77	87	164
11	孟超	77	87	164		朱杰	79	83	162
12	韩强	89	92	181					
13	张诚	94	87	181					
14	朱杰	79	83	162					
15	孔祥	96	97	193					
16	李立	84	95	179					
17	吴晓	90	92	182					

图 6-36　高级筛选结果

【完成过程】

（1）选择工作表 Sheet1 并右击，在弹出的快捷菜单中选择“重命名”命令，将 Sheet1 工作表名修改为“销售业绩”。

（2）选择“销售业绩”工作表中的所有数据，按 Ctrl+C 组合键复制所有数据。单击工作表 Sheet2 的 A1 单元格，按 Ctrl+V 组合键粘贴数据，将该工作表更名为“数据筛选”。

（3）使用“记录单”查找单价超过 3000 的数据。

选中 A3:K19 单元格区域，单击“快速访问工具栏”中的“记录单”按钮，再单击“条件”按钮，在“单价”文本框中输入“>3000”，如图 6-37 所示。单击“下一条”按钮，单价超过 3000 的第一条记录如图 6-38 所示。再单击“下一条”按钮，可以看到其他单价超过 3000 的记录，最后单击“关闭”按钮。

图 6-37　记录单——查找条件

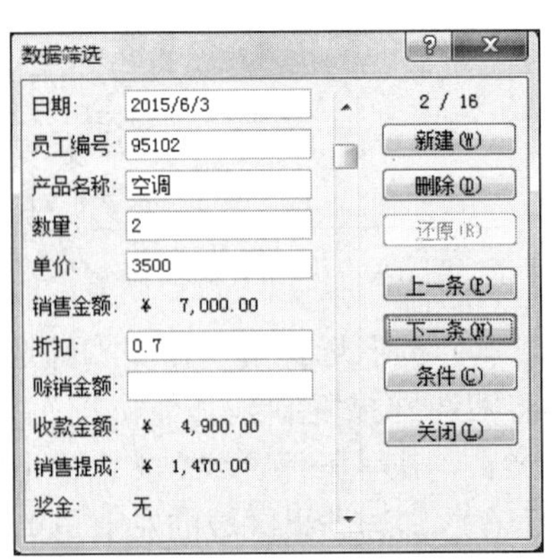

图 6-38　记录单——查找结果

（4）在工作表“销售业绩”中用自动筛选方法筛选出有赊销金额且销售提成超 2000 的数据记录。选择 A3:K3 单元格区域，单击“数据”选项卡“排序和筛选”组中的“筛选”按钮，这时“赊销金额”字段名右侧有下拉箭头，单击下拉箭头，在下拉列表中选择“自定义筛选”选项，弹出“自定义自动筛选方式”对话框，输入条件，如图 6-39 所示，单击“确定”按钮，筛选结果如图 6-40 所示。

图 6-39　赊销金额筛选

	A	B	C	D	E	F	G	H	I	J	K
1	业务员销售业绩统计表										
2									制表日期：　年　月　日		
3	日期	员工编号	产品名称	数量	单价	销售金额	折扣	赊销金额	收款金额	销售提成	奖金
9	2015/6/2	95103	电冰箱	5	2550	¥ 12,750.00	0.8	4000	¥ 6,200.00	¥ 1,860.00	200
13	2015/6/13	95102	空调	6	2550	¥ 15,300.00	0.72	2000	¥ 9,016.00	¥ 2,704.80	400
15	2015/6/4	95104	洗衣机	3	2540	¥ 7,620.00	0.9	4000	¥ 2,858.00	¥ 857.40	无
17	2015/6/9	95104	洗衣机	5	2540	¥ 12,700.00	0.76	1500	¥ 8,152.00	¥ 2,445.60	400
19	2015/6/1	95101	电视机	2	2300	¥ 4,600.00	0.9	2000	¥ 2,140.00	¥ 642.00	无

图 6-40　自动筛选赊销金额后的效果

按照同样的方法设置销售提成的筛选条件如图 6-41 所示，单击“确定”按钮，筛选结果如图 6-42 所示。

图 6-41　销售提成筛选

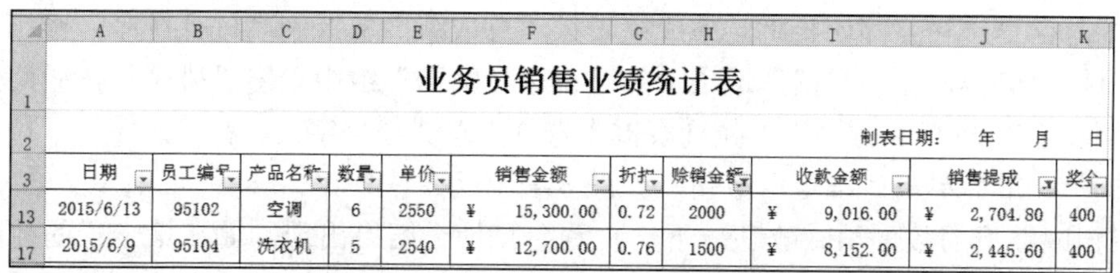

	A	B	C	D	E	F	G	H	I	J	K
1	业务员销售业绩统计表										
2									制表日期：　年　月　日		
3	日期	员工编号	产品名称	数量	单价	销售金额	折扣	赊销金额	收款金额	销售提成	奖金
13	2015/6/13	95102	空调	6	2550	¥ 15,300.00	0.72	2000	¥ 9,016.00	¥ 2,704.80	400
17	2015/6/9	95104	洗衣机	5	2540	¥ 12,700.00	0.76	1500	¥ 8,152.00	¥ 2,445.60	400

图 6-42　自动筛选销售提成后的效果

（5）用高级筛选的方法，在“数据筛选”工作表中筛选出有赊销金额并且销售提成超过2000 的记录。在 B21:C22 单元格区域中输入筛选条件“赊销金额>0 and 销售提成>=2000”，如图 6-43 所示。选中 A3:K19 单元格区域，单击“数据”选项卡“排序和筛选”组中的“高级”按钮，弹出“高级筛选”对话框，在相应的位置输入相应的条件，如图 6-44 所示，单击“确定”按钮。

赊销金额	销售提成
>0	≥2000

图 6-43　筛选条件

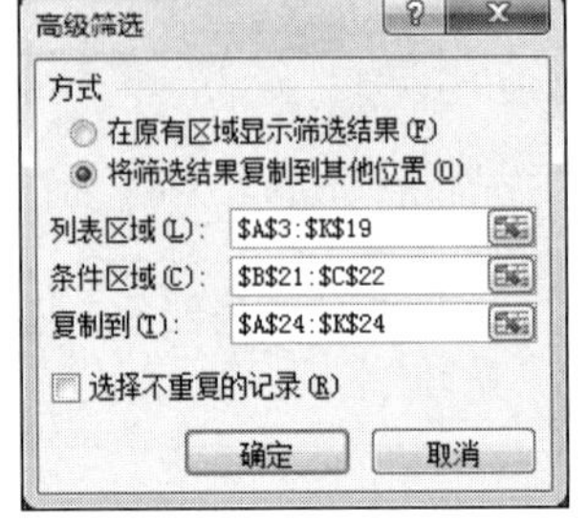

图 6-44　“高级筛选”对话框

任务 3　分类汇总销售业绩统计表

【任务分析】

本任务主要是制作分类汇总业务员销售业绩统计表，主要掌握 Excel 2010 的排序和分类汇总方法，以对数据进行统计分析。

【任务目标】

- 掌握 Excel 2010 的排序方法。
- 掌握 Excel 2010 分类汇总的方法。

【必备知识】

1. 排序

在用 Excel 2010 处理数据的时候，经常要对数据进行排序处理。

（1）一般排序。例如要对学生成绩表中的英语成绩进行排序，可在英语这列中选择任一单元格，然后单击“数据”选项卡“排序和筛选”组中的升序和降序按钮和来完成排序。但是，若把排序的一列全部选中后再使用上面的操作，排序将只发生在这一列中，其他列的数据将保持不变，其结果会破坏原始记录的结构，造成数据出错。

（2）对话框排序。例如要将学生成绩表按“总成绩”从低到高进行排序。操作步骤：选定数据区域 A1:D17，在“数据”选项卡的“排序和筛选”组中单击“排序”按钮，弹出“排序”对话框，在“主要关键字”下拉列表框中选择“总成绩”字段，在“次序”下拉列表框中选择“升序”，最后单击“确定”按钮，如图 6-45 所示。

如果把成绩表的数据稍微改动一下，看看会有什么结果出现。如在第一行的前面插入一行并输入“药品 14-0302 班”，并把 A1:D1 这几个单元格合并，如图 6-46 所示，然后再用一般的排序方法排序或者选择带有合并单元格的区域排序，在“排序”对话框的“主要关键字”下拉列表框中不显示列标题，无法进行排序，如图 6-47 所示。因此在对类似于这样的数据表进行排序时，不要选择带有合并单元格的数据区域，用户只选择实际所需的数据区域进行排序操作即可。

	A	B	C	D
1	姓名	英语	数学	总成绩
2	刘伟	82	92	174
3	马禹	77	93	170
4	王思雯	94	70	164
5	王澎	85	94	179
6	王煜德	88	90	178
7	乔鹏	76	87	163
8	张威	91	87	178
9	李慧	84	90	174
10	肖明	88	84	172
11	孟超	77	87	164
12	韩强	89	92	181
13	张诚	94	87	181
14	朱杰	79	83	162
15	孔祥	96	97	193
16	李立	84	95	179
17	吴晓	90	92	182

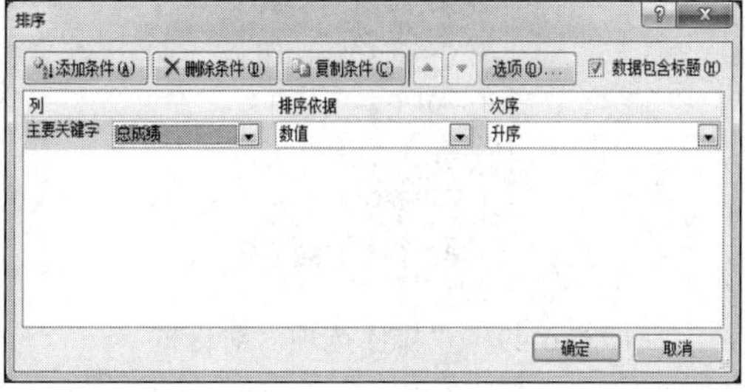

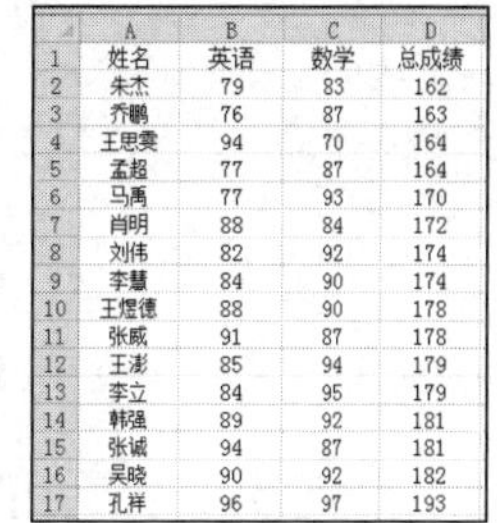

	A	B	C	D
1	姓名	英语	数学	总成绩
2	朱杰	79	83	162
3	乔鹏	76	87	163
4	王思雯	94	70	164
5	孟超	77	87	164
6	马禹	77	93	170
7	肖明	88	84	172
8	刘伟	82	92	174
9	李慧	84	90	174
10	王煜德	88	90	178
11	张威	91	87	178
12	王澎	85	94	179
13	李立	84	95	179
14	韩强	89	92	181
15	张诚	94	87	181
16	吴晓	90	92	182
17	孔祥	96	97	193

图 6-45 对话框排序

	A	B	C	D
1	药品14-0302班			
2	姓名	英语	数学	总成绩
3	朱杰	79	83	162
4	乔鹏	76	87	163
5	王思雯	94	70	164
6	孟超	77	87	164
7	马禹	77	93	170
8	肖明	88	84	172
9	刘伟	82	92	174
10	李慧	84	90	174
11	王煜德	88	90	178
12	张威	91	87	178
13	王澎	85	94	179
14	李立	84	95	179
15	韩强	89	92	181
16	张诚	94	87	181
17	吴晓	90	92	182
18	孔祥	96	97	193

图 6-46 带合并单元格的数据

图 6-47 排序失败

（3）多条件排序。在成绩表中插入“性别”一列并选定数据区域 A2:E18，在“数据”选项卡的“排序和筛选”组中单击“排序”按钮，弹出“排序”对话框，“主要关键字”为“性别”，单击“添加条件”按钮，“次要关键字”为“总成绩”，单击“确定”按钮，如图 6-48 所示。

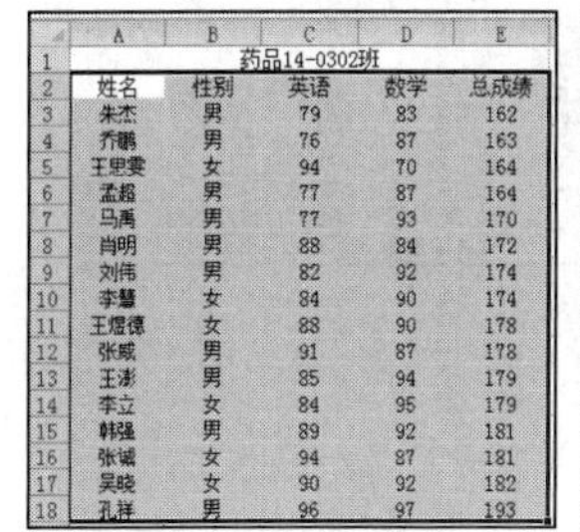

	A	B	C	D	E
1	药品14-0302班				
2	姓名	性别	英语	数学	总成绩
3	朱杰	男	79	83	162
4	乔鹏	男	76	87	163
5	王思雯	女	94	70	164
6	孟超	男	77	87	164
7	马禹	男	77	93	170
8	肖明	男	88	84	172
9	刘伟	男	82	92	174
10	李慧	女	84	90	174
11	王煜德	女	88	90	178
12	张威	男	91	87	178
13	王澎	男	85	94	179
14	李立	女	84	95	179
15	韩强	男	89	92	181
16	张诚	女	94	87	181
17	吴晓	女	90	92	182
18	孔祥	男	96	97	193

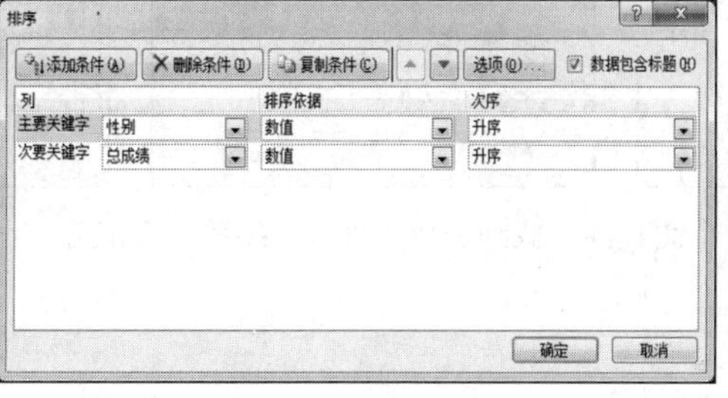

	A	B	C	D	E
1	姓名	性别	英语	数学	总成绩
2	朱杰	男	79	83	162
3	乔鹏	男	76	87	163
4	孟超	男	77	87	164
5	马禹	男	77	93	170
6	肖明	男	88	84	172
7	刘伟	男	82	92	174
8	张威	男	91	87	178
9	王澎	男	85	94	179
10	韩强	男	89	92	181
11	孔祥	男	96	97	193
12	王思雯	女	94	70	164
13	李慧	女	84	90	174
14	王煜德	女	88	90	178
15	李立	女	84	95	179
16	张诚	女	94	87	181
17	吴晓	女	90	92	182

图 6-48 多条件排序

（4）自定义排序。在“数据”选项卡的“排序和筛选”组中单击“排序”按钮，弹出“排序”对话框，单击“选项”按钮，在弹出的“排序选项”对话框中用户可以根据需要自行选择条件。如果选择了“区分大小写”复选项，在对数据“a b A d B e c”进行升序排序时，结果为“a A b B c d e”，从排序结果可以看出同是小写/大写字母的升序顺序为“a～z”或“A～Z”；

如果既有大写字母又有小写字母，对于同一字母小写字母在前大写字母在后，其他字母均按照字母顺序排序不分大小写；在设置排序方向时，可以设置按列排序或按行排序；在对汉字进行排序时，可以选择按字母排序或按笔画排序，如图 6-49 所示。

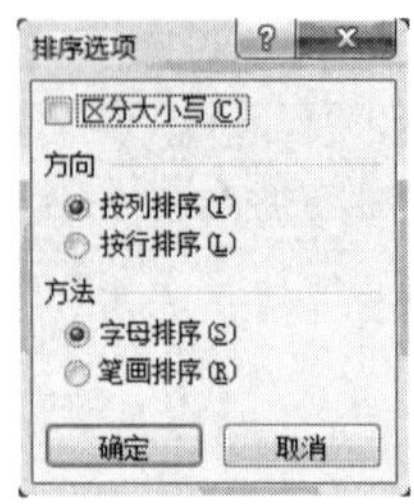

图 6-49 “排序选项”对话框

2. 分类汇总

分类汇总是按某一字段分类，并对各类数据字段进行汇总。汇总的前提是必须先按分类关键字进行排序。以成绩表为例，按“性别”字段分类汇总英语和数学的平均分，操作步骤如下：

（1）对成绩表按“性别”进行升序排序。

（2）选定数据清单不包括表名，然后单击“数据”选项卡“分级显示”组中的“分类汇总”按钮，弹出“分类汇总”对话框。

在“分类字段”下拉列表框中选择“性别”，在“汇总方式”下拉列表框中选择“平均值”，在“选定汇总项”列表框中选择“英语”和“数学”复选项。

（3）单击“确定”按钮，如图 6-50 所示。

	A	B	C	D	E
1	药品10-0302班				
2	姓名	性别	英语	数学	总成绩
3	朱杰	男	79	83	162
4	乔鹏	男	76	87	163
5	孟超	男	77	87	164
6	马禹	男	77	93	170
7	肖明	男	88	84	172
8	刘伟	男	82	92	174
9	张威	男	91	87	178
10	王澎	男	85	94	179
11	韩强	男	89	92	181
12	孔祥	男	96	97	193
13	王思雯	女	94	70	164
14	李慧	女	84	90	174
15	王煜德	女	88	90	178
16	李立	女	84	95	179
17	张诚	女	94	87	181
18	吴晓	女	90	92	182

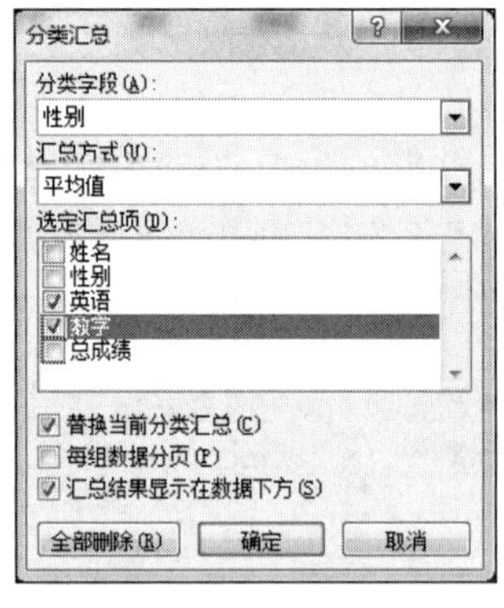

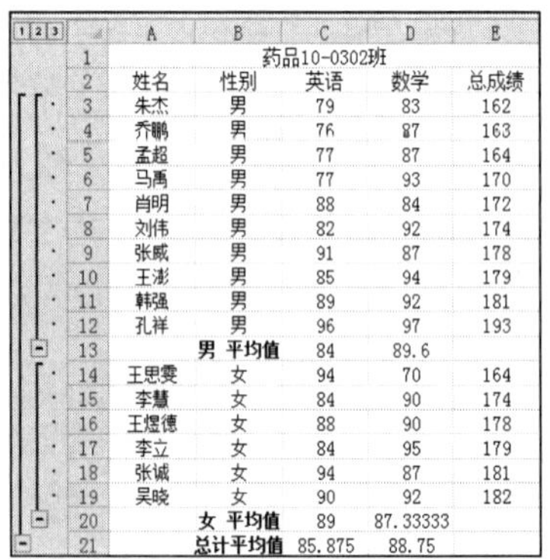

	A	B	C	D	E
1	药品10-0302班				
2	姓名	性别	英语	数学	总成绩
3	朱杰	男	79	83	162
4	乔鹏	男	76	87	163
5	孟超	男	77	87	164
6	马禹	男	77	93	170
7	肖明	男	88	84	172
8	刘伟	男	82	92	174
9	张威	男	91	87	178
10	王澎	男	85	94	179
11	韩强	男	89	92	181
12	孔祥	男	96	97	193
13		男 平均值	84	89.6	
14	王思雯	女	94	70	164
15	李慧	女	84	90	174
16	王煜德	女	88	90	178
17	李立	女	84	95	179
18	张诚	女	94	87	181
19	吴晓	女	90	92	182
20		女 平均值	89	87.33333	
21		总计平均值	85.875	88.75	

图 6-50 成绩表按“性别”字段分类汇总

【完成过程】

（1）打开已经创建的工作簿，取消工作表“销售业绩”的自动筛选。

（2）按产品名称排序：选中数据清单 A3:K19 区域，单击“数据”选项卡“排序和筛选”组中的“排序”按钮，弹出“排序”对话框，在“主要关键字”右侧的下拉列表框中选择“产品名称”，在“次序”下拉列表框中选择“升序”，如图 6-51 所示。

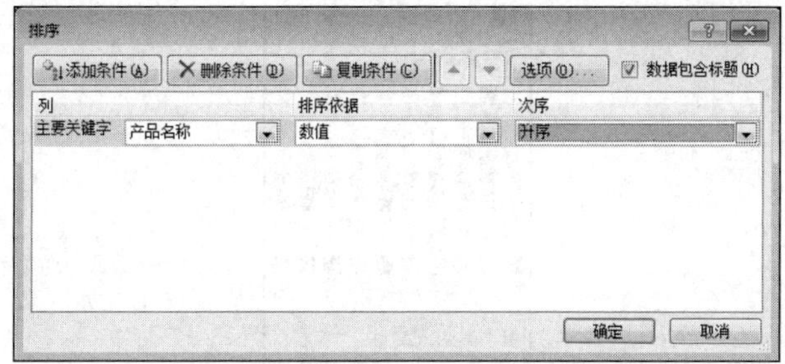

图 6-51　按产品名称排序

（3）单击“数据”选项卡“分组显示”组中的“分类汇总”按钮，弹出“分类汇总”对话框，如图 6-52 所示，在“分类字段”下拉列表框中选择“产品名称”，在“汇总方式”下拉列表框中选择“求和”，在“选定汇总项”列表框中选择“销售金额”和“收款金额”复选项，然后单击“确定”按钮，分类汇总结果如图 6-53 所示。

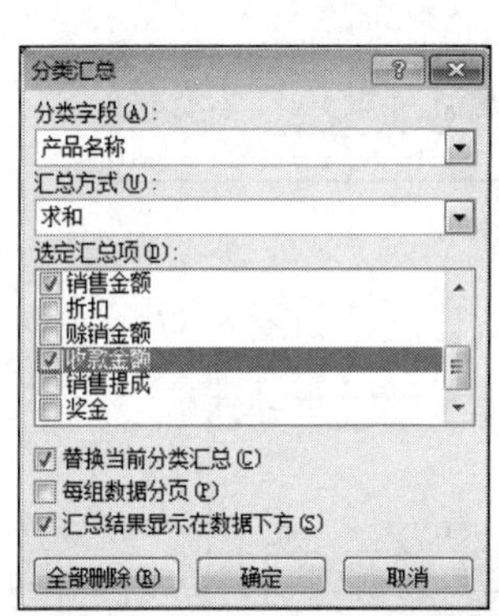

图 6-52　“分类汇总”对话框

业务员销售业绩统计表

制表日期：　年　月　日

行	日期	员工编号	产品名称	数量	单价	销售金额	折扣	赊销金额	收款金额	销售提成	奖金
4	2015/6/2	95103	电冰箱	5	2550	¥ 12,750.00	0.8	4000	¥ 6,200.00	¥ 1,860.00	200
5	2015/6/7	95103	电冰箱	4	2540	¥ 10,160.00	0.78		¥ 7,924.80	¥ 2,377.44	200
6	2015/6/12	95103	电冰箱	2	2540	¥ 5,080.00	0.73		¥ 3,708.40	¥ 1,112.52	无
7		电冰箱 汇总				¥ 27,990.00			¥ 17,833.20		
8	2015/6/1	95101	电视机	2	2300	¥ 4,600.00	0.9	2000	¥ 2,140.00	¥ 642.00	无
9	2015/6/6	95101	电视机	2	3500	¥ 7,000.00	0.79		¥ 5,530.00	¥ 1,659.00	200
10	2015/6/11	95101	电视机	8	2550	¥ 20,400.00	0.74		¥ 15,096.00	¥ 4,528.80	600
11		电视机 汇总				¥ 32,000.00			¥ 22,766.00		
12	2015/6/3	95102	空调	2	3500	¥ 7,000.00	0.7		¥ 4,900.00	¥ 1,470.00	无
13	2015/6/8	95102	空调	2	2550	¥ 5,100.00	0.77		¥ 3,927.00	¥ 1,178.10	无
14	2015/6/13	95102	空调	6	2550	¥ 15,300.00	0.72	2000	¥ 9,016.00	¥ 2,704.80	400
15		空调 汇总				¥ 27,400.00			¥ 17,843.00		
16	2015/6/5	95105	热水器	2	2550	¥ 5,100.00	0.8		¥ 4,080.00	¥ 1,224.00	无
17	2015/6/10	95105	热水器	2	3500	¥ 7,000.00	0.75		¥ 5,250.00	¥ 1,575.00	200
18	2015/6/15	95105	热水器	2	2550	¥ 5,100.00	0.7		¥ 3,570.00	¥ 1,071.00	无
19		热水器 汇总				¥ 17,200.00			¥ 12,900.00		
20	2015/6/4	95104	洗衣机	3	2540	¥ 7,620.00	0.9	4000	¥ 2,858.00	¥ 857.40	无
21	2015/6/9	95104	洗衣机	5	2540	¥ 12,700.00	0.76	1500	¥ 8,152.00	¥ 2,445.60	400
22	2015/6/14	95104	洗衣机	8	3500	¥ 28,000.00	0.71		¥ 19,880.00	¥ 5,964.00	600
23		洗衣机 汇总				¥ 48,320.00			¥ 30,890.00		
24			总计			¥ 152,910.00			¥ 102,232.20		
25	总计：				41760	¥ 257,500.00			¥ 173,574.40	¥ 52,072.32	1600

图 6-53　按产品名称汇总结果

（4）单击分类汇总左侧的分类级别按钮 1 2 3 中的 2，按 Ctrl 键逐一选中 7～23 行的数据（注意，如果用拖拽的方法则表示选中了从 7 行到 23 行的所有数据），显示结果如图 6-54 所示。单击“开始”选项卡“字体”组中的“填充颜色”下三角按钮，在下拉列表中选择“黄色”，如图 6-55 所示。

业务员销售业绩统计表

制表日期：　年　月　日

行	日期	员工编号	产品名称	数量	单价	销售金额	折扣	赊销金额	收款金额	销售提成	奖金
7		电冰箱 汇总				¥ 27,990.00			¥ 17,833.20		
11		电视机 汇总				¥ 32,000.00			¥ 22,766.00		
15		空调 汇总				¥ 27,400.00			¥ 17,843.00		
19		热水器 汇总				¥ 17,200.00			¥ 12,900.00		
23		洗衣机 汇总				¥ 48,320.00			¥ 30,890.00		
24			总计			¥ 152,910.00			¥ 102,232.20		
25	总计：				41760	¥ 257,500.00			¥ 173,574.40	¥ 52,072.32	1600

图 6-54　2 级分类汇总表

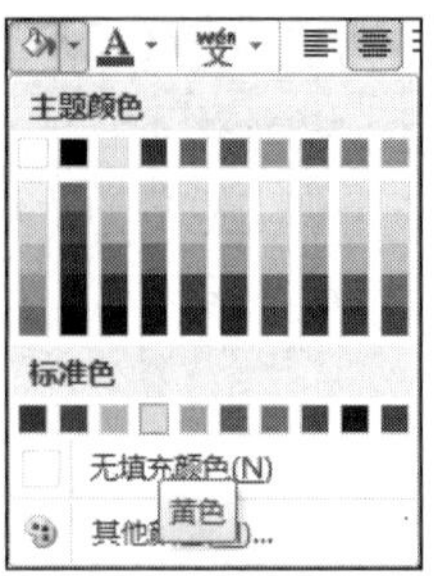

图 6-55 “填充颜色”按钮的下拉列表

（5）选中第 24 行数据，单击“开始”选项卡“字体”组中的“填充颜色”下三角按钮，在下拉列表中选择“淡蓝”，如图 6-56 所示。

	A	B	C	D	E	F	G	H	I	J	K
1	业务员销售业绩统计表										
2									制表日期：	年 月	日
3	日期	员工编号	产品名称	数量	单价	销售金额	折扣	赊销金额	收款金额	销售提成	奖金
7		电冰箱 汇总				¥ 27,990.00			¥ 17,833.20		
11		电视机 汇总				¥ 32,000.00			¥ 22,766.00		
15		空调 汇总				¥ 27,400.00			¥ 17,843.00		
19		热水器 汇总				¥ 17,200.00			¥ 12,900.00		
23		洗衣机 汇总				¥ 48,320.00			¥ 30,890.00		
24			总计			¥ 152,910.00			¥ 102,232.20		
25	总计：				41760	¥ 257,500.00			¥ 173,574.40	¥ 52,072.32	1600

图 6-56 2 级分类汇总表设置背景颜色后的效果

（6）逐一单击分类汇总左侧的+按钮展开业务员销售业绩统计表，如图 6-57 所示。

	A	B	C	D	E	F	G	H	I	J	K
1	业务员销售业绩统计表										
2									制表日期：	年 月	日
3	日期	员工编号	产品名称	数量	单价	销售金额	折扣	赊销金额	收款金额	销售提成	奖金
4	2015/6/2	95103	电冰箱	5	2550	¥ 12,750.00	0.8	4000	¥ 6,200.00	¥ 1,860.00	200
5	2015/6/7	95103	电冰箱	4	2540	¥ 10,160.00	0.78		¥ 7,924.80	¥ 2,377.44	200
6	2015/6/12	95103	电冰箱	2	2540	¥ 5,080.00	0.73		¥ 3,708.40	¥ 1,112.52	无
7		电冰箱 汇总				¥ 27,990.00			¥ 17,833.20		
8	2015/6/1	95101	电视机	2	2300	¥ 4,600.00	0.9	2000	¥ 2,140.00	¥ 642.00	无
9	2015/6/6	95101	电视机	2	3500	¥ 7,000.00	0.79		¥ 5,530.00	¥ 1,659.00	200
10	2015/6/11	95101	电视机	8	2550	¥ 20,400.00	0.74		¥ 15,096.00	¥ 4,528.80	600
11		电视机 汇总				¥ 32,000.00			¥ 22,766.00		
12	2015/6/3	95102	空调	2	3500	¥ 7,000.00	0.7		¥ 4,900.00	¥ 1,470.00	无
13	2015/6/8	95102	空调	2	2550	¥ 5,100.00	0.77		¥ 3,927.00	¥ 1,178.10	无
14	2015/6/13	95102	空调	6	2550	¥ 15,300.00	0.72	2000	¥ 9,016.00	¥ 2,704.80	400
15		空调 汇总				¥ 27,400.00			¥ 17,843.00		
16	2015/6/5	95105	热水器	2	2550	¥ 5,100.00	0.8		¥ 4,080.00	¥ 1,224.00	无
17	2015/6/10	95105	热水器	2	3500	¥ 7,000.00	0.75		¥ 5,250.00	¥ 1,575.00	200
18	2015/6/15	95105	热水器	2	2550	¥ 5,100.00	0.7		¥ 3,570.00	¥ 1,071.00	无
19		热水器 汇总				¥ 17,200.00			¥ 12,900.00		
20	2015/6/4	95104	洗衣机	3	2540	¥ 7,620.00	0.9	4000	¥ 2,858.00	¥ 857.40	无
21	2015/6/9	95104	洗衣机	5	2540	¥ 12,700.00	0.76	1500	¥ 8,152.00	¥ 2,445.60	400
22	2015/6/14	95104	洗衣机	8	3500	¥ 28,000.00	0.71		¥ 19,880.00	¥ 5,964.00	600
23		洗衣机 汇总				¥ 48,320.00			¥ 30,890.00		
24			总计			¥ 152,910.00			¥ 102,232.20		
25	总计：				41760	¥ 257,500.00			¥ 173,574.40	¥ 52,072.32	1600

图 6-57 业务员销售业绩统计表

任务 4　数据透视表

【任务分析】

本任务主要是用以往学习的知识对商品销售记录表进行数据分析，让读者熟练使用电子表格处理软件 Excel 2010 的记录单、排序、筛选、分类汇总等来分析数据，使用 Excel 2010 的创建数据透视表和数据透视图功能更直观地对数据进行分析。

【任务目标】

- 熟练掌握 Excel 2010 中筛选的操作方法。
- 熟练掌握 Excel 2010 中排序的操作方法。
- 熟练掌握 Excel 2010 中分类汇总的操作方法。
- 掌握 Excel 2010 中创建数据透视表的方法。
- 掌握 Excel 2010 中创建数据透视图的方法。

【必备知识】

数据透视表或数据透视图是一种交互式报表，主要用于快速汇总大量数据。可以通过行或列的不同组合来查看对源数据的汇总，也可以通过显示不同的页来筛选数据，还可以根据需要显示区域中的明细数据。使用 Excel 2010 的“数据透视表和数据透视图向导”可以创建数据透视表或数据透视图，以制作销售月报表为例详细讲解该向导的使用方法。

（1）打开工作簿“销售统计.xlsx”，选择“商品销售记录”数据区域中的任一单元格，如 B17。单击“插入”选项卡“表格”组中的“数据透视表”按钮，在下拉列表中选择“数据透视表”选项，如图 6-58 所示，弹出“创建数据透视表”对话框中，选中“选择一个表或区域”单选项，然后在“表/区域”框中指定单元格区域，如图 6-59 所示，若要将数据透视表放置在新工作表中并以单元格 A1 为起始位置则选择“新工作表”单选项，若要将数据透视表放在现有工作表中的特定位置则选择“现有工作表”单选项，然后在“位置”框中指定放置数据透视表的单元格区域的第一个单元格。

图 6-58　选择“数据透视表”选项

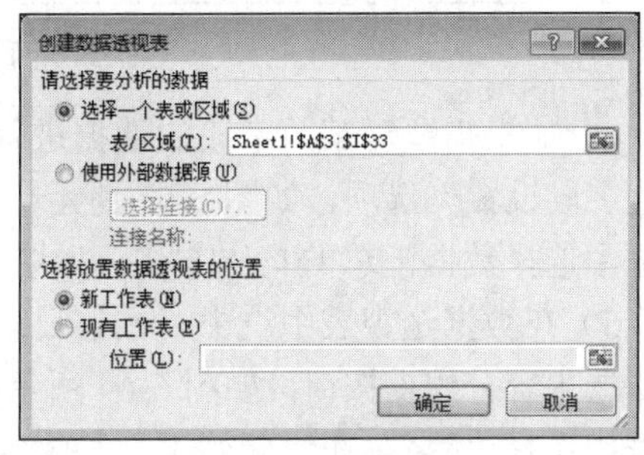

图 6-59　“创建数据透视表”对话框

（2）单击“确定”按钮，Excel 创建了一个空白数据透视表，如图 6-60 所示。在右侧的“数据透视表字段列表”中需要分析的复选项上打钩，打钩后的数据被全部插入在“轴字段

（分类）”中，可以根据实际需求拖动至报表筛选、列标签、行标签、数值等框中。列标签、行标签顾名思义为透视表列和行的选项内容，以此改变需要分析的主要内容，也可以将报表的字段内容直接拖动到表格内。

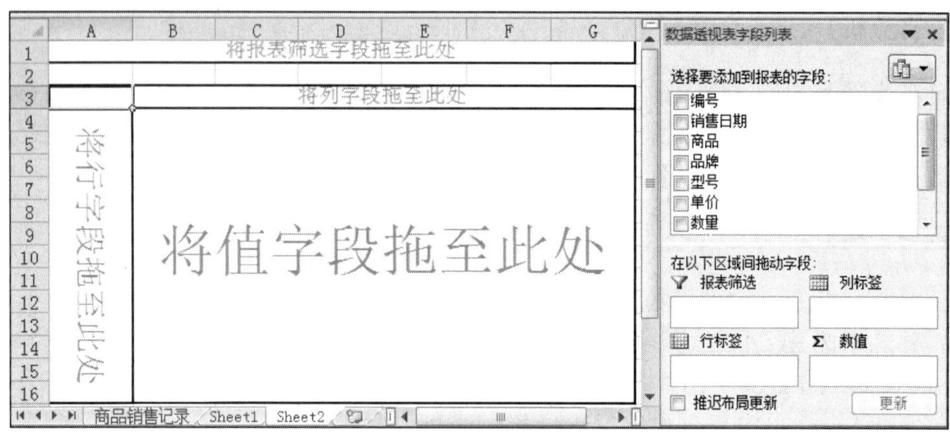

图 6-60　空白数据透视表

（3）以“销售表”为例，将“数据透视表字段列表”窗格中的“商品”用左键按住不放拖至“列标签”框中，将“销售日期”拖至“行标签”框中，将“数量”拖至“数值”框中，将“销售人员”拖至“报表筛选”框中，效果如图 6-61 所示。

销售人员	(全部)			
求和项:数量	商品			
销售日期	笔记本电脑	服务器	台式机	总计
2005/2/15	8	5	24	37
2005/2/16	7	4	26	37
2005/2/17		5	57	62
2005/2/18	9		25	34
2005/3/2	10		35	45
2005/3/3	11	3		14
2005/3/4			38	38
2005/4/20	8	2	20	30
2005/4/21		10	48	58
2005/5/18	10	5	30	45
总计	63	34	303	400

图 6-61　数据透视表结果

（4）如果需要对某个字段的数据进行“计数”可选择“求和项：数量”右侧下拉列表中的“值字段设置”选项，如图 6-62 所示，弹出“值字段设置”对话框，在“值字段汇总方式”列表框中选择数据汇总的具体方式，如图 6-63 所示。

（5）在数据透视表中选中“销售日期”字段标签，单击“选项”选项卡“分组”组中的“将所选内容分组”按钮，如图 6-64 所示，弹出“分组”对话框，如图 6-65 所示，在“步长”列表框中选择“月”，在“起始于”和“终止于”文本框中输入时间，默认时间是数据清单中销售日期的起始与结束时间，这里无须修改。单击“确定”按钮后即可得到销售月报表，最后修改工作表名为“销售月报表”，如图 6-66 所示。

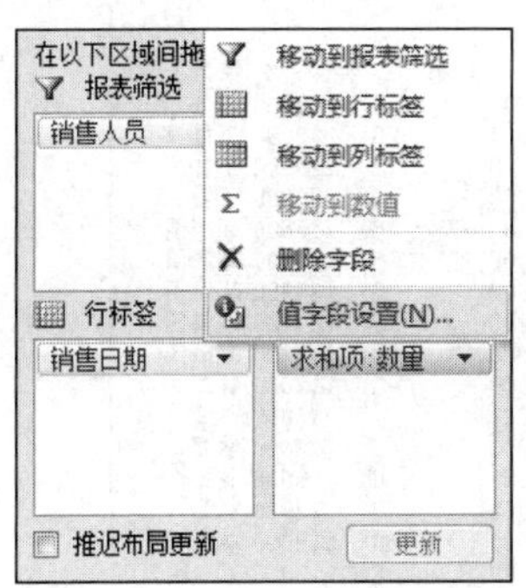

图 6-62　列表设置字段

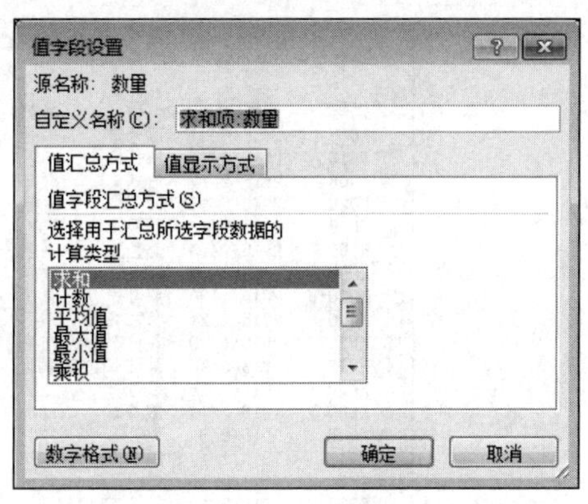

图 6-63　“值字段设置”对话框

	A	B	C	D	E
1	销售人员	(全部)			
2					
3	求和项:数量	商品			
4	销售日期	笔记本电脑	服务器	台式机	总计
5	2015/2/15	8	5	24	37
6	2015/2/16	7	4	26	37
7	2015/2/17		5	57	62
8	2015/2/18	9		25	34
9	2015/3/2	10		35	45
10	2015/3/3	11	3		14
11	2015/3/4			38	38
12	2015/4/20	8	2	20	30
13	2015/4/21		10	48	58
14	2015/5/18	10	5	30	45
15	总计	63	34	303	400

图 6-64　销售日报表

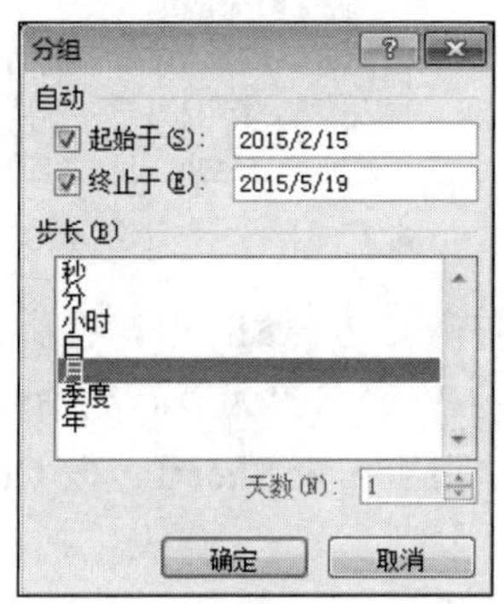

图 6-65　分组设置

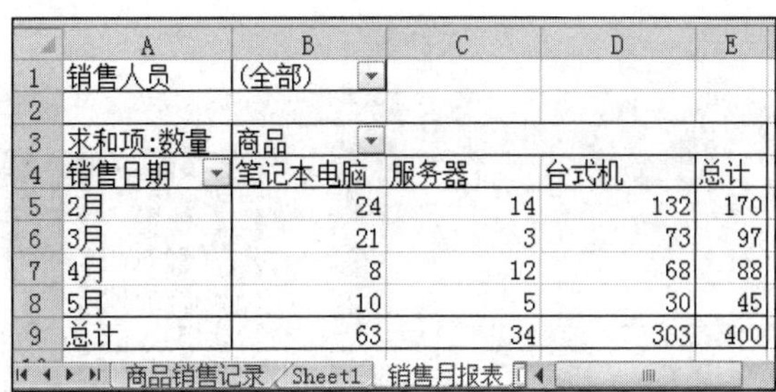

	A	B	C	D	E
1	销售人员	(全部)			
2					
3	求和项:数量	商品			
4	销售日期	笔记本电脑	服务器	台式机	总计
5	2月	24	14	132	170
6	3月	21	3	73	97
7	4月	8	12	68	88
8	5月	10	5	30	45
9	总计	63	34	303	400

图 6-66　销售月报表效果

【完成过程】

1. 记录单使用

（1）新建工作簿“销售统计.xlsx”，将页面设置为 A4、纵向，左右边距都为 0.9。然后直接录入商品销售统计原始数据。

（2）金额项通过公式“金额=单价*数量”进行计算，因此在工作表 Sheet1 中单击 H4 单元格，在编辑框中输入公式“=F4*G4”，按 Enter 键确认。

（3）拖动 H4 单元格右下方的填充柄到 H33 单元格完成公式复制，效果如图 6-67 所示。

	A	B	C	D	E	F	G	H	I
1	商品销售记录								
2									
3	编号	销售日期	商品	品牌	型号	单价	数量	金额	销售人员
4	K025	2015/4/21	服务器	联想	万全 T350	32200	6	193200	丁香
5	K018	2015/3/4	台式机	方正	商祺 N260	4600	20	92000	丁香
6	K008	2015/2/17	台式机	联想	天骄 E5001X	8500	27	229500	丁香
7	K028	2015/5/18	台式机	联想	锋行 K7010A	7600	30	228000	丁香
8	K029	2015/5/18	服务器	IBM	X255 8685-71	47100	5	235500	胡倩倩
9	K001	2015/2/15	服务器	联想	万全 R510	24000	3	72000	胡倩倩
10	K009	2015/2/17	服务器	联想	万全 R510	24000	5	120000	胡倩倩
11	K020	2015/4/20	服务器	联想	万全 T350	32200	2	64400	胡倩倩
12	K026	2015/4/21	台式机	方正	商祺 3200	7600	26	197600	胡倩倩
13	K021	2015/4/20	笔记本电脑	方正	T660	14000	8	112000	林海
14	K027	2015/5/18	笔记本电脑	联想	昭阳 S620	12000	4	48000	林海
15	K002	2015/2/15	服务器	IBM	X346 8840-I02	23900	2	47800	林海
16	K005	2015/2/16	服务器	IBM	X346 8840-I02	23900	4	95600	林海
17	K015	2015/3/3	服务器	IBM	xSeries 236	24300	3	72900	林海
18	K010	2015/2/17	台式机	联想	天骄 E5001X	7000	30	210000	林海
19	K004	2015/2/15	笔记本电脑	方正	T660	14000	8	112000	刘一鹏
20	K030	2015/5/18	笔记本电脑	方正	E400	9100	6	54600	刘一鹏
21	K007	2015/2/16	笔记本电脑	联想	昭阳 S620	12000	7	84000	刘一鹏
22	K017	2015/3/3	笔记本电脑	联想	昭阳 S620	12000	6	72000	刘一鹏
23	K012	2015/2/18	台式机	方正	商祺 3200	7600	25	190000	刘一鹏
24	K014	2015/3/2	台式机	联想	天骄 E5001X	7000	35	245000	刘一鹏
25	K019	2015/3/4	台式机	联想	天骄 E5001X	8500	18	153000	刘一鹏
26	K023	2015/4/21	台式机	联想	锋行 K7010A	7600	22	167200	刘一鹏
27	K016	2015/3/3	笔记本电脑	方正	T660	14000	5	70000	张帆
28	K011	2015/2/18	笔记本电脑	联想	昭阳 S620	12000	9	108000	张帆
29	K013	2015/3/2	笔记本电脑	联想	昭阳 S620	12000	10	120000	张帆
30	K024	2015/4/21	服务器	IBM	xSeries 236	24300	4	97200	张帆
31	K006	2015/2/16	台式机	方正	商祺 N260	4600	26	0	张帆
32	K022	2015/4/20	台式机	方正	商祺 3200	7600	20	152000	张帆
33	K003	2015/2/15	台式机	联想	天骄 E5001X	8500	24	204000	张帆

图 6-67 录入商品销售记录表原始数据

（4）右击工作表 Sheet1，在弹出的快捷菜单中选择“插入”命令，插入一个新的工作表 Sheet4 并将工作表名改为“商品销售记录”，然后删除 Sheet2 和 Sheet3 工作表。

（5）单击工作表 Sheet1，按 Ctrl+A 组合键全选工作表，按 Ctrl+C 组合键复制所选数据，单击“商品销售记录”工作表，按 Ctrl+V 组合键粘贴数据。

（6）选中数据清单中的任意单元格，然后单击“开始”选项卡“样式”组中的“套用表格格式”按钮，在下拉列表中选择“表样式浅色 2”样式，如图 6-68 所示。操作完成后的效果如图 6-69 所示。

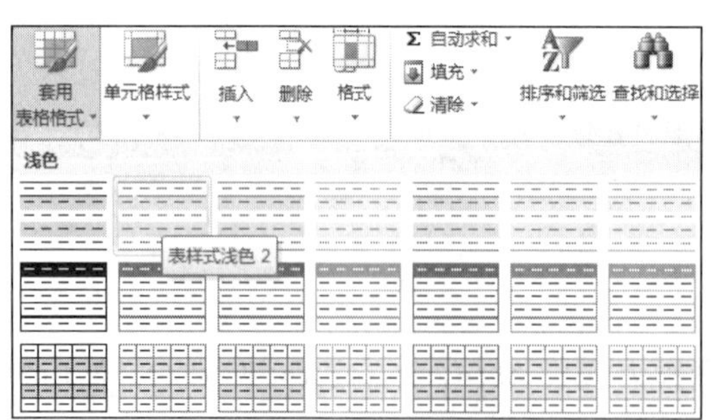

图 6-68 套用表格格式

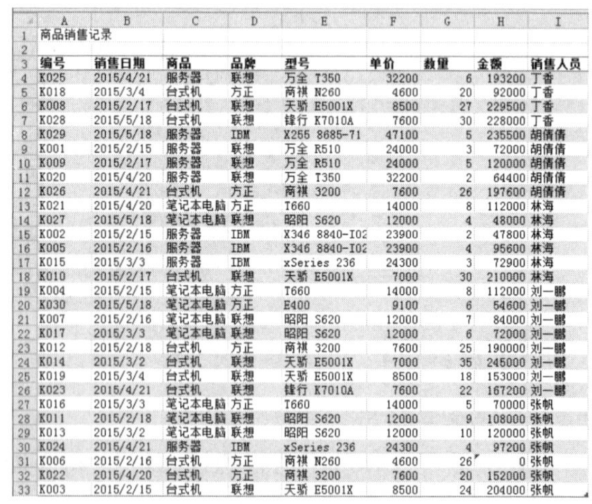

	A	B	C	D	E	F	G	H	I
1	商品销售记录								
2									
3	编号	销售日期	商品	品牌	型号	单价	数量	金额	销售人员
4	K025	2015/4/21	服务器	联想	万全 T350	32200	6	193200	丁香
5	K018	2015/3/4	台式机	方正	商祺 N260	4600	20	92000	丁香
6	K008	2015/2/17	台式机	联想	天骄 E5001X	8500	27	229500	丁香
7	K028	2015/5/18	台式机	联想	锋行 K7010A	7600	30	228000	丁香
8	K029	2015/5/18	服务器	IBM	X255 8685-71	47100	5	235500	胡倩倩
9	K001	2015/2/15	服务器	联想	万全 R510	24000	3	72000	胡倩倩
10	K009	2015/2/17	服务器	联想	万全 R510	24000	5	120000	胡倩倩
11	K020	2015/4/20	服务器	联想	万全 T350	32200	2	64400	胡倩倩
12	K026	2015/4/21	台式机	方正	商祺 3200	7600	26	197600	胡倩倩
13	K021	2015/4/20	笔记本电脑	方正	T660	14000	8	112000	林海
14	K027	2015/5/18	笔记本电脑	联想	昭阳 S620	12000	4	48000	林海
15	K002	2015/2/15	服务器	IBM	X346 8840-I02	23900	2	47800	林海
16	K005	2015/2/16	服务器	IBM	X346 8840-I02	23900	4	95600	林海
17	K015	2015/3/3	服务器	IBM	xSeries 236	24300	3	72900	林海
18	K010	2015/2/17	台式机	联想	天骄 E5001X	7000	30	210000	林海
19	K004	2015/2/15	笔记本电脑	方正	T660	14000	8	112000	刘一鹏
20	K030	2015/5/18	笔记本电脑	方正	E400	9100	6	54600	刘一鹏
21	K007	2015/2/16	笔记本电脑	联想	昭阳 S620	12000	7	84000	刘一鹏
22	K017	2015/3/3	笔记本电脑	联想	昭阳 S620	12000	6	72000	刘一鹏
23	K012	2015/2/18	台式机	方正	商祺 3200	7600	25	190000	刘一鹏
24	K014	2015/3/2	台式机	联想	天骄 E5001X	7000	35	245000	刘一鹏
25	K019	2015/3/4	台式机	联想	天骄 E5001X	8500	18	153000	刘一鹏
26	K023	2015/4/21	台式机	联想	锋行 K7010A	7600	22	167200	刘一鹏
27	K016	2015/3/3	笔记本电脑	方正	T660	14000	5	70000	张帆
28	K011	2015/2/18	笔记本电脑	联想	昭阳 S620	12000	9	108000	张帆
29	K013	2015/3/2	笔记本电脑	联想	昭阳 S620	12000	10	120000	张帆
30	K024	2015/4/21	服务器	IBM	xSeries 236	24300	4	97200	张帆
31	K006	2015/2/16	台式机	方正	商祺 N260	4600	26	0	张帆
32	K022	2015/4/20	台式机	方正	商祺 3200	7600	20	152000	张帆
33	K003	2015/2/15	台式机	联想	天骄 E5001X	8500	24	204000	张帆

图 6-69 商品销售记录表套用表格格式效果

（7）通过记录单管理商品销售记录。选中数据清单中的任意单元格如 C5 或选中整个数据清单 A3:I33，单击“快速访问工具栏”中的“记录单”按钮，弹出“商品销售记录”对话框，如图 6-70 所示。其中相应的按钮可以对数据清单进行浏览、修改、录入、删除和查找等管理操作。

2. 数据排序

将工作表 Sheet1 按商品升序查看数据，如果是相同商品按品牌升序排序；将“商品销售记录”工作表按销售人员升序排序，同一销售人员按照商品、品牌排序。

（1）单击 Sheet1 工作表，选择数据清单中的任意单元格，单击“数据”选项卡“排序和筛选”组中的“排序”按钮，弹出“排序”对话框。在“主要关键字”下拉列表框中选择“商品”，单击“添加条件”按钮，在“次要关键字”下拉列表框中选择“品牌”，并全部选择“升序”选项，如图 6-71 所示。单击“确定”按钮返回工作表。

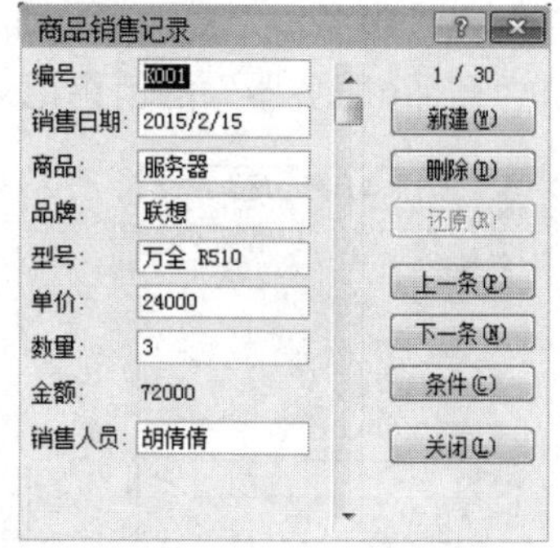

图 6-70　通过“记录单”管理数据

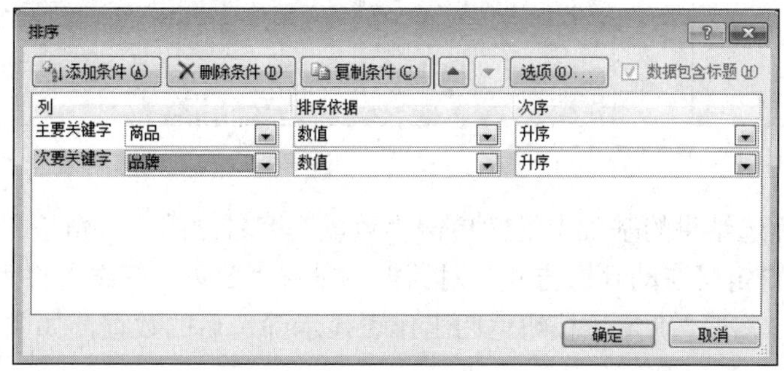

图 6-71　排序设置——Sheet1

（2）单击“商品销售记录”工作表，选择数据清单中的任意单元格，单击“数据”选项卡“排序和筛选”组中的“排序”按钮，弹出“排序”对话框。在“主要关键字”下拉列表框中选择“销售人员”，单击“添加条件”按钮，在“次要关键字”下拉列表框中选择“商品”，再单击“添加条件”按钮，在“次要关键字”下拉列表框中选择“品牌”，并全部选择“升序”选项，如图 6-72 所示。单击“确定”按钮返回工作表。

图 6-72　排序设置——商品销售记录

3. 利用自动筛选分析数据

在“商品销售记录”工作表中，利用自动筛选查找和分析销售数量超过 5 台的服务器的销售情况，分析结束后撤消筛选。

（1）选中数据清单中的任意单元格，单击“数据”选项卡“排序和筛选”组中的“筛选”按钮。单击“商品”列右侧的下三角按钮，在弹出的下拉列表中取消对“全选”复选项的选择，重新勾选“服务器”复选项，如图 6-73 所示。单击“确定”按钮工作表查找并显示满足筛选条件“商品=服务器”的销售记录，如图 6-74 所示。

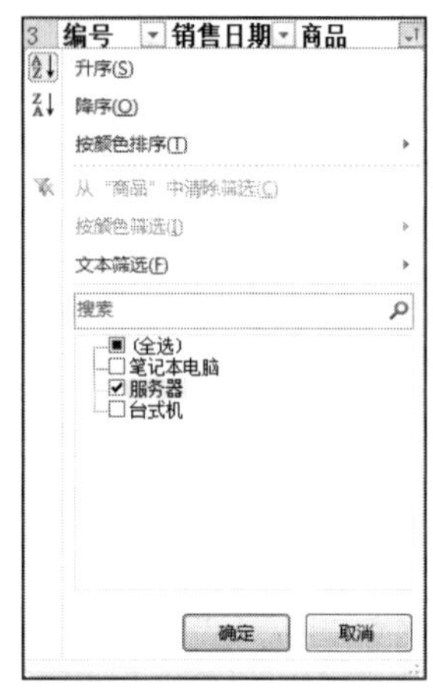

图 6-73　设置自动筛选条件

	A	B	C	D	E	F	G	H	I
1	商品销售记录								
2									
3	编号	销售日期	商品	品牌	型号	单价	数量	金额	销售人员
4	K025	2015/4/21	服务器	联想	万全 T350	32200	6	193200	丁香
8	K029	2015/5/18	服务器	IBM	X255 8685-71	47100	5	235500	胡倩倩
9	K001	2015/2/15	服务器	联想	万全 R510	24000	3	72000	胡倩倩
10	K009	2015/2/17	服务器	联想	万全 R510	24000	5	120000	胡倩倩
11	K020	2015/4/20	服务器	联想	万全 T350	32200	2	64400	胡倩倩
15	K002	2015/2/15	服务器	IBM	X346 8840-I02	23900	2	47800	林海
16	K005	2015/2/16	服务器	IBM	X346 8840-I02	23900	4	95600	林海
17	K015	2015/3/3	服务器	IBM	xSeries 236	24300	3	72900	林海
30	K024	2015/4/21	服务器	IBM	xSeries 236	24300	4	97200	张帆

图 6-74　自动筛选结果

（2）在上述筛选结果的基础上继续单击“数量”列右侧的下三角按钮，选择“自定义筛选”选项，弹出“自定义自动筛选方式”对话框。设置“数量”筛选条件为“大于或等于 5”，如如图 6-75 所示。单击“确定”按钮返回工作表显示筛选后的数据，如图 6-76 所示。

图 6-75　自动筛选 5 台以上服务器商品

	A	B	C	D	E	F	G	H	I
1	商品销售记录								
2									
3	编号	销售日期	商品	品牌	型号	单价	数量	金额	销售人员
4	K025	2015/4/21	服务器	联想	万全 T350	32200	6	193200	丁香
8	K029	2015/5/18	服务器	IBM	X255 8685-71	47100	5	235500	胡倩倩
10	K009	2015/2/17	服务器	联想	万全 R510	24000	5	120000	胡倩倩

图 6-76　自动筛选 5 台以上服务器商品结果

（3）单击“数据”选项卡“排序和筛选”组中的“筛选”按钮，还原数据清单。

4. 使用高级筛选

使用高级筛选筛选出“胡倩倩销售服务器”和“丁香销售台式机”的商品信息。

（1）在$B$35:$C$37 单元格区域中输入筛选条件，该条件的含义是：销售人员是胡倩倩且商品是服务器，或者销售人员是丁香且商品是台式机，如图 6-77 所示。

商品	销售人员
服务器	胡倩倩
台式机	丁香

图 6-77　筛选条件

（2）选中数据清单中的任意单元格，单击“数据”选项卡“排序和筛选”组中的“高级”按钮，弹出“高级筛选”对话框。在“方式”区域中选择“将筛选结果复制到其他位置”单选项，在“列表区域”文本框中输入数据区域范围$A$3:$I$33，在“条件区域”文本框中输入条件区域范围$B$35:$C$37，在“复制到”文本框中输入用于存放筛选结果区域的左上角单元格地址$A$40，如图 6-78 所示。单击“确定”按钮，执行结果如图 6-79 所示。

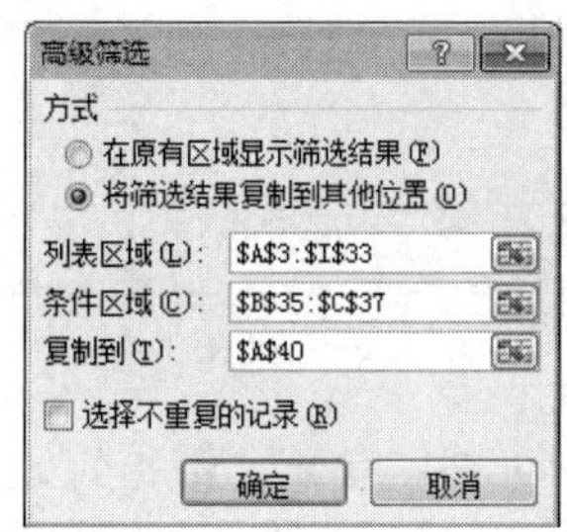

图 6-78　“高级筛选”对话框

	A	B	C	D	E	F	G	H	I
1	商品销售记录								
2									
3	编号	销售日期	商品	品牌	型号	单价	数量	金额	销售人员
4	K004	2015/2/15	笔记本电脑	方正	T660	14000	8	112000	刘一鹏
5	K007	2015/2/16	笔记本电脑	联想	昭阳 S620	12000	7	84000	刘一鹏
6	K011	2015/2/18	笔记本电脑	联想	昭阳 S620	12000	9	108000	张帆
7	K013	2015/3/2	笔记本电脑	联想	昭阳 S620	12000	10	120000	张帆
8	K016	2015/3/3	笔记本电脑	方正	T660	14000	5	70000	张帆
9	K017	2015/3/3	笔记本电脑	联想	昭阳 S620	12000	6	72000	刘一鹏
10	K021	2015/4/20	笔记本电脑	方正	T660	14000	8	112000	林海
11	K027	2015/5/18	笔记本电脑	联想	昭阳 S620	12000	4	48000	林海
12	K030	2015/5/18	笔记本电脑	方正	E400	9100	6	54600	刘一鹏
13	K001	2015/2/15	服务器	联想	万全 R510	24000	3	72000	胡倩倩
14	K002	2015/2/15	服务器	IBM	X346 8840-I02	23900	2	47800	林海
15	K005	2015/2/16	服务器	IBM	X346 8840-I02	23900	4	95600	林海
16	K009	2015/2/17	服务器	联想	万全 R510	24000	5	120000	胡倩倩
17	K015	2015/3/3	服务器	IBM	xSeries 236	24300	3	72900	林海
18	K020	2015/4/20	服务器	联想	万全 T350	32200	2	64400	胡倩倩
19	K024	2015/4/21	服务器	IBM	xSeries 236	24300	4	97200	张帆
20	K025	2015/4/21	服务器	联想	万全 T350	32200	6	193200	丁香
21	K029	2015/5/18	服务器	IBM	X255 8685-71	47100	5	235500	胡倩倩
22	K003	2015/2/15	台式机	联想	天骄 E5001X	8500	24	204000	张帆
23	K006	2015/2/16	台式机	方正	商祺 N260	4600	26	182000	张帆
24	K008	2015/2/17	台式机	联想	天骄 E5001X	8500	27	229500	丁香
25	K010	2015/2/17	台式机	联想	天骄 E5001X	7000	30	210000	林海
26	K012	2015/2/18	台式机	方正	商祺 3200	7600	25	190000	刘一鹏
27	K014	2015/3/2	台式机	联想	天骄 E5001X	7000	35	245000	刘一鹏
28	K018	2015/3/4	台式机	方正	商祺 N260	4600	20	92000	丁香
29	K019	2015/3/4	台式机	联想	天骄 E5001X	8500	18	153000	刘一鹏
30	K022	2015/4/20	台式机	方正	商祺 3200	7600	20	152000	张帆
31	K023	2015/4/21	台式机	联想	锋行 K7010A	7600	22	167200	刘一鹏
32	K026	2015/4/21	台式机	方正	商祺 3200	7600	26	197600	胡倩倩
33	K028	2015/5/18	台式机	联想	锋行 K7010A	7600	30	228000	丁香
34									
35		商品	销售人员						
36		服务器	胡倩倩						
37		台式机	丁香						
38									
39									
40	编号	销售日期	商品	品牌	型号	单价	数量	金额	销售人员
41	K001	2015/2/15	服务器	联想	万全 R510	24000	3	72000	胡倩倩
42	K009	2015/2/17	服务器	联想	万全 R510	24000	5	120000	胡倩倩
43	K020	2015/4/20	服务器	联想	万全 T350	32200	2	64400	胡倩倩
44	K029	2015/5/18	服务器	IBM	X255 8685-71	47100	5	235500	胡倩倩
45	K008	2015/2/17	台式机	联想	天骄 E5001X	8500	27	229500	丁香

商品销售记录 / Sheet1 / 销售月报表 / 月商品品牌透视表 / 月销售额报表

图 6-79　高级筛选结果

5. 利用分类汇总分析销售数据

利用分类汇总分析销售各种商品的数量和金额的和，另外只详细分析笔记本电脑的销售情况；在“商品”汇总的基础上分别汇总出各品牌的销售笔数，即记录条数。

（1）新建工作表“分类汇总”并将“商品销售记录”工作表中的全部数据复制到该工作表。选中数据区域的任一单元格，单击“数据”选项卡“排序和筛选”组中的“排序”按钮，弹出“排序”对话框。在其中设置“主要关键字”为“商品”，“次要关键字”为“品牌”，如图 6-80 所示，单击“确定”按钮即按商品排序数据。

图 6-80　排序设置

（2）在排序结果中选择任一单元格，单击“数据”选项卡“分级显示”组中的“分类汇总”按钮，在弹出的“分类汇总”对话框中设置“分类字段”为“商品”，“汇总方式”为“求和”，“选定汇总项”为“数量”和“金额”，选中“替换当前分类汇总”和“汇总结果显示在数据下方”复选项，如图 6-81 所示，单击“确定”按钮。

（3）单击左上角的分级符号 3 显示 3 级汇总，单击“台式机”和“服务器”汇总结果前面的“减号”⊟隐藏这两个汇总项目的细节内容，汇总结果如图 6-82 所示。

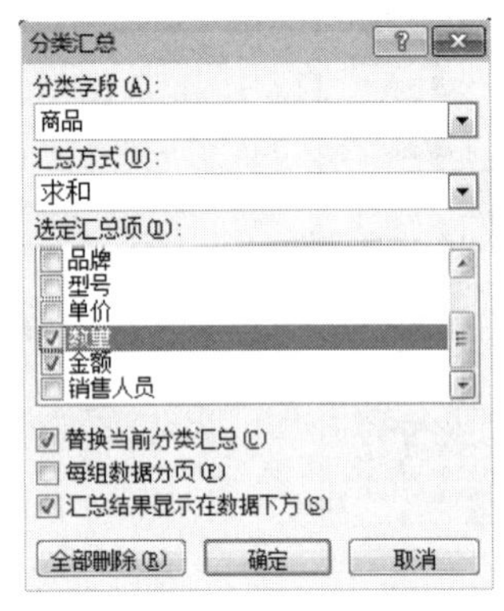

图 6-81　按“商品”设置分类汇总

	A	B	C	D	E	F	G	H	I
1	商品销售记录								
2									
3	编号	销售日期	商品	品牌	型号	单价	数量	金额	销售人员
4	K021	42114	笔记本电脑	方正	T660	14000	8	112000	林海
5	K004	42050	笔记本电脑	方正	T660	14000	8	112000	刘一鹏
6	K030	42142	笔记本电脑	方正	E400	9100	6	54600	刘一鹏
7	K016	42066	笔记本电脑	方正	T660	14000	5	70000	张帆
8	K027	42142	笔记本电脑	联想	昭阳 S62(	12000	4	48000	林海
9	K007	42051	笔记本电脑	联想	昭阳 S62(	12000	7	84000	刘一鹏
10	K017	42066	笔记本电脑	联想	昭阳 S62(	12000	6	72000	刘一鹏
11	K011	42053	笔记本电脑	联想	昭阳 S62(	12000	9	108000	张帆
12	K013	42065	笔记本电脑	联想	昭阳 S62(	12000	10	120000	张帆
13			笔记本电脑 计数				9	9	
23			服务器 计数				9	9	
36			台式机 计数				12	12	
37			总计数				30	30	

图 6-82　按“商品”分类汇总结果

（4）分类汇总允许嵌套，设置方法：单击“数据”选项卡“分级显示”组中的“分类汇总”按钮，在弹出的“分类汇总”对话框中选择“分类字段”为“品牌”，“汇总方式”为“计数”，“选定汇总项”为“编号”，取消对“替换当前分类汇总”复选项的选择，这是嵌套的关键，否则将使用新的分类汇总方式替换旧的分类汇总，如图 6-83 所示。单击“确定”按钮，此时得到一个二重嵌套的分类汇总表，如图 6-84 所示。

6. 创建销售月报表

可以按月汇总每种商品的销售数量，也可以显示个人的销售日报表。在“销售月报表”的基础上可以制作个人销售月报表，首先单击“销售人员”右侧的下三角按钮，在下拉列表中选择“丁香”，然后单击“确定”按钮返回工作表，如图 6-84 所示。此时数据透视表则选出丁香的个人销售业绩情况，如图 6-85 所示。

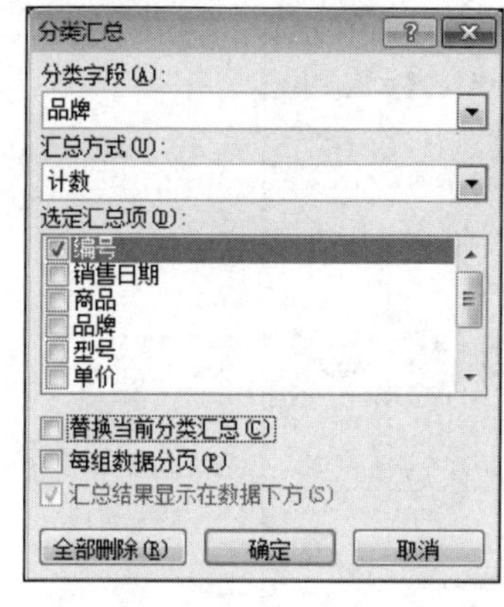

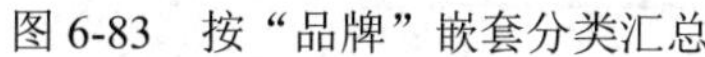

图 6-83　按“品牌”嵌套分类汇总

	A	B	C	D	E	F	G	H	I
1	商品销售记录								
2									
3	编号	销售日期	商品	品牌	型号	单价	数量	金额	销售人员
4	K021	42114	笔记本电脑	方正	T660	14000	8	112000	林海
5	K004	42050	笔记本电脑	方正	T660	14000	8	112000	刘一鹏
6	K030	42142	笔记本电脑	方正	E400	9100	6	54600	刘一鹏
7	K016	42066	笔记本电脑	方正	T660	14000	5	70000	张帆
8	4			**方正 计数**			4	4	
9	K027	42142	笔记本电脑	联想	昭阳 S62(	12000	4	48000	林海
10	K007	42051	笔记本电脑	联想	昭阳 S62(	12000	7	84000	刘一鹏
11	K017	42066	笔记本电脑	联想	昭阳 S62(	12000	6	72000	刘一鹏
12	K011	42053	笔记本电脑	联想	昭阳 S62(	12000	9	108000	张帆
13	K013	42065	笔记本电脑	联想	昭阳 S62(	12000	10	120000	张帆
14	5			**联想 计数**			5	5	
15			**笔记本电脑 计数**				9	9	
21	5			**IBM 计数**			5	5	
26	4			**联想 计数**			4	4	
27			**服务器 计数**				9	9	
33	5			**方正 计数**			5	5	
41	7			**联想 计数**			7	7	
42			**台式机 计数**				12	12	
43	30			**总计数**					
44			**总计数**				30	30	

图 6-84　按“商品”和“品牌”嵌套分类汇总结果

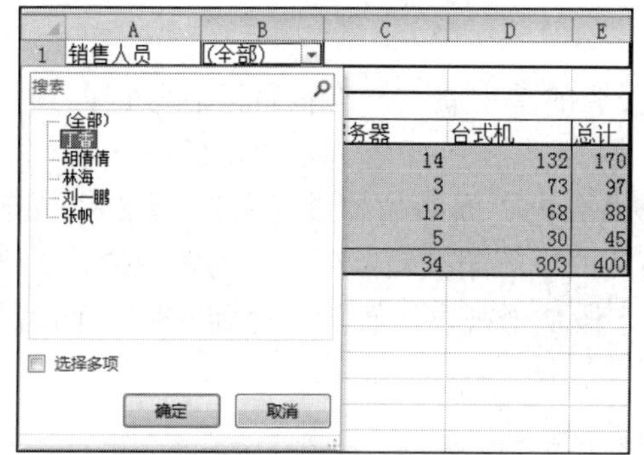

图 6-85　筛选销售人员“丁香”

	A	B	C	D
1	销售人员	丁香		
2				
3	求和项:数量	商品		
4	销售日期	服务器	台式机	总计
5	2月		27	27
6	3月		20	20
7	4月	6		6
8	5月		30	30
9	总计	6	77	83

图 6-86　丁香的个人销售月报表

7. 创建月商品品牌透视表

在销售月报表的基础上分析商品与品牌的销售情况，即按月汇总每种商品和品牌的销售数量。

数据透视表中的报表筛选、列标签、行标签、数值各区域并不是仅可放置一个字段，而是均可放置多个字段。这个按月分析商品与品牌销售情况的透视表就是这种情况，为了方便我们在“销售月报表”的基础上进行改进，具体做法如下：

（1）建立“销售月报表”的副本并将其重命名为“月商品品牌透视表”，如图 6-87 所示。

	A	B	C	D	E	F
1	销售人员	丁香				
2						
3	求和项:数量	商品				
4	销售日期	服务器	台式机	总计		
5	2月		27	27		
6	3月		20	20		
7	4月	6		6		
8	5月		30	30		
9	总计	6	77	83		
10						

商品销售记录 / Sheet1 / 销售月报表 / 月商品品牌透视表

图 6-87　月商品品牌透视表

（2）单击透视表数据区域，在右侧的“数据透视表字段列表”窗格中勾选“品牌”复选项并拖至“行标签”框中，如图 6-88 所示。

	A	B	C	D	E	F
1	销售人员	(全部)				
2						
3	求和项:数量		商品			
4	销售日期	品牌	笔记本电脑	服务器	台式机	总计
5	2月	IBM		6		6
6		方正	8		51	59
7		联想	16	8	81	105
8	2月 汇总		24	14	132	170
9	3月	IBM		3		3
10		方正	5		20	25
11		联想	16		53	69
12	3月 汇总		21	3	73	97
13	4月	IBM		4		4
14		方正	8		46	54
15		联想		8	22	30
16	4月 汇总		8	12	68	88
17	5月	IBM		5		5
18		方正	6			6
19		联想	4		30	34
20	5月 汇总		10	5	30	45
21	总计		63	34	303	400

图 6-88　添加“品牌”行

8. 创建商品品牌透视表

分析商品与品牌的销售情况，与月商品品牌报表的差别就是没有按月汇总数据，具体做法如下：

（1）建立“月商品品牌表”的副本并将其重命名为“商品品牌透视表”，单击“数据透视表字段列表”窗格“行标签”中“销售日期”右侧的下三角按钮，在下拉列表中选择“删除字段”选项，如图 6-89 所示。此时“销售日期”字段从透视表中删除，得到的是一个商品品牌透视表，如图 6-90 所示。

图 6-89　删除“销售日期”行

	A	B	C	D	E
1	销售人员	(全部)			
2					
3	求和项:数量	商品			
4	品牌	笔记本电脑	服务器	台式机	总计
5	IBM		18		18
6	方正	27		117	144
7	联想	36	16	186	238
8	总计	63	34	303	400

图 6-90　商品品牌透视表——求和项

（2）更改“数量”字段的汇总方式为“计数项：数量”。双击“求和项：数据”单元格或者右击，在弹出的快捷菜单中选择“值字段设置”命令，弹出“值字段设置”对话框，在“值汇总方式”选项卡的列表框中选择“计数”选项，如图 6-91 所示。

（3）取消数据透视表中的行或列的总计项。选中数据透视表，单击“数据透视表工具/设计”选项卡“布局”组中的“总计”按钮，在下拉列表中选择“仅对行启用”命令，如图 6-92 所示；或者单击“数据透视表工具/选项”选项卡“数据透视表”组中的“选项”按钮，在下拉列表中选择“选项”命令，如图 6-93 所示，弹出“数据透视表选项”对话框，如图 6-94 所示，在“汇总和筛选”选项卡中取消“显示列总计”或“显示行总计”的勾选状态，单击“确定”按钮，最终商品品牌透视表效果如图 6-95 所示。

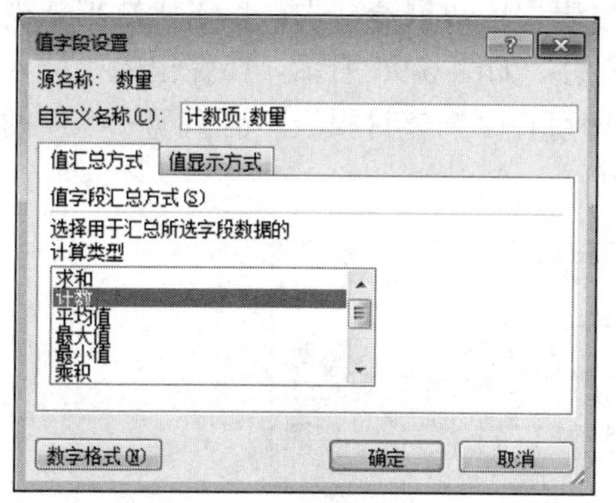

图 6-91 “值字段设置”对话框

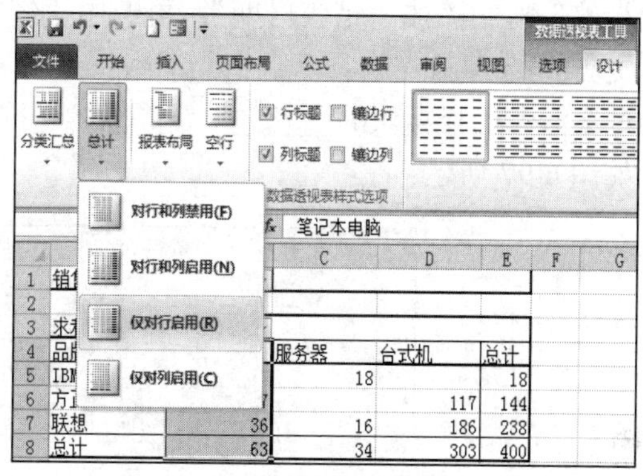

图 6-92 使用“设计”选项卡取消数据透视表中的列总计项

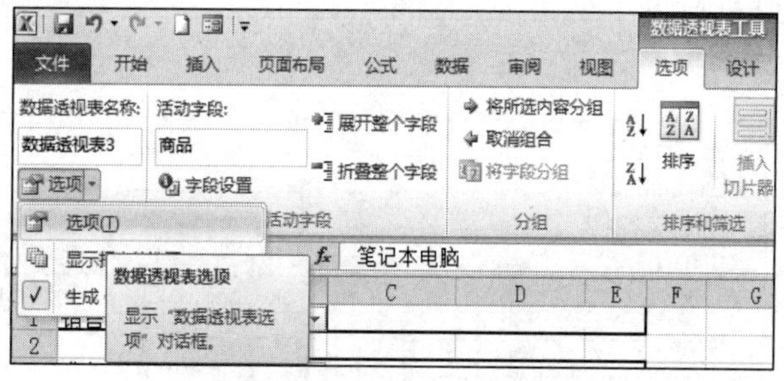

图 6-93 “选项”列表设置

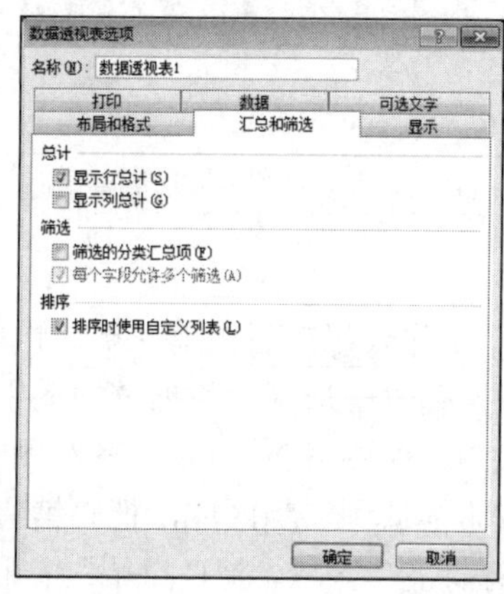

图 6-94 取消“汇总和筛选”选项卡中“显示列总计”复选项的勾选

	A	B	C	D	E
1	销售人员	(全部)			
2					
3	求和项:数量	商品			
4	品牌	笔记本电脑	服务器	台式机	总计
5	IBM		18		18
6	方正	27		117	144
7	联想	36	16	186	238

图 6-95 最终商品品牌透视表效果

9. 创建月商品销售透视图

创建月商品销售透视图与销售月报表统计汇总内容相同，但是数据是以数据透视图的形式显示，因此可以通过销售月报表直接转化得到透视图。在“数据透视表字段列表”窗格的“行标签”框中添加“销售日期”，再选中“销售月报表”的数据透视表，单击“数据透视表工具/选项”选项卡“工具”组中的“数据透视图”按钮，如图 6-96 所示，在弹出的“插入图表”对话框中选择喜欢的图表并单击“插入”按钮，即可在“销售月报表”前出现一个新的图表，如图 6-97 所示。

图 6-96 设置数据透视表

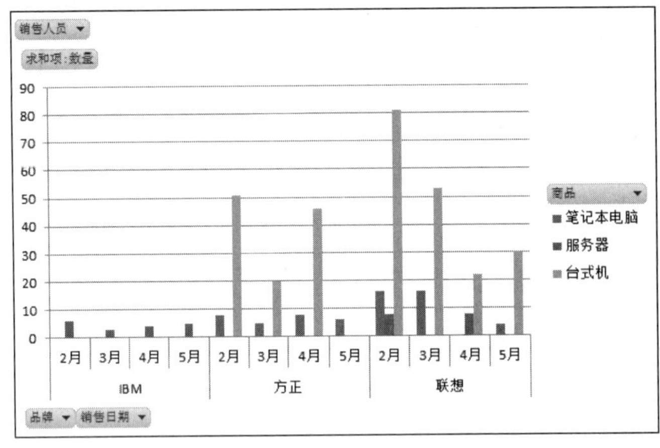

图 6-97 月商品销售数据透视图

10. 创建月销售额报表

（1）单击“商品销售记录”工作表中的任意单元格，再单击“插入”选项卡“表格”组中的“数据透视表”按钮，在下拉列表中选择“数据透视图”命令，如图 6-98 所示，创建了一个空的数据透视表和数据透视图，如图 6-99 所示，在右侧的“数据透视表字段列表”窗格中，用户可以使用鼠标把字段按钮拖放到适当区域，把“销售人员”按钮拖放到“报表筛选”区域，把“品牌”按钮拖放到“行标签”区域，把“商品”按钮拖放到“行标签”区域，把“销售日期”按钮拖放到“列标签”区域，把“金额”按钮拖放到“数值”区域，如图 6-100 所示。

设置完毕后，即可出现一个新的数据透视表和数据透视图，如图 6-101 所示。

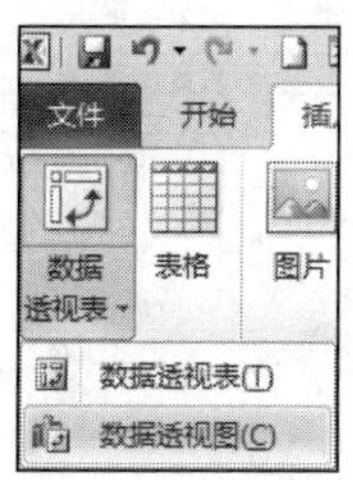

图 6-98　设置数据透视图

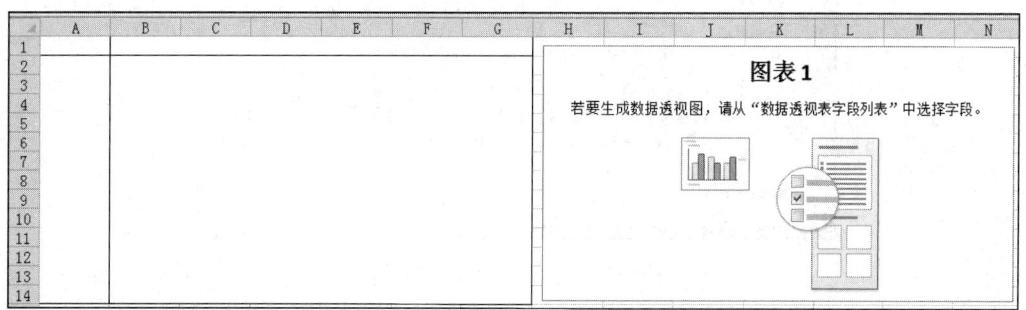

图 6-99　空的数据透视表和数据透视图

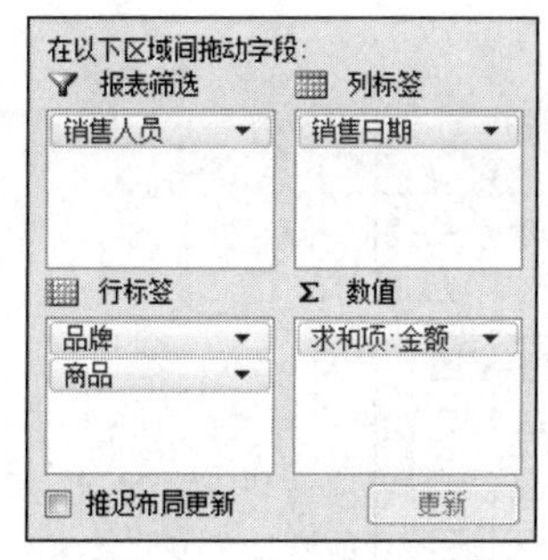

图 6-100　月销售额报表布局

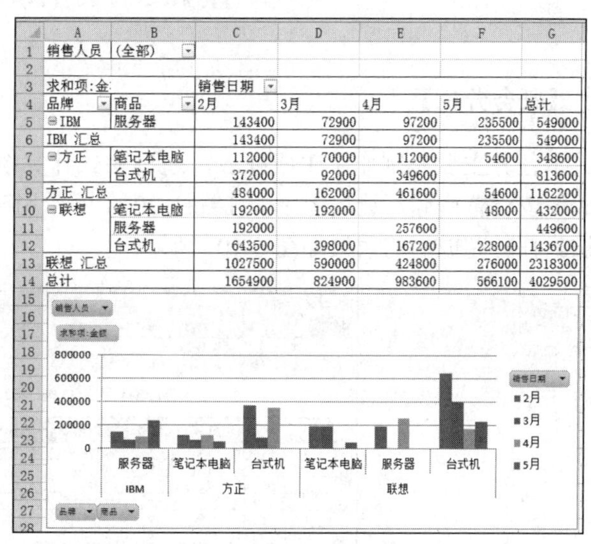

销售人员	(全部)					
求和项:金		销售日期				
品牌	商品	2月	3月	4月	5月	总计
⊟IBM	服务器	143400	72900	97200	235500	549000
IBM 汇总		143400	72900	97200	235500	549000
⊟方正	笔记本电脑	112000	70000	112000	54600	348600
	台式机	372000	92000	349600		813600
方正 汇总		484000	162000	461600	54600	1162200
⊟联想	笔记本电脑	192000	192000		48000	432000
	服务器	192000		257600		449600
	台式机	643500	398000	167200	228000	1436700
联想 汇总		1027500	590000	424800	276000	2318300
总计		1654900	824900	983600	566100	4029500

图 6-101　月销售额数据透视表和数据透视图

（2）在“创建数据透视表和数据透视图”对话框中，选择“新建工作表”来存放数据透视表，或者选择在“现有工作表”中生成数据透视表，本例选择“新建工作表”，Excel 会弹出如图 6-99 所示的数据透视表。

（3）在数据透视表中选中“销售日期”单元格，右击并选择“创建组”命令，弹出“分组”对话框，在“步长”列表框中选择“月”，单击“确定”按钮后即可得到日销售额报表。最后修改工作表名为“日销售额报表”，在第一行前插入一行，输入标题“月销售额报表”，如图 6-102 所示。

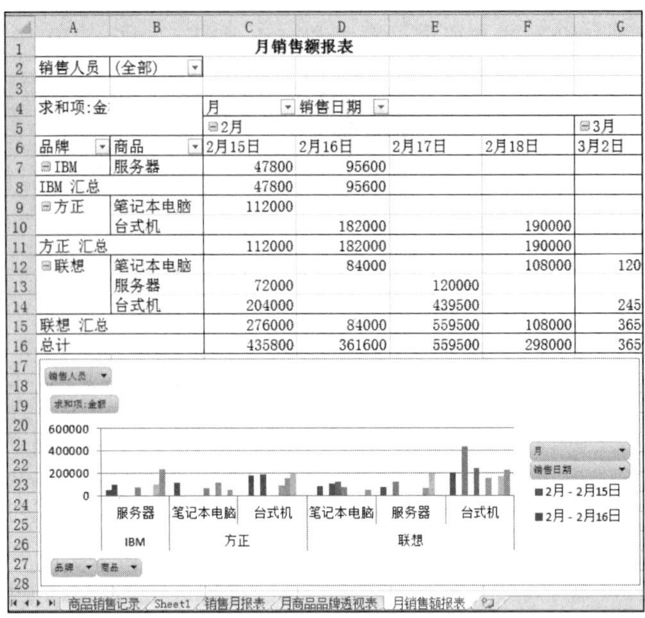

月销售额报表						
销售人员	(全部)					
求和项:金		月	销售日期			
		2月				3月
品牌	商品	2月15日	2月16日	2月17日	2月18日	3月2日
IBM	服务器	47800	95600			
IBM 汇总		47800	95600			
方正	笔记本电脑	112000				
	台式机		182000		190000	
方正 汇总		112000	182000		190000	
联想	笔记本电脑		84000		108000	120
	服务器	72000		120000		
	台式机	204000		439500		245
联想 汇总		276000	84000	559500	108000	365
总计		435800	361600	559500	298000	365

图 6-102　月销售额报表效果

任务 5　制作成绩表

【任务分析】

本任务主要是制作学生成绩表，通过公式计算统计各种数据，设计美化工作表，并为学生成绩表设置密码，让读者掌握 Excel 2010 的常用函数，以及设置条件格式和数据有效性的方法。任务完成后的效果如图 6-103 所示。

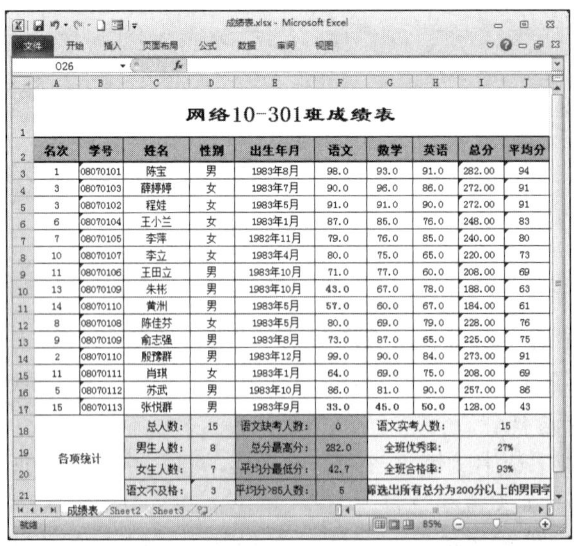

网络10-301班成绩表									
名次	学号	姓名	性别	出生年月	语文	数学	英语	总分	平均分
1	08070101	陈宝	男	1983年8月	98.0	93.0	91.0	282.00	94
3	08070103	薛婷婷	女	1983年7月	90.0	96.0	86.0	272.00	91
3	08070102	程娃	女	1983年5月	91.0	91.0	90.0	272.00	91
6	08070104	王小兰	女	1983年1月	87.0	85.0	76.0	248.00	83
7	08070105	李萍	女	1982年11月	79.0	76.0	85.0	240.00	80
10	08070107	李立	女	1983年4月	80.0	75.0	65.0	220.00	73
11	08070106	王田立	男	1983年10月	71.0	77.0	60.0	208.00	69
13	08070109	朱彬	男	1983年10月	43.0	67.0	78.0	188.00	63
14	08070110	黄洲	男	1983年5月	57.0	60.0	67.0	184.00	61
8	08070108	陈佳芬	女	1983年5月	80.0	69.0	79.0	228.00	76
9	08070109	俞志强	男	1983年8月	73.0	87.0	65.0	225.00	75
2	08070110	殷豫群	男	1983年12月	99.0	90.0	84.0	273.00	91
11	08070111	肖琪	女	1983年1月	64.0	69.0	75.0	208.00	69
5	08070112	苏武	男	1983年10月	86.0	81.0	90.0	257.00	86
15	08070113	张悦群	男	1983年9月	33.0	45.0	50.0	128.00	43
各项统计		总人数：	15	语文缺考人数：	0	语文实考人数：		15	
		男生人数：	8	总分最高分：	282.0	全班优秀率：		27%	
		女生人数：	7	平均分最低分：	42.7	全班合格率：		93%	
		语文不及格：	3	平均分>85人数：	5	筛选出所有总分为200分以上的男同学			

图 6-103　成绩表

【任务目标】

- 掌握 Excel 2010 数据有效性的设置方法。
- 掌握 Excel 2010 中 RANK、COUNTIF 函数的使用方法。
- 掌握 Excel 2010 条件格式的设置方法。

【必备知识】

1．设置数据有效性

默认情况下，Excel 2010 对单元格的输入是不加任何限制的，但为了保证输入数据的正确性，可以为单元格组或单元格区域指定输入数据的有效范围。例如用户将数据限制为一个特定的数据类型，如整数、分数或文本等，并且限制数据的取值范围。下面以设置“成绩表”中的学号限定 8 位为例进行详细讲解。

选择数据区域 B3:B17，然后单击“数据”选项卡“数据工具”组中的“数据有效性”按钮，在下拉列表中选择“数据有效性”命令，弹出“数据有效性”对话框。单击“设置”选项卡，在“允许”下拉列表框中选择“文本长度”选项，在“数据”下拉列表框中选择条件并在“最小值”和“最大值”文本框中输入数据，如图 6-104 所示，单击“确定”按钮。

为了让用户知道自己的错误操作，可以通过设置出错提示信息来提醒用户。具体操作：在“数据有效性”对话框中单击“输入信息”选项卡，选中“选定单元格时显示输入信息”复选项，在“标题”文本框中输入要提示的信息标题，在“输入信息”文本框中输入要提示的详细信息，如图 6-105 所示，单击“确定”按钮完成输入信息的设置。

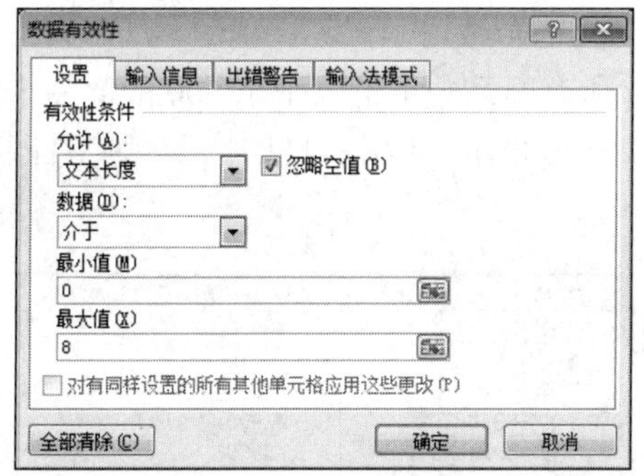

图 6-104 “数据有效性”对话框的“设置”选项卡

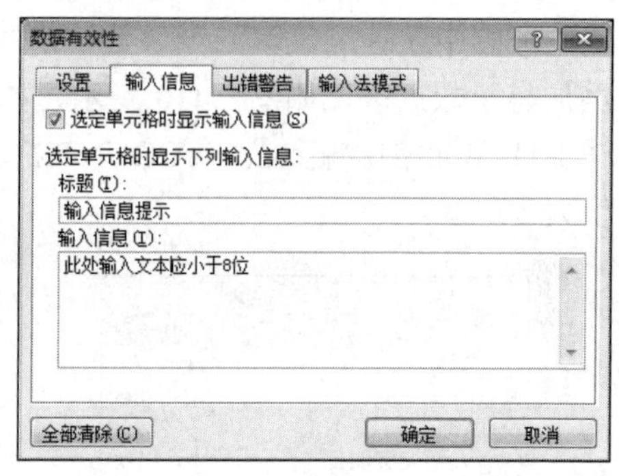

图 6-105 “数据有效性”对话框的“输入信息”选项卡

如果选择了有错误数据的单元格就会出现提示信息，如图 6-106 所示。使用同样的方法还可以通过“出错警告”选项卡设置出错警告提示框，这里不再赘述，用户可以自己完成。

图 6-106 显示输入提示信息

2．RANK 函数

格式：RANK(number,ref,order)

功能：返回一个数字在数字列表中的排位。数字的排位是其大小与列表中其他值的比值，如果列表已排过序，则数字的排位就是它当前的位置。

说明：number 为需要找到排位的数字；ref 为数字列表数组或对数字列表的引用，ref 中的非数值型参数将被忽略；order 为一数字，指明排位的方式，如果 order 为零或省略，则以降序方式给出结果，反之按升序排序。

例如 3 个车间一季度的总产值存放在单元格 E2、E3、E4 中，如图 6-107 所示。计算各车间产值排名的方法：在 F2 单元格内输入公式=RANK(E2,$E$2:$E$4)，按 Enter 键即可计算出一车间的产值排名是 2，复制公式到 F3 和 F4 单元格即可计算出其余两个车间的产值排名为 3 和 1。

=RANK(E2,$E$2:$E$4)

D	E	F
车间	一季度产值	排名
一车间	3180	2
二车间	2459	3
三车间	4381	1

图 6-107　RANK 排名——降序

如果 F2 单元格中输入的公式为=RANK(E2,$E$2:$E$4,1)，则计算出的序数按升序方式排列为 2、1 和 3，如图 6-108 所示。如果所选数据区域中存在相同数值时，用 RANK 函数计算得到的序数（名次）相同，如图 6-109 所示。

=RANK(E2,$E$2:$E$4,1)

D	E	F
车间	一季度产值	排名
一车间	3180	2
二车间	2459	1
三车间	4381	3

图 6-108　RANK 排名——升序

=RANK(E2,$E$2:$E$4,1)

D	E	F
车间	一季度产值	排名
一车间	3180	3
二车间	2459	1
三车间	2459	1

图 6-109　RANK 排名——有相同数值

3. COUNTIF 函数

格式：COUNTIF(range,criteria)

功能：统计某一区域中符合条件的单元格个数。

说明：range 为参与统计的单元格区域，criteria 是确定哪些单元格将被计算在内的条件，其形式为数字、表达式或文本形式。当第二个参数为表达式或文本时应加双引号，为数字时双引号可加可不加。例如 32("32">32, "apples")。简单地说，COUNTIF 函数的功能是在第一个参数指定的范围中统计满足第二个参数给定的条件的单元格个数。

例如有一数据区域如图 6-110 所示，如果想统计所有商品中单价大于 12000 的商品个数，可以在 B11 单元格中输入公式=COUNTIF(B2:B10, ">12000")，如图 6 111 所示，则 B11 单元格的值为 5。

D16

	A	B
1	型号	单位
2	万全 R510	24000
3	X346 8840-I02	23900
4	天骄 E5001X	8500
5	T660	14000
6	X346 8840-I02	23900
7	商祺 N620	4600
8	天骄 E5001X	8500
9	万全 R510	24000
10	昭阳 S620	12000
11	单价>1200的个数:	

图 6-110　商品表

COUNTIF　=COUNTIF(B2:B10,">12000")

	A	B	C	D
1	型号	单位		
2	万全 R510	24000		
3	X346 8840-I02	23900		
4	天骄 E5001X	8500		
5	T660	14000		
6	X346 8840-I02	23900		
7	商祺 N620	4600		
8	天骄 E5001X	8500		
9	万全 R510	24000		
10	昭阳 S620	12000		
11	单价>1200的个数:	=COUNTIF(B2:B10,">12000")		
12		COUNTIF(range, criteria)		

图 6-111　条件计数

4. 设置条件格式

使用 Excel 2010 的条件格式功能可以设置符合条件的单元格的格式，当指定条件为真时，Excel自动应用单元格的格式，例如单元格底纹或字体颜色。如果想为某些符合条件的单元格应用某种特殊格式，使用条件格式功能可以比较容易实现。例如想设置学生成绩表中英语>=85 的所有单元格底纹为水绿色图案，英语<60 的用红色图案，设置完成后的效果如图 6-112 所示，

具体操作方法如下：

（1）录入学生成绩表，选择的数据区域为 C2:C12，如图 6-113 所示。在“开始”选项卡的“样式”组中单击“条件格式”按钮，在下拉列表中选择“管理规则”选项，弹出“条件格式规则管理器”对话框，如图 6-114 所示。

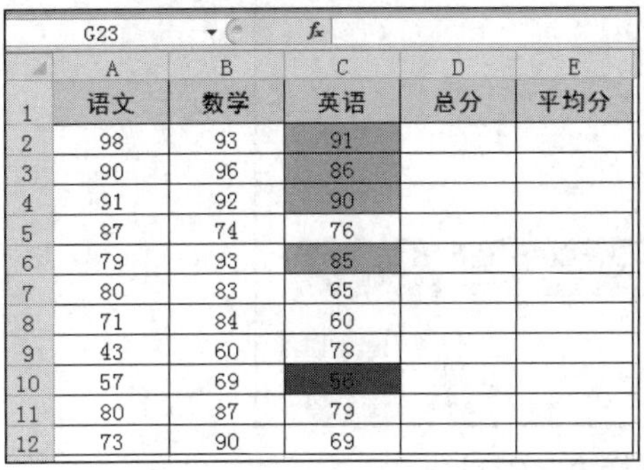

G23 f_x

	A	B	C	D	E
1	语文	数学	英语	总分	平均分
2	98	93	91		
3	90	96	86		
4	91	92	90		
5	87	74	76		
6	79	93	85		
7	80	83	65		
8	71	84	60		
9	43	60	78		
10	57	69	56		
11	80	87	79		
12	73	90	69		

图 6-112　设置条件格式后的工作表

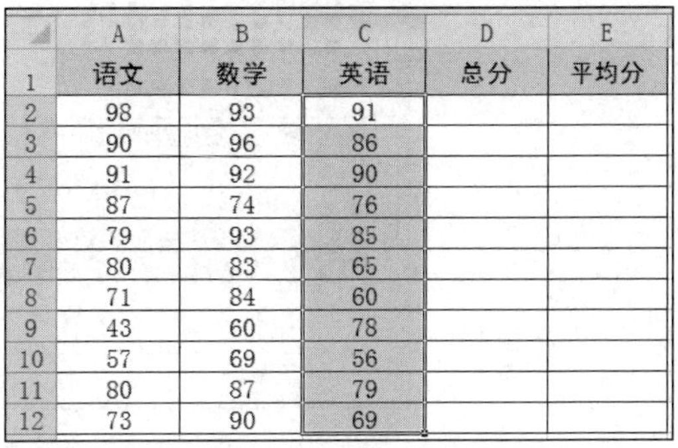

	A	B	C	D	E
1	语文	数学	英语	总分	平均分
2	98	93	91		
3	90	96	86		
4	91	92	90		
5	87	74	76		
6	79	93	85		
7	80	83	65		
8	71	84	60		
9	43	60	78		
10	57	69	56		
11	80	87	79		
12	73	90	69		

图 6-113　选择的数据区域

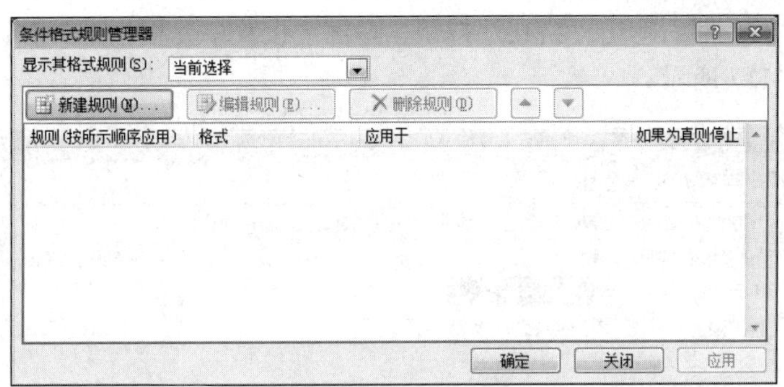

图 6-114　“条件格式规则管理器”对话框

（2）单击“新建规则”按钮，弹出“新建格式规则”对话框，如图 6-115 所示，设置“选择规则类型”为“只为包含以下内容的单元格设置格式”，“编辑规则说明”选项组中各列表框设置为“单元格值”“大于或等于”“85”，然后单击“格式”按钮，弹出“设置单元格格式”对话框，如图 6-116 所示，设置填充颜色为浅绿色，单击“确定”按钮。

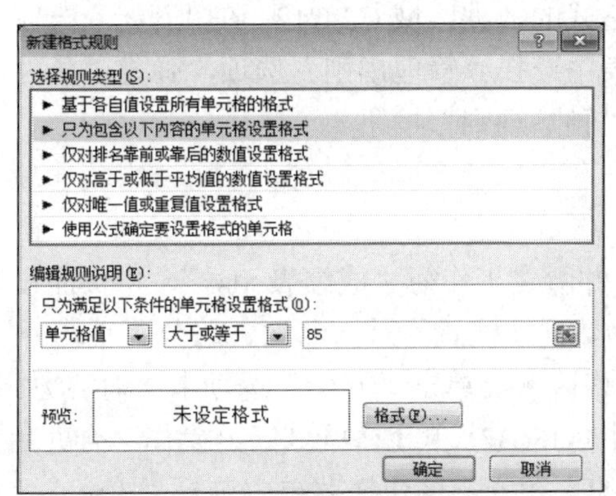

图 6-115　“新建格式规则”对话框

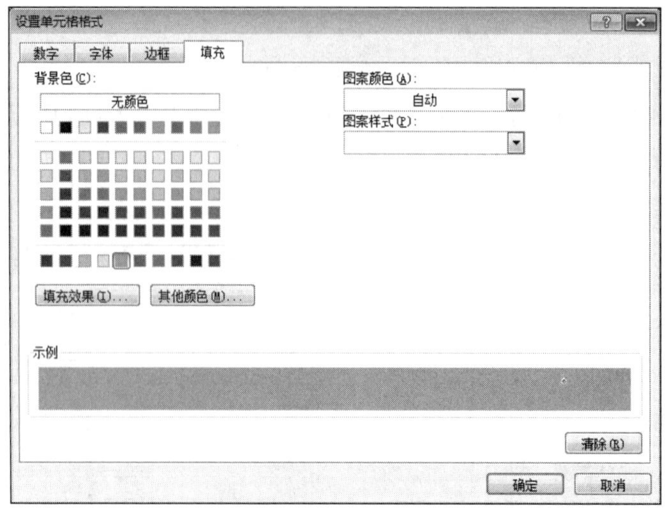

图 6-116 “设置单元格格式”对话框

（3）再单击“新建规则”按钮，按照步骤（2）的方法设置第二个条件中的各项参数：单元格值、小于、60，然后单击“格式”按钮，弹出“设置单元格格式”对话框，设置填充颜色为红色，如图 6-117 所示。

图 6-117 设置了两个条件效果

5. 删除条件格式

选择已经设置了条件格式的数据区域 C2:C12，在“开始”选项卡的“样式”组中单击“条件格式”按钮，在下拉列表中选择“管理规则”选项，弹出“条件格式规则管理器”对话框，选择要删除的条件后单击“删除规则”按钮。

【完成过程】

（1）启动 Excel 2010 并新建工作簿“成绩表.xlsx”，将页面设置为 A4、纵向，然后参照图 6-118 直接录入成绩原始数据，注意不录入名次、总分、平均分等。

（2）选中 A1:J1 单元格区域，单击“开始”选项卡“对齐方式”组中的“合并后居中”按钮合并居中标题，再选中 A18:B21 单元格区域同上操作“合并后居中”。

（3）右击工作表 Sheet1，在弹出的快捷菜单中选择“重命名”命令，输入“成绩表”，完成效果如图 6-118 所示。

	A	B	C	D	E	F	G	H	I	J
1					网络10-301班成绩表					
2	名次	学号	姓名	性别	出生年月	语文	数学	英语	总分	平均分
3		08070101	陈宝	男	1983/8/1	98	93	91		
4		08070103	薛婷婷	女	1983/7/1	90	96	86		
5		08070102	程娃	女	1983/5/1	91	91	90		
6		08070104	王小兰	女	1983/1/1	87	85	76		
7		08070105	李萍	女	1982/11/1	79	76	85		
8		08070107	李立	女	1983/4/1	80	75	65		
9		08070106	王田立	男	1983/10/1	71	77	60		
10		08070109	朱彬	男	1983/10/2	43	67	78		
11		08070110	黄洲	男	1983/5/3	57	60	67		
12		08070108	陈佳芬	女	1983/5/4	80	69	79		
13		08070109	俞志强	男	1983/8/5	73	87	65		
14		08070110	殷豫群	男	1983/12/6	99	90	84		
15		08070111	肖琪	女	1983/1/7	64	69	75		
16		08070112	苏武	男	1983/10/8	86	81	90		
17		08070113	张悦群	男	1983/9/9	33	45	50		
18	各项统计		总人数：		语文缺考人数：		语文实考人数：			
19			男生人数：		总分最高分：		全班优秀率：			
20			女生人数：		平均分最低分：		全班合格率：			
21			语文不及格：		平均分>85人数：		筛选出所有总分为200分以上的男同学			

成绩表 Sheet2 Sheet3

图 6-118　学生成绩数据原表

（4）双击 I3 单元格，输入=SUM(F3:H3)，拖拽 I3 右下方的填充柄到 I17 单元格，计算学生总分。

（5）双击 J3 单元格，输入=AVERAGE(F3:H3)，拖拽 J3 右下方的填充柄到 J17 单元格，计算学生平均分。

（6）双击 A3 单元格，输入=RANK(I3,$I$3:$I$17)，拖拽 A3 右下方的填充柄到 A17 单元格，计算学生名次。

（7）计算各项统计数据。

- 总人数：双击 D18 单元格，输入=COUNT(I3:I17)。
- 语文缺考人数：双击 F18 单元格，输入 0。
- 语文实考人数：双击 I18 单元格，输入=D18-F18。
- 男生人数：双击 D19 单元格，输入=COUNTIF(D3:D17,"=男")。
- 总分最高分：双击 F19 单元格，输入=MAX(I3:I17)。
- 全班优秀率：双击 I19 单元格，输入=COUNTIF(J3:J17," ≥90")/COUNT(J3:J17)。
- 女生人数：双击 D20 单元格，输入=D18-D19。
- 平均分最低分：双击 F20 单元格，输入=MIN(J3:J17)。
- 全班合格率：双击 I20 单元格，输入=COUNTIF(J3:J17," ≥60")/COUNT(J3:J17)。
- 语文不及格：双击 D21 单元格，输入=COUNTIF(F3:F17,"<60")。
- 平均分>85 人数：双击 F21 单元格，输入=COUNTIF(J3:J17,">85")。

完成所有的公式计算，效果如图 6-119 所示。

15	11	08070111	肖琪	女	30323	64	69	75	208	69.33333
16	5	08070112	苏武	男	30597	86	81	90	257	85.66667
17	15	08070113	张悦群	男	30568	33	45	50	128	42.66667
18	各项统计		总人数：	15	语文缺考人数：	0	语文实考人数：		15	
19			男生人数：	8	总分最高分：	282	全班优秀率：		0.266667	
20			女生人数：	7	平均分最低分：	42.66667	全班合格率：		0.933333	
21			语文不及格：	3	平均分>85人数：	5	筛选出所有总分为200分以上的男同学			

图 6-119　成绩表——完成公式计算

（8）设置数据格式。

1）选中 E3:E17 数据区域即出生年月，右击并选择“设置单元格格式”命令，在弹出的“设置单元格格式”对话框中单击“数字”选项卡，在“分类”列表框中选择“日期”，在“类型”列表框中选择“2001 年 3 月”，单击“确定”按钮。

2）选中 F3:H17 数据区域即三科成绩，按照上述步骤的方法设置“数值”为“-1234.0”，设置“小数点位数”为 1。

3）选中 I3:I17 即总分，按照上述步骤的方法设置“数值”为“-1234.10”，设置“小数点位数”为 2。

4）选中 J3:J17 即平均分，按照上述步骤的方法设置“数值”为“(1234)”，设置“小数点位数”为 0。

5）选中 F19、F20 即总分最高分、平均分最低分，按照上述步骤的方法设置“数值”为“-1234.0”，设置“小数点位数”为 1。

6）选中 I19、I20 即全班优秀率、全班合格率，按照上述步骤的方法设置“百分比”的“小数点位数”为 0。

（9）设置字体样式、行高、列宽：选中 A1:J21 即整个成绩表，单击“开始”选项卡“对齐方式”组中的“居中”按钮。单击标题单元格 A1，设置单元格格式：字体为隶书，字号为 26，字形为加粗，字体颜色为深红色，行高为 56.25。选中 A2:J2 即列标题项数据，设置其格式：字体为黑体，字号为 14，字形为加粗，填充颜色为浅蓝色，行高为 28.5。选中其他数据单元格区域，设置单元格格式：字体为宋体，字号为 12。单击“各项统计”单元格，设置单元格格式：字形为加粗，字体颜色为绿色。选中 C18:D21 单元格区域，设置填充颜色为浅绿色；选中 E18:F21 单元格区域，设置填充颜色为淡蓝色；选中 G18:J21 单元格区域，设置填充颜色为浅黄色。单击“筛选出所有总分为 200 分以上的男同学”单元格，设置单元格格式：字形为加粗，字体颜色为红色。选中 A3:J17 单元格区域，设置行高为 20；选中 C18:J21 单元格区域，设置行高为 25。

（10）设置边框样式：选中 A2:J21 即除标题外的所有数据区域，设置内外边框为蓝色单实线。选中 A2:J2 单元格区域即列标题项数据，设置上下边框为蓝色粗实线。

（11）语文、数学、英语三科成绩，不及格的数据字体颜色为红色。

选中 F3:H17 单元格区域，单击“开始”选项卡“样式”组中的“条件格式”按钮，在下拉列表中选择“新建规则”选项，弹出“新建格式规则”对话框，设置“单元格值”“小于”“60”，如图 6-120 所示。单击“格式”按钮，在弹出的对话框中设置字体颜色为红色，字形为加粗，如图 6-121 所示。

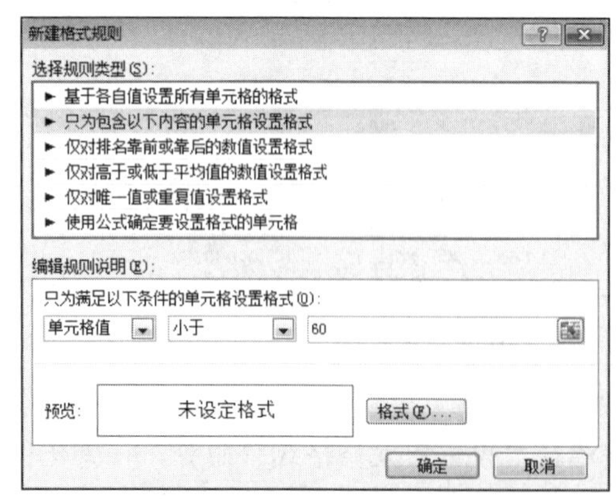

图 6-120 “新建格式规则”对话框

图 6-121 “设置单元格格式”对话框的“字体”选项卡

任务6　制作成绩统计图表

【任务分析】

本任务主要是为各科老师制作授课班级每位同学的成绩分布折线图，让读者熟练使用 Excel 2010 的绘制图表功能，进而分析学生成绩和教学质量。任务完成后的效果如图 6-122 所示。

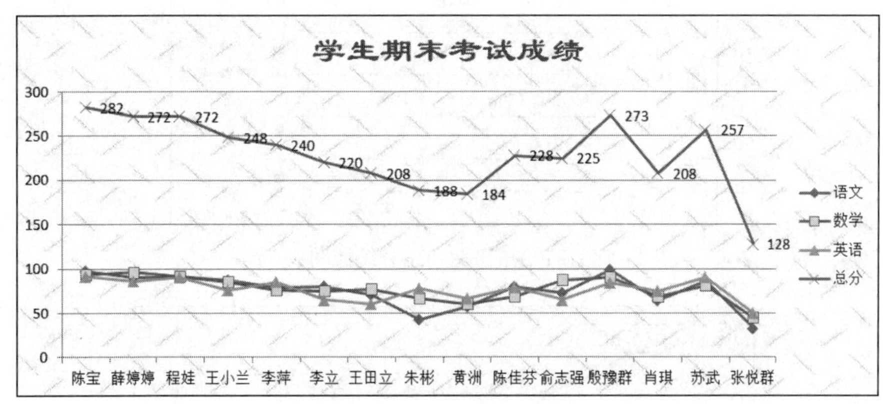

图 6-122　学生成绩统计图表

【任务目标】

- 掌握 Excel 2010 绘制图表的操作方法。
- 掌握 Excel 2010 修改图表的操作方法。

【必备知识】

以下知识点已经在前面讲述过了，这里不再赘述：

- 创建图表。
- 修改图表。

【完成过程】

1. 为语文老师绘制该班每位同学的成绩分布折线图

按住 Ctrl 键的同时选中 C2:C17 即姓名、F2:F17 即语文成绩、I2:I17 即总分区域，单击“插入”选项卡“图表”组中的“折线图”按钮，在下拉列表中选择“带数据标记的折线图”即可在表格中生成图表，如图 6-123 所示。

2. 添加数学和英语的成绩分布折线图

选择图表，单击“图表工具/设计”选项卡“数据”组中的“选择数据”按钮，弹出“选择数据源”对话框，在“图表数据区域”文本框中输入=成绩表!$C$2:$C$17,成绩表!$F$2:$I$17，单击“确定”按钮；或者在“选择数据源”对话框的“图例项（系列）”中单击“添加”按钮，弹出“编辑数据系列”对话框，在“系列名称”文本框中输入=成绩表!$G$2，在“系列值”文本框中输入=成绩表!$G$3:$G$17，单击“确定”按钮返回“选择数据源”对话框，在“水平（分类）轴标签”中单击“编辑”按钮，弹出“轴标签”对话框，在“轴标签区域”文本框中输入=成绩表!$C$3:$C$17，单击“确定”按钮，利用同样的方法添加“英语”字段，设置完成后的效果如图 6-124 所示。

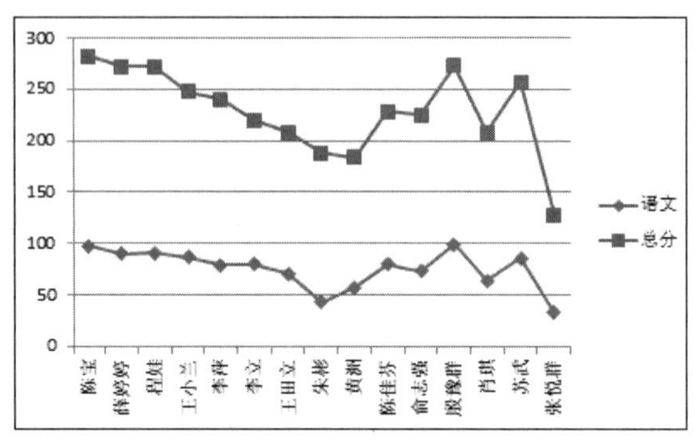

图 6-123　语文和总分统计图表

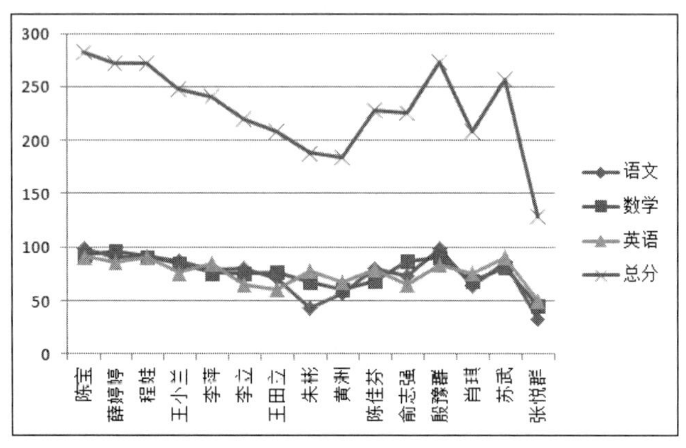

图 6-124　增加数学和英语字段

3. 仅为“总分”添加数值

选择刚刚建立的图表，在“总分”系列上右击，在弹出的快捷菜单中选择“添加数据标签”选项，如图 6-125 所示，完成效果如图 6-126 所示。

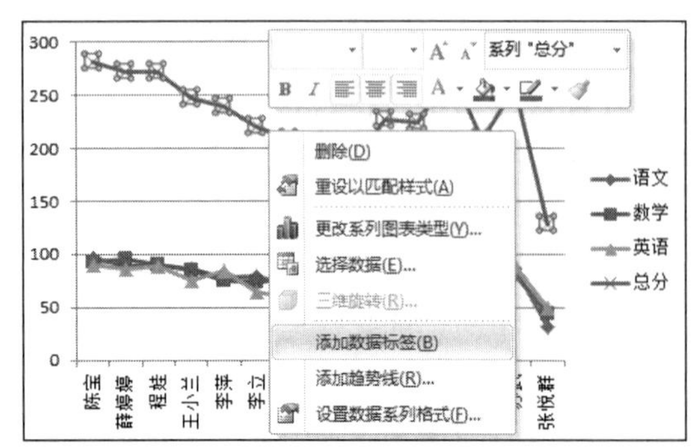

图 6-125　添加数据标签

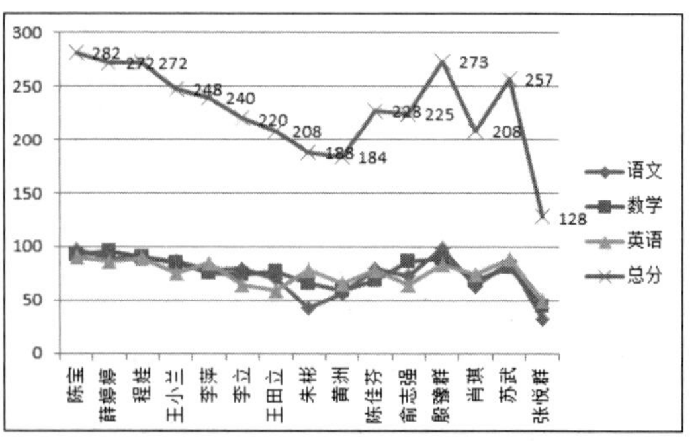

图 6-126　“总分”添加数值效果

4. 设置标题字体

添加图表标题为“学生期末考试成绩”，设置字体为隶书，字号为22，字形为加粗，字体颜色为蓝色。

5. 设置图表背景

设置图表背景为项目3/素材/背景.jpg，具体操作：在绘图区中右击并选择“设置图表区格式”命令，在弹出的对话框中单击“填充”中的“图片或纹理填充”单选项，如图6-127所示，再单击“插入自”区域中的“文件”按钮，在弹出的“插入图片”对话框中选择“项目6/素材/背景.jpg”，如图6-128所示。

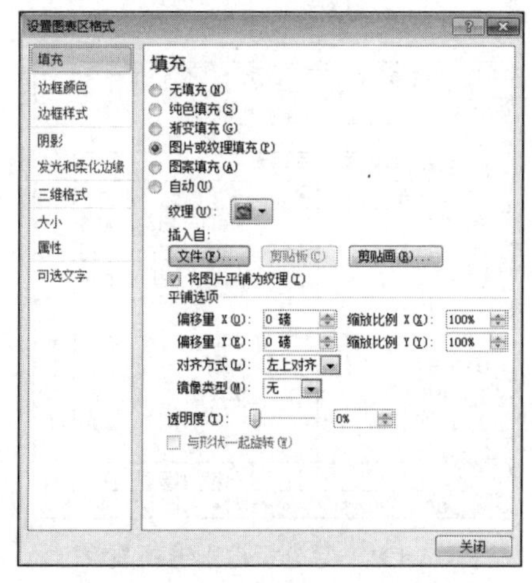

图6-127 “设置图表区格式”对话框

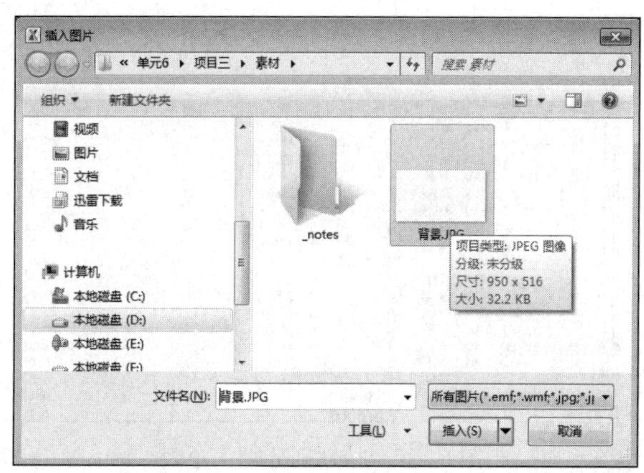

图6-128 选择填充图片

6. 设置图例

双击图表绘图区，弹出“设置绘图区格式”对话框，设置“填充”为“无填充”。再选中图例中的“数学”图例项，右击并选择“设置数据系列格式”选项，在弹出的对话框中选择颜色为橙色，如图6-129所示。

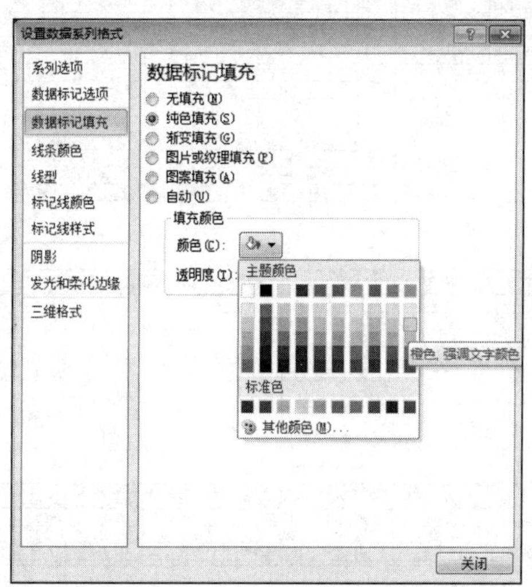

图6-129 “设置数据系列格式”对话框

任务 7 统计分析学生成绩表

【任务分析】

本任务主要是使用统计方法分析学生成绩表，让读者更加熟练地使用 Excel 2010 的各种统计分析数据的方法，如排序、高级筛选、分类汇总、创建数据透视表等，进而完成学生成绩的数据分析。任务完成后的效果包括按性别分类汇总表（如图 6-130 所示）、月分析性别透视表（如图 6-131 所示）和筛选表（如图 6-132 所示）。

名次	学号	姓名	性别	出生年月	语文	数学	英语	总分	平均分
1	08070101	陈宝	男	1983年8月	98	93	91	232	94.0
12	08070106	王田立	男	1983年10月	71	77	60	208	69.3
14	08070109	朱彬	男	1983年10月	43	67	78	188	62.7
15	08070110	黄洲	男	1983年5月	57	60	67	184	61.3
9	08070109	俞志强	男	1983年8月	73	87	65	225	75.0
2	08070110	殷豫群	男	1983年12月	99	90	84	273	91.0
5	08070112	苏武	男	1983年10月	86	81	90	257	85.7
16	08070113	张悦群	男	1983年9月	33	45	50	128	42.7
			男 平均值		70.0	75.0	73.1	218.1	72.7
3	08070103	薛婷婷	女	1983年7月	90.0	96.0	86.0	272.0	90.7
3	08070102	程娃	女	1983年5月	91.0	91.0	90.0	272.0	90.7
6	08070104	王小兰	女	1983年1月	87.0	85.0	76.0	248.0	82.7
7	08070105	李萍	女	1982年11月	79.0	76.0	85.0	240.0	80.0
10	08070107	李立	女	1983年4月	80.0	75.0	65.0	220.0	73.3
8	08070108	陈佳芬	女	1983年5月	80.0	69.0	79.0	228.0	76.0
12	08070111	肖琪	女	1983年1月	64.0	69.0	75.0	208.0	69.3
			女 平均值		81.6	80.1	79.4	241.1	80.4
			总计平均值		75.4	77.4	76.1	228.9	76.3

图 6-130 按性别分类汇总表

学号	(全部)		
求和项:总分	列标签		
行标签	男	女	总计
1月		456	456
4月		220	220
5月	184	500	684
7月		272	272
8月	507		507
9月	128		128
10月	653		653
11月		240	240
12月	273		273
总计	1745	1688	3433

汇总性别 月分析性别

6-131 月分析性别透视表

网络10-301班成绩表

名次	学号	姓名	性别	出生年月	语文	数学	英语	总分	平均分
1	08070101	陈宝	男	1983年8月	98.0	93.0	91.0	282.00	94
3	08070103	薛婷婷	女	1983年7月	90.0	96.0	86.0	272.00	91
3	08070102	程娃	女	1983年5月	91.0	91.0	90.0	272.00	01
6	00070104	王小兰	女	1983年1月	87.0	85.0	76.0	248.00	83
7	08070105	李萍	女	1982年11月	79.0	76.0	85.0	240.00	80
10	08070107	李立	女	1983年4月	80.0	75.0	65.0	220.00	73
11	08070106	王田立	男	1983年10月	71.0	77.0	60.0	208.00	69
13	08070109	朱彬	男	1983年10月	43.0	67.0	78.0	188.00	63
14	08070110	黄洲	男	1983年5月	57.0	60.0	67.0	184.00	61
8	08070108	陈佳芬	女	1983年5月	80.0	69.0	79.0	228.00	76
9	08070109	俞志强	男	1983年8月	73.0	87.0	65.0	225.00	75
2	08070110	殷豫群	男	1983年12月	99.0	90.0	84.0	273.00	91
11	08070111	肖琪	女	1983年1月	64.0	69.0	75.0	208.00	69
5	08070112	苏武	男	1983年10月	86.0	81.0	90.0	257.00	86
15	08070113	张悦群	男	1983年9月	33.0	45.0	50.0	128.00	43
各项统计		总人数:	15	语文缺考人数:	0	语文实考人数:		15	
		男生人数:	8	总分最高分:	282.0	全班优秀率:		27%	
		女生人数:	7	平均分最低分:	42.7	全班合格率:		93%	
		语文不及格:	3	平均分>85人数:	5	筛选出所有总分为200分以上的男同学			

性别	总分
男	>200

名次	学号	姓名	性别	出生年月	语文	数学	英语	总分	平均分
1	08070101	陈宝	男	1983年8月	98.0	93.0	91.0	282.00	94
11	08070106	王田立	男	1983年10月	71.0	77.0	60.0	208.00	69
9	08070109	俞志强	男	1983年8月	73.0	87.0	65.0	225.00	75
2	08070110	殷豫群	男	1983年12月	99.0	90.0	84.0	273.00	91
5	08070112	苏武	男	1983年10月	86.0	81.0	90.0	257.00	86

语文	数学	英语
<60		
	<60	
		<60

名次	学号	姓名	性别	出生年月	语文	数学	英语	总分	平均分
13	08070109	朱彬	男	1983年10月	43.0	67.0	78.0	188.00	63
14	08070110	黄洲	男	1983年5月	57.0	60.0	67.0	184.00	61
15	08070113	张悦群	男	1983年9月	33.0	45.0	50.0	128.00	43

图 6-132 筛选表

【任务目标】

- 熟练使用 Excel 2010 的排序、分类汇总方法。
- 熟练使用 Excel 2010 的筛选方法。
- 熟练使用 Excel 2010 的数据透视表功能。

【必备知识】

以下知识点已经在前面讲述过了，这里不再赘述：

- 排序。
- 分类汇总。
- 高级筛选。
- 创建数据透视表或数据透视图。
- 修改数据透视表或数据透视图。

【完成过程】

1. 分类汇总学生成绩

按性别分类汇总学生成绩，创建新的工作表“汇总性别”。

（1）插入一个新的工作表 Sheet2 并重命名为“汇总性别”，单击“成绩表”工作表并选中 A2:J17 区域，复制该区域的所有数据。单击工作表“汇总性别”的 A1 单元格，右击并选择“选择性粘贴”命令，将数据复制到 A1:J16。

（2）在“汇总性别”工作表的数据区域内，单击“开始”选项卡“编辑”组中的“排序和筛选”按钮，在下拉列表中选择“自定义排序”命令，在弹出的“排序”对话框中设置“性别”为主要关键字。

（3）单击“数据”选项卡“分级显示”组中的“分类汇总”按钮，在弹出的“分类汇总”对话框中设置“分类字段”为“性别”，“汇总方式”为“平均值”，汇总项包括所有科目和总分、平均分，如图 6-133 所示，单击“确定”按钮返回工作表，汇总结果如图 6-134 所示。

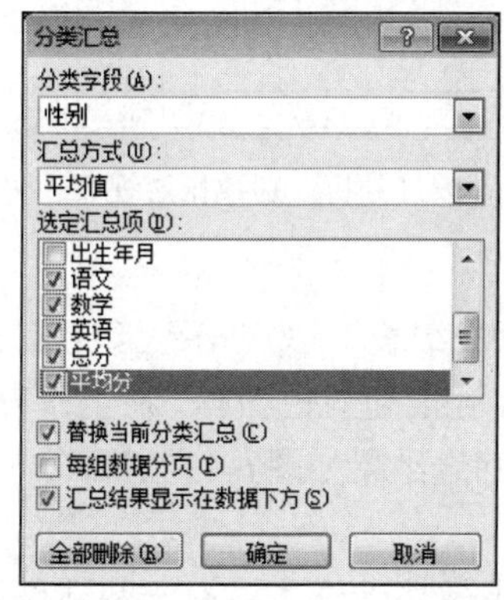

图 6-133 “分类汇总”对话框

M35

	A	B	C	D	E	F	G	H	I	J
1	名次	学号	姓名	性别	出生年月	语文	数学	英语	总分	平均分
10				男 平均值		70.0	75.0	73.1	218.1	72.7
18				女 平均值		81.6	80.1	79.4	241.1	80.4
19				总计平均值		75.4	77.4	76.1	228.9	76.3

图 6-134 分类汇总效果

2. 制作学习成绩数据透视表

按月分析不同性别的学生学习成绩数据透视表，要求能显示个人数据信息。

（1）选中工作表“成绩表”中的 A2:J17 单元格区域，单击“插入”选项卡“表格”组中的“数据透视表”按钮，在下拉列表中选择“数据透视表”选项，在弹出的对话框中完成设置，设置布局如图 6-135 所示。

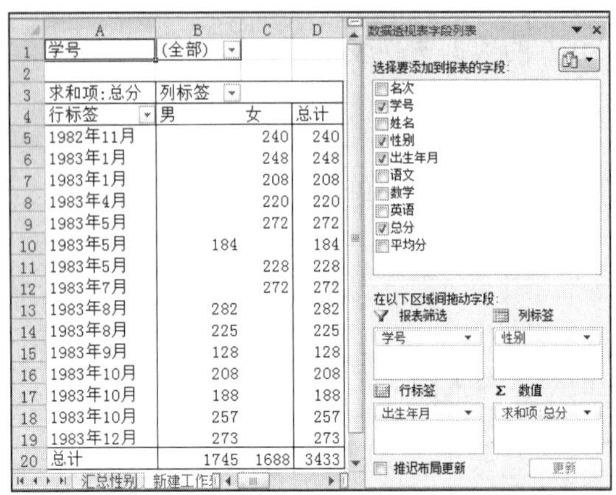

	A	B	C	D
1	学号	(全部)		
2				
3	求和项:总分	列标签		
4	行标签	男	女	总计
5	1982年11月		240	240
6	1983年1月		248	248
7	1983年1月		208	208
8	1983年4月		220	220
9	1983年5月		272	272
10	1983年5月	184		184
11	1983年5月		228	228
12	1983年7月		272	272
13	1983年8月	282		282
14	1983年8月	225		225
15	1983年9月	128		128
16	1983年10月	208		208
17	1983年10月	188		188
18	1983年10月	257		257
19	1983年12月	273		273
20	总计	1745	1688	3433

图 6-135 设置布局

（2）右击任意一个“出生年月”单元格数据区域，在弹出的快捷菜单中选择“创建组”命令，如图 6-136 所示，弹出“分组”对话框，设置“步长”为“月”，将得到按月分析性别成绩数据透视表，如图 6-137 所示，然后将该工作表重新命名为“月分析性别透视表”。

图 6-136 创建组

	A	B	C	D
1	学号	(全部)		
2				
3	求和项:总分	列标签		
4	行标签	男	女	总计
5	1月		456	456
6	4月		220	220
7	5月	184	500	684
8	7月		272	272
9	8月	507		507
10	9月	128		128
11	10月	653		653
12	11月		240	240
13	12月	273		273
14	总计	1745	1688	3433

图 6-137 按月分析性别数据透视表

3. 筛选成绩

插入一个新工作表 Sheet3 并重新命名为“筛选表”。单击“成绩表”，按 Ctrl+A 组合键全选数据，按 Ctrl+C 组合键复制数据，单击工作表 Sheet3，按 Ctrl+V 组合键粘贴数据。在工作表“筛选表”中，用高级筛选筛选出所有总分大于 200 分的男同学，筛选结果如图 6-138 所示。

4. 高级筛选

在工作表“筛选表”中，用高级筛选筛选出有一科成绩不及格的学生。有一科成绩不及格，表示每科成绩都有可能小于 60 分，所以各科成绩之间是“或”关系，因此输入筛选条件如图 6-139 所示。首先以“名次”为主要关键字对“筛选表”的 A2:J17 数据区域进行升序排序，然后按照高级筛选的方法对学生数据进行筛选。

	A	B	C	D	E	F	G	H	I	J
21			语文不及格：	3	平均分>85人数：	5	筛选出所有总分为200分以上的男同学			
22										
23			性别	总分						
24			男	>200						
25										
26	名次	学号	姓名	性别	出生年月	语文	数学	英语	总分	平均分
27	1	08070101	陈宝	男	1983年8月	98.0	93.0	91.0	282.00	94
28	11	08070106	王田立	男	1983年10月	71.0	77.0	60.0	208.00	69
29	9	08070109	俞志强	男	1983年8月	73.0	87.0	65.0	225.00	75
30	2	08070110	殷豫群	男	1983年12月	99.0	90.0	84.0	273.00	91
31	5	08070112	苏武	男	1983年10月	86.0	81.0	90.0	257.00	86
32										
33			语文	数学	英语					
34			<60							
35				<60						
36					<60					
37										
38	名次	学号	姓名	性别	出生年月	语文	数学	英语	总分	平均分
39	13	08070109	朱彬	男	1983年10月	**43.0**	67.0	78.0	188.00	63
40	14	08070110	黄洲	男	1983年5月	**57.0**	60.0	67.0	184.00	61
41	15	08070113	张悦群	男	1983年9月	**33.0**	**45.0**	**50.0**	128.00	43

图 6-138　总分大于 200 分的男同学高级筛选结果

语文	数学	英语
<60		
	<60	
		<60

图 6-139　筛选条件

习题 6

一、选择题

1．在 Excel 2010 中，工作表编辑区最左上角的方框称为（　　）。

A．“全选”按钮　B．“取消”按钮　　C．单元格　　　　D．“确认”按钮

2．关于 Excel 2010 的工作簿和工作表，下列说法中错误的是（　　）。

A．工作簿就是 Excel 文件

B．工作簿是由工作表组成的，每个工作簿都可以包含多个工作表

C．工作表和工作簿均能以文件的形式存盘

D．工作表是一个由行和列交叉排列的二维表格

3．Excel 工作表纵向为列，每列用字母表示，称为列标；横向为行，每行用数字表示，称为行号。每个行列交叉部分称为（　　）。

A．工作表　　B．工作簿　　C．单元格　　D．域

4．在 Excel 2010 中，一个新工作簿可以包含（　　）个工作表。

A．1～256　　B．1～255　　C．0～256　　D．0～255

5．系统默认打开的工作表数目是通过（　　）选项卡中的“选项”命令设置的。

A．文件　　B．视图　　C．工具　　D．窗口

6．在 Excel 2010 中，单元格区域 C4:E6 包含（　　）个单元格。

A．9　　B．15　　C．18　　D．24

7．在 Excel 工作表中，先选定第一个单元格 A3，然后按住 Ctrl 键再选定单元格 D6，则完成的工作是（　　）。

A．选定 A3:D6 单元格区域　　B．选定 A3 单元格
C．选定 D6 单元格　　D．选定 A3 和 D6 单元格

8．在 Excel 的打印预览状态下，不可以（　　）。

A．进行页面设置　　B．打印
C．调整页边距　　D．改变数据字体

9．在 Excel 中，单击“快速访问工具栏”中的“打印”按钮直接使用 Excel 2010 默认的页面设置打印出该工作簿的（　　）。

A．所有工作表　　B．当前工作表
C．前 3 个工作表　　D．第一个工作表

10．Excel 2010 的主要功能有大型表格制作、图表分析和（　　）。

A．文字处理　　B．数据库管理
C．数据透视图报表　　D．自动填充

11．下列有关 Excel 2010 扩展名的叙述中错误的是（　　）。

A．Excel 2010 工作簿的默认扩展名是.xlsx
B．系统允许用户重新命名扩展名
C．虽然系统允许用户重新命名扩展名，但最好使用默认扩展名
D．Excel 2010 工作簿的默认扩展名是.xls

12．Excel 2010 工作表最多有（　　）列。

A．255　　B．1024　　C．16384　　D．65536

二、填空题

1．在默认方式下，Excel 2010 工作表的行是以________标记的，列是以________标记的。
2．在 Excel 2010 中，新建第 5 个工作表，默认的表名为________。
3．在 Excel 2010 中，单元格 D5 的绝对地址表示为________。
4．在 Excel 2010 中，输入数字作为文本使用时，需要输入的先导字符是________。
5．在 Excel 2010 中，每张工作表是一个________表。
6．对于新安装的 Excel 2010，一个新建的工作簿默认的工作表个数为________。
7．在 Excel 2010 的工作表中，最小操作单元是________。

三、简答题

1．简述 Excel 2010 中单元格、工作表、工作簿之间的关系。
2．Excel 2010 的主要优点体现在哪 4 个方面？
3．如何制作迷你图？

第 4 部分　PowerPoint 2010 基本操作

1. 掌握制作幻灯片的基本技能，能在幻灯片中熟练插入各种对象。
2. 掌握主题、母版、版式、模板、占位符等基本概念，理解它们的用途和使用方法。
3. 掌握多媒体对象的插入和设置方法。
4. 掌握动画的添加和设置技巧，能熟练控制动画的播放效果。
5. 掌握幻灯片的放映方式，理解不同的视图显示方式。

1. 统一演示文稿的外观。
2. 利用动画控制演示文稿的播放效果。
3. 设置演示文稿的放映时间和放映方式。

项目 7　PowerPoint 的基本操作

PowerPoint 通常用来制作演示文稿，其主要工作就是创意和设计幻灯片。演示文稿俗称“幻灯片”，用于多媒体演示，可以在演示过程中插入声音、视频、动画等多媒体资料，使内容更加直观、形象，更具说服力。归纳起来，PowerPoint 可以制作三大领域 3 种类型的演示文稿：

- 阅读文档类：多用于阅读，适合小范围内投影，如教学课件、总结报告等。
- 演示辅助类：作为演讲者的辅助工具用于交流，适合中型范围内投影，如培训、研讨会等。
- 自动演示类：自动播放演示，多用于推广宣传，适合大中型范围内投影，如产品推广、企业形象宣传等。

任务 1　PowerPoint 基础知识

【任务分析】

总结型演示文稿的作用以阅读为主，阅读类演示文稿的主要构成元素是文字、图示、幻灯片版式等幻灯片基本元素，制作重点是制作以基本元素构成的简单幻灯片，并对各种元素进行简单快捷的修饰。本任务制作个人述职报告演示文稿，由于制作简单，故只需要用文字、段落、项目符号、编号、图片等来完成演示文稿的编辑。

【任务目标】

- 掌握 PowerPoint 2010 打开的方法。
- 掌握 PowerPoint 2010 格式排版的方法。
- 掌握 PowerPoint 2010 保存的方法。

【必备知识】

演示文稿俗称幻灯片，但实际在 PowerPoint 中，演示文稿和幻灯片是两个有些差别的概念：利用 PowerPoint 做出来的整个文档称为演示文稿，它是一个文件；演示文稿中的每一页称为幻灯片，每张幻灯片都是演示文稿中既相互独立又相互联系的内容。通常一个完整的演示文稿应由多张幻灯片组成。

规划演示文稿的草图，确定所需要幻灯片的数量。

要计算所需要的幻灯片数量，应先绘制计划覆盖的材料的轮廓，然后将材料分成多个幻灯片。用户可能至少需要：

- 一个主标题幻灯片。
- 一个介绍性幻灯片，列出演示文稿中主要的点或面。

- 一个适合于在介绍性幻灯片上列出的每个点或面的幻灯片。
- 一个总结幻灯片，是重复演示文稿中主要的点或面的列表。

通过使用此基本结构，如果有 3 个要显示的主要的点或面，则可以计划最少有 6 个幻灯片：一个标题幻灯片、一个介绍性幻灯片、3 个分别适用于 3 个主要的点或面的幻灯片和一个总结幻灯片。绘制的轮廓如图 7-1 所示。

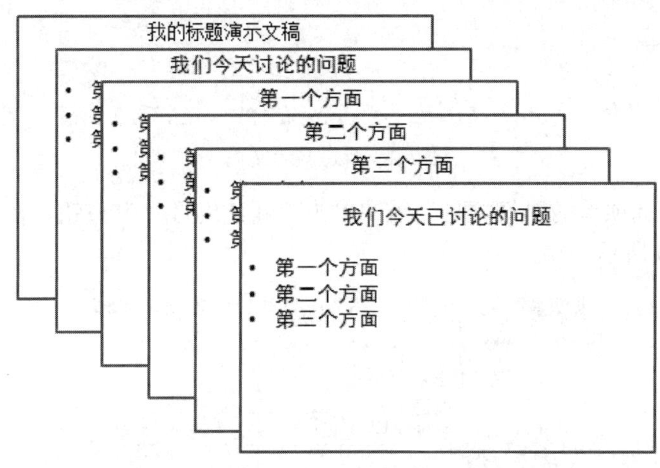

图 7-1　搭建基本结构

如果在任何一个主要的点或面中都有大量要显示的材料，则需要通过使用相同的基本轮廓结构为该材料创建一组幻灯片。

【完成过程】

（1）启动 PowerPoint 2010。

- 利用“开始”菜单。选择“开始”→“所有程序”→Microsoft Office 2010 命令。
- 利用快捷图标。双击桌面上的 PowerPoint 快捷图标。
- 利用现有的演示文稿文档。双击任何演示文稿文档或演示文稿文档的快捷方式。

（2）创建演示文稿。

这里应用了“主题”中的“流畅”。创建空文稿有多种方式，常用的有以下两种：

- 启动 PowerPoint 2010 时将自动建立一个空白文稿“演示文稿 1”，PowerPoint 2010 文档的扩展名为.pptx。
- 单击“文件”选项卡中的“新建”按钮，然后执行以下操作之一：
  - 单击“空白演示文稿”选项，然后单击右侧的“创建”按钮，如图 7-2 所示。
  - 应用 PowerPoint 2010 中的内置模板或主题，或者应用从 Office.com 下载的模板或主题。选中相应的类别，然后单击右侧的“创建”按钮。

（3）添加新幻灯片，这里添加了版式为“标题和内容”的若干幻灯片。向演示文稿中添加幻灯片时可同时确定新幻灯片的布局。

1）在普通视图中单击“幻灯片”选项卡，然后在打开 PowerPoint 时自动出现的单个幻灯片下单击。

图 7-2　新建演示文稿

2）在“开始”选项卡的“幻灯片”组中单击“新建幻灯片”按钮，在下拉列表中选择所需的布局，如图 7-3 所示。

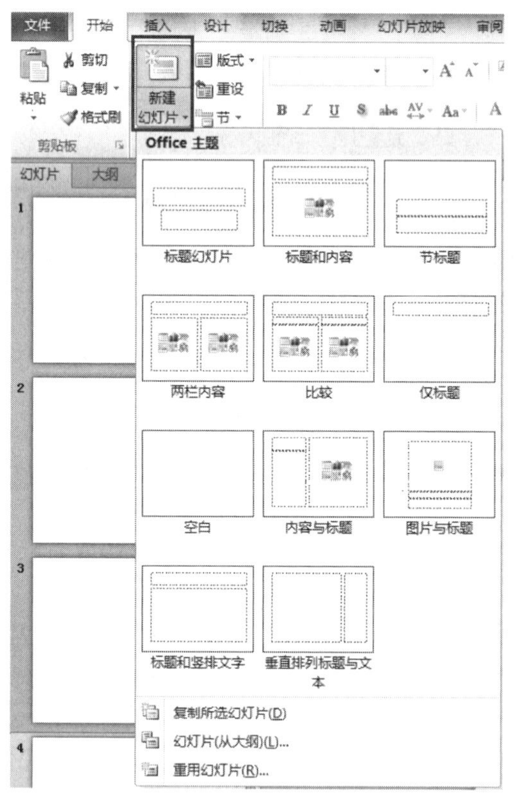

图 7-3　新建幻灯片

新幻灯片现在同时显示在“幻灯片”选项卡的左侧（在其中新幻灯片突出显示为当前幻灯片）和“幻灯片”窗格的右侧（突出显示为大幻灯片）。

（4）在幻灯片中添加文本。

在幻灯片中输入文字时可以向文本占位符、文本框和形状中添加文本。

所谓“占位符”就是先占住一个固定位置，是一种带有虚线边缘的框，在这些框内可以放置标题、正文、图表、表格和图片等对象，它能起到规划幻灯片结构的作用。

在普通视图下，插入文本框的方法和 Word 和 Excel 中类似，使用文本框可以在一页上放置数个文字块，或使文字与文档中的其他文字按不同的方向排列。

（5）格式排版。

1）设置幻灯片文本格式。

PowerPoint 对幻灯片中的文字要求是美观、醒目、具有吸引力，因此制作幻灯片的一项重要任务就是对文本格式的设置：选择观众可从一段距离以外看清的字形，避免使用窄字体（如 Arial Narrow）和包含花式边缘的字体（如 Times）；选择观众可从一段距离以外看清的字号，通常文本的字号不能小于 30；使用项目符号、编号或短句使文本简洁。

设置字体字号可使用“开始”选项卡的“字体”组或如图 7-4 所示的“字体”对话框。

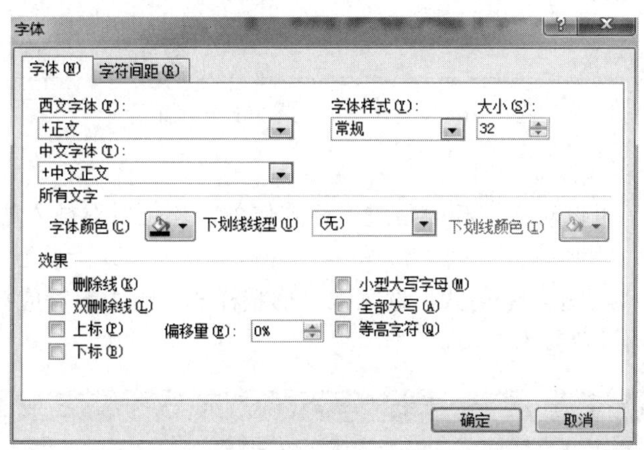

图 7-4 “字体”对话框

2）设置项目符号。

设置方法与 Word 中一致，使用“开始”选项卡“段落”组中的按钮即可设置项目符号和编号，如图 7-5 所示。

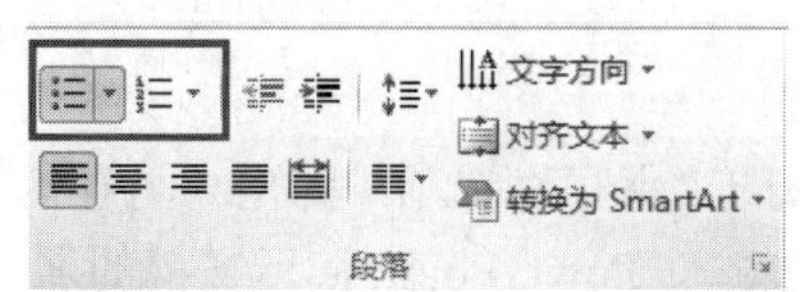

图 7-5 项目符号和编号按钮

3）更改文字颜色。

在 PowerPoint 2010 中，可以更改演示文稿中一张或所有幻灯片上的文本颜色，也可以通过应用文档主题来快速轻松地设置整个文档的格式。

- 更改幻灯片上的文本颜色：在“开始”选项卡的“字体”组中单击“字体颜色”下三角按钮 A ，在下拉列表中选择所需的颜色。
- 更改主题颜色：在“设计”选项卡的“主题”组中单击“颜色”按钮，在下拉列表中选择新的主题颜色时，PowerPoint 2010 将自动使用颜色来设置演示文稿中的各部分。

4）设置段落格式。

幻灯片段落格式就是成段文字的格式，包括段落的对齐方式、段落行距和段落间距等。

PowerPoint 中段落格式设置的操作方法有：利用“开始”选项卡“段落”组中的按钮组（ ）或利用如图 7-6 所示的“段落”对话框。

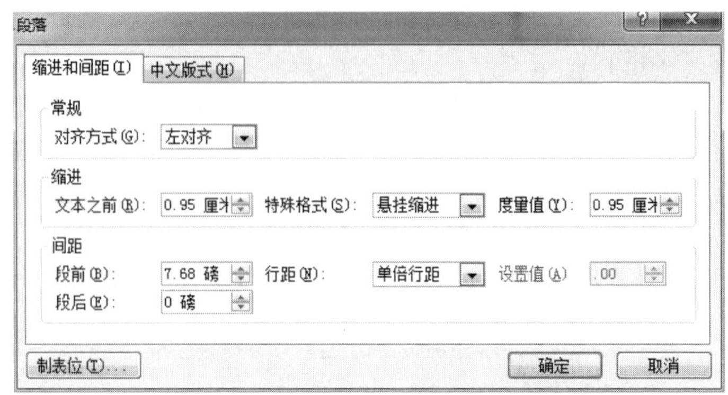

图 7-6 设置段落的对齐方式、行距等

5）设置文本框的格式。

PowerPoint 中除了可以对文字和段落进行格式化外，还可以对插入的文本框进行格式化，包括填充颜色、边框、阴影等。

操作主要是利用“绘图工具/格式”选项卡“形状样式”组中的对应按钮，如图 7-7 所示，这与在 Word 文档中的设置基本一致。

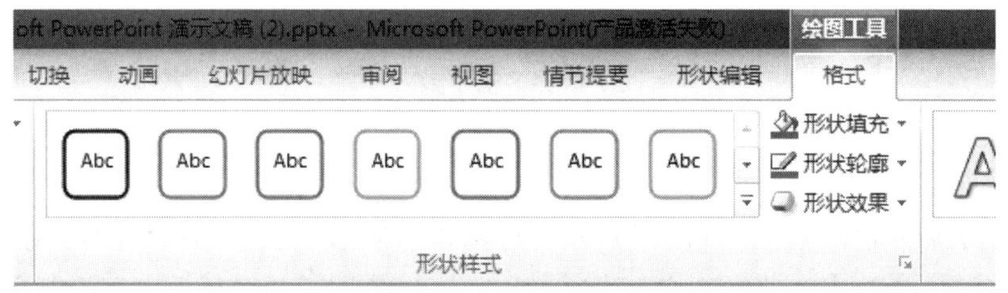

图 7-7 设置文本框的格式

（6）保存演示文稿。

1）单击“文件”选项卡中的“保存”选项，弹出“另存为”对话框。

2）在“文件名”文本框中输入 PowerPoint 演示文稿的名称，然后单击“保存”按钮。

默认情况下，PowerPoint 2010 将文件保存为 PowerPoint 演示文稿（.pptx）文件格式。若要以非.pptx 格式保存演示文稿，则在“保存类型”下拉列表框中选择所需的文件格式。

完成后的演示文稿的参考效果如图 7-8 所示。

（7）页面设置及页眉页脚。

在“设计”选项卡的“页面设置”组中可以设置幻灯片的大小、高度、宽度、幻灯片的编号起始值、幻灯片的方向。单击“插入”选项卡“文本”组中的“页眉和页脚”按钮可以设置幻灯片包含的内容、日期和时间、幻灯片编号、页脚，在右下角的“预览”区域中可以看到设置内容显示在所在幻灯片中的位置。在“备注和讲义”选项卡中可以设置页眉、页码、页脚、日期和时间，注意这里显示的位置各不相同，请根据实际需要进行不同的选择。

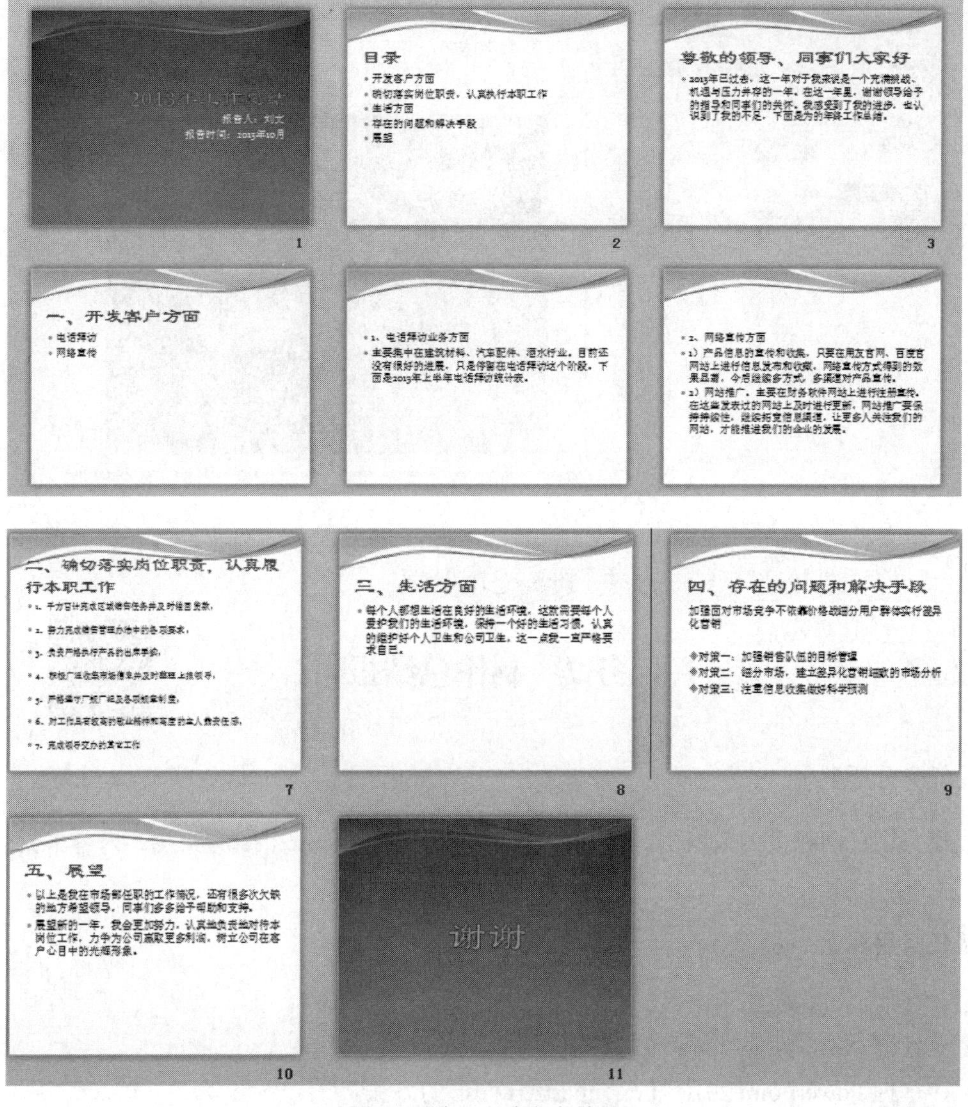

图 7-8 演示文稿参考效果

（8）打印演示文稿。

1）单击“文件”选项卡中的“打印”。

2）在“打印”下的“份数”栏中设置要打印的数量。

3）在“设置”区域中执行以下操作之一：

- 若要打印所有幻灯片，单击“打印全部幻灯片”。
- 若仅打印当前显示的幻灯片，单击“打印当前幻灯片”。
- 若要按编号打印特定幻灯片，单击“自定义范围”，然后输入各幻灯片的编号，之间用“,”分隔或用“-”表示范围，例如 1,3,5-12。

4）单击“颜色”列表，然后选择所需设置。

5）选择完成后单击“打印”按钮，如图 7-9 所示。

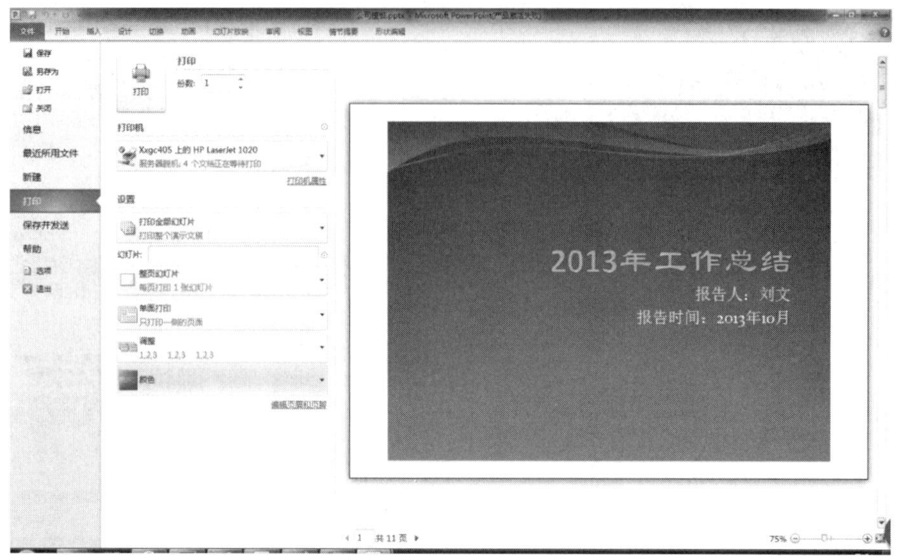

图 7-9 打印设置

任务 2 制作总结报告

【任务分析】

收集完毕部门相关的业绩资料，开始用 PowerPoint 制作一个图文并茂、内容丰富的演示文稿。

【任务目标】

- 掌握 PowerPoint 2010 格式排版的方法。
- 掌握 PowerPoint 2010 插入图片和剪贴画的方法。
- 掌握 PowerPoint 2010 插入 SmartArt 图形的方法。

【必备知识】

在普通视图下 PowerPoint 的工作区如图 7-10 所示。

①在“幻灯片”窗格中，用户可以直接处理各个幻灯片。

②虚线边框标识占位符，用户可以在其中输入文本或插入图片、图表和其他对象。

③“幻灯片”选项卡显示“幻灯片”窗格中显示的每个完整大小幻灯片的缩略图。添加其他幻灯片后，用户可以单击“幻灯片”选项卡上的缩略图使该幻灯片显示在“幻灯片”窗格中，也可以拖动缩略图重新排列演示文稿中的幻灯片，还可以在“幻灯片”选项卡上添加或删除幻灯片。

④在“备注”窗格中，可以输入关于当前幻灯片的备注。用户可以将备注分发给观众，也可以在播放演示文稿时查看“演示者”视图中的备注。

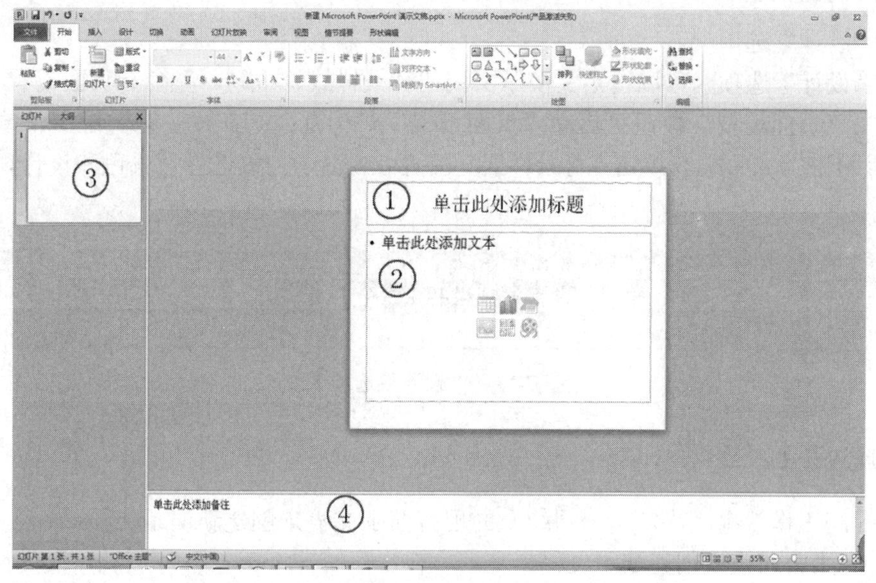

图 7-10　普通视图下 PowerPoint 2010 的工作区

PowerPoint 2010 工作区的另一部分是顶部的功能区，其中包含以前在 PowerPoint 2003 及更早版本中的菜单和工具栏上的命令及其他菜单项，能够帮助用户快速找到完成某任务所需要的命令。

（1）“开始”选项卡。使用“开始”选项卡可以插入新幻灯片、将对象组合在一起、设置幻灯片上文本的格式。

①如果用户单击“新建幻灯片”按钮，则可从多个幻灯片布局中进行选择；②“字体”组包括“字体”和“字号”下拉列表框、“加粗”和“斜体”按钮；③“段落”组包括“文本右对齐”“文本左对齐”“两端对齐”和“居中”按钮；④若要查找“组合”命令，请单击“排列”按钮，然后在“组合对象”中选择“组合”，如图 7-11 所示。

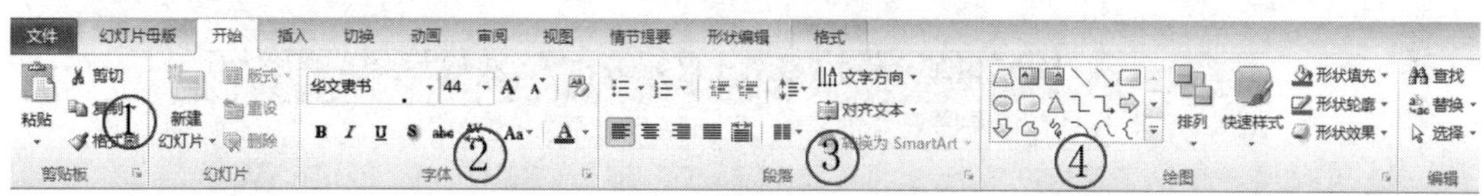

图 7-11　“开始”选项卡

（2）“插入”选项卡。使用“插入”选项卡可将表格、形状、图表、页眉或页脚等插入到演示文稿中。

①“表格”组可在幻灯片中插入表；②“插图”组包括形状、SmartArt、图表；③“链接”组可创建超链接；④“文本”组有“页眉和页脚”命令，如图 7-12 所示。

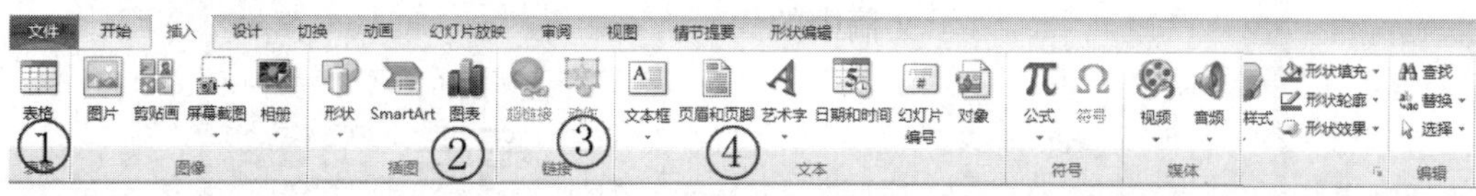

图 7-12　“插入”选项卡

（3）“设计”选项卡。

使用“设计”选项卡可以自定义演示文稿的背景样式、主题、颜色和页面设置。

①单击“页面设置”按钮可启动“页面设置”对话框；②在“主题”组中，单击某主题可将其应用于演示文稿；③单击“背景样式”按钮可为演示文稿选择背景色和设计，如图 7-13 所示。

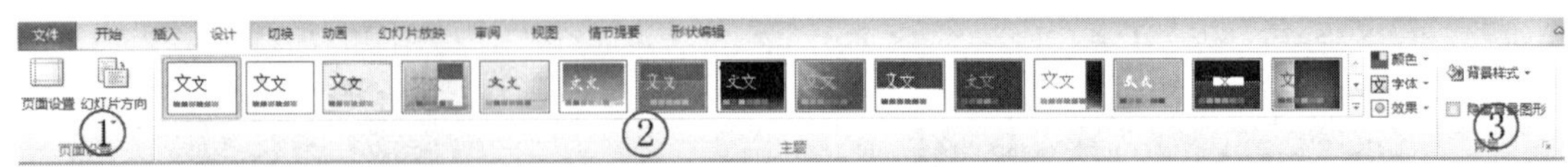

图 7-13 “设计”选项卡

【完成过程】

为了提高工作效率，决定用公司统一的现有演示文稿来创建新演示文稿。

（1）利用公司模板创建演示文稿。

1）在“文件”选项卡中单击“新建”。

2）在“可用的模板和主题”下单击“根据现有内容新建”选项，如图 7-14 所示。

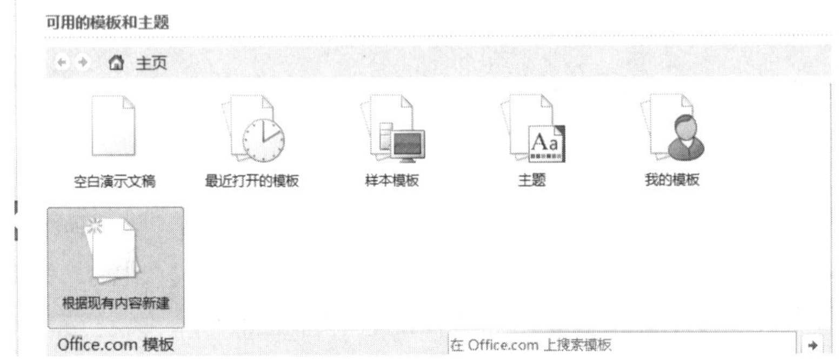

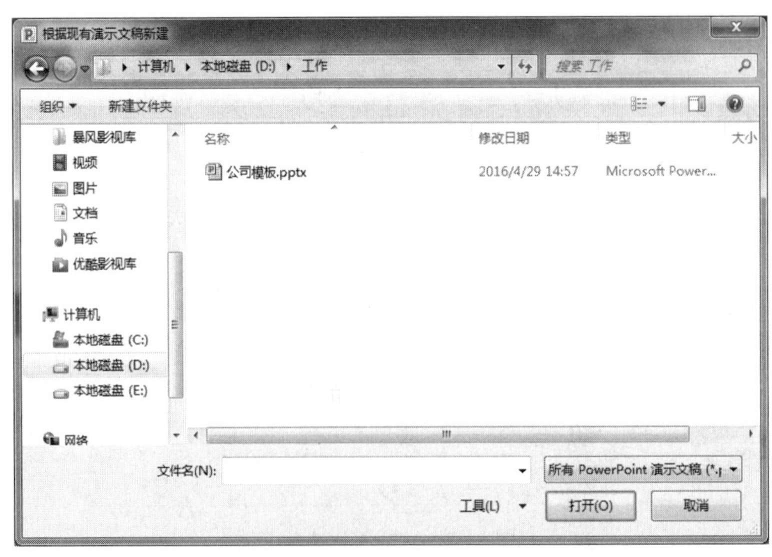

图 7-14 “根据现有内容新建”演示文稿

（2）添加新幻灯片。

（3）在幻灯片中添加文本。

（4）在幻灯片中插入图片和剪贴画。

在制作幻灯片的过程中，需要使用一些图形、图片来直观地展示总结资料，以达到图文并茂的效果。

为增强效果，可利用“插入”选项卡中的“图像”组（如图 7-15 所示）在演示文稿中插入图片和剪贴画等。插入图片和剪贴画的方法与 Word 和 Excel 中的方法基本一致。普通视图方式下，在幻灯片窗格中：

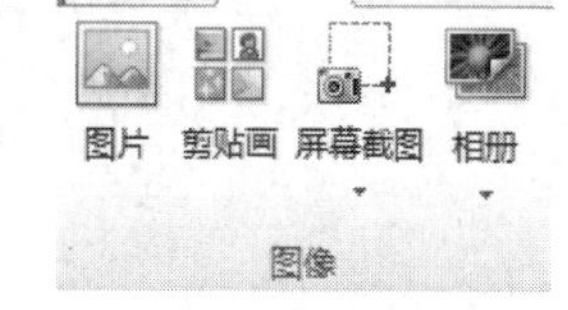

图 7-15 “图像”组中的命令按钮

1）单击要插入图片的位置。

2）在“插入”选项卡的“图像”组中单击“图片”按钮。

3）找到要插入的图片并双击。若要添加多张图片，请在按住 Ctrl 键的同时单击要插入的图片，然后单击“打开”按钮。

（5）利用图形制作按钮。

1）添加“组合形状”命令。在“文件”选项卡中选择“选项”，弹出“PowerPoint 选项”对话框，选择“自定义功能区”选项卡，在左侧列表框中找到形状剪除、形状交点、形状联合、形状组合这 4 个功能命令，然后在右侧列表中创建新的选项卡，如图 7-16 所示，单击“添加”按钮将命令添加到指定的选项卡中。

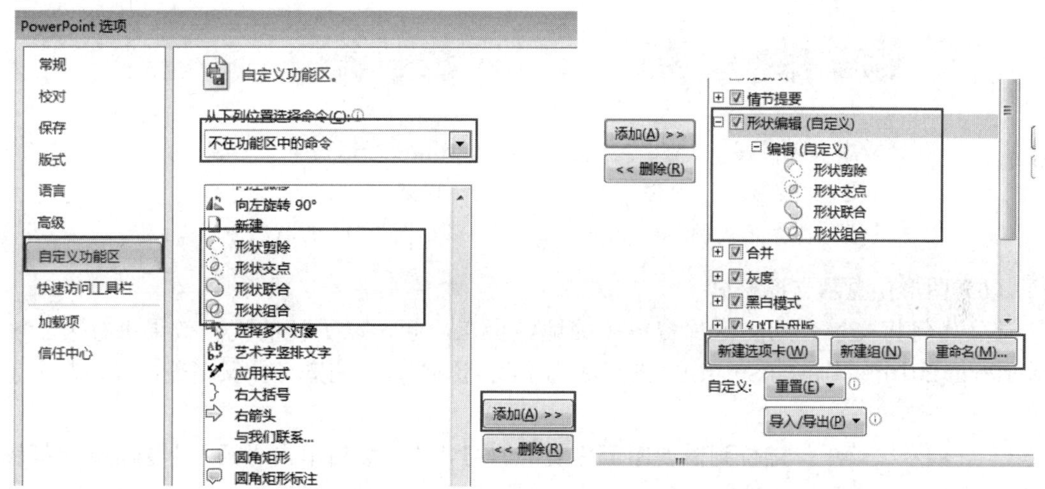

图 7-16 添加命令

2）使用形状组合命令。当选中两个以上的图形时，这几个命令就可以被激活了，如图 7-17 所示。

- 形状剪除：把所有叠放于第一个形状上的其他形状删除，保留第一个形状上的未相交部分，如图 7-18 所示。
- 形状交点：保留形状相交部分，其他部分一律删除，如图 7-19 所示。
- 形状联合：多个图形组合，保留相交部分，如图 7-20 所示。
- 形状组合：把两个以上的图形组合成一个图形，如果图形间有相交部分，则会减去相交部分，如图 7-21 所示。

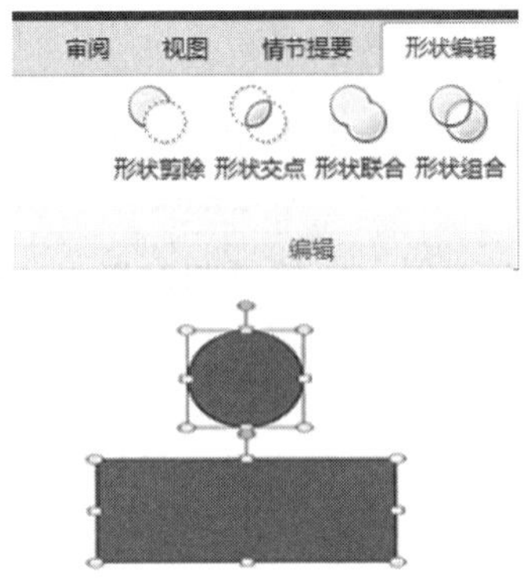

图 7-17　添加好的命令

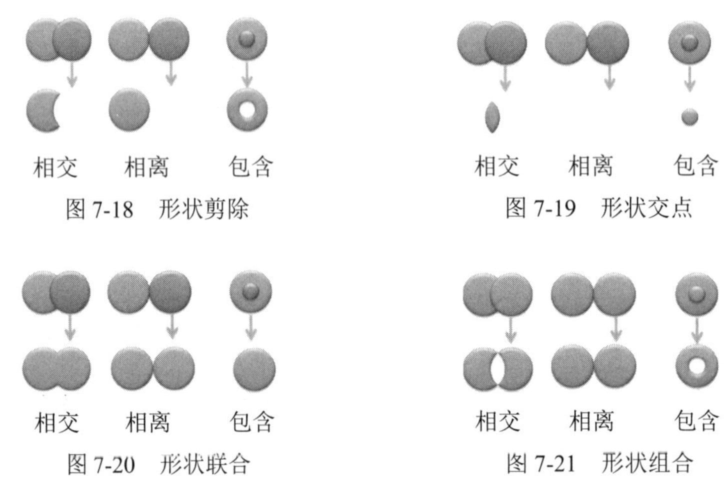

相交　相离　包含

图 7-18　形状剪除

相交　相离　包含

图 7-19　形状交点

相交　相离　包含

图 7-20　形状联合

相交　相离　包含

图 7-21　形状组合

（6）图形化显示支撑材料。

那么如何将文字介绍和图片资料完美地结合在一起，以更佳的视觉效果进行展示呢？PowerPoint 2010 中提供的 SmartArt 图形成为了我们的首选，它既专业又精美，操作起来也很简单。

1）在演示文稿中，定位到需要图形化展示的幻灯片，然后单击“插入”选项卡“插图”组中的 SmartArt 按钮，如图 7-22 所示。

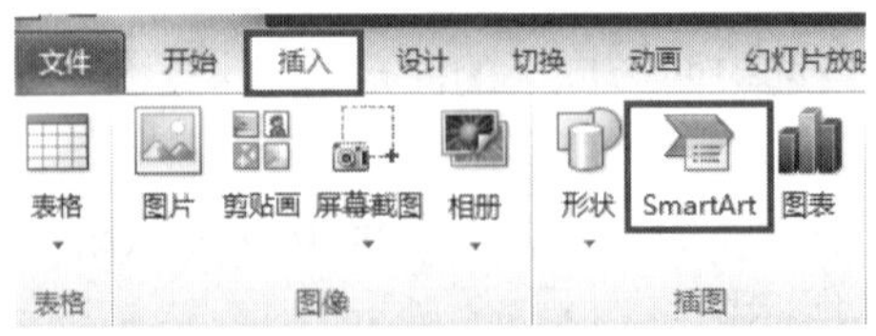

图 7-22　插入 SmartArt 图形

2）在弹出的“选择 SmartArt 图形”对话框中，单击左侧导航窗格中的“循环”选项，在“循环”布局中浏览并选择一种合适的布局（可在右侧的预览窗格中预览图形效果及应用说明），如图 7-23 所示为选择“分离射线”。

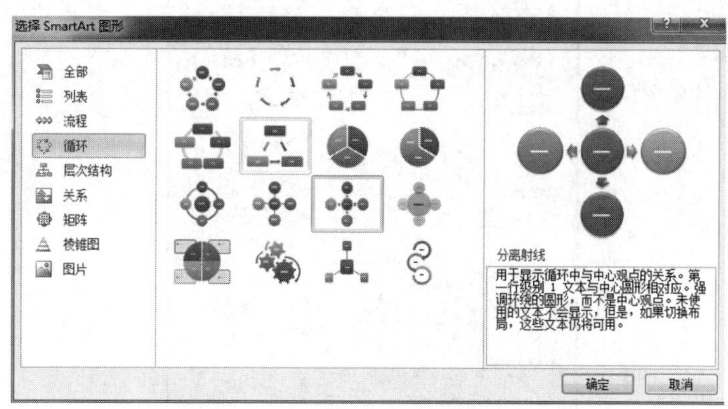

图 7-23 “选择 SmartArt 图形”对话框

3）单击“确定”按钮关闭“选择 SmartArt 图形”对话框，即可在当前幻灯片中看到插入的预置 SmartArt 图形，如图 7-24 所示。

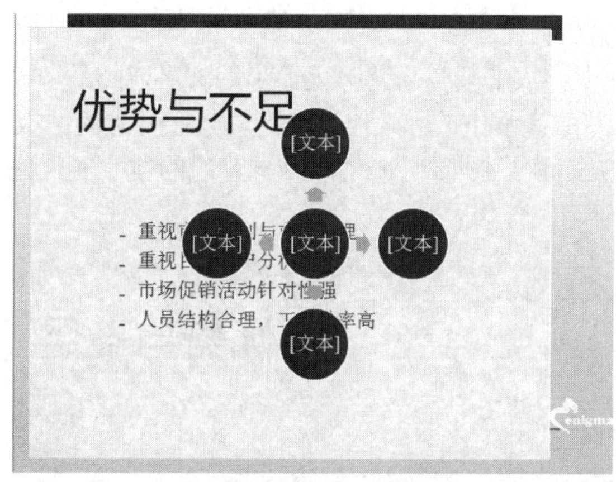

图 7-24 插入 SmartArt 图形后的效果

4）添加了一个预置的 SmartArt 图形后，需要将自己的资料填充到其中，如果默认的图形布局中预置的形状位置不够，可以在“SmartArt 工具/设计”选项卡（确保 SmartArt 图形为选中状态）的“创建图形”组中单击“添加形状”按钮添加新形状，如图 7-25 所示。

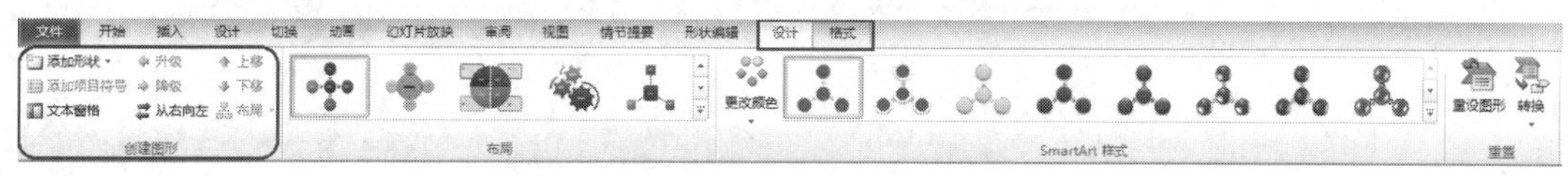

图 7-25 添加新形状命令操作

5）美化 SmartArt 图形。为了使幻灯片中的 SmartArt 图形具有更好的视觉效果，可以通过“SmartArt 工具”选项卡对其外观进行快速美化。

- 更改颜色。在“SmartArt 工具/设计”选项卡的“SmartArt 样式”组中单击“更改颜色”按钮，在弹出的“颜色库”中可以为 SmartArt 图形选择一种更漂亮的颜色，如图 7-26 所示为选择“渐变范围-强调文字颜色 6”。

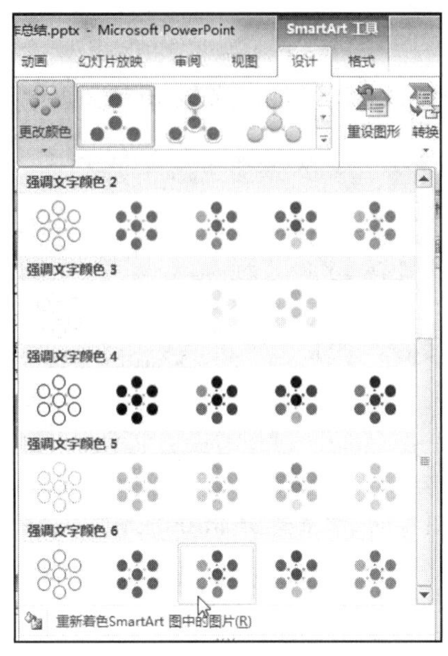

图 7-26　SmartArt 图形的“颜色库”

- 使用艺术字。选中形状中某些需要突出显示的文字，然后单击“SmartArt 工具/格式”选项卡“艺术字样式”组中的“其他”按钮，在弹出的面板中选择一种合适的样式。

至此，一个精美的 SmartArt 图形制作完毕，与普通的文字相比它更简洁、更整齐、更具视觉穿透力，如图 7-27 所示。

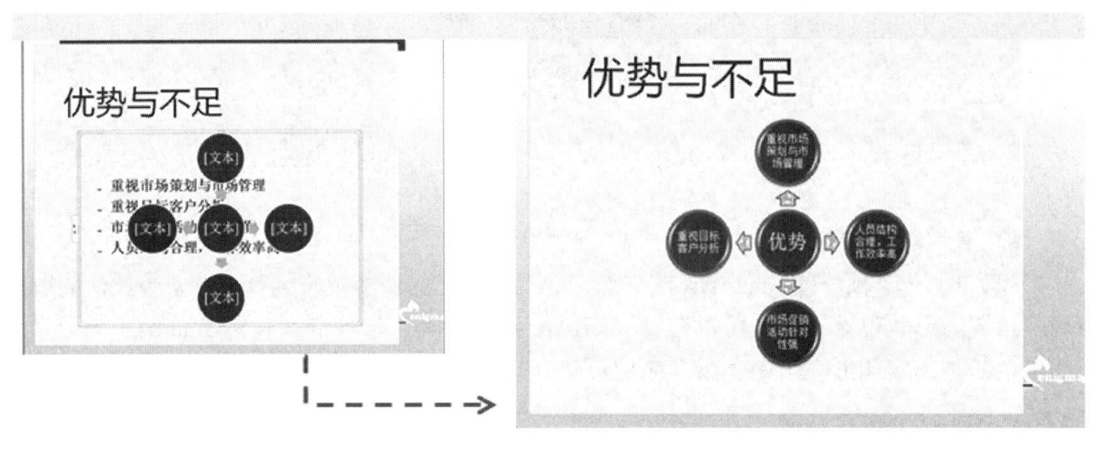

图 7-27　将文本图形化的效果对比

（7）在幻灯片中添加图表。

在 PowerPoint 2010 中，添加图表的方法与 Word 和 Excel 中的一致，用户可以插入多种数据图表和图形，如柱形图、折线图、饼图、条形图、面积图、散点图、股价图、曲面图、圆环图、气泡图和雷达图等。

1）在“插入”选项卡的“插图”组中单击“图表”按钮，如图 7-28 所示。

图 7-28　使用“图表”按钮

2）在“插入图表”对话框中，选择所需图表的类型，然后单击“确定”按钮。将鼠标指针停留在任何图表类型上时屏幕提示将会显示其名称，如图 7-29 所示。

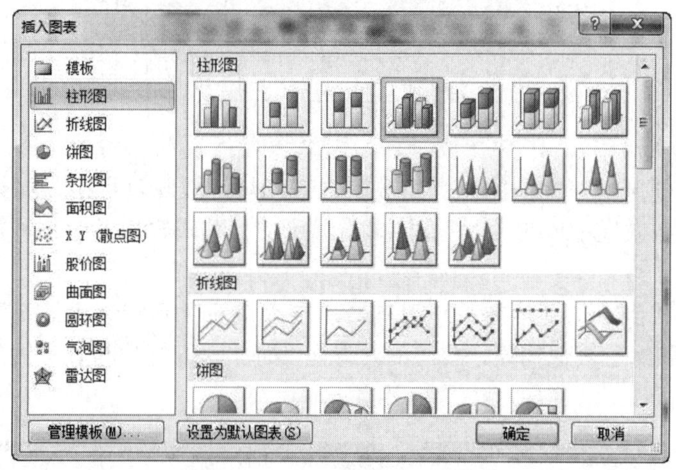

图 7-29　“插入图表”对话框

3）在出现的电子表格中，输入行、列标题以及数值，也可通过拖拽区域右下角来改变数据区域的大小。

图表制作完毕，与普通的文字相比它更直观、更具说服力，如图 7-30 所示。

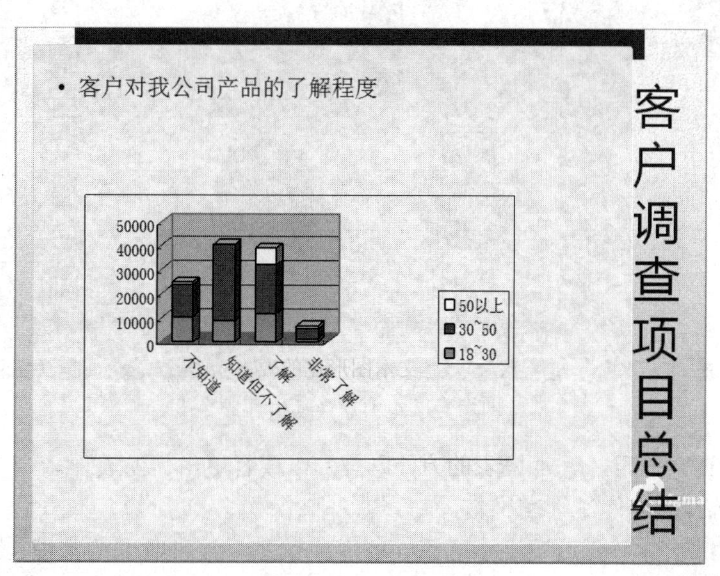

图 7-30　使用图表的效果

（8）将该演示文稿保存为“20××年部门工作总结.pptx”。

（9）调试放映效果。

整个演示文稿制作完成后，开始对所有内容进行检查并进行必要的演讲彩排。

1）查看放映效果的同时设计幻灯片。

在演示文稿中，按住 Ctrl 键的同时单击“幻灯片放映”选项卡“开始放映幻灯片”组中的“从当前幻灯片开始”按钮，如图 7-31 所示。

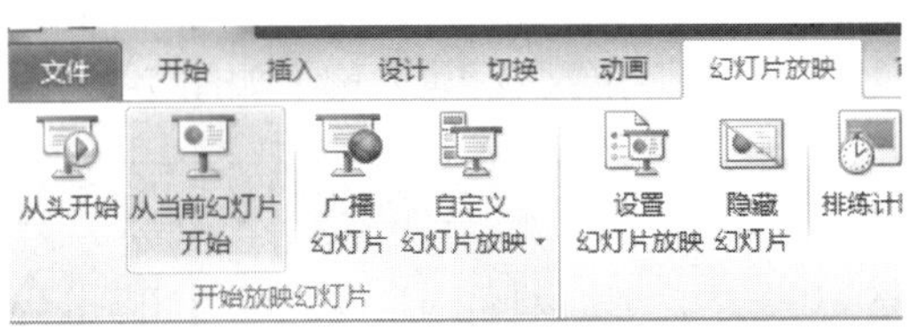

图 7-31　放映幻灯片

此时演示文稿便开始在桌面的左上角放映。在幻灯片放映过程中，如果发现某项内容出现错误或者某个动态效果不理想，则可直接单击演示文稿编辑窗口并定位到需要修改的内容上进行必要的修改。

修改完成后，找到“幻灯片放映”工具，单击“重新开始幻灯片放映”即可继续播放演示文稿，以便查看和纠正其他错误，操作十分方便，而放映幻灯片与真实的放映状态是完全一样的，如图 7-32 所示。

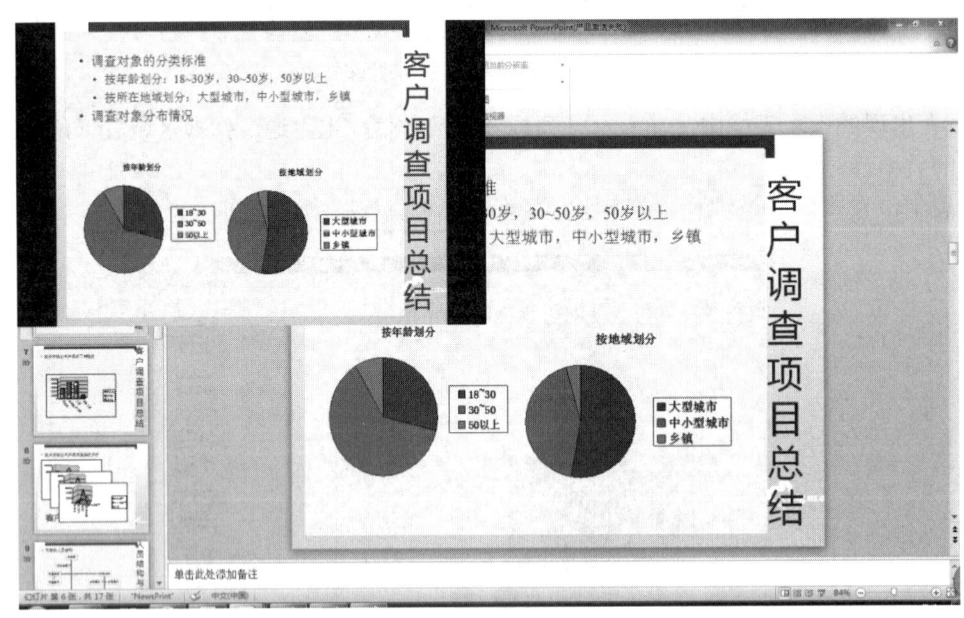

图 7-32　小窗口放映幻灯片

演示文稿检查完毕后，需要对演讲进行彩排，以便有更出色的表现。

2）利用排练计时功能进行演讲彩排。

演讲前的排练十分必要，演讲不可或缺的能力就是对演讲时间的掌控。排练计时功能可以帮助演讲者精确地记录下放映每张幻灯片的时长。

在演示文稿中，单击“幻灯片放映”选项卡“设置”组中的“排练计时”按钮，如图 7-33 所示。

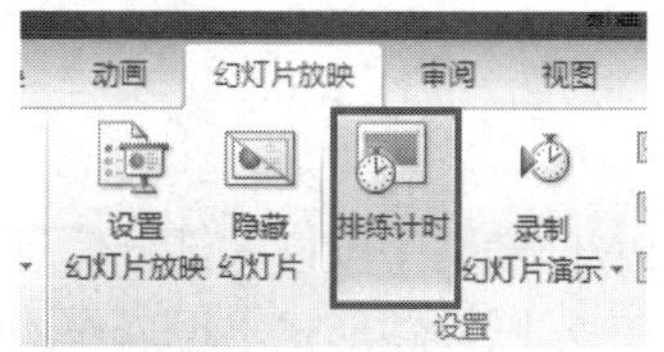

图 7-33 “排练计时”按钮

PowerPoint 立刻进入全屏放映模式，屏幕左上角显示一个“录制”工具栏，借助它可以准确记录演示当前幻灯片时所使用的时间（工具栏左侧显示的时间）和从开始放映到目前为止总共使用的时间（工具栏右侧显示的时间），演讲完成时会显示提示信息框，单击“是”按钮可将排练时间保留下来，如图 7-34 所示。

图 7-34 排练计时结果

此时，PowerPoint 2010 已经记录下放映每张幻灯片所用的时长。通过单击状态栏中的“幻灯片浏览”按钮切换到 PowerPoint 幻灯片浏览视图，在该视图下即可清晰地看到演示每张幻灯片所使用的时间，如图 7-35 所示。

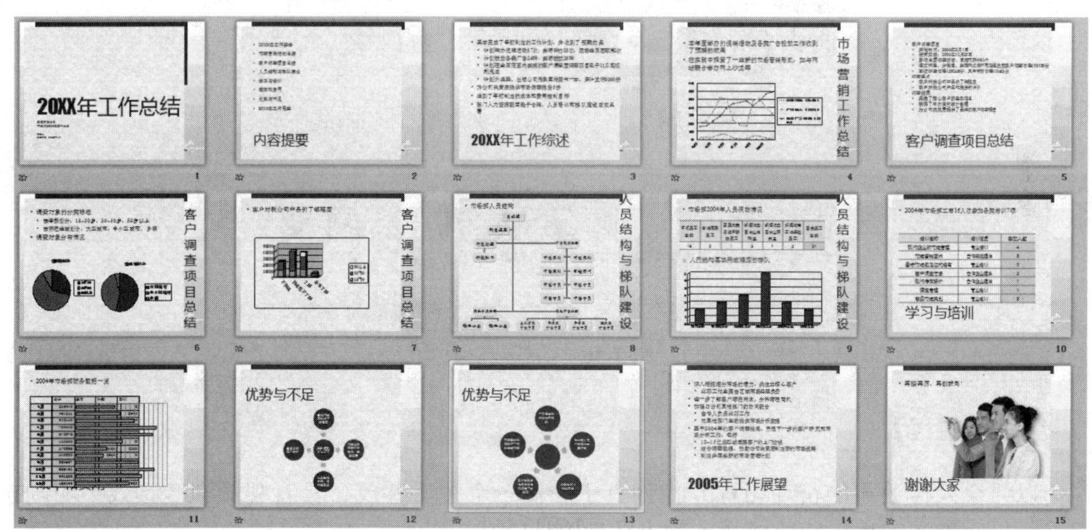

图 7-35 效果参考

经过多次的排练演讲后，单个幻灯片的演讲时间和总时间都很恰当，也很稳定，演讲者会信心倍增，良好的信心以及对演示文稿的全面掌控一定会使他在公司同事面前有精彩的展示。

任务 3　制作培训报告

【任务分析】

以交流为主的演示文稿是宣讲者的辅助手段，大部分信息靠宣讲者演讲传递。演示文稿中的内容信息不多，文字段落篇幅较小，常以标题形式出现，作为总结概括。制作重点是展示画面的效果，多以图片为主、文字为辅，以高质量图片替代文字段落，以标题形式概括重点内容。该类演示文稿注重统一幻灯片的外观风格，注意细节，如字体大小、行距、图片边框、对齐等。

【任务目标】

- 掌握 PowerPoint 2010 插入声音的方法。
- 掌握 PowerPoint 2010 插入视频的方法。
- 掌握 PowerPoint 2010 背景的设置方法。

【必备知识】

在 PowerPoint 2010 中，幻灯片内容的构成对象非常丰富，包括静态和动态两大类。静态对象主要有文本、表格、Excel 表、图片、形状、SmartArt 图形、批注、艺术字、页眉页脚、公式、图表、超链接等；动态对象主要有图片（gif 格式的文件）、视频、Flash、声音等。在“插入”选项卡中可以看到相关的幻灯片对象，如图 7-36 所示。

图 7-36　幻灯片对象

【完成过程】

以“个人在公司的奋斗历程”作为引子制作一个图文并茂、具有视频和音频效果的励志演示文稿，将新同事们的情感映入到“公司企业文化”的学习中。

（1）收集资料（如文字、图片、照片、活动视频、背景音乐等资料）并规划出演示文稿的草图。

（2）创建空白演示文稿并添加若干幻灯片。

（3）在幻灯片中添加文本。

（4）在幻灯片中插入图片、剪贴画、SmartArt 图形和艺术字等，使幻灯片材料图像化。

（5）利用视频文件使演示文稿更加生动、更具感染力。

1）插入视频文件。

在演示文稿中添加相关的精彩视频可以提高观众的兴趣，还能更加全面地进行展示。演示文稿中可以添加的视频文件格式有 avi、mpg、wav、swf。

在演示文稿中定位到需要插入视频对象的幻灯片中，单击“插入”选项卡“媒体”组中的“视频”按钮，在下拉列表中选择“文件中的视频”命令，在弹出的“插入视频文件”对话框中，导航到存储视频资料的文件夹中，双击所需的视频文件即可将其插入到当前幻灯片中，如图 7-37 所示。

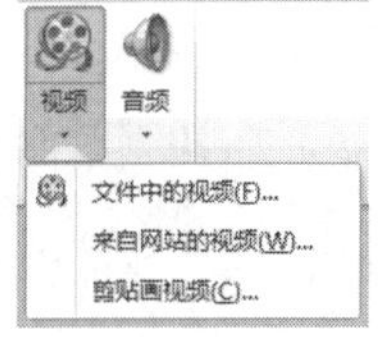

“视频”按钮的下拉列表

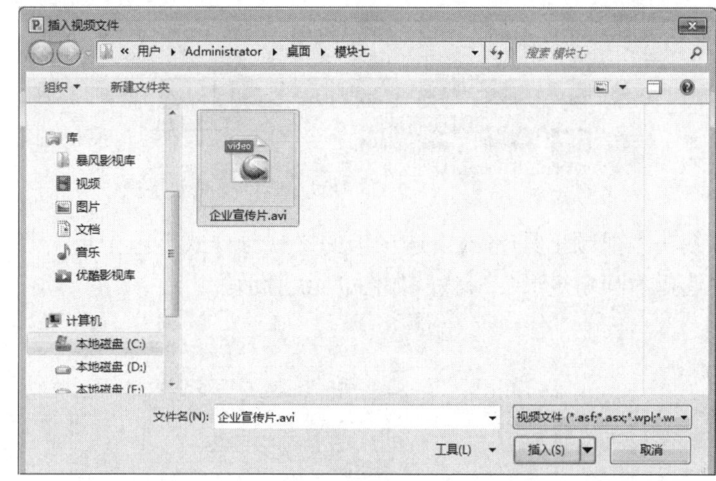

“插入视频文件”对话框

图 7-37　插入视频

视频文件被插入到幻灯片中后，拖拽鼠标适当调整其大小和位置。在视频对象选中状态下或将鼠标指向它时，在其下方将会显示一个播放控件，借助它可以自由控制视频的播放，以预览视频播放效果，如图 7-38 所示。

图 7-38　播放控件

2）修饰视频。

确保选中幻灯片中的视频对象，然后单击“视频工具/格式”选项卡“视频样式”组中的“其他”按钮，在弹出的面板中选择“映像左透视”效果，如图 7-39 所示。

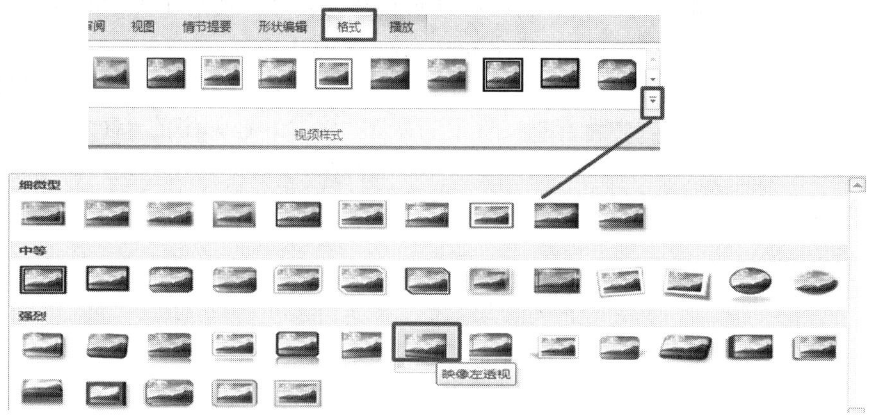

图 7-39 修饰视频效果操作

继续在“视频工具/格式”选项卡的“视频样式”组中单击“视频形状”按钮，在弹出的面板中选择“圆角矩形”形状，如图 7-40 所示。

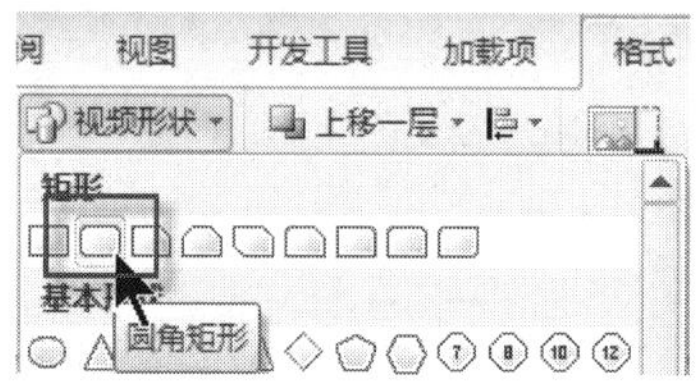

图 7-40 “视频形状”按钮

为视频对象设置一个“封面”。单击视频对象下方的“播放/暂停”按钮播放视频，当视频播放到一个具有代表性的画面时再次单击“播放/暂停”按钮暂停视频的播放，如图 7-41 所示。

图 7-41 制作视频封面

在“调整”组中单击“标牌框架”按钮，在下拉列表中选择“当前框架”命令，即可将当前的画面设置为视频对象的“封面”，如图 7-42 所示。

经过上述简单的设置后，幻灯片中的视频对象已经具有了独特的外观，很具吸引力，如图 7-43 所示。

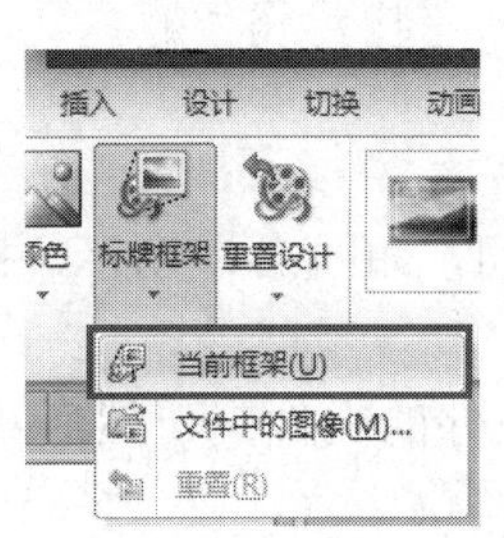

图 7-42 “当前框架”命令

图 7-43 修饰后的视频效果

3）剪辑视频。

在预览幻灯片中的视频文件时觉得视频所包含的内容过于冗长，如果能将其中的某个精彩片段剪辑出来，宣传效果将会更理想，应该怎么做呢？PowerPoint 2010 提供了简单易用的视频裁剪工具，只需执行简单的操作即可快速完成视频裁剪工作。

在幻灯片中确保选中视频对象，然后单击“播放”选项卡“编辑”组中的“剪裁视频”按钮，如图 7-44 所示。

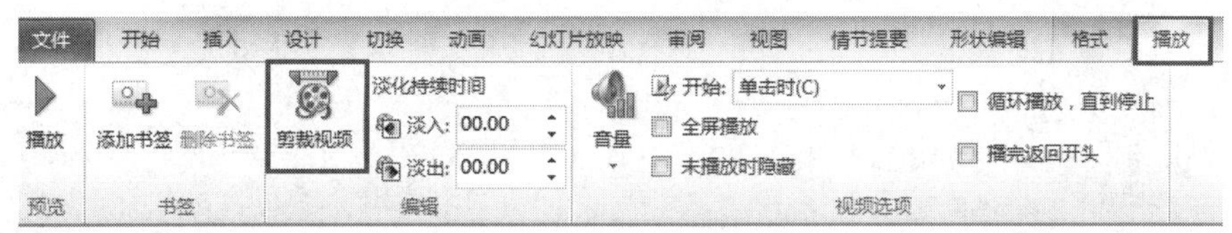

图 7-44 “剪裁视频”按钮

在弹出的“剪裁视频”对话框中，拖拽视频预览区域下方的绿色滑块调整开始时间，拖拽红色滑块调整结束时间，它们之间所截取的部分便是要保留的部分，如图 7-45 所示。

图 7-45 “剪裁视频”对话框

单击“确定”按钮关闭“剪裁视频”对话框，此时在幻灯片中即可通过视频对象下方的播放控件快速预览剪裁好的视频片段。无须使用任何专业的视频处理工具，仅在 PowerPoint 2010 中经过简单的几步操作即可轻松完成视频的剪辑工作。

（6）插入音频文件。

为了突出重点，可以在演示文稿中添加音频，如音乐、旁白、原声摘要等。下面就将一段优美而具感染力的音频添加到演示文稿中。

1）选定要开始播放音频文件的幻灯片。

2）在“插入”选项卡的“媒体”组中单击“音频”按钮，如图 7-46 所示，执行以下操作之一：

- 选择“文件中的音频”命令，找到包含该音频文件的文件夹，然后双击要添加的文件。
- 选择“剪贴画音频”命令，查找所需的音频剪辑，在“剪贴画”任务窗格中单击该音频文件旁边的箭头，然后单击“插入”按钮。
- 选择“录制音频”命令，要记录任何音频必须保证用户的计算机配有声卡、麦克风和扬声器。

3）单击所需要的音乐文件，即可在幻灯片上插入一个声音图标，如图 7-47 所示，单击图标下的“播放/暂停”按钮可以立即在幻灯片中预览音频剪辑。

图 7-46 “音频”按钮

图 7-47 音频控件

为突出音频文件在演示文稿中的感染力，还需要修剪音频剪辑和设置音频剪辑的播放选项：在幻灯片上选择音频剪辑图标，在“音频工具/播放”选项卡的“编辑”组中单击“调整音频”按钮，在弹出的“剪裁音频”对话框中执行以下一项或多项操作：

- 若要修剪剪辑的开头，请单击起点（如图 7-48 中左侧的绿色标记所示），看到双向箭头时将箭头拖动到所需的音频剪辑起始位置。
- 若要修剪剪辑的末尾，请单击终点（如图 7-48 中右侧的红色标记所示），看到双向箭头时将箭头拖动到所需的音频剪辑结束位置。

图 7-48 “剪裁音频”对话框

在“音频工具/播放”选项卡的“音频选项”组中（如图 7-49 所示）执行以下操作之一：

- 若要在放映该幻灯片时自动开始播放音频剪辑，请在“开始”下拉列表框中选择“自动”选项。
- 若要通过在幻灯片上单击音频剪辑来手动播放，请在“开始”下拉列表框中选择“单击时”选项。
- 若要在演示文稿中单击切换到最后一张幻灯片时播放音频剪辑，请在“开始”下拉列表框中选择“跨幻灯片播放”选项。
- 选中“循环播放，直到停止”复选项，声音将连续播放，直到转到下一张幻灯片为止。只有将音频剪辑设置为自动播放和单击时播放时此项才可使用。

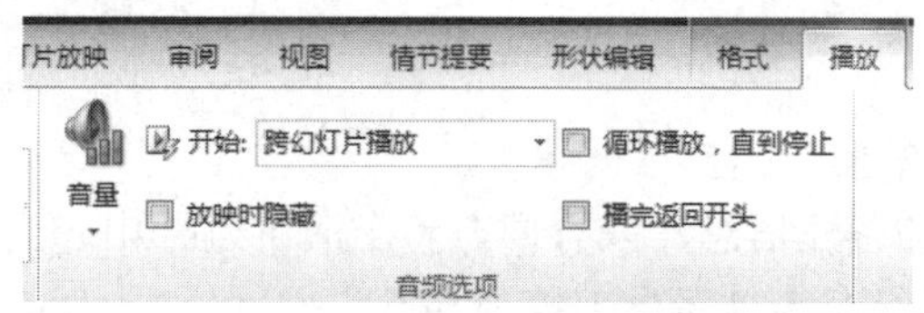

图 7-49　设置音频剪辑的播放选项

隐藏音频剪辑图标。在“音频工具/播放”选项卡的“音频选项”组中选中“放映时隐藏”复选项。

（7）应用主题将颜色和样式添加到演示文稿中。

1）在“设计”选项卡的“主题”组中单击要应用的文档主题。若要预览应用了主题的当前幻灯片的外观，请将指针停留在该主题的缩略图上。

2）若要查看更多主题，请在“设计”选项卡的“主题”组中，单击“其他”按钮▼。

3）如要在演示文稿中对不同的幻灯片应用不同的主题，则在需要的主题上右击，在弹出的快捷菜单中选择“应用于选定幻灯片”选项，如图 7-50 所示，依此法可在演示文稿中应用多个主题。

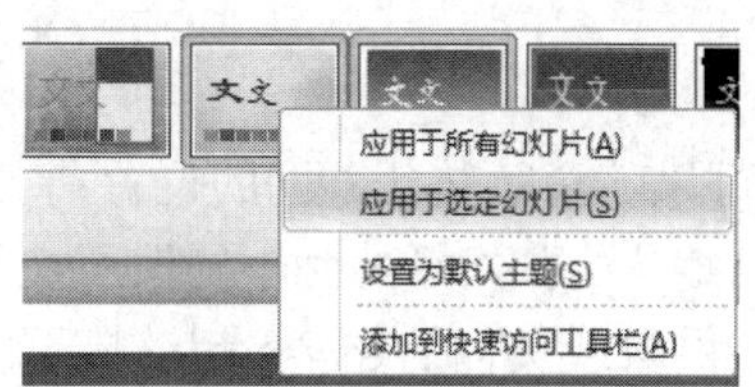

图 7-50　同一演示文稿应用不同的主题

4）如果要更改现有主题的颜色和文本字体，则在“设计”选项卡的“主题”组中单击“颜色”按钮和“字体”按钮，在“内置”下选择要使用的主题颜色和文本字体。

（8）对幻灯片应用背景图片、颜色或图案。

幻灯片背景的颜色、图案会直接在观众的头脑里定位演示文稿的性质与形象，PowerPoint 2010 提供了设置背景的功能，可以随意改变幻灯片的背景，满足设计需求。

1）选定要为其添加背景的单个或多个幻灯片。

2）在“设计”选项卡的“背景”组中单击“背景样式”按钮，在下拉列表中选择“设置背景格式”命令，其设置方法与 Word 和 Excel 中基本一致，如图 7-51 所示。

图 7-51　设置背景格式

（9）在幻灯片中添加备注信息，以方便在整个演讲过程中起到提示作用。

（10）将该演示文稿保存为“新员工培训.pptx”。

任务 4　超链接的使用

【任务分析】

整个演示文稿制作完成后，开始对所有内容进行检查和设置合适的幻灯片跳转方式，并进行必要的演讲彩排。

【任务目标】

- 掌握 PowerPoint 2010 超链接的使用方法。

【必备知识】

在演示文稿中通过超链接可以随意跳转到不同的位置：可以是从一张幻灯片到同一演示文稿中的另一张幻灯片，也可以是从一张幻灯片到不同演示文稿中的另一张幻灯片，还可以是从一张幻灯片到电子邮件地址、网页或文件的连接。超链接不能在创建时激活，只有在运行演示文稿时当鼠标指针指向超链接点并变成形单击超链接点后才跳转到相应的目标内容。超链接可以从文本或对象（如图片、图形、形状、艺术字等）创建超链接。

【完成过程】

利用超链接来制作具有交互功能的演示文稿。

（1）打开“新员工培训.pptx”演示文稿。

（2）在幻灯片中创建超链接。

1）创建超链接。

- 链接同一演示文稿中的幻灯片。

在幻灯片中选择要用作超链接的文本或对象。

在“插入”选项卡的“链接”组中单击“超链接”按钮，弹出“插入超链接”对话框，在“链接到”下单击“本文档中的位置”，在“请选择文档中的位置”列表框中单击要用作超链接目标的幻灯片，如图 7-52 所示。

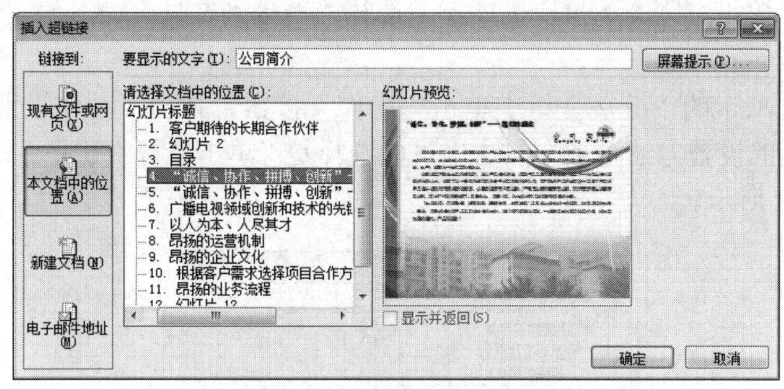

图 7-52 “插入超链接”对话框

在“要显示的文字”文本框中显示的是所选中的用于显示链接的文字，可以更改。单击右侧的“屏幕提示”按钮，弹出如图 7-53 所示的提示框，可以输入相应的提示信息。在放映幻灯片时，鼠标指针指向该超链接时就会出现此提示信息。

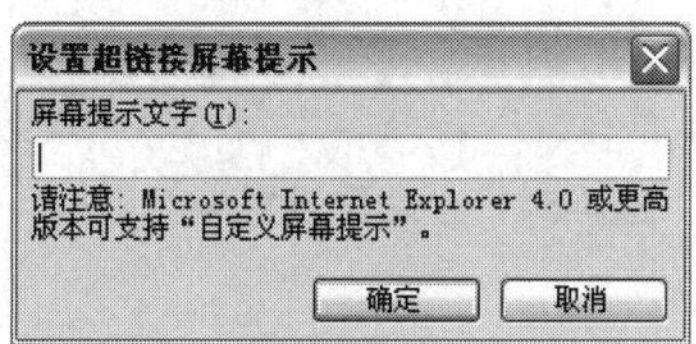

图 7-53 设置超链接屏幕提示信息

- 链接不同演示文稿中的幻灯片。

在设置此链接前，先确保将链接的演示文稿和主演示文稿在同一文件夹中（防止移动演示文稿造成的资源不可用）。

在“编辑超链接”对话框中，在“链接到”下单击“现有文件或网页”。

找到包含要链接到的幻灯片的演示文稿。

单击右侧的“书签”，然后选定要链接到的幻灯片的标题，单击“确定”按钮。

- 链接到电子邮件地址。

在“编辑超链接”对话框中，在“链接到”下单击“电子邮件地址”。

在“电子邮件地址”对话框中输入要链接到的电子邮件地址，或在“最近用过的电子邮件地址”框中单击电子邮件地址。

在“主题”框中输入电子邮件的主题。

- Web 上的页面或文件。

在“编辑超链接”对话框中，在“链接到”下单击“现有文件或网页”，然后单击“浏览过的网页”按钮。

找到并选择要链接到的页面或文件，然后单击“确定”按钮。

- 链接到视频文件。为了防止可能出现与断开的链接有关的问题，先确保视频文件和主演示文稿在同一个文件夹中，然后再链接到视频。

选定要为其添加视频或动态 GIF 文件的幻灯片。

在“插入”选项卡的“媒体”组中单击“视频”按钮。

在下拉列表中选择“文件中的视频”命令，在弹出的对话框中找到并单击要链接到的文件。

单击“插入”按钮右侧的下拉箭头，然后选择“链接到文件”命令。

2）动作设置。

在“插入”选项卡的“链接”组中单击“动作”按钮，弹出“动作设置”对话框，设置方法与插入超链接的设置方法一致，但这里可以选择是“单击鼠标”还是“鼠标移过”来触发超链接，如图 7-54 所示。

图 7-54　“动作设置”对话框

3）更改超链接文本的颜色。

在“设计”选项卡的“主题”组中单击“颜色”按钮，在下拉列表中选择“新建主题颜色”命令。

4）从文本或对象中删除超链接。

选择要删除其超链接的文本或对象。

在“插入”选项卡的“链接”组中单击“超链接”按钮，在“编辑超链接”对话框中单击“删除链接”按钮，或者在右键快捷菜单中选择“取消超链接”命令。

（3）查看放映效果的同时修改幻灯片。

对幻灯片设置了超链接后，还需要继续对演示文稿进行更仔细的检查，以防出现失误。在“幻灯片放映”选项卡的“开始放映幻灯片”组中按住 Ctrl 键的同时单击“从当前幻灯片开始”按钮，即可边看效果边修改幻灯片。

（4）应用“演讲者视图”查看放映效果。

在 PowerPoint 2010 中，可以让备注信息只出现在自己的计算机上供自己查看，而不会投影到大屏幕上被观众看到，使备注信息在用户的演讲过程中更好地起到提示作用。

确保当前计算机有两个或两个以上的监视器。

在“幻灯片放映”选项卡“监视器”组中选择“使用演示者视图”复选项，弹出如图 7-55 所示的显示设置对话框，在“多显示器”下拉列表框中选择“扩展这些显示”选项。

修改显示位置：将第二个监视器用于全屏幕放映幻灯片，如图 7-56 所示在“监视器”组中设置“显示位置”为“监视器 2”。

图 7-55 “显示”窗口

图 7-56 “监视器”选项

利用“检查文档”功能快速地将备注信息删除。检查完毕即可删除相应的备注信息，如图 7-57 所示。

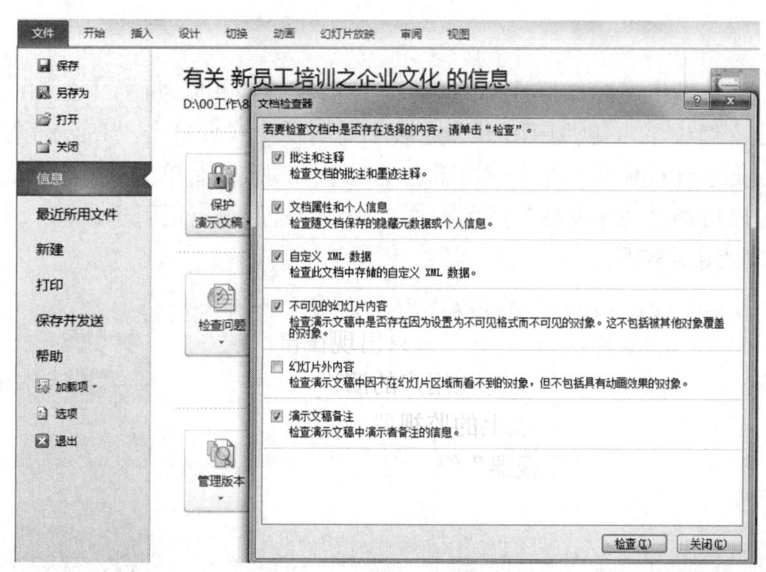

图 7-57 删除备注信息

任务 5　制作宣传 PPT

【任务分析】

用于推广宣传的演示文稿，在整体上更强调“设计”，好的策划和构思是成功设计的先决条件，其设计的重点在于模板的设计、配色方案的设计、动画的设计。其中，动画创意是演示文稿鲜活的灵魂。

【任务目标】

- 掌握 PowerPoint 2010 动画设置方法。
- 掌握 PowerPoint 2010 自定义动画设置方法。
- 掌握 PowerPoint 2010 切换效果设置方法。

【必备知识】

1. “切换”选项卡

使用“切换”选项卡可以对当前幻灯片应用、更改或删除切换。

①在“切换到此幻灯片”组中单击某个切换方式可将其应用于当前幻灯片；②在“计时”组的“声音”下拉列表框中可以选择某种声音以在切换过程中播放；③在“计时”组的“换片方式”区域中选择“单击鼠标时”复选项以在单击时进行切换，如图 7-58 所示。

图 7-58　“切换”选项卡

2. “动画”选项卡

使用“动画”选项卡可对幻灯片上的对象应用、更改或删除动画。

①在“动画”组中单击想要应用于选定对象的动画，或者单击“高级动画”组中的“添加动画”按钮，在弹出的面板中选择应用于选定对象的动画；②单击“高级动画”组中的“动画窗格”按钮可以启动“动画窗格”任务窗格；③“计时”组包括用于设置“开始”和“持续时间”的区域，如图 7-59 所示。

图 7-59　“动画”选项卡

【完成过程】

通过准备工作收集了丰富的幻灯片素材，包括文字、图片、声音、视频、按钮等多种对象，利用这些素材制作好了内容充实的幻灯片。为提高演示文稿的感染力，将这次制作的重点放在了演示文稿的动画设置上。PowerPoint 2010 动画效果分为“自定义动画效果”和“切换效果”两种，“自定义动画效果”应用于幻灯片上的对象（包括文本、图片、形状、表格、SmartArt 图形等），“切换效果”应用于整张幻灯片。

（1）打开内容已设计好的“产品形象宣传”演示文稿。

（2）设计自定义动画。

PowerPoint 2010 自定义动画具有进入、退出、强调、动作路径 4 种动画效果，可以单独使用任何一种动画，也可以将多种效果组合在一起。例如，可以对一行文本应用“飞入”进入效果及“放大/缩小”强调效果，使它在从左侧飞入的同时逐渐放大。

1）向对象添加动画效果。

进入、退出、强调、动作路径 4 种动画效果的应用方法基本一致。

选择要制作动画的对象。

在“动画”选项卡的“动画”组中单击“其他”按钮，然后选择所需的动画效果，如图 7-60 所示。

图 7-60 “动画”组

如果没有看到所需的动画效果，请选择更多进入效果、更多强调效果、更多退出效果或其他动作路径等选项。

在将动画应用于对象或文本后，幻灯片上已制作成动画的项目会标上不可打印的编号标记，该标记显示在文本或对象旁边。仅当选择“动画”选项卡或“动画窗格”任务窗格可见时才会在普通视图中显示该标记。

若要对同一对象应用多个动画效果，则在“动画”选项卡的“高级动画”组中单击“添加动画”按钮，如图 7-61 所示。

图 7-61 “添加动画”按钮

2）查看幻灯片上当前的动画列表并设置效果选项。

在“动画”选项卡的“高级动画”组中单击“动画窗格”按钮，打开如图 7-62 所示的“动画窗格”任务窗格。

①数字编号即表示了动画执行的先后顺序，与幻灯片上显示的不可打印的编号标记相对应。选中列表中的动画项目后，使用任务窗格下方的和重新排序按钮或者直接按下鼠标左键进行上下拖拽便可更改动画播放顺序。

②右侧的矩形条是时间线，代表效果的持续时间。

③图标代表动画效果的类型。在本例中，它代表“退出”效果。

④选择下拉列表框中的项目后会看到相应菜单图标，单击该图标即可显示相应菜单。

设置指示动画效果开始计时的类型，如图 7-63 所示。

- 单击开始（鼠标图标）：动画效果在用户单击鼠标时开始。
- 从上一项开始（无图标）：动画效果开始播放的时间与列表中上一个效果的时间相同。此设置在同一时间组合多个效果。

- 从上一项之后开始(时钟图标)：动画效果在列表中上一个效果完成播放后才开始。

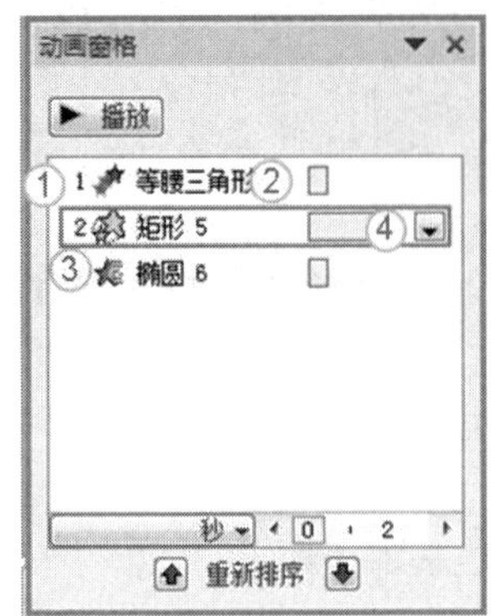

图 7-62 “动画窗格”任务窗格

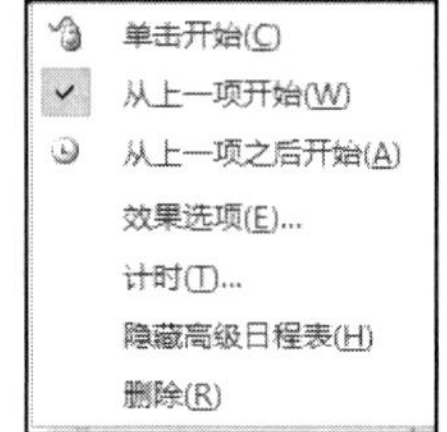

图 7-63 “动画效果”菜单

使用动画刷复制动画：动画刷的使用方法参照 Word 中格式刷的用法。

测试动画效果：在“动画”选项卡的“预览”组中单击“预览”按钮。

删除或更改不合适的动画。

（3）设置幻灯片切换效果。

对演示文稿内容编辑完毕后，接下来为幻灯片设置切换效果。幻灯片切换效果可以让整个放映过程体现出一种连贯感。

1）添加切换效果。

在演示文稿中，单击“切换”选项卡“切换到此幻灯片”组中的“其他”按钮，在弹出的面板中选择“立方体”选项，即可将该切换效果应用到当前幻灯片上，如图 7-64 所示。

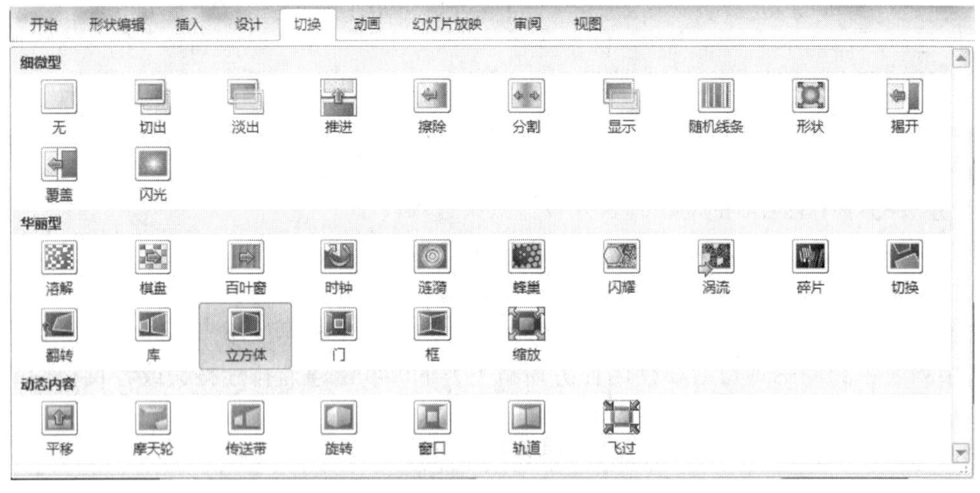

图 7-64 “切换”选项卡

如果对所选切换效果的默认设置不太满意，可以单击“效果选项”按钮来更改播放效果。例如在下拉列表中选择“自左侧”选项，从而让幻灯片的切换顺序变为从左侧开始，如图 7-65 所示。

图 7-65 设置切换效果

继续选择其他幻灯片，为它们分别设置酷炫的切换效果。

2）设置切换的持续时间。

选择要修改的切换效果所在的幻灯片。

在“切换”选项卡“计时”组中的“持续时间”数值框中输入所需的分钟数。

若要指定当前幻灯片在多长时间后切换到下一张幻灯片，请采用下列操作之一：

- 通过单击鼠标时切换幻灯片：在“切换”选项卡的“计时”组中选择“单击鼠标时”复选项，如图 7-66 所示。

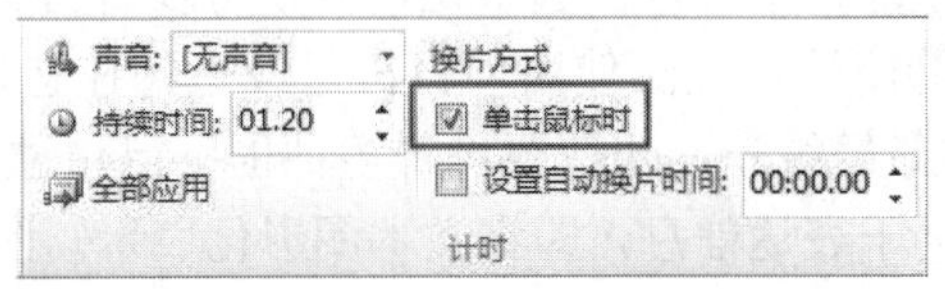

图 7-66 “计时”组

- 通过指定时间后切换幻灯片：在“切换”选项卡“计时”组中的“设置自动换片时间”数值框中输入所需的秒数。

“持续时间”是幻灯片的动画切换时间，“设置自动换片时间”是该张幻灯片自动播放时的停留时间。每张幻灯片播放所用的时间是这两个时间的和，但当该张幻灯片里有动画时，那么停留时间是“设置自动换片时间”与“动画播放时间”两者取最大的一个。

3）向幻灯片切换效果添加声音。

在“切换”选项卡的“计时”组中单击“声音”下拉列表框，如图 7-67 所示，然后执行下列操作之一：

- 若要添加列表中的声音，请选择所需的声音。
- 若要添加列表中没有的声音，请选择“其他声音”选项，找到要添加的声音文件，然后单击“确定”按钮。

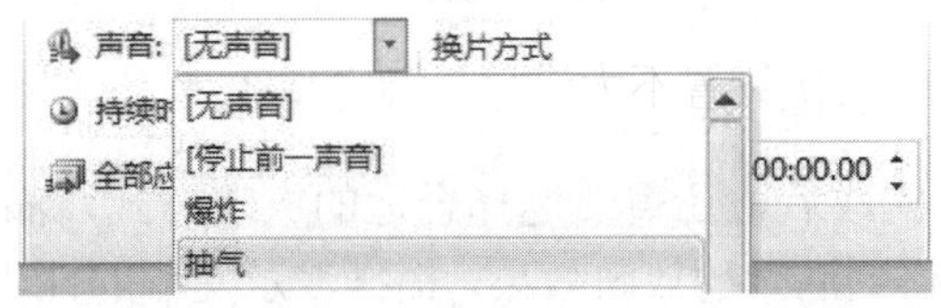

图 7-67 设置切换声音

4）更改或删除幻灯片的切换效果。

选定要更改切换效果的幻灯片，在“切换”选项卡的“切换到此幻灯片”组中选中另一个切换效果即可覆盖当前效果。

选定要删除切换效果的幻灯片，在“切换”选项卡的“切换到此幻灯片”组中单击“无”按钮。若要删除演示文稿中所有幻灯片的切换效果，则重复此步骤后在“切换”选项卡的“计时”组中单击“全部应用”按钮。

（4）查看放映效果的同时修改幻灯片。

对所有幻灯片设置了动画效果后，还需要继续对演示文稿进行更仔细的检查，以防出现任何失误。按住 Ctrl 键的同时单击“幻灯片放映”选项卡“开始放映幻灯片”组中的“从当前幻灯片开始”按钮，即可边看效果边修改幻灯片。

（5）利用排练计时功能进行演讲彩排。

（6）完成制作后保存该演示文稿。

制作推广宣传类演示文稿的主要步骤及原则如下：

- 收集素材，写出提纲，画出逻辑结构图。
- 按照提纲按一个标题一页制作空白幻灯片（底版/内容都是空白的，每张幻灯片只有一个标题或只有备注内容）。
- 最大限度地减少幻灯片数量。
- 选择对观众视觉较好的字号，一般来说，观众可以看得到的字号不小于 30 号。
- 幻灯片文本应保持简洁，设法使用项目符号或短句让它们各占一行（即没有文本换行），且文字字体最好统一，即使要设置多种也不得超过 3 种。
- 使用视觉效果有助于表达信息，即将文本图形化表示。图片、图表、图形和SmartArt图形提供的视觉提示可以使观众铭记于心。添加有意义的图画可以补充幻灯片上的文本和信息。不过，与文本一样，应避免在幻灯片上包含太多的视觉帮助。
- 选择一个具有吸引力并且一致但又不太显眼的模板（模板是包含有关已完成演示文稿的主题、版式和其他元素信息的一个或一组文件）或主题（主题是一组统一的设计元素，使用颜色、字体和图形设置文档的外观）。制作合适的母版，应用细微、一致的幻灯片背景，设计原则：色彩搭配不超过 3 种色系，使背景颜色和文本颜色之间形成对比。
- 设计鲜活的动画，增强视觉效果，原则：每张幻灯片不超过 3 类动画效果。
- 放映预演，控制播放时间，原则：演示文件不超过 10 页，演示时间不超过 20 分钟，演示使用的字体不小于 30 号。

任务 6　设置放映方式

【任务分析】

演示文稿设计和制作完成后，还需要选择合适的放映方式，添加一些特殊的播放效果，并控制好放映时间，才能得到满意的放映效果。根据演示文稿的性质不同，放映方式的设置也可以不同，可以设置放映类型、放映幻灯片的范围和换片方式等。

【任务目标】

- 掌握 PowerPoint 2010 放映方式的设置。
- 掌握 PowerPoint 2010 放映时间的设置。
- 掌握 PowerPoint 2010 自动放映的设置。

【必备知识】

1．选项卡

（1）“幻灯片放映”选项卡。使用“幻灯片放映”选项卡可以开始幻灯片放映、自定义幻灯片放映的设置和隐藏单个幻灯片。

①“开始放映幻灯片”组包括“从头开始”和“从当前幻灯片开始”；②单击“设置幻灯片放映”按钮可以启动“设置放映方式”对话框；③隐藏幻灯片，如图 7-68 所示。

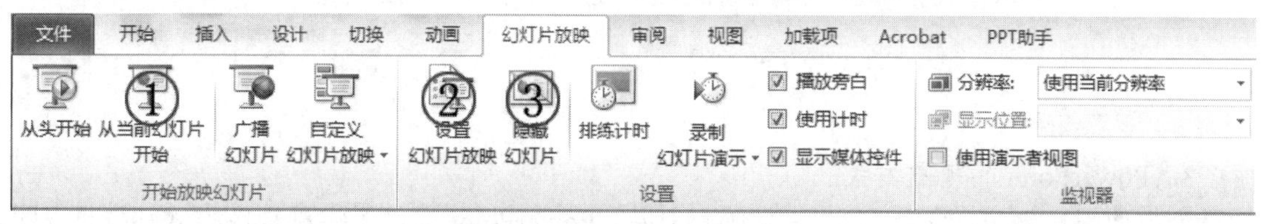

图 7-68　“幻灯片放映”选项卡

（2）“审阅”选项卡。使用“审阅”选项卡可以检查拼写、更改演示文稿中的语言或比较当前演示文稿与其他演示文稿的差异。

①“校对”组中的“拼写检查”按钮，用于启动拼写检查程序；②“语言”组包括“翻译”和“语言”，用户可以选择语言；③“比较”组，用户可以比较当前演示文稿与其他演示文稿的差异，如图 7-69 所示。

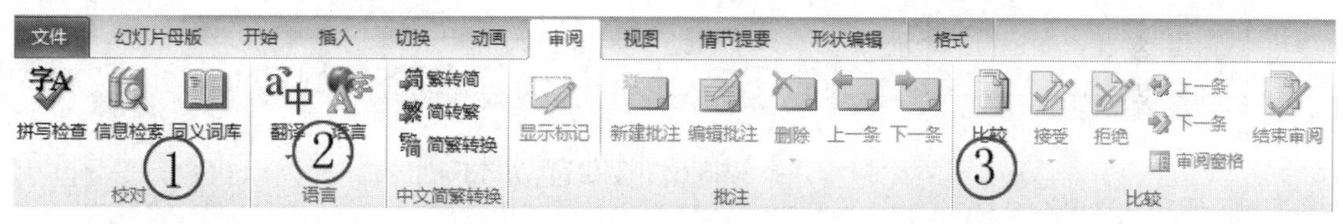

图 7-69　“审阅”选项卡

（3）“视图”选项卡。使用“视图”选项卡可以查看幻灯片母版和备注母版，进行幻灯片浏览，还可以打开或关闭标尺、网格线和绘图指导，如图 7-70 所示。

①幻灯片浏览；②幻灯片母版；③“显示”组包括“标尺”和“网格线”等复选项。

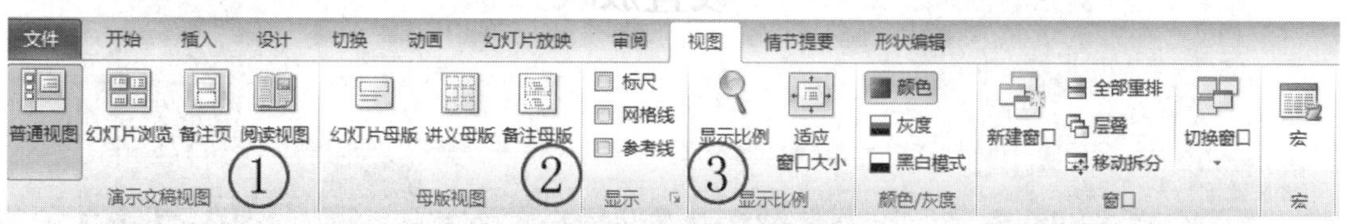

图 7-70　“视图”选项卡

2. 幻灯片的基本对象

在 PowerPoint 2010 中，幻灯片内容的构成对象非常丰富，包括静态和动态两大类。静态对象主要有文本、表格、Excel 表、图片、形状、SmartArt 图形、批注、艺术字、页眉页脚、公式、图表、超链接等；动态对象主要有图片（gif 格式的文件）、视频、Flash、声音等。如图 7-71 所示，在“插入”选项卡中可以看到相关的幻灯片对象。

图 7-71　幻灯片的对象

3. PowerPoint 的视图方式

为方便用户创建、编辑、浏览、放映幻灯片，PowerPoint 提供了多种视图方式：普通视图、幻灯片浏览视图、幻灯片放映视图、备注页视图、阅读视图和母版视图。

4. 如何切换 PowerPoint 视图

可在两个位置找到 PowerPoint 视图，如图 7-72 所示：“视图”选项卡的“演示文稿视图”组和“母版视图”组中；在 PowerPoint 窗口的状态栏中提供了 4 个主要视图（普通视图、幻灯片浏览视图、阅读视图和幻灯片放映视图）。

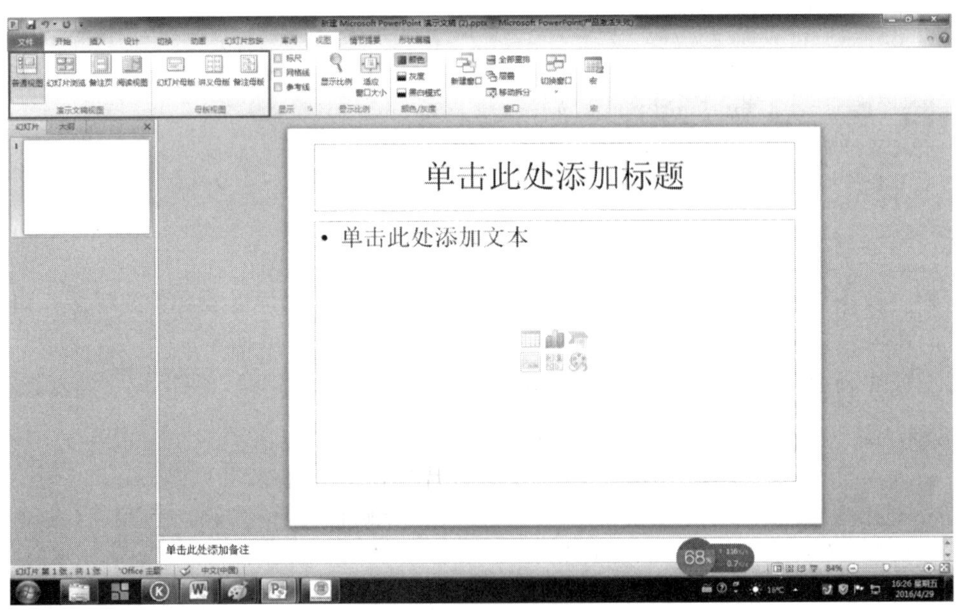

图 7-72　“视图”选项卡/“视图”按钮组

5. 用于编辑演示文稿的视图介绍

PowerPoint 中有许多视图可以帮助用户创建出具有专业水准的演示文稿，如图 7-73 所示。

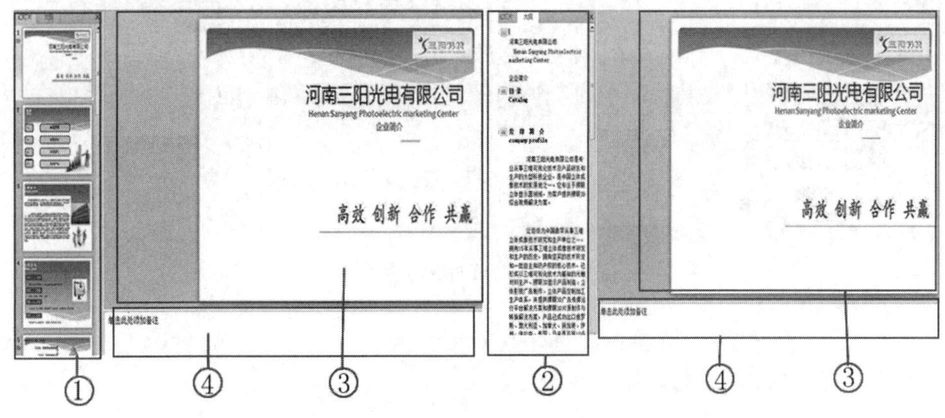

图 7-73　幻灯片的普通视图

（1）普通视图。普通视图是主要的编辑视图，可用于撰写和设计演示文稿。普通视图有以下 4 个工作区域：

①“幻灯片”选项卡：在编辑时以缩略图大小的图像在演示文稿中观看幻灯片。使用缩略图能方便地遍历演示文稿，并观看任何设计更改的效果。在这里还可以轻松地重新排列、添加或删除幻灯片。

②“大纲”选项卡：此区域是开始撰写内容的理想场所，在这里用户可以捕获灵感，计划如何表述它们，并能移动幻灯片和文本。“大纲”选项卡以大纲形式显示幻灯片文本。若要打印演示文稿大纲的书面副本并使其只包含文本（就像大纲视图中所显示的那样）而没有图形或动画，则在“打印”面板的“整页幻灯片”下拉列表框中选择“大纲”后单击“打印”按钮。

③“幻灯片”窗格：在 PowerPoint 窗口的右上方，“幻灯片”窗格显示当前幻灯片的大视图。在此视图中显示当前幻灯片时可以添加文本，插入图片、表格、SmartArt 图形、图表、图形对象、文本框、电影、声音、超链接和动画。

④“备注”窗格：在“幻灯片”窗格下的“备注”窗格中，可以输入要应用于当前幻灯片的备注。以后，用户可以将备注打印出来并在放映演示文稿时进行参考。用户还可以将打印好的备注分发给受众，或者将备注包括在发送给受众或发布在网页上的演示文稿中。

（2）幻灯片浏览视图。幻灯片浏览视图可供用户查看缩略图形式的幻灯片。通过此视图，用户在创建演示文稿以及准备打印演示文稿时可以轻松地对演示文稿的顺序进行排列和组织；还可以在幻灯片浏览视图中添加节，并按不同的类别或节对幻灯片进行排序，如图 7-74 所示。

（3）备注页视图。“备注”窗格位于“幻灯片”窗格下方，用户可以输入要应用于当前幻灯片的备注。以后，用户可以将备注打印出来并在放映演示文稿时进行参考，还可以将打印好的备注分发给观众或者将备注包括在发送给受众或发布在网页上的演示文稿中，如图 7-75 所示。

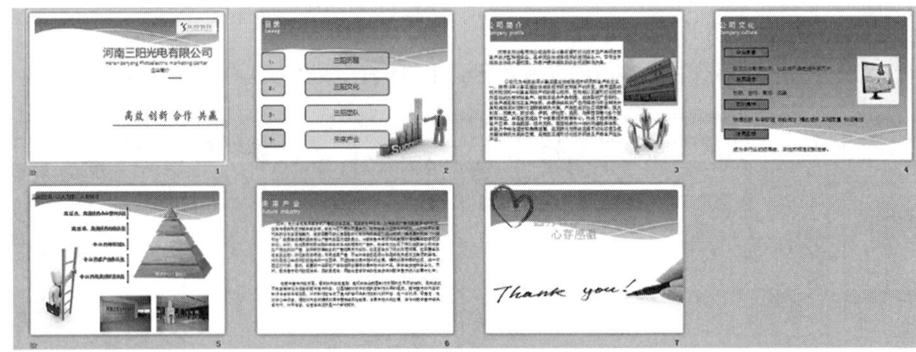

图 7-74　幻灯片浏览视图

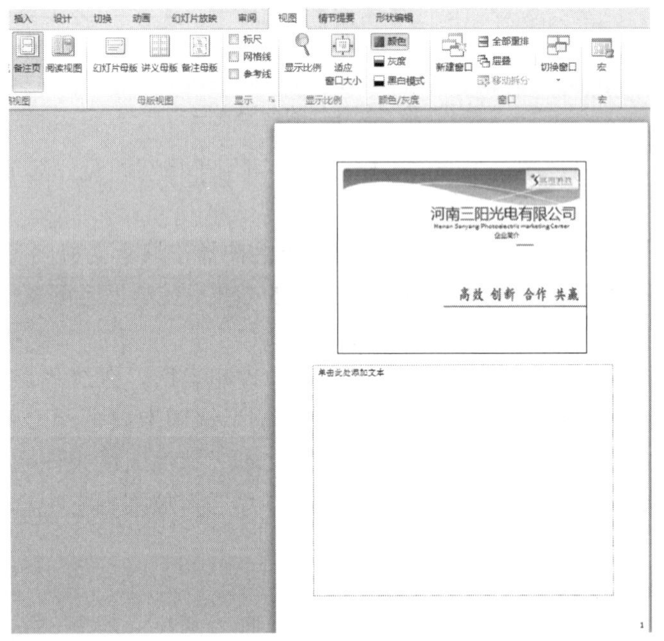

图 7-75　备注页视图

（4）母版视图。母版视图包括幻灯片母版视图、讲义母版视图和备注母版视图，它们是存储有关演示文稿信息的主要幻灯片，其中包括背景、颜色、字体、效果、占位符大小和位置。使用母版视图的一个主要优点是，在幻灯片母版、备注母版或讲义母版上，可以对与演示文稿关联的每个幻灯片、备注页或讲义的样式进行全局更改。

6. 用于放映演示文稿的视图

（1）幻灯片放映视图。幻灯片放映视图用于向受众放映演示文稿，它会占据整个计算机屏幕，这与受众观看演示文稿时在大屏幕上显示的演示文稿完全一样。用户可以看到图形、计时、电影、动画效果和切换效果在实际演示中的具体效果。按 Esc 键可退出幻灯片放映视图。

（2）演示者视图。演示者视图是一种可在演示期间使用的基于幻灯片放映的关键视图。借助两台监视器，用户可以运行其他程序并查看演示者备注，而这些是受众所无法看到的。使用演示者视图，需要确保计算机具有多监视器功能，同时也要打开多监视器支持和演示者视图。

（3）阅读视图。阅读视图用于向用自己的计算机查看用户的演示文稿的人员而非受众（例如通过大屏幕）放映演示文稿。如果用户希望在一个设有简单控件以方便审阅的窗口中查看演示文稿，而不想使用全屏的幻灯片放映视图，则也可以在自己的计算机上使用阅读视图。

（4）用于准备和打印演示文稿的视图。为了节省纸张和油墨，在打印之前可能需要准备打印作业。PowerPoint 提供了一系列视图和设置，可以帮助用户指定要打印的内容（幻灯片、讲义或备注页）以及这些作业的打印方式（彩色打印、灰度打印、黑白打印、带有框架等）。

- 幻灯片浏览视图。幻灯片浏览视图可供用户查看缩略图形式的幻灯片。通过此视图，可以在准备打印幻灯片时方便地对幻灯片的顺序进行排列和组织。
- 打印预览。打印预览可让用户对要打印的内容（讲义、备注页、大纲或幻灯片）进行适当的调整。

【完成过程】

（1）打开已制作完毕的演示文稿。

（2）设置放映方式。

在“幻灯片放映”选项卡的“设置”组中单击“设置幻灯片放映”按钮，弹出如图 7-76 所示的“设置放映方式”对话框，在其中选择好放映类型、放映范围和换片方式，然后单击“确定”按钮。

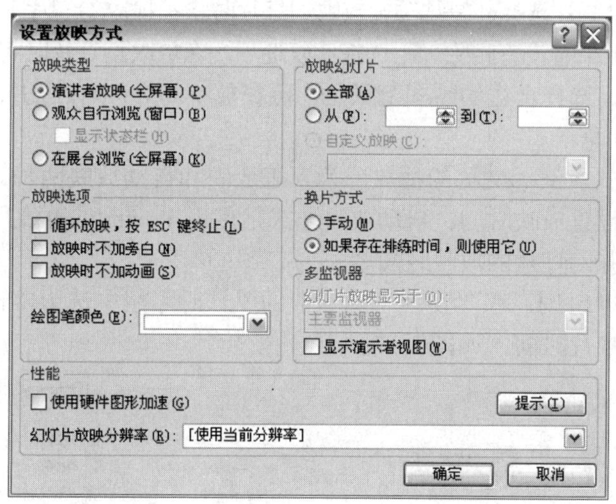

图 7-76　“设置放映方式”对话框

1）设置放映类型。

在“放映类型”区域中，PowerPoint 提供了 3 种幻灯片放映方式：演讲者放映（全屏幕）、观众自行浏览（窗口）、在展台浏览（全屏幕）。

- 演讲者放映（全屏幕）：这是一种可全屏显示的演示文稿放映方式，是最常用的幻灯片播放方式，也是系统默认的放映方式。在此放映方式下，演讲者具有完整的控制权，可以将演示文稿暂停、添加说明细节、在播放中录制旁白等。

- 观众自行浏览（窗口）：是在小窗口中放映演示文稿，并在演示文稿播放过程中提供一些对幻灯片的操作命令，如移动、复制、编辑和打印幻灯片。该放映方式适用于观众自己浏览演示文稿。
- 在展台浏览（全屏幕）：此方式可以自动运行演示文稿，并全屏幕下放映幻灯片。一般在展示产品时使用这种方式，但需要事先为各个幻灯片设置自动进片定时并选择换片方式下的“如果存在排练时间，则使用它”单选项。自动放映过程结束后，会再重新开始放映。该放映方式适用于展览会场或会议。

2）设置放映范围。

在放映幻灯片时可以设置只播放部分幻灯片，当设置播放范围后幻灯片放映时会按照设定的范围播放。PowerPoint 提供了以下 3 种放映范围：

- 全部：从第一张幻灯片一直播放到最后一张幻灯片。
- 从……到……：从某个编号的幻灯片开始放映，直到放映到另一个编号的幻灯片结束。
- 自定义放映：可在“自定义放映”下拉列表框中选择要播放的自定义放映。

3）设置放映选项。

通过设置放映选项可以选定幻灯片的放映特征。

- 循环放映，按 Esc 键终止：选择此复选项，放映完最后一张幻灯片后将会再次从第一张幻灯片开始放映，若要终止放映则按 Esc 键。
- 放映时不加旁白：选择此复选项，放映幻灯片时将不播放幻灯片的旁白，但并不删除旁白；不选择此复选项，在放映幻灯片时将同时播放旁白。
- 放映时不加动画：选择此复选项，放映幻灯片时将不播放幻灯片上的对象所加的动画效果，但动画效果并没有删除；不选择此复选项，在放映幻灯片时将同时播放动画。
- 绘图笔颜色：选择合适的绘图笔颜色，可在放映幻灯片时在幻灯片上书写文字。

（3）设置放映时间。

按照时间控制方式，演示文稿的播放分为人工放映和自动放映两种。人工放映方式是由制作者为每张幻灯片设置放映时间；自动放映方式是使用 PowerPoint 的“排练计时”功能，通过排练自动记录每张幻灯片的放映时间。

人工设置换片放映时间：在“切换”选项卡的“计时”组中选中“设置自动换片时间”复选项并设置合适的换片时间，如图 7-77 所示。

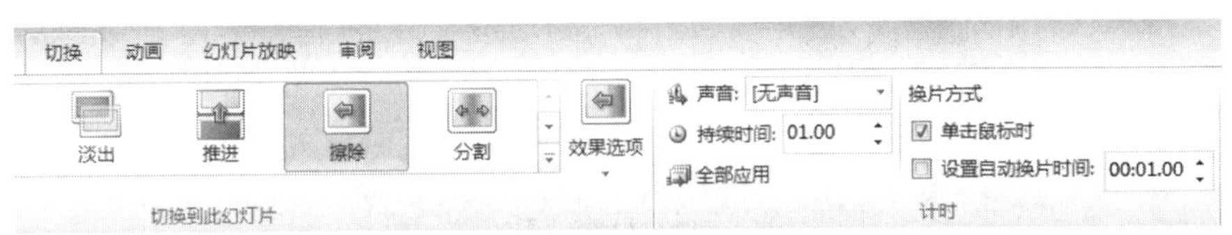

图 7-77　设置换片时间

使用“排练计时”设置放映时间。

（4）将演示文稿保存为可以自动放映的格式。

单击“文件”选项卡中的“另存为”命令，在“另存为”对话框的“保存类型”下拉列表框中选择“PowerPoint 放映”格式。

任务 7　模板和母版的使用

【任务分析】

为提高工作效率，可以使用 PowerPoint 的模板和母版统一幻灯片的外观风格。创建和使用母版的原则：在开始构建各张幻灯片之前创建幻灯片母版，而不要在构建了幻灯片之后再创建母版。如果先创建了幻灯片母版，则添加到演示文稿中的所有幻灯片都会基于该幻灯片母版和相关联的版式；如果在构建了各张幻灯片之后再创建幻灯片母版，则幻灯片上的某些项目可能不符合幻灯片母版的设计风格。

【任务目标】

- 掌握 PowerPoint 2010 模板的使用方法。
- 掌握 PowerPoint 2010 母版的使用方法。

【必备知识】

1. 创建演示文稿的方式

PowerPoint 2010 中文版提供了多种创建演示文稿的方式，提供了大量模板和主题方式，用户可以灵活地制作出完整、漂亮的演示文稿。创建演示文稿的方式包括空白演示文稿、模板、主题、根据现有内容等。

单击“文件”选项卡中的“新建”命令，将出现如图 7-78 所示的新建演示文稿面板，这里主要介绍“利用模板创建演示文稿”和“利用主题创建演示文稿”两种方式。

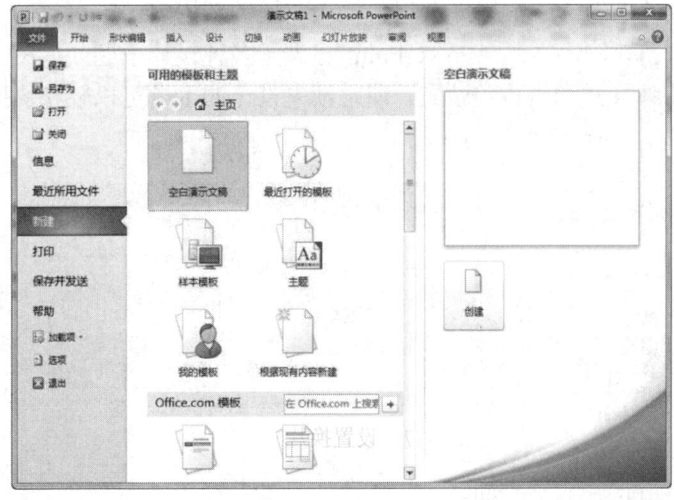

图 7-78　新建演示文稿面板

（1）利用模板创建演示文稿。PowerPoint 模板提供了许多演示文稿的组织方式（包含版式、主题颜色、主题字体、主题效果和背景样式）和建议内容，根据创建演示文稿的需要选择相应的模板类型，然后根据给出的指示实施操作，即可轻松快速地生成具有不同专业风格的演示文稿。具体操作如下：

1）在“文件”选项卡中单击“新建”命令。

2）在“可用的模板和主题”下执行以下操作之一（如图 7-79 所示）：

- 要重新使用用户最近使用过的模板，请单击“最近打开的模板”。
- 若要使用用户先前安装到本地驱动器上的模板，请单击“我的模板”，再单击所需的模板，然后单击“确定”按钮。
- 在“Office.com 模板”下单击模板类别，选择一个模板，然后单击“下载”按钮将该模板从 Office.com 上下载到本地驱动器。
- 若要使用内置模板，请单击“样本模板”。

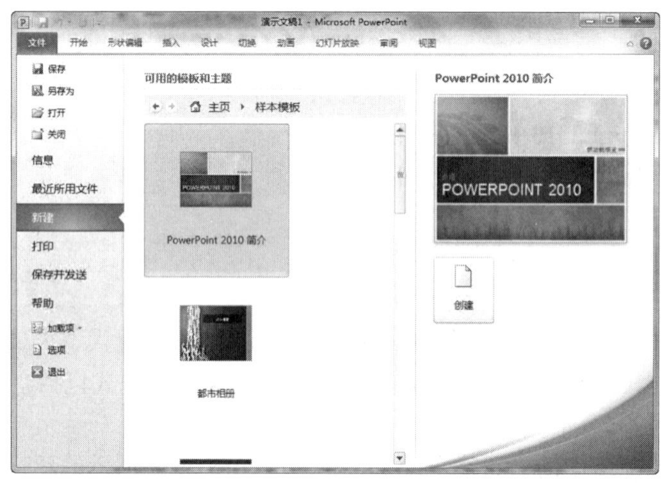

图 7-79　根据模板创建演示文稿

3）在模板提供的幻灯片中根据提示重新输入需要的新内容。

（2）根据主题创建演示文稿。PowerPoint 提供了多种设计主题（如图 7-80 所示），包含配色方案、背景、字体样式和占位符位置。使用预先设计的主题可以轻松快捷地更改演示文稿的整体外观。

图 7-80　根据主题创建演示文稿

默认情况下，PowerPoint 会将普通的“Office 主题”应用于新建的空白演示文稿，但是用户也可以通过应用不同的主题来轻松更改演示文稿的外观。

1）在“文件”选项卡中单击“新建”命令。

2）在“可用的模板和主题”下单击“主题”，在所列出的内置主题中进行选择。

3）若要将不同的主题重新应用于演示文稿，则在“设计”选项卡的“主题”组中将指针停留在该主题的缩略图上预览幻灯片的外观，确定后单击要应用的文档主题，会将主题应用于整个演示文稿。

4）若要将多个主题应用于同一个演示文稿，则可以执行以下操作之一：

- 在要应用的文档主题上右击并选择“应用于选定幻灯片”选项，如图 7-81 所示，这样就可以将不同的幻灯片应用不同的主题。
- 在演示文稿中插入多个幻灯片母版，这样使每个主题与一组版式相关联，每组版式与一个幻灯片母版相关联。
    - 在“幻灯片母版”视图中，选定母版幻灯片并为其应用所需主题。
    - 在幻灯片母版和版式缩略图任务窗格中，将光标定位到上一组版式中的最后一张版式的正下方，在“幻灯片母版”选项卡的“编辑主题”组中单击“主题”按钮。重复此步骤，可将更多应用了不同主题的幻灯片母版添加到同一个演示文稿中，如图 7-82 所示。

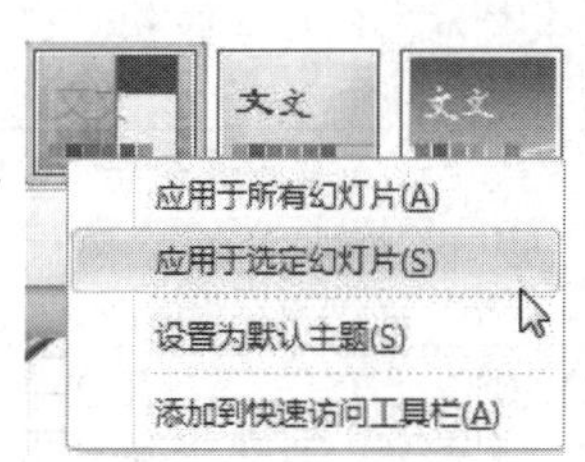

图 7-81　应用主题

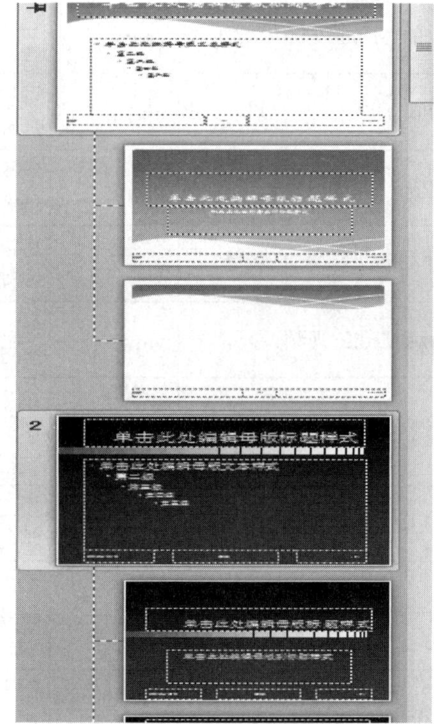

图 7-82　同一演示文稿应用不同主题

（3）保存演示文稿的文件类型（常用 PowerPoint 2010 中文版保存的文件类型如表 7-1 所示）。

表 7-1 常用 PowerPoint 2010 中文版保存的文件类型

保存的文件类型	扩展名	用于保存
PowerPoint 演示文稿	.pptx	PowerPoint 2010 或 2007 演示文稿默认为支持 XML 的文件格式
启用宏的 PowerPoint 演示文稿	.pptm	包含 Visual Basic for Applications（VBA）代码的演示文稿
PowerPoint 97-2003 演示文稿	.ppt	可以在早期版本的 PowerPoint（从 97 到 2003）中打开的演示文稿
PDF 文档格式	.pdf	由 Adobe Systems 开发的基于 PostScript 的电子文件格式，该格式保留了文档格式并允许共享文件
XPS 文档格式	.xps	一种新的电子文件格式，用于以文档的最终格式交换文档
PowerPoint 设计模板	.potx	可用于对将来的演示文稿进行格式设置的 PowerPoint 2010 或 2007 演示文稿模板
启用宏的 PowerPoint 设计模板	.potm	包含预先批准的宏的模板，这些宏可以添加到模板中以便在演示文稿中使用
PowerPoint 97-2003 设计模板	.pot	可以在早期版本的 PowerPoint（从 97 到 2003）中打开的模板
Office 主题	.thmx	包含颜色主题、字体主题和效果主题的定义的样式表
PowerPoint 放映	.pps .ppsx	始终在幻灯片放映视图（而不是普通视图）中打开的演示文稿
启用宏的 PowerPoint 放映	.ppsm	包含预先批准的宏的幻灯片放映，可以从幻灯片放映中运行这些宏
PowerPoint 97-2003 放映	.ppt	可以在早期版本的 PowerPoint（从 97 到 2003）中打开的幻灯片放映
PowerPoint 加载项	.ppam	用于存储自定义命令、Visual Basic for Applications（VBA）代码和特殊功能（例如加载项）的加载项
PowerPoint 97-2003 加载项	.ppa	可以在 PowerPoint 97 到 Office PowerPoint 2003 中打开的加载项
Windows Media 视频	wmv	另存为视频的演示文稿。WMV 文件格式可在诸如 Windows Media Player 之类的多媒体播放器上播放
GIF（图形交换格式）	.gif	作为用于网页的图形的幻灯片，此格式适合扫描图像（如插图）、直线图形、黑白图像以及只有几个像素的小文本。GIF 支持动画和透明背景
JPEG（联合图像专家组）格式	.jpg	作为用于网页的图形的幻灯片。JPEG 文件格式支持 1600 万种颜色，适于照片和复杂图像
PNG（可移植网络图形）格式	.png	作为用于网页的图形的幻灯片。万维网联合会（W3C）已批准将 PNG 作为一种替代 GIF 的标准。PNG 不像 GIF 那样支持动画，某些旧版本的浏览器不支持此文件格式
TIFF（Tag 图像文件格式）	.tif	作为用于网页的图形的幻灯片。TIFF 是用于在个人计算机上存储位映射图像的最佳文件格式。TIFF 图像可以采用任何分辨率，可以是黑白、灰度或彩色
设备无关位图	.bmp	作为用于网页的图形的幻灯片。位图是一种表示形式，包含由点组成的行和列以及计算机内存中的图形图像。每个点的值（不管它是否填充）存储在一个或多个数据位中

续表

保存的文件类型	扩展名	用于保存
Windows 图元文件	.wmf	作为 16 位图形的幻灯片（用于 Microsoft Windows 3.x 和更高版本）
增强型 Windows 图元文件	.emf	作为 32 位图形的幻灯片（用于 Windows 95 和更高版本）
大纲/RTF	.rtf	演示文稿大纲为纯文本文档，可提供更小的文件大小，但使用这种文件格式不会保存备注窗格中的任何文本
PowerPoint 图片演示文稿	.pptx	其中每张幻灯片已转换为图片的 PowerPoint 2010 或 2007 演示文稿。将文件另存为 PowerPoint 图片演示文稿将减小文件大小，但是会丢失某些信息

2. 版式、主题、母版、模板

（1）幻灯片版式概述。幻灯片版式包含要在幻灯片上显示的全部内容的格式设置、位置和占位符。占位符是版式中的容器，可容纳文本（包括正文文本、项目符号列表和标题）、表格、图表、SmartArt 图形、影片、声音、图片、剪贴画和背景等。

在“开始”选项卡的“幻灯片”组中可以根据需要选择幻灯片的版式，PowerPoint 中包含 9 种内置幻灯片版式，用户也可以创建满足用户特定需求的自定义版式，并与使用 PowerPoint 创建演示文稿的其他人共享。图 7-83 所示为 PowerPoint 幻灯片中可以包含的所有版式元素。

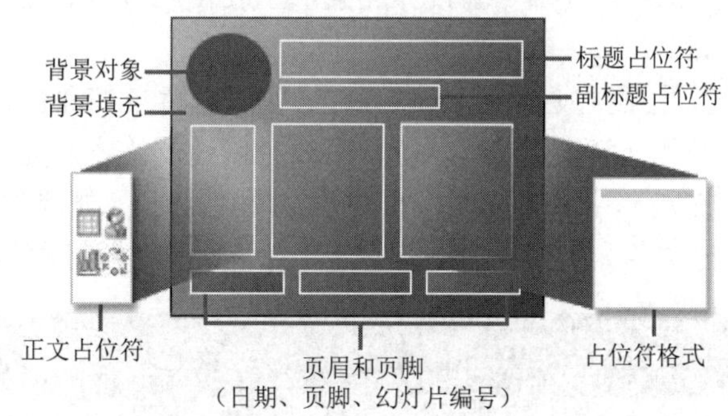

图 7-83 幻灯片的版式元素

在演示文稿中创建自定义版式的方法如下：

1）在“视图”选项卡的“母版视图”组中单击“幻灯片母版”按钮。

2）在包含幻灯片母版和版式的窗格中，单击与用户希望的自定义版式最接近的版式，如图 7-84 所示。

3）删除不需要的默认占位符（如页眉、页脚、日期和时间）：单击占位符的边框，然后按 Delete 键。

4）要添加占位符，请执行以下操作：

①在“幻灯片母版”选项卡的“母版版式”组中单击“插入占位符”按钮，在下拉列表中选择一种占位符类型。

②单击版式上的某个位置，然后拖动鼠标绘制占位符，选择尺寸控点或角边框并将角向内或向外拖动可调整占位符的大小。

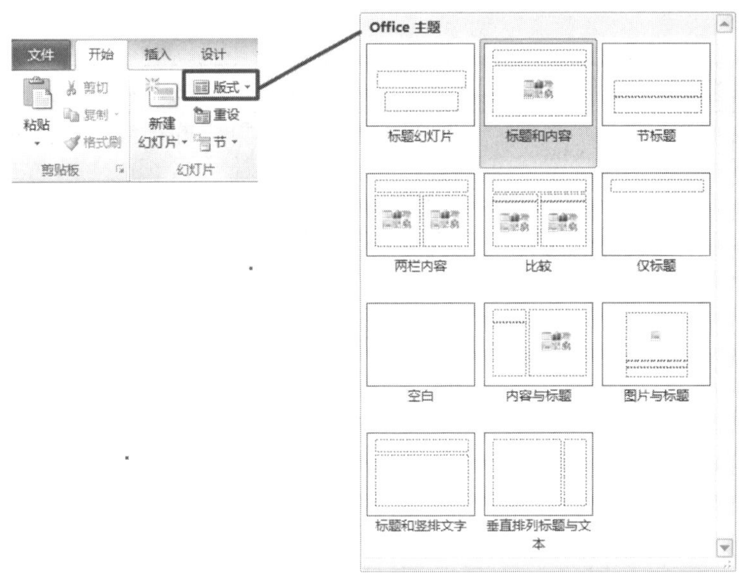

图 7-84 版式类型

5）重命名版式：在版式缩略图列表中右击要自定义的版式并选择“重命名版式”选项，在“重命名版式”对话框中输入描述刚创建的版式的新名称。

（2）主题概述。主题是一组统一的设计元素，主要使用颜色、字体和图形设置文档的外观，以及幻灯片使用的背景。

1）主题颜色的用途。主题颜色可以很得当地处理浅色背景和深色背景。主题颜色包含 12 种颜色槽：4 种水平颜色用于“文字和背景”，用浅色创建的文本总是在深色中清晰可见，而用深色创建的文本总是在浅色中清晰可见；6 种垂直颜色用于“强调文字”，它们总是在 4 种潜在背景色中可见；2 种颜色为“超链接”和“已访问的超链接”颜色，如图 7-85 所示。

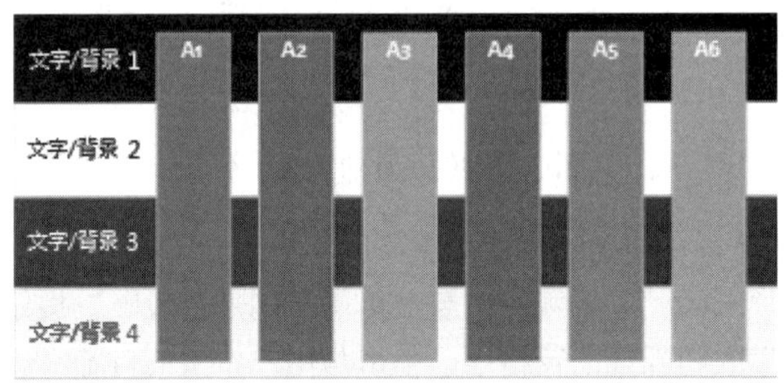

图 7-85 主题颜色槽

当单击“主题”组中的“颜色”按钮时，主题名称旁边显示的颜色代表该主题的强调文字颜色和超链接颜色。主题颜色库显示内置主题中的所有颜色组，要创建自己的自定义主题颜色，请在“主题”组中单击“颜色”按钮，在下拉列表中选择“新建主题颜色”选项，如图 7-86 所示。

当主题颜色发生更改时颜色库将发生更改，使用该主题颜色的所有文档内容也将发生更改。

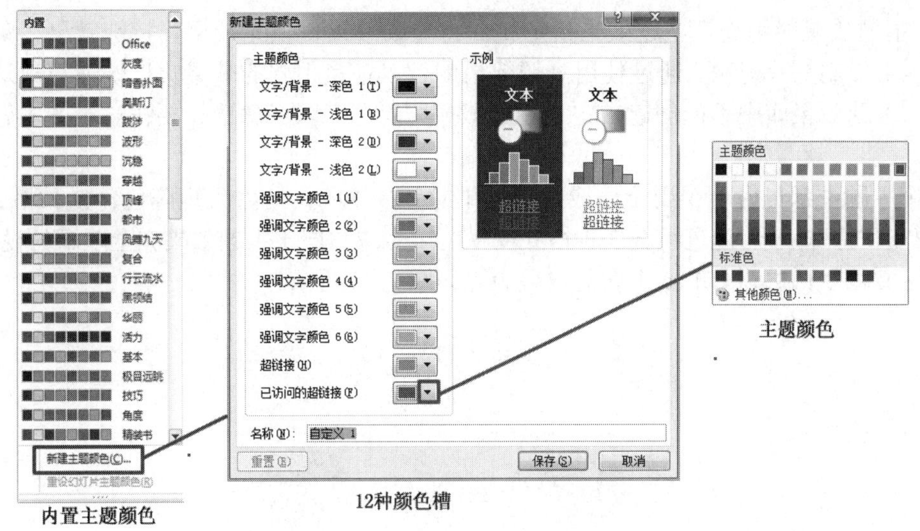

图 7-86　自定义主题颜色

2）主题字体的用途。主题字体可以统一整个文档的所有文字字体。专业的文档设计应对整个文档只使用一种字体，这始终是一种美观且安全的设计选择。当需要营造对比效果时，小心地使用两种字体将是更好的选择。每个 Office 主题均定义了两种字体：一种用于标题，另一种用于正文文本。二者可以是相同的字体，也可以是不同的字体。PowerPoint 使用这些字体构造自动文本样式。此外，用于文本和艺术字的快速样式库也会使用这些相同的主题字体。

更改主题字体可将演示文稿中的所有标题和项目符号文本进行更新，而在以前的 PowerPoint 发行版中只能在幻灯片母版上进行此类全局更改。

单击“主题”组中的“字体”下拉列表框时，用于每种主题字体的标题字体和正文文本字体的名称将显示在相应的主题名称下。要创建自己的自定义主题字体，则单击“主题”组中的“字体”按钮，在下拉列表中选择“新建主题字体”选项，如图 7-87 所示。

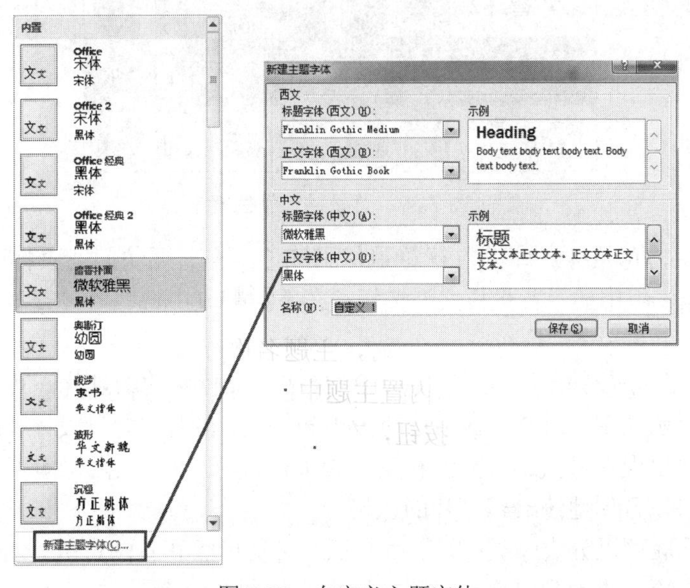

图 7-87　自定义主题字体

3）主题效果的用途。主题效果指定如何将轮廓效果、填充效果、特殊效果（阴影、三维等）应用于幻灯片对象。通过使用主题效果库可以替换不同的效果集以快速更改这些对象的外观。主题效果库中不能创建自定义主题效果，但是可以任意选择要在自己的主题中使用的效果。

每个主题中都包含一个用于生成主题效果的效果矩阵，此效果矩阵包含 3 种格式度量：线条、填充和特殊效果。通过组合 3 种格式度量可以生成与同一主题效果完全匹配的视觉效果。

演示文稿默认主题 Office 主题的效果矩阵如图 7-88 所示。

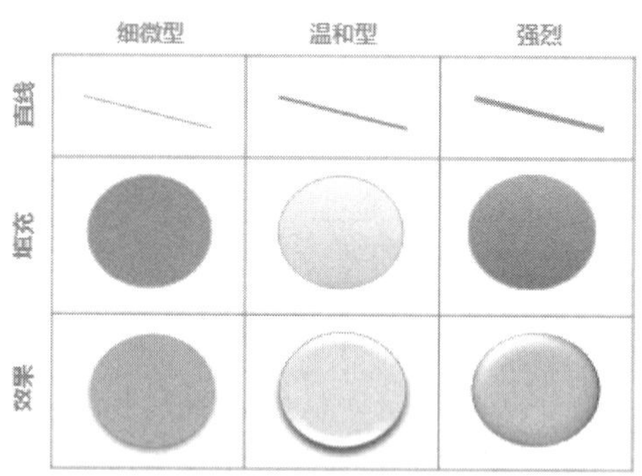

图 7-88 Office 主题的效果矩阵

4）PowerPoint 的背景样式。背景样式是 PowerPoint 独有的样式，它们使用新的主题颜色模式，新的模式定义了将用于文本和背景的两种深色和两种浅色，浅色总是在深色上清晰可见，而深色也总是在浅色上清晰可见。样式中提供了 6 种强调文字颜色，它们在 4 种可能出现的背景色中的任意一种背景色上均可以清晰可见，如图 7-89 所示。

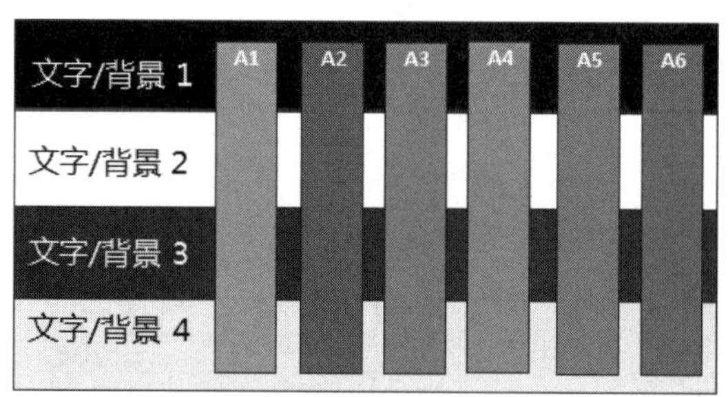

图 7-89 背景样式颜色槽

在内置主题中，背景样式库的首行总是使用纯色填充。要访问背景样式库，则单击“设计”选项卡“背景”组中的“背景样式”按钮，在下拉列表中选择“设置背景格式”选项，如图 7-90 所示。

（3）母版概述。所谓母版，它是 PowerPoint 中一类特殊的幻灯片，其中包含可出现在每一张幻灯片上的显示元素，如文本占位符的大小和位置、图片、背景设计和配色方案等。幻灯片母版上的对象将出现在每张幻灯片的相同位置上，只需更改一项内容即可更改所有幻灯片的设计，使用母版可以方便地统一幻灯片的风格。

PowerPoint 母版可以分成 3 类：幻灯片母版、讲义母版和备注母版。通过“视图”选项卡中的“母版视图”组可进入到需要的母版视图中，如图 7-91 所示。

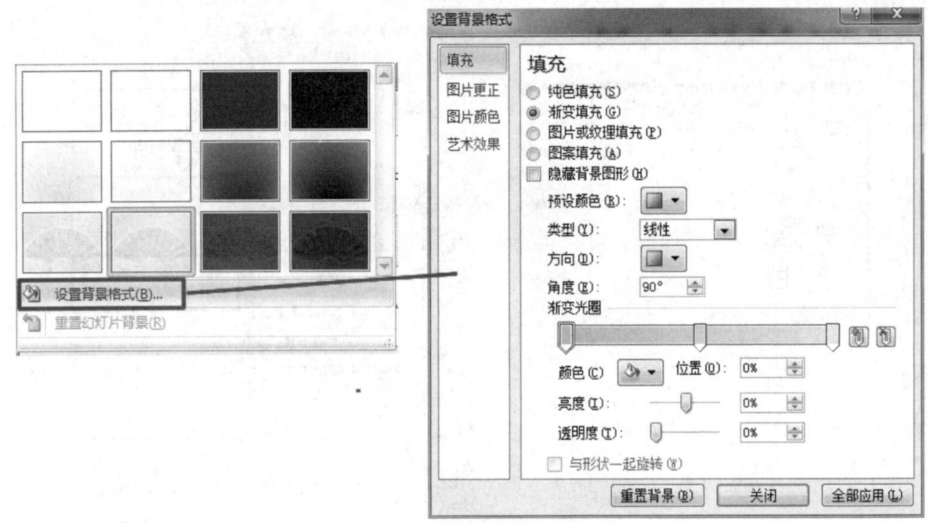

图 7-90　设置背景格式

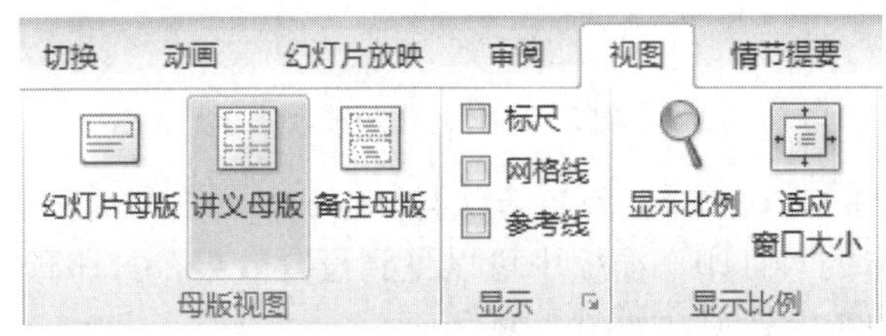

图 7-91　“母版视图”组

1）幻灯片母版。幻灯片母版是模板的一部分，它存储的信息包括幻灯片版式（版式是指幻灯片上标题和副标题文本、列表、图片、表格、图表、自选图形和视频等元素的排列方式）、文本样式、背景、主题颜色、效果和动画。

每个演示文稿至少包含一个幻灯片母版，修改和使用幻灯片母版使用户可以对演示文稿中的每张幻灯片（包括以后添加到演示文稿中的幻灯片）进行统一的样式更改。使用幻灯片母版时，由于无须在多张幻灯片上输入相同的信息，因此节省了时间。

在图 7-92 所示左侧的幻灯片缩略图中，①是幻灯片母版，②是与它上面的幻灯片母版相关联的幻灯片版式。在修改幻灯片母版下的一个或多个版式时，用户实质上是在修改该幻灯片母版。每个幻灯片版式的设置方式都不同，然而与给定幻灯片母版相关联的所有版式均包含相同主题（配色方案、字体和效果）。

2）讲义母版。讲义母版用于用户控制演示文稿以讲义的形式打印。在“讲义母版”选项卡中，用户可以控制一页纸中要打印的幻灯片数量、是否在幻灯片中打印页码、页眉和页脚等，该讲义主要用于受众在以后的会议中使用。

讲义母版的设计主要是控制打印出来的页面所包含的内容，主要有页眉、页脚、日期、页码，可以设置成有或者无，或者在页眉页脚（如图 7-93 所示的“页眉”占位符）中输入相应内容。讲义母版里的页码占位符中的数字区页码是自动生成的，不需要用户手动输入。

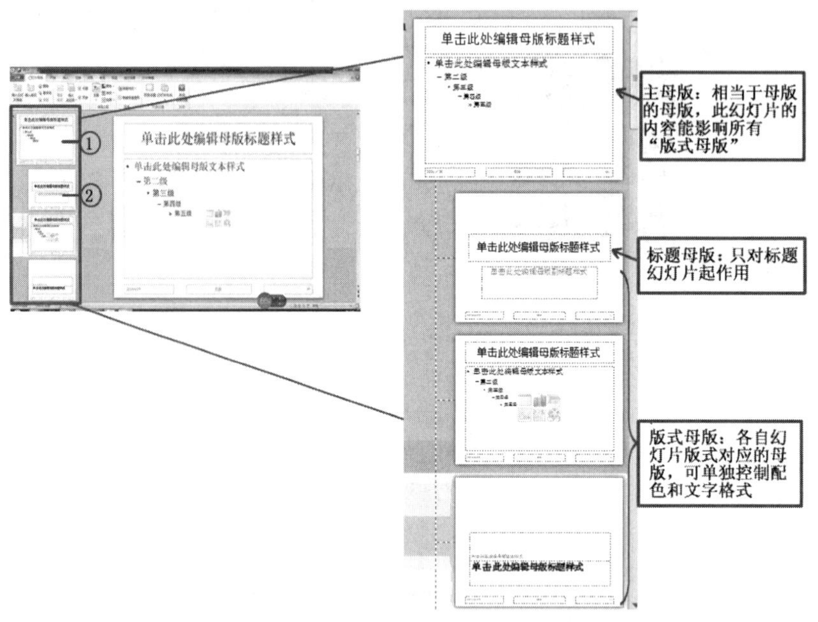

图 7-92 幻灯片母版视图详解

设置讲义打印出来的背景效果，设置方法与 PowerPoint 的基本背景设置相同。

在“文件”选项卡的“打印”面板中可以见到设置效果，打印预览允许选择讲义的版式类型和查看打印版本的实际外观，如图 7-94 所示。

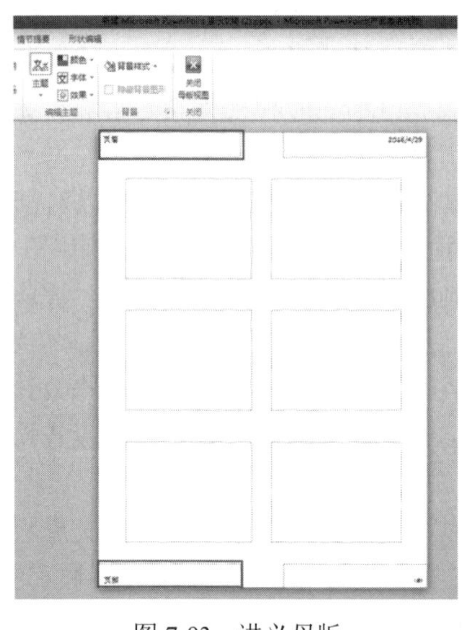

图 7-93 讲义母版

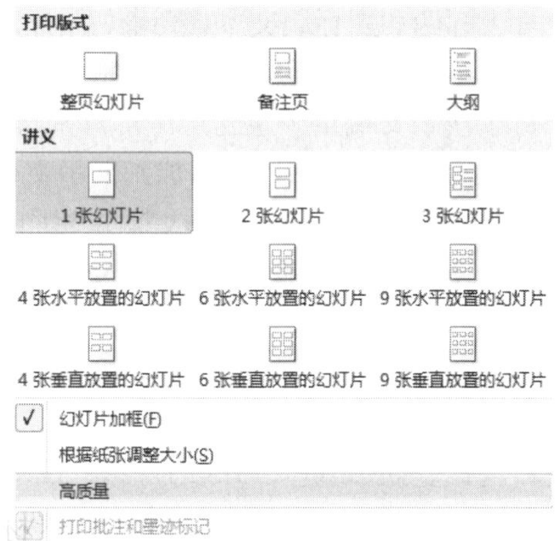

图 7-94 打印版式

3）备注母版。备注母版主要用于控制供演讲者备注使用的空间以及设置备注幻灯片的格式。备注母版只对幻灯片备注窗格中的内容起作用，如图 7-95 所示。

制作演示文稿时，把需要展示给观众的内容做在幻灯片里，不需要展示给观众的内容（如话外音、专家与领导指示、与同事同行的交流启发）写在备注里，如图 7-96 所示。如果需要把备注打印出来，则单击“文件”选项卡中的“打印”命令，在“打印内容”下拉列表框中选择“备注页”。

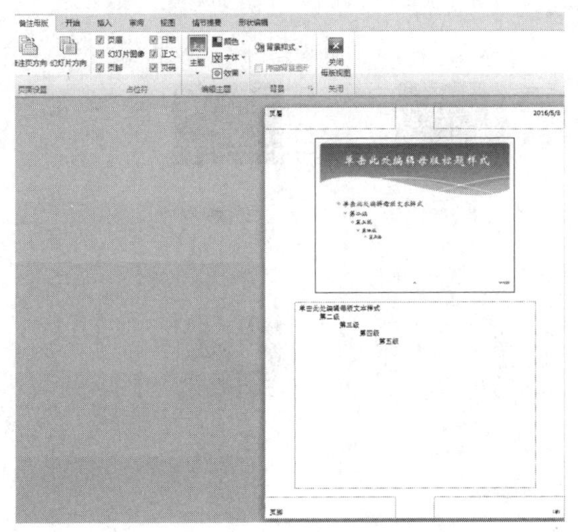

图 7-95　备注母版

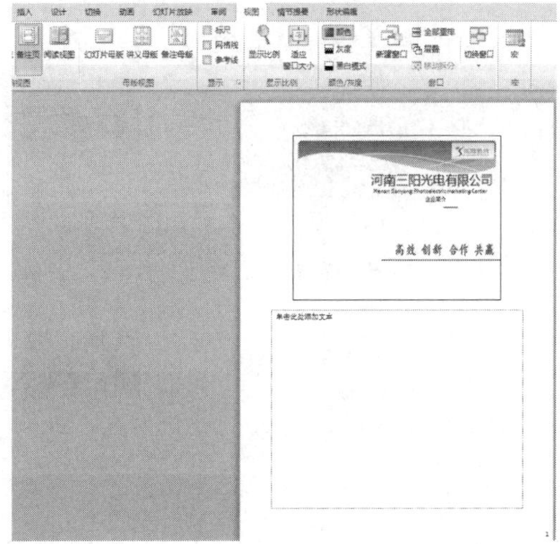

图 7-96　备注页视图

注意：幻灯片母版用于统一所有幻灯片的外观风格；讲义母版只在将幻灯片内容按讲义形式打印时才起作用；备注母版通常也在打印时才起作用，但它所设置的打印内容为备注窗格里的内容而非幻灯片里的内容。

（4）PowerPoint 模板概述。PowerPoint 模板是指一个包含演示文稿样式的文件，是文件中的一张幻灯片或一组幻灯片的图案或蓝图。其中所包含的结构和工具构成了已完成文件的样式和页面布局等元素。模板可以包含版式、主题颜色、主题字体、主题效果、背景样式和幻灯片母版，甚至还可以包含其他内容。

用户可以创建自己的自定义模板，然后存储、重用以及与他人共享它们。此外，用户可以获取多种不同类型的 PowerPoint 内置免费模板，也可以在Office.com和其他合作伙伴网站上获取可以应用于用户演示文稿的数百种免费模板。

注意：版式、主题、母版、模板四者之间的联系与区别为，版式的作用范围为当前一张幻灯片，而主题、母版、模板的作用范围是全部幻灯片；版式、主题是构成母版的主要元素；母版是构建模板的基础，是模板的一部分；一个 PowerPoint 模板中可以拥有多个母版，母版中可以设置多种主题和版式。

【完成过程】

（1）准备好素材，根据幻灯片的素材规划出演示文稿的草图。

（2）启动 PowerPoint 2010，在“文件”选项卡中选择“新建”命令，在“可用的模板和主题”下选择“样本模板”选项，如图 7-97 所示。

（3）在“样本模板”下选择“培训”模板并单击“创建”按钮，这样就“创建”按钮了一个已经包含版式、主题颜色、主题字体、主题效果、背景样式甚至是一定内容（文本、图片、图案、按钮、动画）的演示文稿，如图 7-98 所示。

图 7-97 使用“样本模板”创建演示文稿

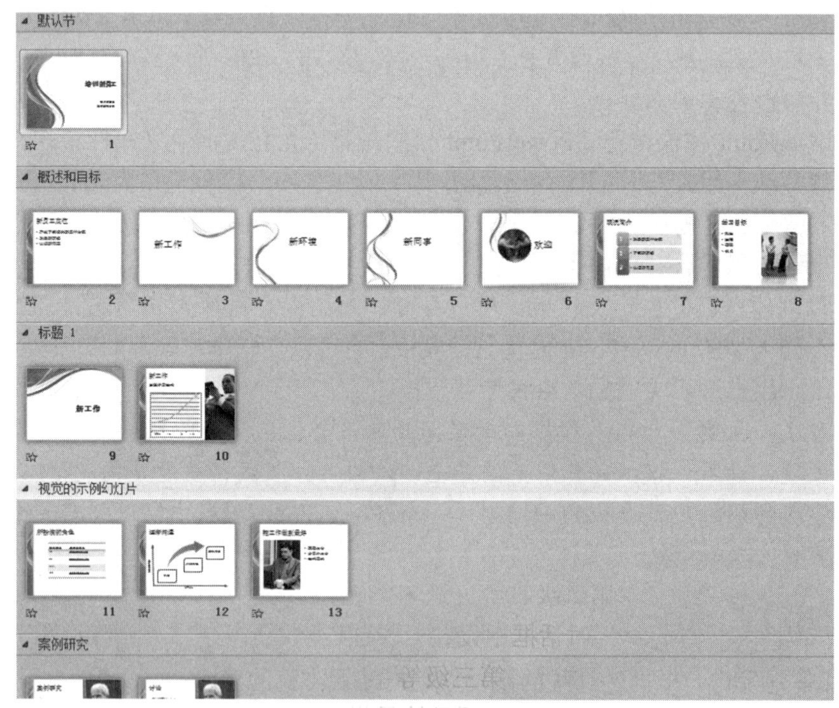

图 7-98 幻灯片浏览视图下的“培训”模板

（4）根据自己的需要修改制作幻灯片母版。

1）打开幻灯片母版。在“视图”选项卡的“母版视图”组中单击“幻灯片母版”按钮，在左侧的“幻灯片缩略图”窗格中会显示一个具有默认相关版式的空白幻灯片母版，如图 7-99 所示，跟它相关的版式位于幻灯片母版下方。

图 7-99　空白文稿的母版设计界面

2）设计幻灯片母版。

①设计母版的文本样式。

母版界面中可以看见默认新建“培训”模板的母版样式，在左侧的缩略图中选定“幻灯片母版”，进行以下操作：

- 设置文本字体：在右侧工作区中将“单击此处编辑母版标题样式”及下面的第二级、第三级等字符设置成所需的字体格式。如图 7-100 所示，将“单击此处编辑母版标题样式”字符的字体修改成了“微软雅黑”，依此可将第二级、第三级等字符设置好相关格式。

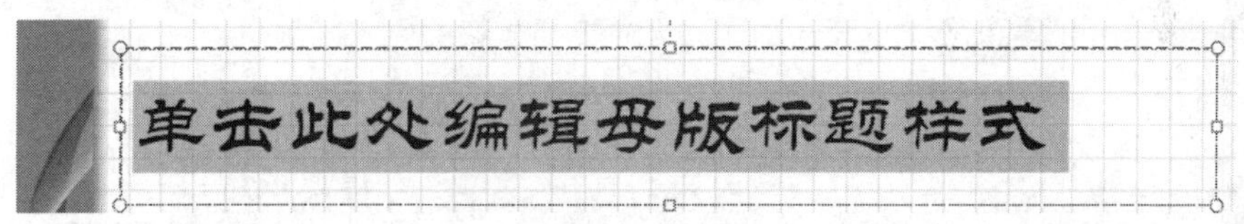

图 7-100　设计文本样式

- 设置文本段落：选中第二级、第三级等字符并右击，在弹出的快捷菜单中选择“段落”命令，在“段落”对话框中设置“段前”和“段后”均为“6 磅”。
- 设置项目符号：选中第二级、第三级等字符并右击，在弹出的快捷菜单中选择“项目符号和编号”命令，设置一种项目符号样式后单击“确定”按钮退出。
- 单击“插入”选项卡“文本”组中的页眉和页脚”按钮，弹出“页眉和页脚”对话框，单击“幻灯片”选项卡，即可对日期区、页脚区、数字区的文本进行格式化设置。

②将准备好的公司 Logo 图片插入到母版中，使 Logo 图片显示在每一张幻灯片中，并且显示在幻灯片的相同位置上。

在“幻灯片母版”视图中，确保选中顶端的幻灯片母版，如图 7-101 所示。

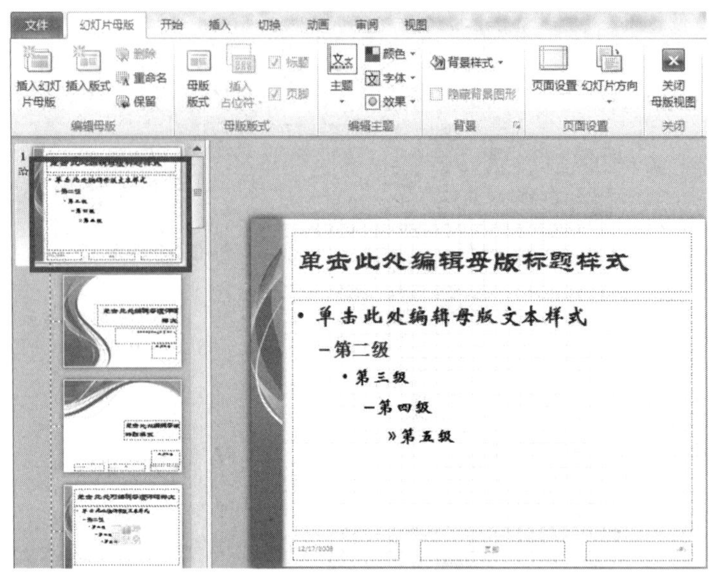

图 7-101　选定幻灯片母版

单击“插入”选项卡“图像”组中的“图片”按钮，弹出“插入图片”对话框，导航到存放公司徽标的文件夹中，找到需要的图片并双击它，即可将其快速插入到幻灯片母版中。

在幻灯片母版中拖拽鼠标，适当调整徽标的大小并将其放置到合适的位置上，如图 7-102 所示放置在幻灯片的右上角。

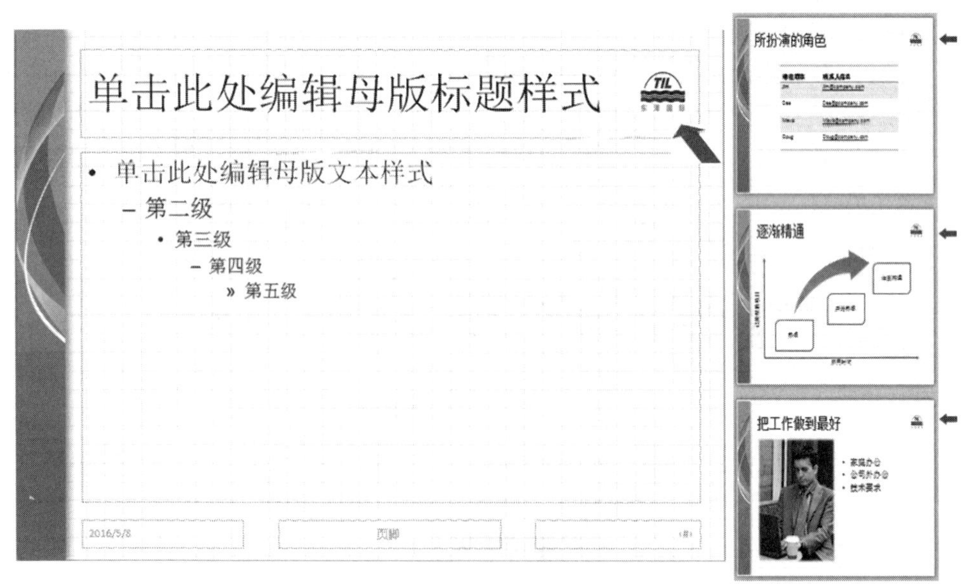

图 7-102　使所有幻灯片都显示公司 Logo

③在“幻灯片母版”选项卡的“关闭”组中单击“关闭母版视图”按钮关闭幻灯片母版，幻灯片母版制作完成。

注意：幻灯片母版修改完成后，可将当前演示文稿另存为模板类型的文件（例如文件名可存为“自定义模板.potx”），供以后创建演示文稿时调用。

（5）为了提高创建幻灯片的效率，对模板提供的节标题进行了处理。

节是 PowerPoint 2010 中的新增功能，用于组织幻灯片，就像用文件夹组织文件一样。节可以在幻灯片浏览视图中进行查看，也可以在普通视图中进行查看，但在幻灯片浏览视图中按照定义的逻辑类别对幻灯片进行组织和分类比在普通视图中更方便。图 7-103 中对在普通视图中和在幻灯片浏览视图中查看节进行了对比。

图 7-103　在普通视图和幻灯片浏览视图中查看节的对比

1）新增和重命名节。

在普通视图或幻灯片浏览视图中，在要新增节的两个幻灯片之间右击并选择“新增节”选项，如图 7-104 所示。

图 7-104　新增节

如果想为节指定一个更有意义的名称，则右击新增节的“无标题节”标记并选择“重命名节”选项，如图 7-105 所示，在“重命名节”对话框中输入概括该节幻灯片内容的名称，如把此节命名为“公司的发展及目标”。

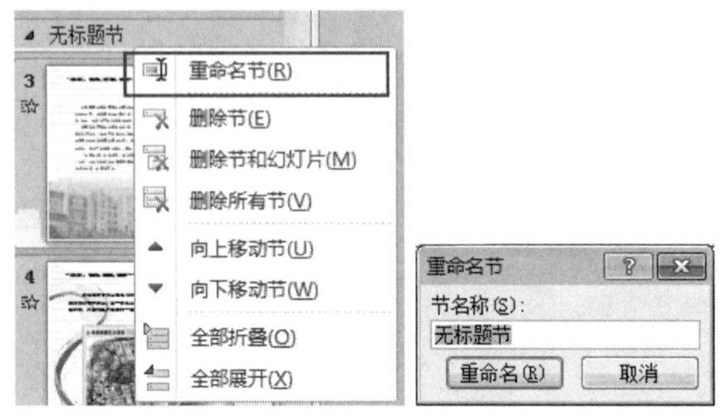

图 7-105　重命名节

2）删除不需要的节。右击要删除的节，在弹出的快捷菜单中选择“删除节”命令。

（6）根据模板幻灯片的内容提示将准备的资料覆盖模板幻灯片内原有的对象，对原幻灯片的对象进行了增减。

（7）保存该演示文稿为“新员工培训.pptx”，完成后在浏览视图下的效果如图 7-106 所示。

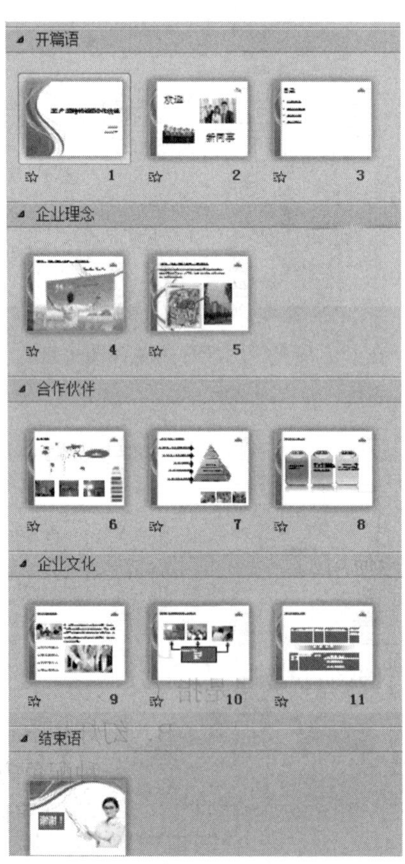

图 7-106　效果参考

习题 7

一、选择题

1．PowerPoint 中默认的视图是（　　）。

A．大纲视图　　B．幻灯片浏览视图

C．幻灯片视图　　D．幻灯片放映视图

2．在 PowerPoint 2010 中，不能对个别幻灯片内容进行编辑修改的视图方式是（　　）。

A．阅读视图　　B．幻灯片浏览视图

C．备注页视图　　D．以上三项均不能

3．PowerPoint 中，在浏览视图下，按住 Ctrl 键并拖动某张幻灯片可以完成（　　）操作。

A．移动幻灯片　　B．复制幻灯片

C．删除幻灯片　　D．选定幻灯片

4．在 PowerPoint 2010 演示文稿中，欲更改某张幻灯片的版式为“垂直排列文本”，应选择的选项卡是（　　）。

A．视图　　B．插入

C．开始　　D．幻灯片放映

5．以下（　　）文件类型属于视频文件格式。

A．avi　　B．wpg

C．jpg　　D．winf

6．PowerPoint 2010 系统中的母版有多种，它们分别是（　　）。

A．版式母版、幻灯片母版

B．背景母版、文稿母版和 Web 页母版

C．演示文稿、设计文稿和 Web 页模板

D．幻灯片母版、讲义母版、备注母版

7．要终止幻灯片的放映，应按（　　）键。

A．Ctrl+C　　B．Esc　　C．End　　D．Alt+F4

8．在一张纸上最多可以打印（　　）张幻灯片。

A．2　　B．4　　C．9　　D．6

9．以下（　　）模式下不能使用幻灯片缩略图功能。

A．幻灯片视图　　B．大纲视图

C．幻灯片浏览视图　　D．备注页视图

10．在 PowerPoint 中，幻灯片切换效果是指（　　）。

A．幻灯片切换时的效果　　B．幻灯片中对象切换时的效果

C．某一类模板　　D．一种配色方案

11．在（　　）模式下，不能使用“视图”选项卡中的“演讲者备注”按钮添加备注。

A．幻灯片视图　　B．大纲视图

C．幻灯片浏览视图　　D．备注页视图

12．幻灯片中占位符的作用是（　　）。

A．表示文本长度　　B．限制插入对象的数量

C．表示图形大小　　D．为文本、图形预留位置

13．幻灯片上可以插入（　　）多媒体信息。

A．声音、音乐和图片　　B．声音和影片

C．声音和动画　　D．动画、图片、声音和影片

14．在 PowerPoint 中，增加幻灯片可在（　　）选项卡的“幻灯片”组中单击“新建幻灯片”按钮。

A．设计　　B．开始　　C．视图　　D．插入

15．不属于演示文稿放映方式的是（　　）。

A．演讲者放映（全屏幕）　　B．观众自行浏览（窗口）

C．在展台浏览（全屏幕）　　D．定时浏览（全屏幕）

16．下列对象中，不能插入 PowerPoint 幻灯片的是（　　）。

A．Excel 图表　　B．Excel 工作簿

C．演示文稿　　D．BMP 图像

17．在 PowerPoint 中，动画刷可以将一个对象的（　　）复制给另一个对象。

A．文字格式　　B．动画效果

C．段落　　D．特殊效果

18．幻灯片的“背景”不可以是（　　）。

A．单一颜色或双色过渡　　B．纹理填充

C．图片填充　　D．影片

19．PowerPoint 属于（　　）。

A．高级语言　　B．操作系统

C．语言处理软件　　D．应用软件

20．要使幻灯片在放映时能够自动播放，需要为其设置（　　）。

A．预设动画　　B．排练计时

C．动作按钮　　D．录制旁白

二、简答题

1．PowerPoint 2010 有哪几种视图显示方式？每种视图各有什么特点？

2．什么是 PowerPoint 2010 的模板与主题？它们有哪些联系与区别？

3．如何在幻灯片中加入动画效果？

4．如何设定演示幻灯片时每张幻灯片的切换方式？

5．试述 PowerPoint 2010 中幻灯片有哪几种放映方式？分别在何时采用？